W0259958

Emissionen von Platinmetallen

Fathi Zereini Friedrich Alt (Hrsg.)

Emissionen von Platinmetallen

Analytik, Umwelt- und Gesundheitsrelevanz

Mit 74 Abbildungen und 62 Tabellen

Springer

PD Dr. Fathi Zereini
Universität Frankfurt
Institut für Mineralogie
Georg-Voigt-Straße 16
D-60054 Frankfurt am Main
e-mail: zereini@kristall.uni-frankfurt.de

Dr. Friedrich Alt
Institut für Spektrochemie und
angewandte Spektroskopie
Bunsen-Kirchhoff-Straße 11
D-44139 Dortmund
e-mail: alt@isas-dortmund.de

ISBN 978-3-642-63665-3

Die Deutsche Bibliothek - CIP-Einheitsaufnahme

Emissionen von Platinmetallen: Analytik, Umwelt- und Gesundheitsrelevanz / Hrsg.: Fathi Zereini ; Friedrich Alt. - Berlin; Heidelberg; New York; Barcelona; Hong Kong; London; Mailand; Paris; Singapur; Tokio: Springer 1999
ISBN 978-3-642-63665-3 ISBN 978-3-642-58611-8 (eBook)
DOI 10.1007/978-3-642-58611-8

Ursprünglich erschienen bei Springer-Verlag Berlin Heidelberg New York 1999
Softcover reprint of the hardcover 1st edition 1999

Umschlaggestaltung: de'blik, Berlin
Satz: Reproduktionsfertige Vorlage von den Herausgebern

SPIN: 10660852 30/3136 - 5 4 3 2 1 0 - Gedruckt auf säurefreiem Papier

Vorwort (1)

Bereits kurz nach Einführung der Platinkatalysatoren in der Automobiltechnologie kam von medizinischer Seite die Behauptung auf, daß sich das durch die PKW-Abgase in die Umwelt emittierte Platin gesundheitlich negativ auswirke.

Diese vage Annahme war in der Bundesrepublik Anlaß, sich mit dem Umfang der Emissionen, den Bindungsformen der Metalle der Platingruppe und ihren physiologischen Wirkungen – vor allem beim Platin – eingehender zu befassen.

Leider erfuhren die Untersuchungen, die zunächst an wenigen Instituten begonnen wurden, nur in ihrer ersten Phase eine signifikante Unterstützung durch Mittel der öffentlichen Hand.

Da die natürlichen Allgegenwartskonzentrationen der Metalle der Platingruppe in biologischen und umweltrelevanten Matrices äußerst niedrig liegen und deshalb bis dahin analytisch nur sehr unsicher erfaßt werden konnten, war der erste Schritt, ihre zuverlässige Bestimmung bis in den unteren pg/g-Bereich zu entwickeln. Erst mit diesen neu geschaffenen analytischen Methoden konnten die anthropogene Anreicherung und die damit für das Leben verbundenen Risiken abgeschätzt werden.

Nach etwa einem Jahrzehnt liegen jetzt erste richtungsweisende Informationen vor, die in diesem Beitrag – Dank der Initiative der beiden Herausgeber – zusammengefaßt wurden.

Es entstand ein aktuelles, interdisziplinäres und kritisches Kompendium, an dem nahezu 50 Autoren mitwirkten.

Dieses läßt erkennen, wie komplex eine Beurteilung der gesundheitlichen Risiken durch Spuren von Metallen der Platingruppe ist, die nicht nur aus den PKWs sondern auch durch andere industrielle Verfahren und Produkte zunehmend mehr in der Umwelt angereichert werden. Deshalb kann es sich nur um eine vorläufige Bestandsaufnahme handeln, die zur weiteren Absicherung noch umfangreicher Aktivitäten verschiedener naturwissenschaftlicher und medizinischer Disziplinen bedarf.

In diesem Sinne hoffen wir, daß dieses Buch neue Impulse für weitere Anstrengungen liefert, um vor allem Gefahren rechtzeitig erkennen zu können, die mit einer noch wachsenden Belastung der Umwelt durch diese Elemente nicht auszuschließen sind.

Dortmund, Juli 1998 Prof. Dr. Dr.h.c. Günther Tölg

Vorwort (2)

Die Edelmetalle der Platin-Gruppe nehmen am Aufbau der Erdkruste mit etwa 1 ppb, also ungefähr einem Milligramm pro Tonne Gesteinsmaterial teil. Durch geochemische Kreisläufe entstehen lokale Anreicherungen dieser Metalle, die bei Anreicherungsfaktoren von 10.000 und damit Metallgehalten von etwa 10 Gramm pro Tonne Gestein ihre Gewinnung für den Menschen wirtschaftlich interessant machen. Bergbau und Metallurgie verursachen jedoch erhebliche Umweltbelastungen. Die produzierten Platinmetalle ihrerseits werden heute in steigendem Maße vorrangig aufgrund ihrer katalysatorischen Eigenschaften in technologische Prozesse integriert. Aus ihnen heraus führen insbesondere Platin, Palladium und Rhodium zu meßbaren Belastungen der Umwelt.

Alt und Zereini haben in verdienstvoller Weise die Initiative ergriffen, diesen Teil der Umweltproblematik und seine wissenschaftliche Bearbeitung durch Forschergruppen der unterschiedlichsten Provenienz zusammenzufassen.

Es ergibt sich ein eindrucksvolles Bild des Standes der Forschungen, das von der Entwicklung und Optimierung verläßlicher und aussagekräftiger Analysenmethoden, über die sich deutlich abzeichnende und vergrößernde Verbreitung der Platinmetalle in Stäuben, Böden und Sedimenten, über die Probleme der Bioverfügbarkeit bis in den human-medizinischen Bereich hin sich erstreckt.

Die hier vorgelegten interdisziplinären Forschungsergebnisse lassen erahnen, daß sich insbesondere durch den steigenden Verbrauch von Platinmetallen in der Kraftfahrzeug-Katalysator-Technik ein Gefahrenpotential abzeichnet, das intensive Beachtung verdient. Jeder Eingriff des Menschen in die ausbalanzierten Systeme unserer Erde bedarf unserer sorgfältigsten Beobachtung und Kontrolle.

Es ist bedauerlich, daß das Problem der Kontamination der Umwelt durch Platinmetalle aus politischen und kommerziellen Rücksichtnahmen heraus noch nicht die notwendige Aufmerksamkeit und Förderung erfährt.

Den Herausgebern dieses Buches ist daher eine Verbreitung des dargebotenen Stoffes auch über den Kreis der Fachinterssierten hinaus zu wünschen.

Lumsas, Juli 1998 Prof. Dr. Hans Urban

Inhaltsverzeichnis

1 Analysenmethoden

2 Stand der Katalysator-Technik

3 Platin(metalle) in Umweltkompartimenten

4 Bioverfügbarkeit von Platin(metallen)

5 Toxikologisches und allergologisches Gefährdungspotential von Platin und anderen Platinmetallen (Arbeitsmedizin)

Autorenverzeichnis

Alt, F., Dr.
Institut für Spektrochemie und angewandte Spektroskopie
Bunsen-Kirchhoff-Straße 11
44139 Dortmund

Artelt, S., Dr.
Bayern Innovativ GmbH.
EU-Büro
Gewerbemuseumsplatz 2
90403 Nürnberg

Ballach, H.-J, PD Dr.
Botanisches Institut,
J. W. Goethe-Universität
Siesmayerstr. 70
60323 Frankfurt am Main

Begerow, J., Dr.
Medizinisches Institut für Umwelthygiene an der Heinrich-Heine-Universität
Postfach 103751
40028 Düsseldorf

Beyer, J. M., Dipl. Geol.
Institut für Mineralogie,
J. W. Goethe-Universität
Georg-Voigt-Str. 16
60054 Frankfurt am Main

Claus, T., cand. geol.
Institut für Mineralogie,
J. W. Goethe-Universität
Georg-Voigt-Str. 16
60054 Frankfurt am Main

Dietl, C., Dipl. Biol.
Bayerisches Landesamt für Umwelt
Rosenkavalierplatz 3
81925 München

Dirksen, F., Dipl. Geol.
Institut für Mineralogie,
J. W. Goethe-Universität
Georg-Voigt-Str. 16
60054 Frankfurt am Main

Dunemann, L., Prof. Dr.
Medizinisches Institut für Umwelthygiene an der Heinrich-Heine-Universität
Postfach 103751
40028 Düsseldorf

Eckhardt, J. D., Dr.
Institut für Petrographie und Geochemie, Universität Karlsruhe
Kaiserstraße 12
76128 Karlsruhe

Eschnauer, H. R., Prof. Dr.
Insitut für Önologie
Stiegelgasse 49
55218 Ober-Ingelheim/Rhein

Gebel, T., Dr.
Abteilung für Allgemeine Hygiene und Umweltmedizin,
Georg-August-Universität,
Windausweg 2
37073 Göttingen

Golwer, A., Prof. Dr.
Dresdener Ring 39
65191 Wiesbaden

Hees, T. Dr.
Analytische Chemie 1
Universität-Gesamthochschule Siegen
Adolf-Reichwein Str. 9

Hoppstock, K., Dr.
Institut für Angewandte Physikalische Chemie
Forschungszentrum Jülich GmbH
52425 Jülich

Jakubowski, N., Dr.
Institut für Spektrochemie und angewandte Spektroskopie
Bunsen-Kirchhoff-Straße 11
44139 Dortmund

König, H.-P., Prof. Dr.
Hochschule Bremen FB 3
Neustadtwall 30
28199 Bremen

Klueppel, D., Dipl.Chem.
Institut für Spektrochemie und angewandte Spektroskopie
Bunsen-Kirchhoff-Straße 11
44139 Dortmund

Kümmerer, K., Dr.
Institut für Umweltmedizin und Krankenhaushygiene, Klinikum der Albert-Ludwigs-Universität Freiburg
79106 Freiburg

Laschka, D., Dr.
Bayer. Landesamt für Wasserwirtschaft
Postfach 190241
80602 München

Levsen, K., Prof. Dr.
Fraunhofer-Institut für Toxikologie und Aerosolforschung
Nikolai-Fuchs-Str. 1
30625 Hannover

Lustig, S., Dr.
Universiteit Gent
Instituut voor Nucleaire Wetenschappen
Laboratorium voor Analytische Scheikunde
Proeftuinstraat 86
B-9000 Gent, Belgien

Merget, R., PD Dr.
Berufsgenossenschaftliches Forschungsinstitut für Arbeitsmedizin – BGFA
Postfach 100250
44702 Bochum

Messerschmidt, J., Dipl. Ing.
Institut für Spektrochemie und angewandte Spektroskopie
Bunsen-Kirchhoff-Straße 11
44139 Dortmund

Michalke, B., Dr.
GSF-Forschungszentrum
Postfach 1129
85758 Neuherberg

Nachtwey, M., Dipl. Ing.
Bayer. Landesamt für Wasserwirtschaft
Postfach 190241
80602 München

Peichl, L., Dr.
Bayerisches Landesamt für Umwelt
Rosenkavalierplatz 3
81925 München

Rankenburg, K., Dipl. Geol.
Institut für Mineralogie,
J. W. Goethe-Universität
Georg-Voigt-Str. 16
60054 Frankfurt am Main

Risse, G., Dr.
Institut für Anorganische und
Analytische Chemie der
Technischen Universität
München
Lichtenbergstr. 4
85747 Garching

Rosner, G., Dr.
Beratung & Service:
Toxikologie und Umwelt
Bächelhurst 39
79249 Merzhausen

Schäfer, J., Dr.
Institut für Petrographie und
Geochemie, Universität
Karlsruhe
Kaiserstraße 12
76128 Karlsruhe

Schierl, R., Dr.
Institut für Arbeits- und
Umweltmedizin mit Poliklinik
der Ludwig-Maximilians-
Universität, Klinikum
Innenstadt
Labor für Spurenanalytik
Ziemssenstr. 1
80336 München

Schramel, P., Prof. Dr.
GSF-Forschungszentrum
Postfach 1129
85758 Neuherberg

Schuster, M., Prof. Dr.
Institut für Anorganische und
Analytische Chemie der
Technischen Universität
München
Lichtenbergstr. 4
85747 Garching

Schwarzer, M., Dr.
Institut für Anorganische und
Analytische Chemie der
Technischen Universität
München
Lichtenbergstr. 4
85747 Garching

Skerstupp, B., Dipl. Min.
Institut für Mineralogie,
J. W. Goethe-Universität
Georg-Voigt-Str. 16
60054 Frankfurt am Main

Stuewer, D., Dr.
Institut für Spektrochemie und
angewandte Spektroskopie
Bunsen-Kirchhoff-Straße 11
44139 Dortmund

Urban, H., Prof. Dr.
Institut für Mineralogie,
J. W. Goethe-Universität
Georg-Voigt-Str. 16
60054 Frankfurt am Main

Wäber, M., Dr.
Bayerisches Landesamt für
Umwelt
Rosenkavalierplatz 3
81925 München

Wenclawiak, B., Prof. Dr.
Analytische Chemie 1
Universität-Gesamthochschule
Siegen
Adolf-Reichwein Str. 9

Weber, G., Dr.
Institut für Spektrochemie und
angewandte Spektroskopie
Bunsen-Kirchhoff-Straße 11
44139 Dortmund

Zereini, F., PD Dr.
Institut für Mineralogie,
J. W. Goethe-Universität
Georg-Voigt-Str. 16
60054 Frankfurt am Main

Gutachterverzeichnis

Alt, F., Dr.
Institut für Spektrochemie und angewandte Spektroskopie
Bunsen-Kirchhoff-Straße 11
44139 Dortmund

Angerer, J., Prof. Dr.
Institut für Arbeits-, Sozial- und Umweltmedizin der Universität Erlangen-Nürnberg
Schillerstr. 25 u.29
91054 Erlangen

Artelt, S., Dr.
Bayern Innovativ GmbH.
EU-Büro
Gewerbemuseumsplatz 2
90403 Nürnberg

Ballach, H.-J., PD Dr.
Botanisches Institut,
J. W. Goethe-Universität
Siesmayerstr. 70
60323 Frankfurt

Dunemann, L., Prof. Dr.
Medizinisches Institut für Umwelthygiene an der Heinrich-Heine-Universität
Postfach 103751
40028 Düsseldorf

Eckhardt, J. D., Dr.
Institut für Petrographie und Geochemie, Universität Karlsruhe
Kaiserstraße 12
76128 Karlsruhe

Golwer, A., Prof. Dr.
Dresdener Ring 39
65191 Wiesbaden

Hoppstock, K., Dr.
Institut für Angewandte Physikalische Chemie
Forschungszentrum Jülich GmbH
52425 Jülich

Jaeschke, W., Prof. Dr.
Zentrum für Umweltforschung
J. W. Goethe-Universität
Georg-Voigt-Str. 14
60054 Frankfurt am Main

König, K.-H., Prof. Dr.
Kirchhainer 13
60433 Frankfurt

Matschullat, J., PD Dr.
Institut für Umwelt-Geochemie
Im Neuenheimer Feld 236
69120 Heidelberg

Püttmann, W., Prof. Dr.
Institut für Mineralogie,
J. W. Goethe-Universität
Georg-Voigt-Str. 16
60054 Frankfurt am Main

Schuster, M., Prof. Dr.
Institut für Anorganische und Analytische Chemie
Technische Universität München
Lichtenbergstr. 4
85747 Garching

Tölg, G., Prof. Dr. Dr. h.c.
In der Schlage 53
58313 Herdecke

Urban, H., Prof. Dr.
Institut für Mineralogie,
J. W. Goethe-Universität
Georg-Voigt-Str. 16
60054 Frankfurt am Main

Weber, G., Dr.
Institut für Spektrochemie und
angewandte Spektroskopie
Bunsen-Kirchhoff-Straße 11
44139 Dortmund

Wittig, R., Prof. Dr.
Botanisches Institut,
J. W. Goethe-Universität
Siesmayerstr. 70
60323 Frankfurt

Zereini, F., PD Dr.
Institut für Mineralogie,
J. W. Goethe-Universität
Georg-Voigt-Str. 16
60054 Frankfurt am Main

1 Analysenmethoden

Zuverlässige Analysenmethoden zur Ermittlung von Konzentrationen der Platingruppenelemente (PGE) im $ng.kg^{-1}$- bzw. $ng.l^{-1}$-Bereich sind nicht nur in der Geochemie erforderlich; bedeutsam sind sie heute gerade in der Umweltanalytik, da die zunehmende Verwendung von Platinmetallen in der Industrie – insbesondere im Bereich der Katalysator-Technik – in Zukunft zu einer Erhöhung der PGE-Konzentrationen in der Umwelt führt (Abschnitt 1.9).

Bei den Platingruppenelementen, auch Platinmetalle genannt, handelt es sich um die Elemente Platin, Palladium, Iridium, Rhodium, Ruthenium und Osmium. Sie kommen in der uns zugänglichen Lithosphäre in äußerst geringen Konzentrationen vor. Um diese extrem niedrigen Konzentrationen zu erfassen, wurden verschiedene Verbundverfahren entwickelt.

In diesem Kapitel stellen die Autoren den neuesten Stand der analytischen Verfahren zur Bestimmung von Platingruppenelementen in Umweltkompartimenten und biologischen Materialien vor. Die Aufmerksamkeit liegt dabei insbesondere auf den Analysenmethoden zur Bestimmung der Elemente Platin, Palladium und Rhodium, die den aktiven Teil des Autoabgaskatalysators bilden.

Seit Anfang der 90er Jahre hat sich die adsorptive Strippingvoltammetrie (AdSV) unter Ausnutzung des katalytischen Wasserstoffsignals zur Pt-Bestimmung in verschiedendsten Matrizes im Spuren- und Ultraspurenbereich ($ng.l^{-1}$ – $pg.l^{-1}$) etabliert (Abschnitt 1.2). Neben der Voltammetrie wird zunehmend die Massenspektrometrie mit induktiv gekoppelter Plasmaionisierung (ICP-MS) für die Ermittlung von Hintergrundkonzentrationen eingesetzt. Mit der Einführung der Sektorfeld-ICP-MS kann die Hintergrundbelastung der Bevölkerung durch Platingruppenelemente routinemäßig untersucht werden (Abschnitt 1.1).

Mit Hilfe der neu entwickelten FI-GF-AAS-Kopplung kann der Palladiumgehalt im Urin beruflich belasteter Personen erfaßt werden. Dieses selektive Verfahren eignet sich auch u. a. zur Pd-Bestimmung in Umweltkompartimenten (Straßenstaub, Luftstaub, Gras), in Human-Urin und zur Ermittlung der Desorption von Palladium aus Dentallegierungen mit Speichel (Abschnitt 1.5 u. 1.6).

Die Arbeiten von Klueppel et al. (Abschnitt 1.3), Michalke u. Schramel (Abschnitt 1.4), Weber u. Messerschmidt (Abschnitt 1.7) und Wenclawiak u. Hees (Abschnitt 1.8) beschäftigen sich mit der Problematik der Platin-Speziesanalytik. Bei diesenVerfahren werden die betreffenden Spezies zuerst getrennt (z. B. durch Gel-Permeationschromatographie, HPLC, Kapillar-Elektrophorese) und anschließend mittels Pt-Bestimmung in den Fraktionen (Voltammetrie) oder on-line (ICP-MS) die Pt-Spezies ermittelt. Durch die Erfassung der Pt-Spezies kann auf die Bioverfügbarkeit und biochemische Wirkung von Platin in der Umwelt geschlossen werden.

1 Analysemethoden

1.1 Anwendung der Sektorfeld-ICP-MS zur Bestimmung der Hintergrundbelastung der Bevölkerung mit Platinmetallen

J. Begerow, L. Dunemann
Medizinisches Institut für Umwelthygiene an der Heinrich-Heine-Universität, Düsseldorf

Einleitung

Die Exposition des Menschen gegenüber Platinmetallen hat sich in den vergangenen Jahren kontinuierlich erhöht. Dabei kann der Mensch über sehr unterschiedliche Pfade gegenüber diesen Fremdstoffen exponiert sein. Einen erheblichen Anteil zum Eintrag von Platinmetallen in die Umwelt liefert vor allem deren Freisetzung aus Autoabgaskatalysatoren. Ferner werden Platinmetalle in steigendem Umfang in der Zahnheilkunde in Edelmetall-Legierungen zur Versorgung mit Zahnersatz eingesetzt, aus denen sie nach Korrosion in den Speichel freigesetzt werden können (Schwickerath u. Pfeiffer 1995; Begerow et al. 1998b, 1998c). Aufgrund ihrer breiten industriellen Anwendung als Katalysatoren sind sie außerdem als Rückstände in den Endprodukten wie Medikamenten, Lebensmitteln und Gegenständen des täglichen Gebrauchs enthalten. Aufgrund ihrer Verwendung als Wirkstoffe in Medikamenten (z.B. cis-Platin und Carboplatin in der Krebstherapie) gelangen sie zusätzlich über Abwasser und Müll in die Umwelt.

Über die Bioverfügbarkeit (Aufnahme und Resorption) von Platinmetallen und deren Verbindungen für den Menschen – und damit auch über das Gefährdungspotential von Einzelpersonen und Personengruppen – ist bis heute nur wenig bekannt. Ebenso stehen nur vereinzelt Daten zu den Hintergrundkonzentrationen der Platinmetalle in menschlichen Körperflüssigkeiten und Organen zur Verfügung. Die quantitative Bestimmung von Fremdstoffen oder ihrer Metabolite in Körperflüssigkeiten und Organen (Human-Biomonitoring) ist jedoch unerläßlich zur Erfassung der effektiven individuellen Belastungssituation des Menschen und ermöglicht es, besonders belastete Personen und Personengruppen zu erkennen. Daten zur internen Belastung stellen einen unverzichtbaren Bestandteil bei Wirkungsuntersuchungen dar, in deren Rahmen in interdisziplinärer Zusammenarbeit mit Medizinern, Toxikologen, Epidemiologen etc. das Ziel verfolgt wird, die individuelle Gesundheitsgefährdung abzuschätzen und - durch frühzeitige Erkennung der Belastung und geeignete Maßnahmen - präventiven Gesundheitsschutz durchzuführen.

Untersuchungen von Umweltkompartimenten können wertvolle Hinweise auf mögliche Expositionsquellen liefern und das Human-Biomonitoring sinnvoll ergänzen. Das Umweltmonitoring – die Fremdstoffbestimmung in Umweltmatrices (Luft, Wasser, Boden, Lebensmittel etc.) – kann hingegen lediglich Hinweise auf eine aktuelle potentielle Belastung geben. Aufgrund unterschiedlicher Lebens-

und Ernährungsgewohnheiten, individueller Unterschiede im Metabolismus (Aufnahme und Ausscheidung) sowie unterschiedlicher Vorbelastungen lassen sich bei Beschränkung auf das Umweltmonitoring keine konkreten Aussagen zur Belastungs- und Gefährdungssituation von Einzelpersonen machen oder Zusammenhänge mit medizinischen Befunden herstellen.

Bis Mitte der 90er Jahre lagen nur sehr vereinzelt Daten zur Hintergrundbelastung der Bevölkerung mit Platinmetallen vor, da die verfügbaren Analysenverfahren entweder nicht nachweisstark genug oder extrem aufwendig waren. Lediglich für das Platin wurden seit Anfang der 90er Jahre einige Daten publiziert, da mit der adsorptiven Strippingvoltammetrie (AdSV) ein Verfahren zur Verfügung stand, das die Bestimmung umweltbedingter Konzentrationen in Körperflüssigkeiten erlaubte. Mit der Einführung der Sektorfeld-ICP-MS (SF-ICP-MS) ist es gelungen, die Platinmetalle Platin (Pt), Palladium (Pd) und Iridium (Ir) mit demselben Analysenverfahren in einem Analysenlauf nachweisstark zu bestimmen (Begerow et al. 1996c, 1997a, 1997c). Hiermit kann erstmals die Hintergrundbelastung der Bevölkerung mit diesen Platinmetallen an größeren Probandenzahlen und unterschiedlichen Bevölkerungsgruppen untersucht werden. Dieses innovative Verfahren soll deshalb im Rahmen dieses Beitrages kurz vorgestellt werden.

Die SF-ICP-MS im Vergleich mit anderen spurenanalytischen Verfahren

Prinzip der ICP-MS

Aus einer flüssigen, in der Regel wäßrigen Probe wird mittels eines Zerstäubersystems ein feines Probenaerosol erzeugt und über eine Torch in ein Argonplasma überführt. Am Ende dieser Torch wird mittels einer Spule ein Hochfrequenzsignal eingekoppelt und somit das induktiv gekoppelte Plasma (ICP) erzeugt. Bei Plasmatemperaturen von bis zu 8000 °C wird die Probe zunächst in ihre atomaren Bestandteile zerlegt und anschließend ionisiert, wobei überwiegend einfach positiv geladene Atomionen entstehen. Diese Ionen werden vom unter Atmosphärendruck arbeitenden Plasma über ein Einlaßsystem in ein Hochvakuum überführt, wo sie mit Hilfe eines Massenanalysators nach ihrem Verhältnis von Masse zu Ladung (m/z) getrennt werden. Bei der Identifizierung und Quantifizierung macht man sich die Tatsache zunutze, daß die Massen der einzelnen Isotope in der Regel einem Element eindeutig zugeordnet werden können und in einem konstanten Verhältnis zueinander vorkommen, so daß man ein charakteristisches Isotopenverteilungsmuster erhält. Daneben treten in geringen Anteilen polyatomare und mehrfach geladene Ionen auf. Die Trennung im Massenanalysator erfolgt in den meisten kommerziell erhältlichen ICP-MS-Geräten durch ein elektrisches Quadrupolfeld (Q-ICP-MS), mit dem eine Auflösung von ganzen Masseneinheiten erzielt wird ("Einheits"auflösung). Durch isobare, polyatomare und mehrfach geladene Ionen, die sich nur in Bruchteilen einer Masseneinheit von dem Analyt-

Ion unterscheiden, können insbesondere im spurenanalytischen Bereich Überlagerungen auftreten, die zu falschen Ergebnissen führen. Mit der SF-ICP-MS, in der beispielsweise ein magnetisches und ein elektrisches Feld in inverser Nier-Johnson-Geometrie angeordnet sind (z.B. ELEMENT, Fa. Finnigan MAT), lassen sich im hochauflösenden (HR-) Modus auch Ionen voneinander trennen, die sich nur in Bruchteilen einer Masseneinheit unterscheiden (vgl. auch Becker u. Dietze 1997; Moens et al. 1995; Begerow et al. 1996a). Durch diese physikalische Abtrennung der Signals des Analyten von denen der Interferenzen kann neben der sicheren Identifizierung und Quantifizierung für das betreffende Element in der Regel eine deutliche Senkung der Nachweisgrenze erreicht werden. Die SF-ICP-MS bietet außerdem die Möglichkeit, in einem niedrigaufgelösten (LR-)Modus zu arbeiten. Im LR-Modus lassen sich aufgrund des niedrigeren Detektorrauschens im Vergleich zur konventionellen Q-ICP-MS um ein bis zwei Zehnerpotenzen niedrigere Nachweisgrenzen erreichen, so daß sich auch für die Messung ungestörter Isotope deutliche Vorteile ergeben (Moens et al. 1995; Becker u. Dietze 1997; Begerow et al. 1996a). Im HR-Modus wiederum ist die Empfindlichkeit aufgrund der geringeren Transmission um etwa ein bis zwei Zehnerpotenzen schlechter als im LR-Modus (Moens et al. 1995).

Zur Auflösung aller spektraler Überlagerungen reicht das Auflösungsvermögen der kommerziellen SF-ICP-MS-Geräte von $R = m/\Delta m \approx 10.000$ nicht aus. Überlagerungen durch polyatomare und doppelt geladene Ionen lassen sich jedoch in vielen Fällen auflösen.

Wie die Tabelle 1 verdeutlicht, ist die Bestimmung von Rh, Pd und Pt prinzipiell auf allen Isotopen durch spektrale Interferenzen gestört, die erforderlichen Mindestauflösungen zeigt Tabelle 2. Ob eine spektrale Interferenz relevant ist, hängt von dem Signalverhältnis zwischen dem Analyt- und Störisotop ab.

Ein nicht zu unterschätzender Vorteil der SF-ICP-MS ist, daß man die Methodenentwicklung im HR-Modus durchführen kann, um mögliche Störungen zu erkennen und deren Auswirkung auf das Analysenergebnis abschätzen zu können. Eine zusätzliche Überprüfung ist mit Ausnahme von monoisotopischen Elementen wie Rhodium durch Vergleich der in der Probe erhaltenen mit den theoretisch zu erwartenden Isotopenverhältnissen möglich.

Das Analysenverfahren sollte soweit optimiert werden, daß nach Abschluß der Optimierung in Niedrigauflösung gearbeitet werden kann. Mögliche Interferenzen auf den Massen des Pd können durch quasi-simultane Messung der Störelemente kontrolliert und gegebenenfalls mathematisch korrigiert werden, sofern die spektralen Interferenzen nicht um Größenordnungen höhere Signale liefern als die Analyte. Routinemäßige Messungen im HR-Modus sind in dem für Platinmetalle relevanten Konzentrationsbereich nicht sinnvoll, da die Zählraten dann für eine Quantifizierung zu gering sind.

Da die Bildungsraten für doppelgeladene und polyatomare Interferenzen außer von den Eigenschaften des Störelements zusätzlich auch von den eingestellten Geräteparametern und der Matrix beeinflußt werden, sind mathematische Korrekturen dieser Interferenzen wesentlich aufwendiger und mit größeren Unsicherheiten behaftet als bei isobaren Interferenzen. Isobare Interferenzen sind leichter vorhersehbar und einfacher korrigierbar, da man das Ausmaß der Störung durch

Messung auf einem anderen ungestörten Isotops desselben Elements relativ zuverlässig berechnen kann. Einige typische Bildungsraten für doppelt geladene und polyatomare Ionen sind in Tabelle 3 aufgeführt.

Tabelle 1. Mögliche spektrale Interferenzen bei der spurenanalytischen Bestimmung von Rh, Pd und Pt in Körperflüssigkeiten (nach Begerow et al. 1996b und 1996c)

Isotop	rel. Vorkommen (%)	Interferenz
^{103}Rh	100	$^{206}Pb^{2+}$, $^{40}Ar^{63}Cu^{+}$, $^{87}Sr^{16}O^{+}$
^{102}Pd	1,0	$^{102}Ru^{+}$, $^{204}Hg^{2+}$, $^{86}Sr^{16}O^{+}$
^{104}Pd	11,1	$^{104}Ru^{+}$, $^{208}Pb^{2+}$, $^{40}Ar^{64}Zn^{+}$, $^{88}Sr^{16}O^{+}$
^{105}Pd	22,3	$^{40}Ar^{65}Cu^{+}$, $^{35}Cl_3^{+}$
^{106}Pd	27,3	$^{106}Cd^{+}$, $^{40}Ar^{66}Zn^{+}$, $^{90}Zr^{16}O^{+}$
^{108}Pd	26,5	$^{108}Cd^{+}$, $^{40}Ar^{68}Zn^{+}$, $^{92}Zr^{16}O^{+}$
^{110}Pd	11,7	$^{110}Cd^{+}$, $^{94}Zr^{16}O^{+}$
^{190}Pt	0,01	$^{190}Os^{+}$, $^{178}Hf^{12}C^{+}$
^{192}Pt	0,8	$^{192}Os^{+}$, $^{176}Hf^{16}O^{+}$, $^{180}Hf^{12}C^{+}$
^{194}Pt	32,9	$^{178}Hf^{16}O^{+}$
^{195}Pt	33,8	$^{179}Hf^{16}O^{+}$
^{196}Pt	25,3	$^{196}Hg^{+}$, $^{180}Hf^{16}O^{+}$
^{198}Pt	7,2	$^{198}Hg^{+}$

Tabelle 2. Mindestauflösungen für ausgewählte Interferenzen

Isotop	Interferenz	Mindestauflösung
^{103}Rh	$^{206}Pb^{2+}$	1260
^{103}Rh	$^{40}Ar^{63}Cu^{+}$	7623
^{103}Rh	$^{87}Sr^{16}O^{+}$	60532
^{104}Pd	$^{208}Pb^{2+}$	1233
^{104}Pd	$^{40}Ar^{64}Zn^{+}$	2021
^{104}Pd	$^{88}Sr^{16}O^{+}$	29434
^{105}Pd	$^{40}Ar^{65}Cu^{+}$	7055
^{106}Pd	$^{106}Cd^{+}$	35467*
^{106}Pd	$^{40}Ar^{66}Zn^{+}$	7060
^{106}Pd	$^{90}Zr^{16}O^{+}$	27492
^{108}Pd	$^{108}Cd^{+}$	369534*
^{108}Pd	$^{92}Zr^{16}O^{+}$	27386

* isobare Interferenz, mathematisch korrigierbar

Bei der Pt-Bestimmung in biologischen Proben spielen nach Begerow et al. (1996c) spektrale Interferenzen durch Hafnium (Hf) aufgrund der niedrigen Hf-

Konzentrationen in der Praxis keine Rolle, so daß im LR- Modus – d.h. bei maximaler Empfindlichkeit – und ohne zusätzliche mathematische Korrekturen gearbeitet werden kann. Ir ist in diesen Matrices ebenfalls auf beiden Massen störungsfrei bestimmbar. Bei der Pd-Bestimmung in Körperflüssigkeiten sind die in Tabelle 1 zusammengestellten Interferenzen zu berücksichtigen.

Tabelle 3. Bildungsraten für einige ausgewählte Interferenzen durch doppelt geladene und polyatomare Ionen (vgl. auch Begerow et al. 1996a, 1996b).

Interferenz	M/z	Bildungsrate (%)
$^{206}Pb^{2+}$, $^{208}Pb^{2+}$	103, 104	0,1
$^{86}Sr^{16}O^{+}$, $^{87}Sr^{16}O^{+}$, $^{88}Sr^{16}O^{+}$	102, 103, 104	0,1
$^{63}Cu^{40}Ar^{+}$, $^{65}Cu^{40}Ar^{+}$	103, 105	0,0005
$^{90}Zr^{16}O^{+}$, $^{92}Zr^{16}O^{+}$, $^{94}Zr^{16}O^{+}$	106, 108, 110	1,0
$^{64}Zn^{40}Ar^{+}$, $^{66}Zn^{40}Ar^{+}$, $^{68}Zn^{40}Ar^{+}$	104, 106, 108	0,001
$^{178}Hf^{16}O^{+}$, $^{179}Hf^{16}O^{+}$, $^{180}Hf^{16}O^{+}$	194, 195, 196	0,4

Es wird empfohlen, die Bestimmung auf den Massen 105 und 106 durchzuführen und die Interferenzen verursachenden Elemente (Cadmium, Kupfer, Zink, Zirkonium) routinemäßig mit zu erfassen, so daß im Bedarfsfall eine mathematische Korrektur vorgenommen werden kann. Die Richtigkeit der Analysen ist über das Isotopenverhältnis zu überprüfen. Umweltbedingte Konzentrationen des monoisotopischen Rh lassen sich ohne vorherige chemische Abtrennung der Störelemente nicht zuverlässig bestimmen, da die Konzentrationsverhältnisse zwischen dem Rh und den Elementen, die die spektralen Interferenzen verursachen, zu ungünstig sind.

Vergleich zwischen der SF-ICP-MS und anderen spurenanalytischen Verfahren

Die Atomabsorptionsspektrometrie (AAS) stellt das verbreitetste instrumentelle Verfahren zur spurenanalytischen Bestimmung von Metallen und Halbmetallen in humanbiologischen Proben dar. Zur Bestimmung der Platinmetalle ist die AAS allerdings nur sehr bedingt geeignet, da deren Normalwerte in Körperflüssigkeiten um Größenordnungen unterhalb der mit dieser Technik erreichbaren Nachweisgrenzen liegen. Da in der Regel nur geringe Probenmengen im ml-Bereich verfügbar sind, ist auch eine Anreicherung nur sehr begrenzt möglich, so daß das Einsatzgebiet der AAS bis auf Ausnahmen auf die Bestimmung erhöhter Belastungen beschränkt ist. Mit Hilfe geeigneter Anreicherungstechniken kann man mit der ET-AAS für Palladium den umweltbedingten Konzentrationsbereich im Urin zumindest teilweise erfassen (Begerow et al. 1997b sowie Kapitel 1.5 und 1.6 dieses Buches), so daß erhöhte interne Belastungen erkannt werden können.

Die SF-ICP-MS stellt aufgrund ihrer gegenüber der AAS um mindestens 3 Größenordnungen höheren Nachweisstärke eine Methode dar, die hervorragend für Platinmetallbestimmungen in biologischen Proben geeignet ist. In Kombination mit geeigneten Probenvorbereitungsschritten lassen sich im LR-Modus in Körperflüssigkeiten Nachweisgrenzen erzielen, die im oberen pg/l-Bereich liegen (Begerow et al. 1996c, 1997a, 1997c), so daß der umweltbedingte Konzentrationsbereich vollständig erfaßt wird. Mit der Q-ICP-MS werden, je nach Gerätetyp und -konfiguration, um 1 - 2 Zehnerpotenzenen schlechtere Nachweisgrenzen erhalten. Bei Verwendung der ETV-Technik ist es auch mit der Q-ICP-MS möglich, für das Platin in den umweltmedizinischen Bereich vorzudringen, allerdings werden Platinkonzentrationen im Urin, die unter 1 ng/l liegen, aufgrund der zu geringen Nachweisstärke dieses Verfahrens nicht mehr erfaßt (Schramel et al. 1995). Die ICP-MS hat neben ihrer hohen Nachweisstärke den weiteren Vorteil, daß im Gegensatz zur AAS und AdSV die Platinmetalle und weitere interessierende Elemente in einem Analysenlauf bestimmbar sind.

Die AdSV stellt ebenfalls ein äußerst nachweisstarkes Verfahren dar, das es ermöglicht, umweltbedingte Pt-Konzentrationen in Körperflüssigkeiten zu erfassen (Messerschmidt et al. 1992), für die Bestimmung umweltbedingter Konzentrationen anderer Platinmetalle erscheint sie jedoch nicht geeignet. Auf die Pt-Bestimmung mittels AdSV wird in Kapitel 1.2 dieser Monographie ausführlich eingegangen. Die adsorptionsvoltammetrische Rh-Bestimmung in Körperflüssigkeiten ist prinzipiell ebenfalls möglich (Leon et al.), jedoch ist deren Anwendbarkeit auf erhöhte, arbeitsplatzbedingte Konzentrationen beschränkt. Die AdSV ist ein relativ störanfälliges und aufwendiges Analysenverfahren, die der ICP-MS im routinemäßigen Einsatz insbesondere bei großen Probenzahlen und Multielementanalysen unterlegen ist. Aufgrund ihrer hohen Nachweisstärke sowie ihrer geringeren Anschaffungs- und Folgekosten ist sie immer dann die Methode der Wahl, wenn Pt-Einzelelementanalysen in geringeren Probenzahlen durchzuführen sind. Unabhängig davon ist sie als Referenzverfahren in der Ultraspurenanalytik des Platins unverzichtbar.

Die Neutronenaktivierungsanalyse (NAA) ist eine hochempfindliche spurenanalytische Multielementmethode. Sie ist allerdings eine sehr aufwendige Methode, die wenigen spezialisierten Laboratorien vorbehalten ist, die Zugang zu einem Kernreaktor haben. Als Routineverfahren kommt sie nicht in Frage, sie ist aber als unabhängige Referenzmethode zur Kontrolle anderer Verfahren von Bedeutung.

Probenvorbereitung zur Bestimmung von Platinmetallen in Körperflüssigkeiten

Zur Verringerung der Gefahr von Kontaminationen oder Verlusten sollten die Probenvorbereitungsschritte und die zugesetzten Reagenzienmengen auf das erforderliche Minimum beschränkt werden. Zusätzlich müssen Vorkehrungen getroffen werden, um die exogene Kontamination durch Staub und Umgebungsluft so gering wie möglich zu halten (Reinraumbedingungen). Eine regelmäßige Kontrolle der Verfahrensblindwerte ist zwingend erforderlich. Gefäße sollten grundsätzlich vorab durch Spülen mit Säuren gereinigt und kontaminationsgeschützt gelagert werden. Es empfiehlt sich, konzentrierte Säuren vorab durch Subboiling-Destillation nachzureinigen (Begerow et al. 1996c und 1997c; Verstraete et al. 1996).

Ziel der Probenvorbereitung ist es, die Voraussetzung für eine möglichst störungsfreie Bestimmung des Analyten zu schaffen. Für die ICP-MS sind klare, wäßrige Lösungen mit einem Salzgehalt von kleiner als 1 % erforderlich. Zur Vermeidung von matrixbedingten Interferenzen kann bei der ICP-MS auf einen Aufschluß zur Zerstörung der organischen Matrix und auf eine Probenverdünnung nicht verzichtet werden. Der thermisch-konvektive und der Mikrowellen-induzierte Hochdruckaufschluß, die in der Spurenanalytik von Körperflüssigkeiten und Organen am weitesten verbreiteten Aufschlußtechniken, sind für die Analytik von Platinmetallen in Körperflüssigkeiten weniger geeignet. Der Nachteil dieser Aufschlußverfahren liegt in den erforderlichen hohen Säurekonzentrationen, die im Anschluß durch Abrauchen oder Verdünnen wieder herabgesetzt werden müssen. Außerdem sind in den handelsüblichen Säuren auch in ihrem höchsten kommerziell erhältlichen Reinheitsgrad und sogar noch nach einer weiteren Reinigung durch Subboiling-Destillation meßbare Rückstände an Platin enthalten, die zu Verfahrensblindwerten führen, die in derselben Größenordung wie die zu messenden Pt-Konzentrationen liegen können (Begerow et al. 1996c, 1997a; Verstraete 1996).

Für Urin-, Blut- und Serumproben stellt der UV-Aufschluß eine geeignete Alternative dar. Der UV-Aufschluß hat den entscheidenden Vorteil, daß er mit sehr geringen Säure- und Wasserstoffperoxidkonzentrationen durchgeführt werden kann, so daß die aus den Reagenzien stammenden Blindwerte gegenüber den vorher genannten Aufschlußtechniken deutlich verringert sind. Zum Aufschluß von Urin ist beispielsweise bei einem Probenvolumen von 10 ml ein Zusatz von 100 µl konzentrierter Salpetersäure und 600 µl Wasserstoffperoxid ausreichend (Begerow et al. 1997a). Für den Aufschluß von 1 ml Vollblut sind 4 ml 0,5 %iger Salpeteräure und 1,6 ml Wasserstoffperoxid erforderlich (Begerow et al. 1997c). Zur Herabsetzung des Salzgehaltes der Meßlösung sollten Urinproben zusätzlich um mindestens den Faktor 5 und Blutproben um mindestens den Faktor 10 verdünnt werden.

Quantifizierung, Validierung und Qualitätsicherung

Aufgrund der starken Matrixabhängigkeit sollte die Kalibrierung grundsätzlich nach dem Standardadditionsverfahren erfolgen. Der Zusatz eines internen Standards ist zur Vermeidung von Kontaminationen und spektralen Interferenzen in diesem Konzentrationsbereich für die Platinmetalle unbedingt zu vermeiden.

Die Richtigkeit und Präzision der Meßwerte müssen durch regelmäßige Durchführung einer internen und externen Qualitätssicherung überprüft werden (Kommission "Human-Biomonitoring" des Umweltbundesamtes 1996). Ringversuche sind seit einigen Jahren zumindest für die Pt-Bestimmung im Urin verfügbar. Die in Tabelle 4 zusammengestellten Ergebnisse des von der Deutschen Gesellschaft für Arbeits- und Umweltmedizin durchgeführten Ringversuche belegen eindeutig die Zuverlässigkeit der SF-ICP-MS auch für die Ultraspurenanalytik von Platin in Körperflüssigkeiten.

Tabelle 4. Erfolgreiche Zertifizierungen für die Bestimmung von Platin im Urin mit der Sektorfeld-ICP-MS bei den Ringversuchen der Deutschen Gesellschaft für Arbeits- und Umweltmedizin, Erlangen (Begerow et al. 1996c, 1997c).

Jahr	Probe	SF-ICP-MS [ng Pt/l]	Sollwert [ng Pt/l]	Zertifizierter Bereich [ng Pt/l]
1995/96	A	23	23	10 – 35
	B	416	408	287 – 530
1996	A	46	60	30 – 90
	B	103	100	60 – 130
1996/97	A	5	10	4 – 18
	B	9	10	8 – 20
1997	A	98	93	66 – 120
	B	170	169	129 – 209

Hintergrundbelastung der Bevölkerung mit Platinmetallen

Die Tabelle 5 enthält eine Zusammenstellung der bisher publizierten Daten zur Hintergrundbelastung der Bevölkerung mit Platinmetallen sowie Informationen zu den eingesetzten Analysenverfahren. Die Werte liegen ausnahmslos im oberen pg/l- bis mittleren ng/l-Bereich. Sie deuten darauf hin, daß die Hintergrundbelastung der Bevölkerung mit Pd etwa eine Größenordnung über der des Pt liegt, während die Ir-Werte noch unter denen des Pt zu liegen scheinen. Trotz der anspruchsvollen Analytik erkennt man für das Pt bis auf eine Ausnahme eine hervorragende Übereinstimmung zwischen den einzelnen Arbeitsgruppen und zwischen den unterschiedlichen Analysenverfahren. Für Pd liegen zur Zeit nur Ergebnisse einer Arbeitsgruppe vor, die für das Iridium vorliegenden Daten zeigen keine Übereinstimmung. Eine Unterscheidung in Bevölkerungsgruppen mit verschiedenen Expositionspfaden (Verkehr, Zahnersatz) ist im Rahmen der in Tabelle 5 aufgeführten Studien nicht möglich.

Entgegen den Vermutungen scheint nach den bisher vorliegenden Studien die Exposition gegenüber Kfz-Emissionen keinen maßgeblichen Beitrag zur Exposition der Bevölkerung mit Platinmetallen zu liefern. Wie die Tabellen 6a und 6b zeigen, konnte in drei Studien bei stark (beruflich) verkehrsexponierten Personen keine signifikant höhere Pt- und Pd-Ausscheidung im Urin gefunden werden als bei Kontrollpersonen. Dieses läßt vermuten, daß Platinmetall-Emissionen über den inhalativen Pfad nur wenig bioverfügbar sind.

Dagegen kann die Freisetzung von Platinmetallen aus Dentallegierungen einen erheblichen Beitrag zur Gesamtbelastung von betrofferenen Personen leisten.

Tabelle 5. Hintergrundbelastung (ng/l) der Bevölkerung mit Platinmetallen (MW = Mittelwert, NG = Nachweisgrenze)

PGE	N	Matrix	MW	Bereich	Methode	NG	Ref.
Pt	14[a]	Urin	3,5	0,5 - 14,3	AdSV	0,2	(1)
	21[a]	Urin	1,8	0,5 - 7,7	SF-ICP-MS	0,2	(2)
	262[b]	Urin	1,5	0,2 - 19,0	SF-ICP-MS	0,2	(3)
	10	Urin	5,4	1,2 - 35	ETV-Q-ICP-MS	1,0	(4)
	12	Urin	6,3	2,1 - 17,4	AdSV		(5)
	21	Urin	126		AdSV		(6)
	7	Blut	0,9	0.3 - 1,3	SF-ICP-MS	0.3	(7)
	13	Blut		<0,8 - 6,9	AdSV	0,8	(1)
	13	Plasma		<0,8 - 6,9	AdSV	0,8	(1)
Pd	21[a]	Urin	140	33 - 220	SF-ICP-MS	0,2	(2)
	262[b]	Urin	36	6 - 114	SF-ICP-MS	0,2	(3)
	10[a]	Urin	39	<20 - 80	ET-AAS	20	(8)
	136	Urin	<150	<150	NAA	150	(9)
	7	Blut	50	32 - 78	SF-ICP-MS	0,2	(7)
Ir	17	Urin	18	0,7 - 70	NAA		(9)
	7	Blut	0,3	0,1 - 0,4	SF-ICP-MS	0,03	(7)
	22	Blut	7,4	2 - 35	NAA		(9)

[a] Erwachsene, [b] Kinder, (1) Messerschmidt et al. 1992; (2) Begerow et al. 1997a; (3) Begerow et al. 1998c; (4) Schramel et al. 1995; (5) Schierl et al. 1994; (6) Nygren und Lundgren 1997; (7) Begerow et al. 1997c; (8) Begerow et al. 1997b; (9) Minoia et al. 1990

Im Fall von Pt konnte nach Eingliederung von hochgoldhaltigem Zahnersatz sogar gezeigt werden, daß dieser Beitrag den aus allen anderen Umweltkompartimenten - einschließlich des Straßenverkehrs - deutlich übersteigen kann (Begerow et al. 1998b). Tabelle 7 zeigt die Ergebnisse dieser Studie.

Die Pt-Ausscheidung von drei untersuchten Probanden lag vor Eingliederung der Dentallegierung im Bereich der Hintergrundbelastung (vgl. mit Tabelle 5). Nach Eingliederung des hochgoldhaltigen Zahnersatzes konnte bei allen drei Probanden ein deutlicher Anstieg der Pt-Ausscheidung im Urin festgestellt werden, der über den gesamten Untersuchungszeitraum von 3 Monaten anhielt. In den ersten Tagen nach Eingliederung stieg die Pt-Ausscheidung im Mittel um den Faktor 12 an, 3 Monate nach Eingliederung des Zahnersatzes waren die Pt-Konzentrationen im Urin im Mittel immer noch um den Faktor 7 erhöht. Im Vergleich hierzu war die Au- und Pd-Ausscheidung der Patienten nach Eingliederung des Zahnersatzes gegenüber Normalbelastung in der Bevölkerung unauffällig. Dieses dürfte auf die im Vergleich zu Pt höhere Hintergrundbelastung mit Pd und Au zurückzuführen sein (Tabelle 1). Durch In-vitro-Versuche wurde die Freisetzung von Pt, Pd und Au aus dieser Dentallegierung eindeutig bestätigt (Begerow et al. 1998b, 1998c). Im Verhältnis zur Legierungszusammensetzung wurde mehr Pt als Au in der Inkubationslösung gefunden.

Tabelle 6a. Platin- und Palladiumausscheidung im Urin von Straßenbauarbeitern und Auszubildenden (vor Beginn ihrer Ausbildung im Straßenbau) (Begerow et al. 1998a)

	N	MW	Bereich
Pt			
Straßenbauarbeiter	15	0,9	0,1 - 4,4
Auszubildende (Kontrolle)	17	1,1	0,3 - 2,2
Pd			
Straßenbauarbeiter	17	52,2	9,5 - 133,7
Auszubildende (Kontrolle)	17	31,0	13,1 - 48,3

Tabelle 6b. Platinausscheidung im Urin von verkehrsexponierten Kollektiven und Kontrollpersonen (vgl. [(1)] Schierl et al. 1994 , [(2)] Schaller et al. 1996)

	N	Median	Bereich
TÜV-Prüfer [(1)]	13	2,2	0,5 - 21,0
Busfahrer [(1)]	29	2,8	1,0 - 40,0
Taxifahrer [(1)]	10	1,3	1,0 - 28,0
Kontrolle [(1)]	12	3,6	2,1 - 17,4
Autobahnmeisterei (vor der Schicht) [(2)]	23		≤1,0 - 5,8
Autobahnmeisterei (nach der Schicht) [(2)]	18		≤1,0 - 6,6

Tabelle 7. Platin- und Palladiumausscheidung im Urin von Probanden (n = 3) vor und nach dem Einsetzen von edelmetallhaltigem Zahnersatz mit einem Platingehalt von 9,0 % und einem Palladiumgehalt von < 0,5 % (Begerow et al. 1998b)

Element	Mittlere Ausscheidung (ng/l) vor der Eingliederung	Mittlere Ausscheidung (ng/l) 1-7 Tage nach Eingliederung
Pt	1,0 - 7,4	10,5 - 59,6
Pd	12,4 - 121,4	20,2 - 143,2

Fazit

Die SF-ICP-MS ist die Methode der Wahl zur Bestimmung von Platinmetallen im Human-Biomonitoring umweltbedingter Belastungen. Die Ergebnisse zur Freisetzung von Platinmetallen aus Dentallegierungen machen deutlich, daß diesem Expositionspfad aus umweltmedizinischer Sicht mehr Beachtung geschenkt werden muß. Insbesondere fehlen toxikologische Untersuchungen zur systemischen und lokalen Wirkung der freigesetzen Platinmetalle, die eindeutige Aussagen zu dem von den Dentallegierungen ausgehenden Gefährdungspotential zulassen. Hingegen früherer Annahmen scheint die Exposition gegenüber Kfz-Emissionen - zumindest bei Aufnahme über den inhalativen Pfad - nur eine untergeordnete Rolle zu spielen. Untersuchungen zur Bioverfügbarkeit von Platinmetallen und deren Verbindungen über den oralen Pfad sind nicht bekannt, hier ist ebenfalls erheblicher Forschungsbedarf vorhanden. Da die Hintergrundbelastung von Platinmetallen in den Umweltkompartimenten erwiesenermaßen kontinuierlich ansteigt, ist zu klären, ob es durch die ubiquitäre Verbreitung über den oralen Aufnahmepfad zu einem allmählichen Anstieg der Hintergrundbelastung der Bevölkerung kommt.

Literatur

Becker JS, Dietze H-J (1997) Double-focusing sector field inductively coupled plasma mass spectrometry for highly sensitive multi-element and isotopic analysis. J Anal At Spectrom 12: 881-889

Begerow J, Dunemann L (1996a) ICP-MS bei biologischen Proben. Nachr Chem Tech Lab 44: 739-743

Begerow J, Dunemann L (1996b) Mass spectral interferences in the determination of precious metals in human blood using quadrupole and magnetic sector field inductively coupled plasma mass spectrometry. J Anal At Spectrom 11: 303-306

Begerow J, Turfeld M, Dunemann L (1996c) Determination of physiological platinum levels in human urine using magnetic sector field inductively coupled plasma mass spectrometry in combination with ultraviolet photolysis. J Anal At Spectrom 11: 913-916

Begerow J, Turfeld M, Dunemann L (1997a) Determination of physiological palladium and platinum levels in urine using double focusing magnetic sector field ICP-MS. Fresenius J Anal Chem 359: 427-429

Begerow J, Turfeld M, Dunemann L (1997b) Determination of physiological noble metals in urine using liquid-liquid extraction and Zeeman electrothermal atomic absorption spectrometry. Anal Chim Acta 340: 277-283

Begerow J, Sensen U, Wiesmüller GA, Dunemann L (1998a) Internal platinum, palladium, and gold exposure in environmentally and occupationally exposed persons. Intern Arch Occup Environ Health (in press)

Begerow J, Neuendorf J, Turfeld M, Raab W, Dunemann L (1998b) Long-term urinary platinum, palladium, and gold excretion of patients after insertion of noble metal dental alloys. Biomarkers (in press)

Begerow J, Neuendorf J, Raab W, Turfeld M, Dunemann L (1998c) Der Beitrag von edelmetallhaltigem Zahnersatz zur Gesamtbelastung der Bevölkerung mit Platin, Palladium und Gold. Schriftenreihe der Gesellschaft für Mineralstoffe und Spurenelemente zur 13. Jahrestagung am 24.+ 25.9.1997 in Dresden (im Druck)

Begerow J, Turfeld M, Dunemann L (1997c) Determination of physiological palladium, platinum, iridium and gold levels in human blood using double focusing magnetic sector field inductively coupled plasma mass spectrometry. J Anal At Spectrom 12: 1095-1098

Jarvis KE, Gray AL, Houk RS (1992) Handbook of inductively coupled plasma mass spectrometry.Blackie & Son Ltd, Glasgow, London

Kommission "Human-Biomonitoring" des Umweltbundesamtes (1996) Qualitätssicherung beim Human-Biomonitoring. Bundesgesundhbl 39: 216-221

Leon C, Emons H, Ostapczuk P, Hoppstock K (1997) Simulteanous ultratrace determination of platinum and rhodium by cathodic stripping voltammetry. Anal Chim Acta 356: 99-104

Messerschmidt J, Alt F, Tölg G, Angerer J, Schaller KH (1992) Adsorptive voltammetric procedure for the determination of platinum baseline levels in human body fluids. Fresenius J Anal Chem 343: 391-394

Minoia C, Sabbioni E, Apostoli P, Pietra R, Pozzoli L, Gallorini M, Nicolaou G, Alessio L, Capodaglio E (1990) Trace element reference values in tissues from inhabitants of the European Community. I. A study of 46 elements in urine, blood and serum of Italian subjects. Sci Total Environ 95: 89-105

Moens L, Vanhaecke F, Riondato J, Dams R (1995) Some figures of merit of a new double focusing inductively coupled plasma mass spectrometer. J Anal At Spectrom 10: 569-574

Nygren O, Lundgren C (1997) Determination of platinum in workroom air and in blood and urine from nursing staff attending patients receiving cisplatin chemotherapy. Int Arch Occup Environ Health 70: 209-214

Schaller KH, Weber A, Alt F, Heine V, Weltle D, Angerer J (1996) Untersuchungen zur Schadstoffbelastung von Beschäftigten einer Autobahnmeisterei. Beitrag anläßlich des 4. Kongresses der Gesellschaft für Hygiene und Umweltmedizin, Graz, 17.- 20. April 1996

Schierl R, Ennslin AS, Fruhmann G (1994) Führt der Straßenverkehr zu erhöhten Platinkonzentrationen im Urin beruflich Exponierter ? Verhandl Dt Ges Arbeitsmed 33: 291-293

Schramel P, Wendler I, Lustig S (1995) Capability of ICP-MS (pneumatic nebulization and ETV) for Pt-analysis in different matrices at ecologically relevant concentrations. Fresenius J Anal Chem 353: 115-118.

Schwickerath H (1988) Zur Löslichkeit von Dentallegierungen. Dtsch Zahnärztl Z 43: 339-342

Schwickerath H, Pfeiffer P (1995) Zur Bewertung des Korrosionsverhaltens von Edelmetallegierungen. Dtsch Zahnärztl Z 50: 679-682

Verstraete D, Vanhaecke F, Moens L, Dams R (1996) High resolution ICP mass spectrometry for the determination of ultra traces of platinum in the environment. Poster anläßlich des 3.Symposiums "Massenspektrometrische Verfahren der Elementspurenanalyse", Jülich, 24 .- 26. September 1996

1.2 Voltammetrische Bestimmung von Platin- und Rhodiumspuren in Umweltkompartimenten und biologischen Materialien

K. Hoppstock[1], F. Alt[2]
[1]Institut für Angewandte Physikalische Chemie, Forschungszentrum Jülich, Jülich
[2]Institut für Spektrochemie und angewandte Spektroskopie, Dortmund

Einleitung

Die Erfassung des Belastungszustandes unserer Umwelt hinsichtlich anthropogen eingetragener Stoffe gewinnt zunehmend an Bedeutung. Von den etwa 16-17 $\cdot 10^6$ verschiedenen, inzwischen bekannten und somit potentiell in die Umwelt eingetragenen Stoffen lassen sich nur wenige analytisch erfassen und die Zahl der in größerem Umfang kontinuierlich analysierten Substanzen beschränkt sich auf einige wenige, derzeit als in verschiedener Hinsicht problematisch erachteter Analyten.

Mit der Einführung der Automobilabgaskatalysatoren (in den USA 1975, in Deutschland 1984) wurde einerseits die Emission von verbrennungsbedingten Schadstoffen (NO_X, HCH etc.) und von Blei erheblich reduziert, andererseits führt dies gleichzeitig zu einem Eintrag der in den Katalysatoren eingesetzten Substanzen in die Umwelt. Daher wurden vielfältige Anstrengungen unternommen, um den Einfluß der von den Katalysatoren emittierten Edelmetallspuren (zunächst im wesentlichen Platin, später mit unterschiedlich hohem Anteil von Rh und/oder Pd, jetzt oft nur Pd) auf die Umwelt zu studieren. Hierzu war es zunächst erforderlich, entsprechend nachweisstarke Analysenmethoden zu entwickeln, um neben vergleichbar hohen Konzentrationen in belasteten Proben auch die „natürlichen" Hintergrundgehalte sicher analytisch zu erfassen. Tabelle 3 vermittelt einen Überblick über die in den vergangenen Jahren in verschiedenen Materialien gemessenen Konzentrationsbereiche.

Quantitative Platin- und Rhodiumbestimmungen sind mit einer Fülle verschiedener Analysenmethoden möglich und man findet in der Literatur zahlreiche Arbeiten, die häufig dem Gebiet der Edelmetallverarbeitung im weitesten Sinne zuzuordnen (Edelmetallhandbuch 1995; Calmotti et al. 1996; Balcerza 1997; Balaram et al. 1997; Kong et al. 1996; Zeisler et al. 1982) sind. Die hierbei interessierenden Edelmetallkonzentrationen bewegen sich daher i.d.R. im $mg \cdot l^{-1}$-Bereich bzw. deutlich darüber. Um mit weniger empfindlichen Bestimmungsmethoden auch die extremen Spurengehalte in Umweltmaterialien bestimmen zu können, wurden verschiedene Verbundverfahren entwickelt (Alt et al. 1988; Vest et al. 1989; Parent et al. 1996). Die prinzipiell zur Verfügung stehenden Techniken unterscheiden sich in mehrerer Hinsicht erheblich:

1. Apparativer (und somit i.d.R. kostenmäßiger) Aufwand an sich
2. Aufwand der Probenvorbereitung
3. Erforderliche Probenmenge
4. Erzielbare Nachweis- und Bestimmungsgrenzen
5. Zeitaufwand für die Durchführung
6. Art und Menge der generierten Abfälle

Wie aus Tabelle 3 ersichtlich ist, liegen die Konzentrationen von Platin und Rhodium (und i.d.R. auch anderer PGM) in umweltrelevanten Materialien im Bereich weniger $ng \cdot g^{-1}$ bzw. $pg \cdot g^{-1}$ bzw. u.U. sogar erheblich darunter. Dies verdeutlicht, daß insbesondere für die Ermittlung sogenannter Hintergrundgehalte von PGM in Umweltproben eine extrem leistungsfähige Analytik erforderlich ist.

Die zur Bestimmung zahlreicher Elemente im Spuren- und Ultraspurenbereich zunehmend eingesetzte Massenspektrometrie mit induktiv gekoppelter Plasmaionisierung (ICP-MS) erreicht insbesondere bei Einsatz der doppelt fokussierenden Sektorfeldgeräte bemerkenswerte Empfindlichkeiten und Nachweisgrenzen. Allerdings gibt es neben isobaren Interferenzen vielfältige Störmöglichkeiten durch doppelt geladene Ionen und Molekülionen (z.B. $^{103}Rh^+$ mit $^{63}Cu^{40}Ar^+$ oder $^{40}Ar_2{}^{23}Na^+$ bzw. $^{206}Pb^{2+}$, $^{194}Pt^+$ mit $^{178}Hf^{16}O^+$ usw.). Einige dieser Interferenzen lassen sich durch Einsatz doppelt fokussierender Massenspektrometer (oft wenig präzise einfach als hochauflösende ICP-MS bezeichnet), (mit Massenauflösungsvermögen $m/\Delta m = 3000$ bzw. um 7500) von den eigentlich interessierenden Analytionen trennen (Begerow et al. 1997; Lustig et al. 1997). Dies geht jedoch mit einem erheblichen Empfindlichkeitsverlust einher, der auch zu höheren Nachweis- und Bestimmungsgrenzen führt.

Ebenfalls sehr nachweisstark ist die Kombination von elektrothermaler Atomisierung und laser-induzierter Fluoreszenz (ETA-LEAFS), wie sie von Aucelio et al. zur Bestimmung von Platinspuren beschrieben wurde (Aucelio et al. 1998). Neben problematischen Matrixeinflüssen limitiert auch der apparative Aufwand die Einsatzmöglichkeit dieser Technik für die (routinemäßige) Umweltanalytik.

Adsorptiv voltammetrische Bestimmung (Platin bzw. Platin und Rhodium)

Seit vielen Jahren hat sich die adsorptiv voltammetrische Bestimmungsmethode unter Ausnutzung des katalytischen Wasserstoffsignals (oft auch „Formazon-Methode" genannt) zur Bestimmung von Platinspuren in verschiedensten Matrizes im $ng \cdot l^{-1}$- und sogar im $pg \cdot l^{-1}$ Bereich etabliert (Zhao und Freiser 1986; Wang et al. 1987; van den Berg u. Jacinto 1988; Hoppstock et al. 1989; Alt et al. 1993, 1994, 1997; Hoppstock u. Michulitz 1997; vgl. auch Kap. 3.4, 3.5, 5.4). Die im folgenden angegebenen experimentellen Parameter haben sich als günstig erwiesen. Die hohe Empfindlichkeit ermöglicht in vielen Fällen sogar Untersuchungen zur Speziation von Platin (Alt et al. 1994, 1998). Der eingesetzte Komplexbildner ist ein Kondensationsprodukt von Formaldehyd und Hydrazin, der in schwefelsaurer Lösung in situ gebildet wird und mit Pt(II) einen 1:2 Komplex bildet. Da Pt(IV) durch im leichten Überschuß vorliegendes Hydrazin zum Pt(II) reduziert wird, regiert Pt(IV) gleichermaßen (Zhao u. Freiser 1986). Die reine Platinbestimmung erfolgt in einem Grundelektrolyten, der neben ca. 0,35 $mol \cdot l^{-1}$ H_2SO_4 noch 0,3 $mmol \cdot l^{-1}$ Hydraziniumsulfat und 0,6 $mmol \cdot l^{-1}$ Formaldehyd enthält, im Differential Puls Modus (DP) mit einer Pulshöhe von -50 mV und einer Vorschubgeschwindigkeit (scan rate) von -10 $mV \cdot s^{-1}$ an einer hängenden Quecksilbertropfen-Elektrode (HMDE). Die Nachweisstärke läßt sich durch eine dem Bestimmungsschritt vorausgehende Voranreicherung unter Rühren bei einem angelegten Potential von –0,6 V (vs. 3 $mol \cdot l^{-1}$ KCl Ag/AgCl) (gleichzeitig Startpotential des Bestimmungsschrittes) erheblich erhöhen. In der rein schwefelsauren Grundelektrolytlösung zeigt sich eine deutliche Abhängigkeit der Anreicherungseffizienz vom angelegten Potential mit einem gut ausgeprägten Maximum bei - 0,6 V (vs. 3 $mol \cdot l^{-1}$ KCl Ag/AgCl) (Hoppstock 1989). Dieses Verhalten läßt vermuten, daß es sich bei dem elektrochemisch aktiven Platinkomplex um einen geladenen Komplex handelt. Gestört wird die Platinbestimmung sowohl durch oberflächenaktive Substanzen als auch durch in der Probelösung vorhandene Nitrationen. Chloridionen setzen die Empfindlichkeit deutlich herab. Andere Metallionen (z.B. 50 $mg \cdot l^{-1}$ von As, Cd, Co, Cu, Fe, Mn, Ni, Pb oder Zn) zeigen keinen signifikanten Einfluß auf die Platinbestimmung (Hoppstock 1989). Da die Empfindlichkeit des Systems neben der Grundelektrolytzusammensetzung u.a. von der Cl^--Konzentration abhängt, die z.B. bei Aufschlußlösungen durch den weiter unten beschriebenen Abrauchprozeß in gewissen Grenzen variiert, erfolgt die Quantifizierung generell durch Standardadditionskalibrierung. Die in reinen Lösungen bei einer Voranreicherungszeit von 1 - 2 Minuten problemlos erzielbare Nachweisgrenze (4 σ nach Kalibriergeradenverfahren) (DIN 32645 1994) liegt bei 0,04 $ng \cdot l^{-1}$. Die in realen Umweltproben üblicherweise erreichten Standardabweichungen liegen im Konzentrationsbereich weniger $pg \cdot g^{-1}$ bei etwa 5 - 10 %. Abbildung 1 zeigt ein Voltammogramm von Pt in Fichtentrieben nach Hochdruckaufschluß (HPA).

Mit leicht modifizierten Parametern läßt sich neben dem Platin simultan auch sehr empfindlich Rhodium bestimmen (León 1997) Anstelle eines rein schwefelsauren Grundelektrolyten wird eine etwas konzentriertere Säuremischung von Schwefelsäure und Salzsäure (0,2 $mol \cdot l^{-1}$ HCl und 0,6 $mol \cdot l^{-1}$ H_2SO_4) eingesetzt, da das Rhodiumsignal in diesem Medium stabiler ist als in reiner Schwefelsäure. Anders als in rein schwefelsaurem Grundelektrolyten wird die Voranreicherung des Platin-Komplexes nicht signifikant durch das angelegte Potential beeinflußt, was auf einen ungeladenen Komplex hindeutet. Beim Rhodium hingegen beeinflußt das angelegte Voranreicherungspotential die Akkumulation deutlich. In Umweltproben üblicherweise in relativ hohen Konzentrationen vorliegende Elemente wie z.B. Natrium, Kalium, Calcium oder Magnesium und Eisen stören die Bestimmung nicht. Der Zinkkonzentration in der Analytlösung muß hingegen etwas mehr Aufmerksamkeit gewidmet werden.

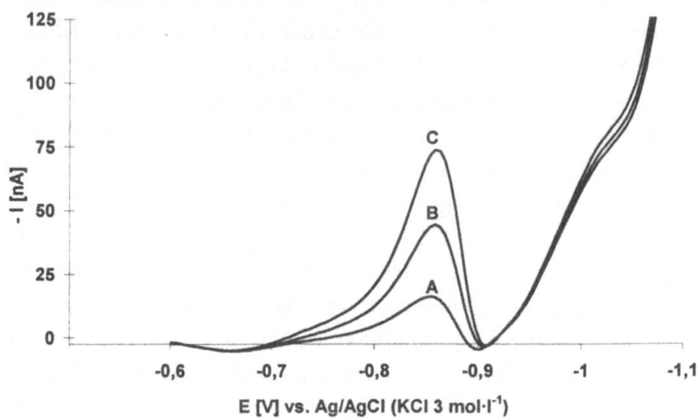

Abb. 1. Voltammogramm von Pt in Fichtentrieben nach Aufschluß im HPA (Froning 1998) *A:* Probe (ca. 200 mg auf 100 ml); *B und C:* Zugabe von jeweils 0,5 ng·l^{-1} Platin.

Im Potentialbereich um –1 V (vs. Ag / AgCl), also genau zwischen dem Platinsignal bei –0,8 V und dem Rhodiumsignal bei –1,1 V, erscheint bei Zinkgehalten im mg·l^{-1}-Bereich ein Signal, welches bei Konzentrationen ≥ 2-3 mg·l^{-1} Zn einer korrekten Auswertung des Rhodiumsignals entgegensteht. Abbildung 2 zeigt ein Voltammogramm von Pt und Rh in Fichtentrieben nach HPA-Aufschluß.

Es ist somit ersichtlich, daß in beiden Fällen diese elektrochemischen Analysenmethoden vergleichsweise hohe Anforderungen an die Zusammensetzung der Probenlösung und somit an die Probenvorbereitung, und den Aufschluß stellen. Im folgenden wird daher darauf näher eingegangen.

Probenvorbereitung

Unabdingbare Voraussetzung für die Analyse ist eine vollständig mineralisierte Proben (d.h. frei von oberflächenaktiven Resten), die zudem möglichst nitratfrei sein sollte. Für festes (pulverförmiges) Probenmaterial ist der sogenannte Hochdruckaufschluß (HPA) nach Knapp (Knapp 1984) nach unseren Erfahrungen die sicherste Variante, eine vollständige Mineralisierung zu erzielen. Hierbei wird das Probenmaterial (i.d.R. ca. 200 mg) mit einem Gemisch aus ca. 2,5 – 3 ml 65 % HNO_3 und 250 – 500 µl 30 % HCl (ggf. unter Zusatz von 100 µl 70 % $HClO_4$) in Quarzglasgefäßen in einem Autoklaven bei einem Druck von ca. 130 bar und Temperaturen von ≥ 320 °C aufgeschlossen. Ein exemplarisches Temperaturprogramm ist in Tabelle 1 angegeben. Die HPA-Aufschlußlösung ist aufgrund ihres Nitratgehaltes nicht direkt für die Analyse geeignet. Das Nitrat muß zuvor eliminiert werden. Hierzu werden der Lösung im HPA-Quarzglasgefäß einige µl H_2SO_4

zugefügt. Das Gefäß wird anschließend in einem Metallblock in einem Abzug auf ca. 180 – 200 °C erhitzt und die Aufschlußlösung auf wenige µl eingeengt.

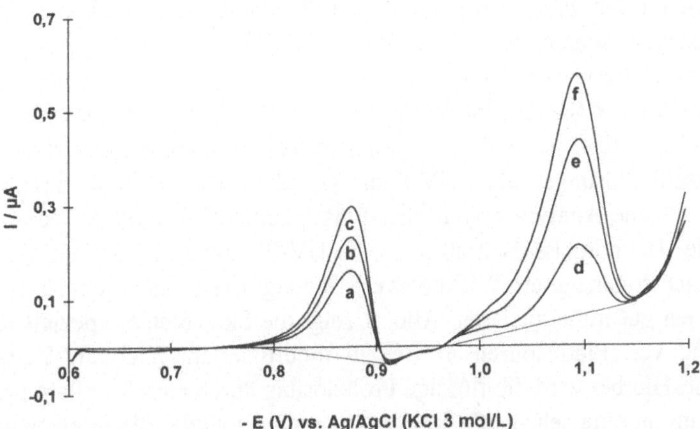

Abb. 2. Voltammogramm von Pt und Rh in Fichtentrieben nach Aufschluß im HPA (León et al. 1997): *a* und *d*: Probe (ca. 200 mg auf 100 ml); *b* und *c*: Zugabe von 0,5 bzw. 1,0 $ng \cdot l^{-1}$ Platin, *e* und *f*: Zugabe von 0,05 bzw. 0,1 $ng \cdot l^{-1}$ Rhodium

Dann werden vorsichtig 150 µl HCl zugegeben und die Lösung weiter erhitzt. (Es erfolgt eine spontane starke Entwicklung nitroser Gase!) Die Lösung wird wieder eingeengt und weitere 50 µl HCl–Portionen zugegeben bis bei der HCl-Zugabe keine nitrosen Gase mehr beobachtet werden. Diese Lösung kann nach dem Abkühlen mit Reinstwasser verdünnt und entweder nach Zugabe entsprechender Mengen Hydraziniumsulfat und Formaldehyd direkt gemessen oder aliquotiert und verdünnt der Messung zugeführt werden.

Tabelle 1. Exemplarisches Temperaturprogramm für den Aufschluß biologischer Materialien im HPA (RT = Raumtemperatur)

Schritt	Zeit [min]	Temperatur [°C]
1	20	RT – 120
2	20	120 – 120
3	30	120 – 320
4	60	320 – 320
5	Abkühlen	320 – RT

Wässrige Proben mit geringem organischen Anteil (z.B. Trinkwasser, Regenwasser, ggf. Flußwasser, Urin 1:5 verdünnt) können in vielen Fällen durch UV-Photolyse ausreichend aufgeschlossen werden (Rach et al. 1992). Hierzu wird die Probelösung mit wenigen µl einer hochreinen Mineralsäure angesäuert und ggf. nach Zusatz von 20 µl – 2 ml H_2O_2 in einer geeigneten UV-Photolyseapparatur bei Temperaturen um 90 °C innerhalb etwa 120 Minuten aufgeschlossen. Da bei dieser Aufschlußvariante, wie auch beim Hochdruckaufschluß, gut zu reinigende Quarzglasgefäße verwendet werden und nur sehr geringe Mengen in hochreiner Form erhältlicher Säuren notwendig sind, ist die Kontaminationsgefahr sehr gering. Viel wichtiger ist, daß keine störende Salpetersäure eingesetzt werden muß. Die Aufschlußlösungen nach UV-Photolyse können somit i.d.R. direkt analysiert werden. Für die Analyse organischer Flüssigkeiten (Lösemittel, Treibstoffe) sind weder der Hochdruckaufschluß noch die UV-Photolyse sonderlich geeignet. Mit Hilfe einer sogenannten Wickboldverbrennung lassen sich jedoch auch solche Materialien gut mineralisieren. Abb. 3 zeigt die Skizze einer speziell für die Bestimmung von Platinspuren in Benzin modifizierten Wickbold-Verbrennungsapparatur. Hierbei wird die flüssige Probelösung durch eine Kapillare unter Sauerstoffzusatz in eine sehr heiße Knallgasflamme zerstäubt, die in einer geschlossenen und leicht evakuierten, außen intensiv mit Wasser gekühlten Quarzglaskammer brennt. Die brennbaren Probenbestandteile werden dabei quasi vollständig verbrannt und die Verbrennungsprodukte (hauptsächlich H_2O, CO_2) werden über eine lange Kühlstrecke, in der der Wasserdampf kondensiert, in ein Auffanggefäß überführt und gesammelt. Um Adsorptionsverluste an den relativ großen Gefäßoberflächen zu minimieren, wird dem zur Verbrennung erforderlichen Sauerstoffstrom HCl-Gas beigemischt. Um unhandliche Druckgasflaschen und aufwendige Gasmischeinheiten zu vermeiden, wird der Sauerstoffstrom einfach durch eine Fritte geleitet, über die ein konstanter Strom von konzentrierter Salzsäure gepumpt wird. Das aufgefangene Kondensat (die eigentliche Probelösung) ist in den meisten Fällen nicht direkt zu adsorptionsvoltammetrischen Messungen zu gebrauchen, da insbesondere in der Anfangsphase (d.h. wenn der reinen Knallgasflamme die Probelösung zugesetzt wird) die Verbrennung nicht optimal verläuft und somit (geringe Mengen) organische Verunreinigungen in die Apparatur und somit auch in die Probelösung gelangen. (Der einfachste Weg, diese störenden Komponenten der erhaltenen Probelösung zu eliminieren, ist der bereits angesprochene UV-Aufschluß). Nach der Wickbold-Verbrennung wird die erhaltene Probelösung daher unter Zusatz von 200 µl HCl je 10 ml Probelösung in einer UV-Photolyseapparatur bei einer Temperatur >90 °C innerhalb von 1,5 h nachaufgeschlossen. In der so erhaltenen Probelösung (bzw. einem Aliquot davon) kann dann nach Zugabe von Schwefelsäure, Hydraziniumsulfat und Formaldehyd das Platin direkt adsorptionsvoltammetrisch bestimmt werden (Hoppstock u. Michulitz 1997) Da weder Informationen über den Oxidationszustand noch über die Bindungsform des nach beiden Aufschlußverfahren in der Probelösung vorliegenden Platins existieren, wurden Vergleichsmessungen mittels ICP-MS (doppelt fokussierendes Sektorfeldgerät, betrieben im niederauflösenden Modus) durchgeführt. Die gute Übereinstimmung läßt annehmen, daß mehr als 95 % des in der Probelösung nach Wickbold-Verbrennung und UV-Photolyse vorliegenden Platins mit der ‚Formazonmethode' adsorptionsvoltammetrisch erfaßbar sind.

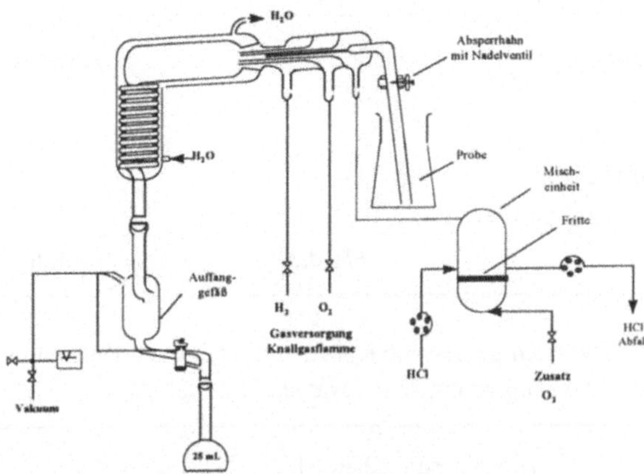

Abb. 3. Schematische Darstellung einer Wickboldverbrennung zur Bestimmung von Pt-Spuren in organischen Lösemitteln und Kraftstoff (Hoppstock u. Michulitz 1997)

Ergebnisse und Diskussion

Die hier beschriebene adsorptiv voltammetrische Bestimmung von Platin und Rhodium gehört zu den nachweisstärksten Analysenverfahren (s.o.). Mit ihrer Hilfe ist es erstmals gelungen, Normalwerte und Hintergrundkonzentrationen in verschiedenen biologischen und umweltrelevanten Materialien zu erfassen. Beispielsweise konnte so die Arbeitsplatzbelastung von Personen in der Katalysatorfertigung und -bearbeitung im Vergleich zu einem nichtbelasteten Kollektiv dokumentiert werden (Messerschmidt et al. 1992). Während das Normalkollektiv Pt-Konzentrationen in Körperflüssigkeiten (vgl. Tabelle 3a) zwischen 0,2 und 15 $ng \cdot l^{-1}$ aufwies, stiegen die Werte bei belasteten Personen bis auf 9200 $ng \cdot l^{-1}$. Weitere Beispiele für die Anwendung der Methode sind u. a. die Ermittlung von Pt-Gehalten in Brennstoffen (Hoppstock u. Michulitz 1997; Alt et al. 1997) und die Untersuchungen zur Enologie von Platin. So wurde nachgewiesen, daß Benzin und Diesel keinen nennenswerten Beitrag zur PGE-Belastung in Stäuben und Böden von Rändern vielbefahrener Straßen liefern. Die Tabellen 2, 3a und 3b geben einen Überblick der Pt- und Rh-Gehalte in verschiedenen Materialien.

Die extreme Nachweisstärke der Methode im $pg \cdot l^{-1}$-Bereich ermöglicht die Bearbeitung weiterer Forschungsthemen, wie der Bioverfügbarkeit und der Speziesanalytik von Platin und Rhodium in biologischen Systemen. Beide Themen werden in weiteren Kapiteln dieses Buches eingehender behandelt. Die Ergebnisse dieser Untersuchungen führen zu einer besseren Abschätzung von Gefahrenpotentialen durch Emissionen aus Abgaskatalysatoren.

Tabelle 2. Voltammetrisch gemessene Konzentrationen bzw. Konzentrationsbereiche von Platin in Referenzmaterialien

Probe	Pt-Konzentration [ng/g]	Literatur
BCR Human Hair	0,076	Alt et al. 1997
BCR Pig Kidney	0,040	
NBS 1571 Orchard Leaves	≤ 0,04	
NBS 1577 Bovine Liver	≤ 0,04	
NIES Vehicle exhaust particulates	210	
ESB RMF II	0,190 - 0,210	Froning 1998; León 1997

Tabelle 3a. Voltammetrisch gemessene Konzentrationen bzw. Konzentrationsbereiche von Platin in biotischen und anderen umweltrelevanten Materialien

Material		Konzentrationsbereich		Literatur
Fichtentriebe		100 - 550	$pg \cdot g^{-1}$	León 1997; León et al. 1997
Urin	unbelastet	0,5 - 14	$pg \cdot g^{-1}$	Alt et al. 1997
	belastet	2,1 - 2900		
Blut-	unbelastet	≤ 0,8 - 6,9		
Plasma	belastet	9,5 - 280		
Vollblut	unbelastet	≤ 0,8 - 6,9		
	belastet	3,2 - 180		
Trinkwasser		0,1	$ng \cdot l^{-1}$	Alt et al. 1997
Regenwasser		0,2 - 0,08		
Seewasser		0,3 - 2,4		Alt et al 1997; Froning et al. 1995
		2		Hodge et al. 1986
Elbewasser	ungelöst	0,8 - 7		Froning et al. 1995
1991	gelöst	≤ 0,2 - 0,8		
Boden	unkultiviert	30 - 260	$pg \cdot g^{-1}$	Alt et al. 1997
	kultiviert	150 - 3900		
	Autobahn	15600 - 31700		
Kartoffel, geschält		100	$pg \cdot g^{-1}$	Alt et al. 1997
Salat		2100		
Mehl		≤ 40		
Wein		≤ 0,4 - 2,4	$ng \cdot l^{-1}$	
Honig		≤ 2	$pg \cdot g^{-1}$	
Benzin		1,4 - 5,2	$ng \cdot l^{-1}$	Hoppstock u. Michulitz 1997
		0,15		Alt et al. 1997
Diesel		0,45		
Luftstaub		5 - 130	$ng \cdot g^{-1}$	Alt et al. 1993
Luft		0,3 - 30	$pg \cdot m^{-3}$	

Tabelle 3b. Voltammetrisch gemessene Rhodium-Konzentrationen

Material	Konzentration		Literatur
Fichtentriebe	20	$pg \cdot g^{-1}$	Leon et al. 1997
Urin	≤ 6	$ng \cdot l^{-1}$	Alt 1997
Salat	210	$pg \cdot g^{-1}$	Alt 1997

Neben den beschriebenen Vorzügen fehlt der voltammetrischen Methode die Möglichkeit der simultanen Bestimmung mehrerer Elemente in einem Arbeitsschritt, wie es z. B. bei atom- und massenspektrometrischen Methoden (wie z.B. der ICP-MS) möglich ist. Ebenso problematisch gestaltet sich die online-Kopplung mit chromatographischen Trennverfahren, beispielsweise der HPLC, zum direkten Nachweis von Platin in Eluaten. Dies ist nur sequentiell nach Fraktionierung möglich. Der Grund hierfür liegt u.a. in der Störung der voltammetrischen Messung durch grenzflächenaktive Stoffe, die in solchen Eluaten enthalten sind (s.o.).

Literatur

Aucelio RQ, Rubin VN, Smith BW, Winefordner JD (1998) Ultratrace determination of platinum in environmental and biological samples by electrothermal atomization laser-excited atomic fluorescence using a copper vapor laser. J Anal Atomic Spectrom 13: 49-54

Alt F (1997) ISAS Dortmund, Unveröffentlichte Ergebnisse

Alt F, Bambauer A, Hoppstock K, Mergler B (1993) Platinum traces in airborne particulate matter - Determination of whole content, particle size distribution and soluble platinum. Fresenius J Anal Chem 346: 693-696

Alt F, Eschnauer HR, Mergler B, Messerschmidt J, Tölg G (1997) A contribution to the ecology and enology of platinum. Fresenius J Anal Chem 357: 1013-1019

Alt F, Jerono U, Messerschmidt J, Tölg G (1988) The determination of Platinum in biotic and environmental materials, I. µg/kg- to g/kg-range. Micro Chim Acta 1988: 299-304

Alt F, Messerschmidt J, Tölg G (1994) Platinum species analysis in plant material by gel permeation chromatography. Anal Chim Acta 291: 161-167

Alt F, Weber G, Messerschmidt J (1998) Investigation of low molecular weight platinum species in grass. Anal Chim Acta

Balaram V, Hussain SM, Uday Raj B, Charan SN, Subba Rao DV, Anjaiah KV, Ramesh SL, Ilangowan S (1997) Determination of gold, platinum, palladium, and silver in rocks and ores by ICP-MS for geochemical exploration studies. Atomic Spectroscopy 18: 17-22

Balcerza M (1997) Analytical methods for the determination of platinum in biological and environmental materials. Analyst 122: 67R-74R

Begerow J, Turfeld M, Dunemann L (1997) Determination of physiological palladium and platinum levels in urine using double focusing magnetic sector field ICP-MS. Fresenius J Anal Chem 359: 427-429

Calmotti S, Dossi C, Recchia S, Zanderighi GM(1996) Solving the problems in noble metals analysis via inductively coupled plasma atomic emission spectroscopy (ICP-AES). Spectroscopy Europe 8: 18-22

DIN 32645 (1994) Nachweis, Erfassung- und Bestimmungsgrenze

Edelmetallhandbuch (1995). Degussa AG, Frankfurt (Hrsg.), Hüthig-Verlag, Heidelberg

Froning M (1998) Unveröffentlichte Ergebnisse. Forschungszentrum Jülich, Institut f. Angewandte Physikalische Chemie (ICG-7)

Froning M et al. (1995) Unveröffentlichte Ergebnisse. Forschungszentrum Jülich, Institut f. Angewandte Physikalische Chemie (ICG-7).

Hodge V, Stallard M, Koide M, Goldberg ED (1986) Determination of platinum and iridium in marine waters, sediments and organisms. Anal Chem 58: 616-620

Hoppstock K (1989) Ein Beitrag zur extremen Spurenanalyse des Platins in biotischen und umweltrelevanten Materialien. Diplomarbeit, Westfälische Wilhelms-Universität Münster

Hoppstock K, Alt F, Cammann K, Weber G (1989) Determination of platinum in biotic and environmental materials Part II: A sensitive voltammetric method. Fresenius Z Anal Chem 335: 813-816

Hoppstock K, Michulitz M (1997) Determination of trace platinum in gasoline after Wickbold Combustion.Anal Chim Acta 350: 135-140

Kallmann S (1987) Survey of the determination of the platinum-group elements. Talanta 34: 677-698

Knapp G (1984) Der Weg zu leistungsfähigen Methoden der Elementanalyse in Umweltproben. Routes to powerful methods of element trace analysis in environmental samples Fresenius Z Anal Chem 317: 213-219

Kong P, Ebihara M, Nakahara H (1996) Determination of gold, platinum, palladium, and silver in rocks and ores by ICP-MS for geochemical exploration studies. Anal Chem 68: 4130-4134

León C (1997) Unveröffentlichte Ergebnisse. Forschungszentrum Jülich, Institut f. Angewandte Physikalische Chemie (ICG-7)

León C, Emons H, Ostapczuk P, Hoppstock K (1997) Simultaneous ultratrace determination of platinum and rhodium by cathodic stripping voltammetry. Anal Chim Acta 356: 99-104

Lustig S, Zang S, Michalke B, Schramel P, Beck W (1997) Platinum determination in nutrient plants by inductively coupled plasma mass spectrometry with respect to the hafnium oxide interference. Fresenius J Anal Chem 357: 1157-1163

Messerschmidt J, Alt F, Tölg G, Angerer J, Schaller KH (1992) Adsorptive voltammetric procedure for the determination of platinum baseline levels in human body fluids. Fresenius J Anal Chem 343: 391-394

Parent M, Vanhoe H, Moens L, Dam R (1996) Evaluation of a flow injection system combined with an inductively coupled plasma mass spectrometer with thermospray nebulization for the determination of trace levels of platinum. Anal Chim Acta 320: 1-10

Rach P, Schäfer J, Wild A, Kolb M (1992) Investigations of oxidative UV photolysis. I. Sample preparation for the voltammetric determination of zinc, cadmium, lead, copper, nickel and cobalt in waters. Fresenius J Anal Chem 342: 341

Van den Berg CMG, Jacinto GS (1988) The determination of platinum in sea water by adsorptive cathodic stripping voltammetry. Anal Chim Acta 211: 129-139

Vest P, Schuster M, König KH (1989) Solventextraktion von Platinmetallen mit N-mono- und N,N-di-substituierten Benzoylthioharnstoffen. Fresenius J Anal Chem 335: 759-763

Wang J, Zadeii J, Lin MS (1987) Ultrasensitive voltammetry measurements based on coupling hydrogen catalytic systems with controlled interfacial accumulation of the catalyst. J Electroanal Chem 237: 281-287

Zeisler R, Greenberg RR (1982) Ultratrace determination of platinum in biological materials via neutron activation and radiochemical separation. J Radioanal Chem 75: 27-37

Zhao Z, Freiser H (1986) Differential pulse polarographic determination of trace levels of platinum. Anal Chem 58: 1498-1501

1.3 Platin-Speziation in pflanzlichen Materialien mittels HPLC-ICP-MS

D. Klueppel, N. Jakubowski, D. Stuewer
Institut für Spektrochemie und angewandte Spektroskopie, Dortmund

Einleitung

Platin wird im wesentlichen aus drei Quellen in die Umwelt eingetragen: (1) Aerosoldeposition aus der Platinemission von Katalysatorfahrzeugen, (2) Trans-port von klinischen Rückständen durch Abwässer und (3) Ausbringung von Kunstdüngern. Hier ist es dann für die Aufnahme in die Nahrungskette verfügbar, wobei als Zwischenträger für die Inkorporierung vornehmlich Pflanzen oder landwirtschaftliche Folgeprodukte wie Milch oder Fleisch in Frage kommen. Pflanzen sind daher ein aussagekräftiges Untersuchungsobjekt für das Studium der Aufnahme des Platins und seiner Metaboliten aus einer kontaminierten Umwelt. Insbesondere Welsches Weidelgras (lolium multiflorum) ist bevorzugt als Bioin-dikator für analytische Studien zur Aufnahme von Schwermetallen im allgemei-nen und von Platin im besonderen herangezogen worden (Peichl et al. 1992).

In solchen Untersuchungen konnte gezeigt werden, daß bei nicht besonders belasteten Graskulturen (Normalkulturen) das Platin in einer Proteinfraktion im Molekulargewichtsbereich 160 - 200 kDa auftritt (Messerschmidt et al. 1995). Bei Kulturen mit gesteigerter Belastung (Platinstreß) dagegen wurden 90 % des Gesamtgehaltes an Platin in einer Fraktion mit einem Molekulargewicht <10 kDa gefunden (Messerschmidt et al. 1994), deren Komponenten jedoch noch einer weitergehenden Auftrennung und Identifikation bedürfen, um Rückschlüsse über die Metabolisierung des Platins ziehen zu können.

Für Untersuchungen zur Speziation von Platin sind bisher durchweg nur Einelementmethoden zur analytischen Bestimmung eingesetzt worden, da insbesondere solche Techniken über das erforderliche hohe Nachweisvermögen verfügen, wie es etwa mit der Formazon-Technik zur Bestimmung von Platin erreicht worden ist (Hoppstock et al. 1989). Generell ist für weitergehende Fragestellungen zur Metabolisierung des Platins natürlich eine Multielementmethode zu bevorzugen, da diese durch Korrelationen des Auftretens von Elementen zusätzliche Schlüsse über die Natur der zugrunde liegenden Spezies ermöglicht. Hierzu bietet sich insbesondere die Massenspektrometrie mit dem induktiv gekoppelten Hochfrequenz-Plasma als Ionenquelle (ICP-MS) an, da sie hohes Nachweisvermögen und nahezu uneingeschränkte Multielementfähigkeit mit der Möglichkeit einer online-Kopplung chromatographischer Trennverfahren verbindet. Hohes Nachweisvermögen läßt sich dabei insbesondere unter Verwendung hocheffizienter Zerstäubertechniken wie der Ultraschallzerstäubung oder der hydraulischen Hochdruckzerstäubung erreichen, die die Effizienz konventioneller pneumatischer Zerstäuber durchweg um mehr als eine Größenordnung übertreffen. In ihrer geläufigen apparativen Variante mit einem Quadrupolfilter von vergleichsweise niedriger Massenauflösung ist das analytische Leistungsvermögen jedoch häufig durch das Auftreten spektroskopischer Interferenzen - also den Zusammenfall verschiedener Ionensorten in einer Linie des Massenspektrums - gestört. Für ein mehr oder weniger uneingeschränktes Leistungsvermögen ist daher ein ICP-MS-Gerät hoher Massenauflösung (Sektorfeldgerät) erforderlich. Solche Geräte stehen seit wenigen Jahren auf dem Markt zur Verfügung und sind für die Speziation nicht nur durch die höhere Massenauflösung sondern auch durch ihre höhere Transmission und somit niedrigere Nachweisgrenzen bei Beschränkung der Auflösung von erheblichem Interesse.. Es ist daher damit zu rechnen, daß mit der zunehmenden Verbreitung dieser Geräte die ICP-MS auch zunehmend als Detektionsmethode in der Speziation eingesetzt werden wird.

In einer Pilotstudie zum Einsatz für die Speziation des Platins (Klueppel et al. 1998) wurde die ICP-MS zunächst mit der Gelpermeationschromatographie gekoppelt, und zwar mit dem analytischen Ziel, die eingangs erwähnte niedermolekulare Fraktion aus belastetem Pflanzenmaterial näher aufzuschlüsseln. Trotz ihres begrenzten Trennvermögens wurde dabei die Gelpermeationschromatographie gewählt, um bei dieser Untersuchung möglichst ungestört von Wechselwirkungen des Probenmaterials mit dem Trennmedium zu bleiben und dabei auch Informationen über den Molekulargewichtsbereich der Spezies zu erhalten.

Pflanzenaufzucht und Probenvorbereitung

Zur Aufzucht des Grases in einem Büroraum wurden Torftöpfe mit kommerzieller Gartenerde verwendet, die in zwei Vorratsbehälter mit je 1 l Wasser gestellt waren. Einer dieser Behälter enthielt Platin in einer Konzentration von 50 µg ml^{-1}, das als $[Pt(NH_3)_4](NO_3)_2$ zugesetzt war. Nach Aufwuchs der Grassaat bis auf eine Länge von 5-7 cm wurde das Gras geschnitten und das Reservoir jeweils wieder mit 1 l Wasser bzw. Lösung aufgefüllt. Für die endgültigen analytischen Bestimmungen wurde jeweils der vierte Grasschnitt verwendet. Zur Vorbereitung der analytischen Proben wurde von den einzelnen Schnitten eine Menge von 5 g in einem Quarzgefäß zusammen mit 25 ml einer auf pH 8 eingestellten Ammoniumazetat-Pufferlösung (0,1 M) mit einem Pistill zerrieben. Der Extrakt wurde durch Ultrafiltration in zwei Fraktionen aufgeteilt, von denen die niedermolekulare nach Gefriertrocknung mit 5 ml des Extraktionspuffers schließlich wieder aufgenommen wurde. Dieses Verfahren der Probenvorbereitung wurde aus früheren Untersuchungen übernommen (Messerschmidt et al. 1994). Dabei kann jedoch das Risiko einer Speziestransformation, insbesondere durch die hohe Ammoniumkonzentration, nicht ausgeschlossen werden. Als geeignetes Elutionsmittel für die Kopplung der Gelpermeationschromatographie mit der ICP-MS hat sich in diesen Untersuchungen eine 25 mM NaCl-Lösung erwiesen, die für die Erfordernisse beider Teilverfahren einen guten Kompromiß darstellt, zumal sie für die hier interessierenden Elemente bzw. Isotope nicht zu signifikanten spektroskopischen Interferenzen führt.

Anorganische Fraktion

Registriert man das Chromatogramm eines Pflanzenextraktes unter Einstellung des Massenspektrometers auf ^{195}Pt als Hauptisotop des Platins, so kann man durch den Vergleich mit einer entsprechenden Registrierung für die eingesetzte Platinlösung, wie in Abb. 1 dargestellt, leicht erkennen, daß das dominierende Signal auf die anorganische Fraktion zurückzuführen ist, die am Ende des Chromatogramms erscheint. Dies wird im übrigen durch zwei weitere Beobachtungen bestätigt. Zum einen zeigt die ebenfalls in Abb. 1 wiedergegebene Registrierung des Chromatogramms mit der Masseneinstellung auf ^{13}C, das ja als Indikator für organische Spezies dienen kann, kein Signal im Bereich der hier vorliegenden Retentionszeiten, und zum anderen ist auch in der simultan registrierten UV-Absorption oberhalb einer Retentionszeit von 50 min kein Signal mehr zu beobachten.

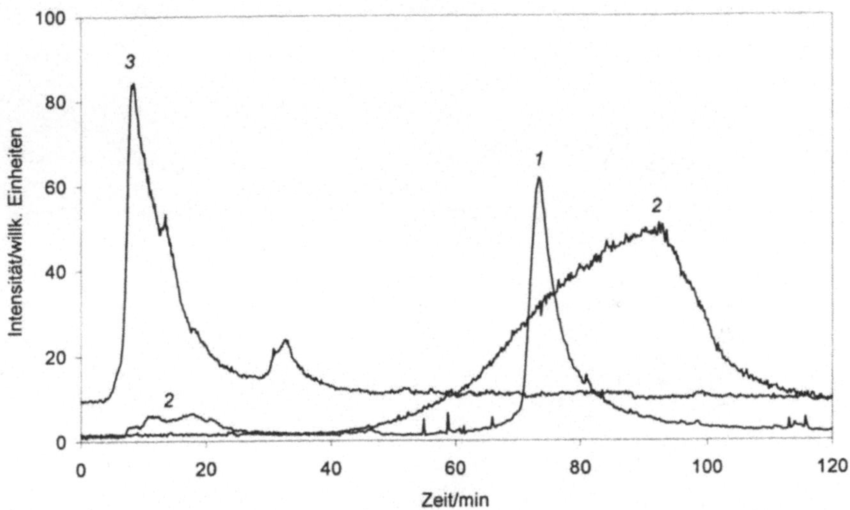

Abb. 1. Chromatogramme der mit Platin belasteten Wässerungslösung für ^{195}Pt (*1*) sowie des resultierenden Pflanzenextraktes für ^{195}Pt (*2*) und für ^{13}C (*3*)

Allerdings fällt ein signifikanter Unterschied zwischen den beiden Signalen in Abb. 1 hinsichtlich ihrer Profile auf. Das Signal des Pflanzenextraktes erscheint gegenüber dem Signal für die wäßrige Platinlösung erheblich verbreitert. Dies ist ein Hinweis darauf, daß im Pflanzenextrakt statt der einen Spezies der Ausgangslösung eine Mannigfaltigkeit verschiedener Komplexverbindungen, also etwa von Aquo- und Hydroxo-Komplexen vorliegt, wie es bei Platin als typischem Übergangsmetall ja auch nicht überrascht. Das Trennvermögen der Gelpermeationschromatographie reicht jedoch nicht für eine Auflösung der Signale dieser Spezies aus. Die starke Dominanz des anorganischen Signals ist auf die hohe Platinbelastung zurückzuführen. Es ist davon auszugehen, daß ein überwiegender Teil des von der Pflanze aufgenommenen Platins im Phloem und Xylem der Pflanze abgelagert und gespeichert wird.

Organische Fraktionen

Bei näherem Hinsehen läßt sich der Signalverlauf des Pt-Chromatogramms in den ersten 30 min in vier Fraktionen einteilen (s. Abb. 2). Für den Retentionszeitbereich dieser Fraktionen konnte bereits aus Abb. 1 entnommen werden, daß hier ein deutliches Kohlenstoffsignal auftritt, und darüber hinaus werden auch starke UV-Absorptionen beobachtet, so daß zunächst einmal davon auszugehen ist, daß hier verschiedene organische Fraktionen vorliegen.

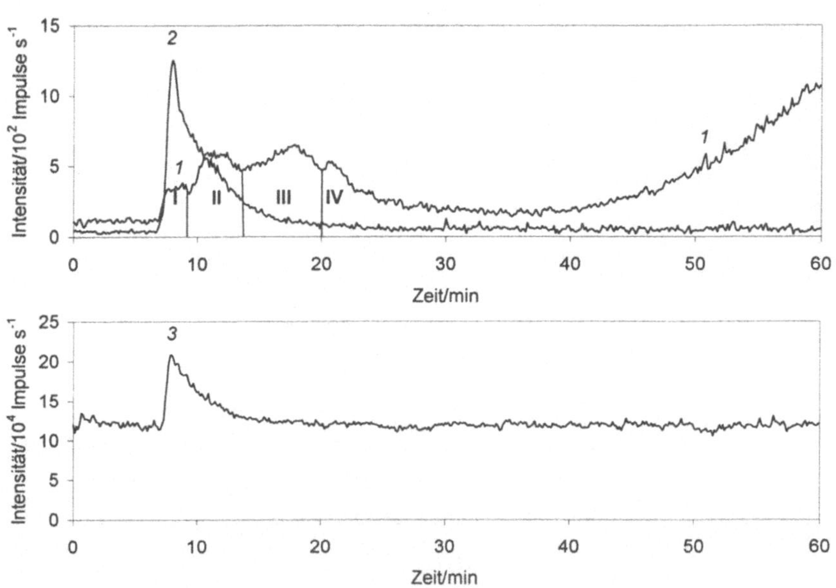

Abb. 2. Chromatogramme der organischen Fraktionen des Pflanzenextraktes für verschiedene Elemente: (*1*) ^{195}Pt, (*2*) ^{208}Pb und (*3*) ^{34}S

Für diese bestand, wie eingangs erwähnt, das Ziel der Untersuchungen darin, unter Ausnutzung der Multielementfähigkeit der ICP-MS durch Korrelation mit anderen Elementen Aussagen über die jeweils vorliegenden Spezies ableiten zu können. Als Elemente von biologischem Interesse, die Indikatorfunktionen haben können, wurden im Rahmen dieser Untersuchungen die folgenden in die Betrachtung einbezogen: B, C, N, Mg, Al, S, K, Ca, V, Mn, Fe, Co, Ni, Cu, Zn, Sr, Mo, I, Ba, Pt und Pb. Darunter befinden sich auch einige, deren Bestimmung durch Interferenzen gestört wird, so daß je nach der Konzentration dieser Elemente bzw. ihrer Interferenzen eine zuverlässige Bestimmung nur durch eine höhere Massenauflösung gewährleistet werden kann; das gilt in diesem Rahmen insbesondere für C, S, Ca und Fe. Im Laufe der Untersuchungen konnte die Zahl der Elemente auf einige wenige reduziert werden, die in den hier in Frage stehenden Fraktionen tatsächlich Korrelationen zum Platin aufweisen.

Fraktion I

Als erste Aussage zu Elementkorrelationen kann zunächst einmal aus der Registrierung des Kohlenstoffs abgeschätzt werden, daß sich etwa 80 % des Kohlenstoffs in den organischen Fraktionen auf die erste Fraktion konzentrieren. Aus Untersuchungen an Modellsubstanzen (Methionin, Glutathion u.a.) läßt sich abschätzen, daß das Molekulargewicht dieser Fraktionen in einem Massenbereich oberhalb 400 Da liegen dürfte. Da es naheliegt, unter den organischen Fraktionen Aminosäuren und Peptide zu erwarten, wie sie Pflanzen typischerweise zur Komplexierung verwenden, wurde insbesondere Schwefel als Indikatorelement für solche Verbindungen hinsichtlich einer Korrelation zum Platin untersucht. Wie Abb. 2 erkennen läßt, liegt für dieses Element in der Tat eine starke Korrelation zu der ersten Fraktion vor.

Ob dieser Fraktion nun eine für Pt spezifische Reaktion zugrunde liegt oder ob es sich um eine nicht elementspezifische Reaktion auf Schwermetallstreß handelt, läßt sich durch einen Vergleich mit anderen Schwermetallen überprüfen. Dazu wurden die Chromatogramme für Ni und Pb registriert, von denen in Abb. 2 nur das letztere wiedergegeben ist, da es sich von dem des ersteren nicht signifikant unterscheidet. Insgesamt kommt man damit zu der Aussage, daß in der ersten Fraktion das Platin sowohl mit Schwefel als auch mit Blei und Nickel korreliert ist. Es liegt also der Schluß nahe, daß wir es hier mit Reaktionsprodukten auf Schwermetalle allgemein zu tun haben, nicht aber mit einem für Platin spezifischen Reaktionsprodukt.

Aus der Literatur sind als Reaktanden zur Komplexierung von Schwermetallen in Pflanzen insbesondere Phytochelatine bekannt (Gekeler et al. 1989). Träger der Komplexierung sind in diesen Verbindungen die SH-Gruppen ihrer Cysteinyl-Bausteine. Das einfache Phytochelatin liegt im Glutathion vor, für dessen oxidierte Form mit einem Molekulargewicht von 612,4 Da bei diesen Untersuchungen eine Retentionszeit gefunden wurde, die der der ersten Fraktion entspricht. Falls es sich bei dieser Fraktion tatsächlich um Phytochelatine handelt, so dürfte also die Zahl ihrer Cysteinylbausteine keinesfalls größer als 3 sein.

Fraktion II

Von allen für Multielementbestimmungen in Betracht gezogenen Elementen zeigte ausschließlich Ca eine klare Korrelation zu Pt in der zweiten Fraktion. Wie Abb. 3 zeigt, ist dabei jedoch auffällig, daß das Ca-Signal für unbelastetes Gras vergleichsweise hoch ist und im Falle des belasteten Grases signifikant zurückgeht. Der Gehalt an Ca in diesen Proben ist so hoch, daß hier auch die niederauflösende MS-Technik mit einem Quadrupolfilter trotz der starken Interferenz durch Argon als Arbeitsgas der Hochfrequenzentladung ausreicht; bei einer Vergleichsuntersuchung mit einem hochauflösenden Sektorfeldgerät ergab sich jedenfalls kein abweichender Befund.

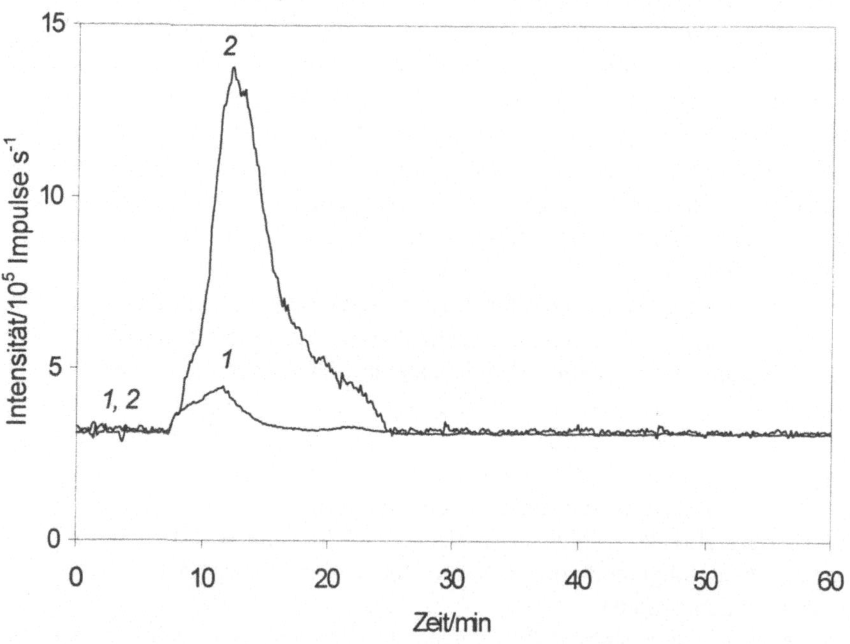

Abb. 3. Chromatogramme von ^{44}Ca für belastete Pflanzen (*1*) und für unbelastete Pflanzen (*2*); Chromatogramm für ^{195}Pt s. Abb. 2

Unterschiedliche Extraktionsausbeuten mögen zu dem hier beobachteten Effekt zwar beitragen, können aber nicht allein dafür verantwortlich sein.

Für die Abreicherung von Ca in der Pflanze unter Pt-Streß ist in der Literatur bereits ein entsprechender Mechanismus diskutiert worden (Farago und Parsons 1994; Kirky und Pillebeam 1984). Dieser beruht auf der komplexierenden Wirkung von Polygalacturonsäuren, die als wesentliche Polysacharid-Bestandteile des Stroma der Pflanzen bekannt sind. In diesen Verbindungen kann nun das Ca^{2+}-Ion bei Vorliegen anderer Kationen im Überschuß gegen diese ausgetauscht werden. Die Retentionszeiten für die zweite Fraktion sprechen wiederum für ein vergleichsweise niedriges Molekulargewicht. Da hohe Molekulargewichte ja ohnehin durch Extraktion und Ultrafiltration ausgeschlossen worden sind, kommt man insgesamt zu dem Schluß, daß wir es hier mit Vorläufern von Makromolekülen von der Art der Polygalacturonsäuren zu tun haben.

Fraktionen III und IV

Für diese Fraktionen konnten bisher keinerlei Schlußfolgerungen aus Interelementkorrelationen abgeleitet werden. Es wurde darüber hinaus lediglich für die vierte Fraktion eine starke UV-Absorption oberhalb 260 nm beobachtet, jedoch ohne Entsprechung im Chromatogramm für Kohlenstoff. Es dürfte sich also um ein kleines Molekül mit Doppelbindungen handeln. Im Unterschied dazu läßt sich bei der dritten Fraktion ein starkes Kohlenstoffsignal in Verbindung mit nur geringer UV-Absorption unterhalb 230 nm beobachten, so daß es sich vermutlich um ein recht kleines polares Molekül handelt. Insgesamt ist nur zu vermuten, daß hier Vorstufen von höhermolekularen Verbindungen vorliegen.

Ausblick

Die Beschränkung der Aussagekraft dieser Pilotstudie ist im wesentlichen durch die Gelpermeationschromatographie gegeben. Deren Trennvermögen reicht einfach für detailliertere Einblicke in die organischen Spezies nicht aus, zumal die unterscheidbaren Fraktionen immer noch Mischungen von Spezies sein dürften und keineswegs Reinsubstanzen. Für weitergehende Erkenntnisse ist jedenfalls die Erprobung leistungsfähigerer chromatographischer Techniken erforderlich.

Was jedoch die Anwendung der ICP-MS als Detektionstechnik in der Speziation anbelangt, so konnte hier gezeigt werden, daß ihre Multielementfähigkeit über Indikatorelemente Rückschlüsse auf die Bindungspartner des Platins erlaubt, und zwar in einem on-line-Verfahren, so daß die Spezies nicht isoliert werden müssen. Bezüglich solcher Indikatorelemente ist darüber hinaus auch daran zu denken, sie für quantitative Bestimmungen heranzuziehen, wenn für die in Frage stehenden Spezies keine Standards verfügbar sind.

Literatur

Farago ME, Parsons PJ (1994) The effect of various platinum metal species on the water plant *Eichhornia crassipes* (Mart.) solms. Chem Spec Bioavail 6: 1-12

Gekeler W, Grill E, Winnacker E-L, Zenk MH (1989) Survey of the plant kingdom for the ability to bind heavy metals through phytochelatines. Z Naturf 44: 361-369

Hoppstock K, Alt F, Cammann K, Weber G (1989) Determination of platinum in biotic and environmental materials, Part II: A sensitive voltammetric method. Fresenius Z Anal Chem 335: 813-816

Kirkby EA, Pillebeam DJ (1984) Calcium as a plant nutrient. Plant Cell Environ 7: 397-405

Klueppel D, Jakubowski N, Messerschmidt J, Stuewer D, Klockow D (1998) Speciation of platinum metabolites in plants by size-exclusion chromatography and ICP-MS. J Anal At Spectrom, in press

Messerschmidt J, Alt F, Toelg G (1994) Platinum species analysis in plant material by gel permeation chromatography. Anal Chim Acta 291: 161-167

Messerschmidt J, Alt F, Toelg G (1995) Detection of platinum species in plant material. Electrophoresis 16: 800-803

Peichl L, Wäber M, Reifenhäuser W (1992) Schwermetallmonitoring mit der Standardisierten Graskultur im Untersuchungsgebiet München - Kfz-Verkehr als Antimonquelle. UWSF - Z Umweltchem Ökotox 8: 63-69

1.4 Platin-Speziesanalytik mit Hilfe der on-line Kopplung von Kapillarelektrophorese und ICP-MS: Entwicklung, Vorteile und Anwendung dieser schnellen und nachweisstarken Methode

B. Michalke, P. Schramel
GSF-Forschungszentrum für Umwelt und Gesundheit GmbH, Institut für Ökologische Chemie, Neuherberg

Einleitung

Seit Platin in Katalysatoren zur Reinigung von Automobilabgasen genutzt wird, reichert es sich in der Umwelt an (Wildhagen u. Krivan 1992; Zereini et al. 1993; Alt et al. 1993; Schramel et al. 1995; Schierl u. Fruhmann 1996; Moens et al. 1995; Parent et al. 1996). Die Bewertung der Bioverfügbarkeit des Pt wurde wichtig, da viele Platinverbindungen, selbst in geringen Mengen, eine stark sensibilisierende Wirkung haben. (Rosner u. Merget 1990; Sheard 1955; Bolm-Audorff et al. 1992; Aresta et al. 1982; Nordlind 1986; WHO (ed.) IPCS 1991).

Der größte Teil des Pt aus den Autoabgasen wird auf dem Boden an den Straßenrändern abgelagert. Die Reaktion des betreffenden Bodens mit dem Pt ist deshalb entscheidend für weitere Umwandlungsschritte: Sorption im Boden oder Bildung bioverfügbarer Spezies und deren Übergang in die Nahrungskette. Tunnelstaub von Autobahnen wurde deshalb als „Realprobe" verwendet, um zu untersuchen, ob Pt im Boden in bioverfügbare Spezies umgewandelt wird. Das emittierte Pt liegt zuerst in metallischer Form vor (Schlögl et al. 1987; Nachtigall et al. 1996), ist so nicht bioverfügbar und scheint in dieser Form auch nicht allergen zu wirken. Trotz seiner Edelmetalleigenschaften wird es in humosen Böden oxidiert (Lustig et al. 1996). Die hierbei gebildeten Platinspezies sind überwiegend an den Boden gebunden, können aber mit Wasser zu einem geringen Prozentsatz herausgelöst werden. Mit Hilfe bestimmter Komplexbildnern (z. B. EDTA) kann man größere Mengen wieder remobilisieren (Lustig et al. 1996). Die Aufklärung der löslichen Pt-Spezies im Boden ist daher von entscheidender Bedeutung für das Verständnis der Umwandlungsprozesse und für die Abschätzung der Bioverfügbarkeit des Pt innerhalb verschiedener Zeitabschnitte.

Messergebnisse der löslichen Pt-Spezies geben auch Aufschluß über die fest gebundenen Pt-Spezies, da sich beide in einem Gleichgewicht miteinander befinden.

In der Metallspeziesanalytik werden die betreffenden Spezies zunächst voneinander getrennt (z. B.: durch HPLC, CE) und anschließend elementselektiv detektiert. Hierzu wird ein elementspezifischer Detektor, z. B. ICP-OES oder ICP-MS mit einem Chromatographiesystem zur metall-spezifischen Detektion gekoppelt.

CE-Techniken bieten sich wegen ihrer hohen Trennleistung zur Trennung von Metallionen, Metallen in verschiedenen Oxidationsstufen und metallorganischen Verbindungen besonders an (Olesik et al. 1995; Keeffe et al. 1995; Michalke 1995 A; Michalke 1995 B; Michalke 1996). Andererseits ist das ICP-MS ein elementspezifischer Multielement-Detektor, der extrem niedrige Bestimmungsgrenzen ermöglicht. Daher ergibt die Kopplung von CE mit ICP-MS ein ideales System für die Metallspeziesanalytik (Olesik et al. 1995; Keeffe et al. 1995; Michalke 1996; Michalke u. Schramel 1997). Bei der Speziestrennung mit CE muß darauf geachtet werden, daß die Spezies nicht durch die CE-Bedingungen z. B. Puffer-pH, Salzkonzentration, Komplexbildner oder hohe Spannung verändert werden (Olesik et al. 1995; Michalke u. Schramel 1996 A). Aus diesem Grunde müssen umfangreiche Qualitätskontrollen durchgeführt werden.

Dieser Beitrag konzentriert sich auf die on-line Kopplung von CE ans ICP-MS. Zunächst wird die Methode optimiert, um tiefe Nachweisgrenzen (ca. 1 µg/l) bei gleichzeitig guter Trennung der Spezies voneinander zu ermöglichen (Michalke u. Schramel 1997). Im weiteren wird die Methode zur Prüfung der Stabilität von Proben und Spezies in niedrig konzentrierten Pt-Standardlösungen und Wassereluaten von Pt-behandelten Böden angewendet. Aus der Literatur (Iakovidis u. Hadjiliadis 1994) ist bekannt, daß Pt-Spezies häufig innerhalb weniger Stunden umgewandelt werden. Das Ausmaß der kurz vor der Analyse möglichen Veränderungen muß ermittelt werden, um sie von Transformationen zu unterscheiden, die ihre Ursache in der Wechselwirkung der Probe mit dem Boden haben. Deshalb muß eine Methode, die diese schnellen Transformationen erfassen soll, eine im Vergleich zur Umwandlungsgeschwindigkeit kurze Analysenzeit besitzen. Desweiteren muß der Beweis erbracht werden, daß nicht durch die analytischen Schritte selbst Speziestransformationen induziert werden. Zusätzlich werden sehr niedrige Nachweisgrenzen benötigt, um Extrakte aus Pt-kontaminierten Proben messen zu können. Schließlich wurden in diesen Wassereluaten die Pt-Spezies analysiert und teilweise identifiziert. Quantitative Gesichtspunkte rundeten die Untersuchungen zur Pt-Speziesanalytik ab.

Material und Methoden

Standardlösungen

Die Stammlösungen der Pt-Standards (Na_2PtCl_6 * 6 H_2O, K_2PtCl_4) wurden hergestellt, indem 5 mg der jeweiligen Verbindung in 100 ml Milli-Q H_2O aufgelöst wurden. Diese Stammlösungen wurden bis zum Gebrauch eingefroren.

Beschreibung der Proben

Bodenextrakte: Eine Platin enthaltende Wasserfraktion eines Bodens, die einem „batch"-Experiment zur Klärung der Speziestransformation im Boden entnommen worden war, wurde dazu verwendet (Lustig et al. 1996): 25.0 g (TG) des homogenisierten Bodens wurden bei Zimmertemperatur mit einer bestimmten Menge der jeweiligen Pt-Verbindung und 100 ml Milli-Q H_2O in einem 250 ml PE-Gefäß vermischt (Kontrolluntersuchungen zeigten keine nennenswerte Adsorption von Pt an die PE-Gefäßwände): 0.98 mg (5.02 µmol) Pt-Mohr, 2.08 mg (5.00 µmol) K_2PtCl_4, 2.81 mg (5.00 µmol) Na_2PtCl_6 * 6 H_2O, 1.14 mg (5.02 µmol) PtO_2, oder 5.00 mg (0.02 µmol Pt).

Es wurden drei verschiedene Reaktionszeiten gewählt: 3, 7 und 14 Tage. Für die Aufarbeitung wurden 150 ml Milli-Q H_2O hinzugefügt und die Suspension danach eluiert (Normenausschuß Wasserwesen NAW 1984). Nach dem Zentrifugieren (20 min, 39000 g) wurde der Überstand filtriert (0.45 µm, Sartorius, Germany). Ein Aliquot wurde mit 65 % HNO_3 für die Gesamtbestimmung des Pt durch ICP-OES oder ICP-MS verdünnt. Der Rest der wäßrigen Lösungen wurde bei -20 °C aufbewahrt und Aliquots davon bei Bedarf für die Versuche zur Speziesanalytik aufgetaut.

Boden: Der Boden (lehmartig, humos, A_h: 0–30 cm) stammte aus Neufahrn bei Freising (Deutschland). Er wurde homogenisiert (Stahlsieb, 2 mm) und Aliquots entsprechend Lustig et al. (1996) charakterisiert.

Tunnelstaub: Der Staub stammte von der Decke eines Autotunnels in Österreich (Schramel et al. 1995). Er wurde homogenisiert (Nylonsieb, 1 mm) und in einem PE-Gefäss durch Rotieren homogen vermischt. Vergleichbare Aliquots davon wurden charakterisiert (Schramel et al. 1995).

Chemikalien

Pt-Standard	Stammlösung 1000 mg/l (Spex Industries, USA)
Ir-Standard	Stammlösung 1000 mg/l (Spex Industries, USA)
Platinmohr	98 % (Riedel-de-Häen, Germany)
K_2PtCl_4	98 % (Aldrich Chemie, Germany)
Na_2PtCl_6 * 6 H_2O	98 % (Johnson Matthey, Germany)
HNO_3	suprapur
HCl	32 % suprapur (Merck, Germany)
H_2O	Milli-Q Qualität (Millipore, Germany)
$NaHCO_3$	p. a. (Riedel-de-Häen, Germany)
NaH_2PO_4/Na_2HPO_4	suprapur (Merck, Germany)
Phosphatpuffer (pH 2.5)	Nr. 148-5010, BioRad (München, Germany)

Die UV-transparenten Kapillaren wurden von LASER 2000 (Wessling, Germany) bezogen.

Platinbestimmung

Bestimmung des Gesamtgehaltes: Zur Bestimmung der Platingesamtmengen in den Bodenextrakten wurde ein ICP-OES JY 38P (Jobin Yvon, Instruments SA, Frankreich) mit einem cross-flow-Zerstäuber benutzt (Proben mit einem Platingehalt über 30 µg/l). Proben mit einem Pt-Gehalt unter 30 µg/l wurden mit dem ICP-MS ELAN 5000 (Perkin-Elmer-Sciex, Canada) gemessen. Das System war mit einem „cross-flow"-Zerstäuber, gem-Typ (Perkin-Elmer, Überlingen, Germany), einer peristaltischen Pumpe und dem Probenwechsler AS 90 (Perkin-Elmer, Überlingen, Germany) ausgestattet (Lustig et al. 1996; Michalke et al. 1997). Das ^{195}Pt-Isotop wurde für die Bestimmung im ICP-MS ausgewählt, da es ein Pt-Hauptisotop ist (33,8 %) und durch HfO relativ wenig gestört wird. Trotzdem wurden die Hafniumkonzentrationen in den Bodenextrakten untersucht. Da die Hf/Pt Verhältnisse sehr klein waren, konnte die HfO-Störung vernachlässigt werden und deshalb war eine Korrektur (Lustig et al. 1997 A) der Pt-Werte oder eine Abtrennung des Hafniums (Parent et al. 1994) nicht notwendig.

On-line-Modus (CE-Kopplung): Die Kopplung ans ICP-MS wurde mit einem laborgefertigtem Zerstäuber durchgeführt, der in einem eigens dafür gefertigten Quarzrohr steckte (ID passend zum AD des Zerstäubers). Dieses Rohr diente, wie schon in früheren Experimenten, als Sprühkammer (Michalke u. Schramel 1996 A). Pt wurde bei m/z = 195 bestimmt. Die Parameter der ICP-MS wurden mit einigen Modifikationen von Schramel et al. (1995) übernommen: RF Power: 1200 W; Zerstäubergas: 1.045 l/min ; Verweildauer: 50 ms.

Aus Gründen der Qualitätskontrolle wurde das Einlaß-Puffergefäß durch ein ETV-ICP-MS laufend auf Pt untersucht (Michalke u. Schramel 1997).

Kapillarzonenelektrophorese (CZE)

Ein „Biofocus 3000" Kapillarelektrophoresesystem (BioRad, München, Germany) diente als CE-System. Die Temperatur des Probenkarussels und der Kapillare wurde auf 20 °C eingestellt, Die Kapillare wurde dabei mittels Flüssigkeitskühlung in ihrer vollen Länge bis zum Zerstäuber temperiert. Zu diesem Zweck wurde das geringfügig veränderte CE-MS Interface von BioRad verwendet. Analog zu Referenz (Michalke u. Schramel 1997) wurde eine Teilung in „Trennungsschritt" und in „Detektionsschritt" vollzogen. So konnten die einzelnen Spezies innerhalb von 10 Minuten voneinander getrennt werden. Nach Beendigung der Trennung wurden die getrennten Molekülbanden zur ICP-MS transportiert, indem Einlaßpuffer in die Kapillare gepreßt wurde. Dieser Detektionsschritt war nach 120 s abgeschlossen. Das Vorgehen in zwei Schritten leitet sich vom „capillary isoelectric focusing" ab, wo es häufig verwendet wird (Chen u. Wiktorowicz 1992; Kilar 1994; Foret et al. 1995).

Die in Michalke u. Schramel (1997) beschriebene CZE-Methode wurde mit folgenden Modifizierungen verwendet:

Kapillare: 150 cm x 50 µm i. D. *Polarität:* -/+ . *Einlaß-Elektrolyt* = NaH_2PO_4/ Na_2HPO_4, 50 mM, pH 6.0. *Stacking-Elektrolyt* = 100 mM Phosphatpuffer

(Nr.148-5010, BioRad). *Auslaß-Elektrolyt* = NaH_2PO_4/ Na_2HPO_4, 50mM, pH 6.0 verdünnt mit Milli-Q H_2O (1:2). *Temperatur* = 20 °C, Probenkarussell luftgekühlt, Kapillare mit Flüssigkeitskühlung. *Reinigung* vor jedem Lauf: 200 s Einlaßpuffer, 10 s Stacking-Puffer. *Einspritzung:* 590 nl. *Detektion:* 120 s/ 8 bar, Einlaßpuffer.

Kopplung der Kapillarelektrophorese (CE) an das induktiv gekoppelte Plasma-Massenspektrometer (ICP-MS)

Allgemeine Parameter: Für die Experimente zur CE-ICP-MS-Kopplung wurde eine „Kopplungskartusche" (BioRad, München) benutzt. Die verwendete Kapillare hatte eine Länge von 150 cm und einen Durchmesser von 50 µm (Einlaß/UV-Detektion: 15 cm, UV-Detektion/Zerstäuber: 135 cm), war unbeschichtet und UV-durchlässig.

Dies erlaubt eine Flüssigkeitskühlung von der Kapillare bis zum Zerstäuber, was sehr wichtig ist, da lange Kapillaren zum Erreichen eines angemessenen V/cm-Wertes eine höhere Spannung benötigen. Darüber hinaus kann die hohe Spannung einen ziemlich hohen Strom erzeugen, wodurch sich die Temperatur erhöht. Letzteres wirkt sich negativ auf die Trennfähigkeit und die Speziesstabilität aus.

Der modifizierte Meinhard-Zerstäuber war laborgefertigt und den speziellen Erfordernissen der CE-ICP-MS -Kopplung angepaßt (Michalke u. Schramel 1997). Besonderes Augenmerk wurde auf die exakte und optimale Positionierung des Kapillarenendes und auf einen zuverlässigen Schluß des Stromkreises der CE während des Zerstäubungsvorgangs gerichtet. Ein koaxialer Elektrolytfluß (4 µl/h Auslaufelektrolyt) um die CE-Kapillare herum sorgte für die elektrische Verbindung vom Ende der Kapillare zur Auslaßelektrode in einem Pufferreservoir am Ende des Zerstäubers.

Qualitätskontrolle

Bestimmung des möglichen Sogflusses („suction flow"): Eine Strömung durch die Kapillare, hervorgerufen durch die Sogwirkung des Zerstäuber-Gasstroms, könnte die Trennung beinflussen und die Trennleistung der CE sehr verschlechtern. Um diesen Einfluß abzuklären, wurden Versuche durchgeführt, die bereits in Michalke u. Schramel (1996 A) beschrieben sind.

Stabilität der Spezies: Auch wurde untersucht, ob Spezies sich während der Auftrennung verändern oder sich neue Spezies bilden (Michalke u. Schramel 1996 B; Michalke et al. 1997).

a) Neu entstandene Spezies könnten möglicherweise schneller wandern als die ursprünglichen und das ICP-MS schon während des Trennungsschritts erreichen. Aus diesem Grunde wurde Pt schon während der Trennung am ICP-MS aufgezeichnet.
b) Neue Spezies könnten durch Ladungsumkehr gebildet worden sein und folglich in Richtung Einlaßpuffer wandern, oder aber

c) jegliche Ladung verloren haben und somit im elektrischen Feld nicht mehr wandern.

Im Falle *(b)* würden neue Spezies mit umgekehrter Ladung im Einlaßpuffer erscheinen. Spezies, die ihre Ladung verloren haben *(c)*, ergeben neue, unbekannte Peaks während des „Detektionsschritts". Deshalb wurde bei der Detektion von Standardlösungen besonders auf zusätzliche, unbekannte Peaks geachtet. Zusätzlich wurden Einlaß-Puffergefäße nach Beendigung der Auftrennung auf Pt untersucht. Diese Untersuchungen wurden mit ETV-ICP-MS (Elan 5000, Perkin Elmer, Sciex, Canada gekoppelt an ein HGA 600, Perkin Elmer, Germany) ausgeführt (Schramel et al. 1995; Michalke et al. 1997; Michalke u. Schramel 1997). ETV erlaubt Matrixstörungen auszuschließen und die Probenaufnahme an das geringe Volumen anzupassen.

Um systematische Signale zu erkennen, die durch die Handhabung des Geräts entstehen könnten (z. B. Startpeaks, Peaks hervorgerufen durch das Umschalten von Trennungsschritt auf Detektionsschritt), wurden Versuche ohne Probeneinspritzung ausgeführt und mit dem ICP-MS während beider Versuchsschritte aufgezeichnet (Trennung, Detektion).

Stabilität der Spezies während der Lagerung

Die Pt-haltige H_2O-Fraktion eines Bodens (siehe Beschreibung der Proben, Bodenextrakte nach 3 Tagen Wechselwirkung) wurde für die Aufklärung der Stabilität der Pt-Spezies herangezogen. Innerhalb dieser Zeit finden viele Speziestransfers statt (Iacovidis u. Hadjiliadis 1994; Farago u. Parsons 1994) wobei der größte Teil des Platins fest an den Boden gebunden wird. Nach Ablauf der 3 Tage wurde die Suspension zentrifugiert (15 min; 39000 g) und filtriert (0.45 µm). Das Filtrat enthielt lösliche Pt-Spezies. Es wurde bei -20 °C gelagert. Um zeitabhängige Speziesumwandlungen (z. B. während des Aufenthalts im Autosampler) zu erfassen, wurden Aliquots einer frisch angesetzten Standardlösung niederer Konzentration (10 µg/l Pt) einerseits sofort, andererseits nach 2 und 4 Stunden analysiert. In einem zweiten Experiment wurden Aliquots des gefrorenen, oben beschriebenen Bodenfiltrats vorsichtig aufgetaut und ebenfalls sofort bzw. nach 2 und 4 Stunden untersucht.

Ergebnisse

Operation

Die Zwei-Schritt-Methode (Trennungsschritt und Detektionsschritt, abgeleitet von cIEF) verkürzt die Zeit der gesamten Analyse auf etwa 12 Minuten: 10 Minuten für die Trennung und weniger als 2 Minuten für die Detektion. Als Beispiel zeigt Abbildung 1 das Elektropherogramm eines $Na_2PtCl_6 * 6\ H_2O$ -Standards (20 µg/l).

Das Signal erscheint 18 s nach dem Start des Detektionsschritts mit einem guten Signal/Rauschen-Verhältnis (s/n ~ 16), obwohl die Konzentration von 20 µg/l nahe an der Bestimmungsgrenze liegt. Letztere wurden entsprechend IUPAC (3 σ Kriterium) berechnet. Die Pt-Bestimmungsgrenze lag bei ca. 1 µg Pt/l. Für die Kalibrierung wurde ein Korrelationskoeffizient von 0.997 im Bereich 1 – 100 µg/l erreicht.

Zur Demonstration einer erfolreichen Trennung zeigt Abbildung 2 zwei häufig benutzte und gut charakterisierte Pt-Spezies, die klar voneinander getrennt sind. $Na_2PtCl_6 * 6\ H_2O$ hat eine Migrationszeit von 18 s, K_2PtCl_4 von 33 s.

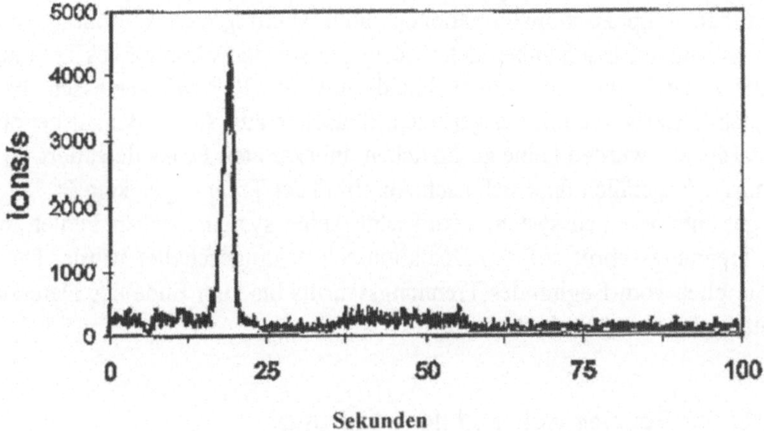

Abb. 1. $Na_2PtCl_6 * 6\ H_2O$ Standard (20 µg Pt/l). Diese Pt-Spezies erscheint nach 18 s während des Detektionsschrittes (Michalke u. Schramel 1997).

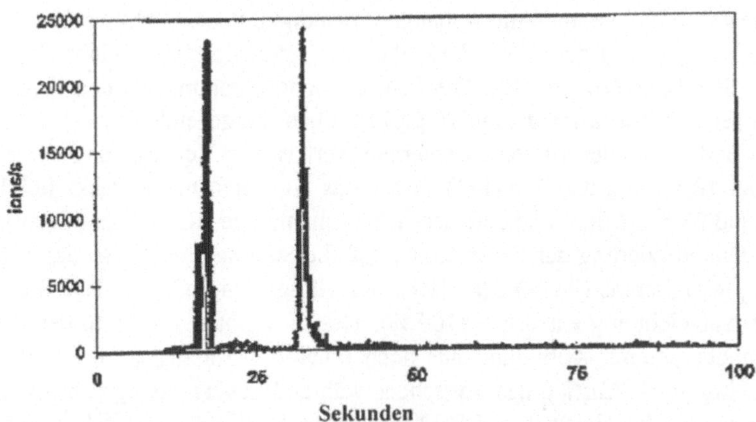

Abb. 2. Trennung von $Na_2PtCl_6 * 6\ H_2O$ und K_2PtCl_4. Die Verbindungen erscheinen bei 18 s und 33 s während des Detektionsschrittes (Michalke u. Schramel 1997).

Aspekte der Qualitätskontrolle

1. *Sogfluß:* Eine notwendige Voraussetzung ist ein minimierter Sogfluß während des Trennungsschrittes. Die beiden Versuche zeigten, daß es keinen nachweisbaren Sogfluß gab. Auch wenn Luft durch Sogfluß in die Kapillare gesaugt worden wäre, bleibt der Stromkreis geschlossen. Ebenso wurde kein Pt gefunden, als die Kapillare nach dem zweiten Versuch gespült wurde,was einen Sogfluß ausschließt.
2. *Stabilität der Spezies:* Diese Experimente zeigten, daß die untersuchten Spezies durch die Trennungsbedingungen der CE nicht verändert wurden, und daß die zeitabhängigen Veränderungen in den metallspezifischen Elektropherogrammen auf echte Speziestransformationen durch Alterung zurückzuführen waren.

- Bei Verwendung frisch zubereiteter Lösungen wurden während des Trennungsschritts keine Peaks oder andere Signale mit dem ICP-MS gemessen. Es trat eine stabile Basislinie mit nur geringem Rauschen auf. Außer den ausgeprägten Standardpeaks wurden keine zusätzlichen unbekannten Peaks detektiert. In den Einlaß-Puffergefäßen fand sich nach Abschluß der Trennungen kein Pt.
- Das gesamte Versuchssystem verursachte keine systematischen Fehler, wenn vom Trennungsschritt auf den Detektionsschritt umgeschaltet wurde. Die Basislinie blieb vom Beginn des Trennungsschritts bis zum Ende des Detektionsschritts stabil und dauerhaft niedrig.

Stabilität der Spezies während der Lagerung

Die Kenntnis der Stabilität der Spezies ist ein wichtiger Aspekt der Qualitätskontrolle. Die Stabilität von Probenlösungen (Speziesstabilität) während der Probenbereitung und der Analyse ist eine Vorbedingung für die Beurteilung, ob neue Spezies bei der Wechselwirkung der Probe mit dem Boden entstehen. Wenn dies nicht gewährleistet ist, muß die Abbaugeschwindigkeit untersucht werden.

Abbildung 3 zeigt den Abbau bzw. die Speziestransformation eines Na_2PtCl_6 * 6 H_2O -Standards (10 µg/l Pt). Die Pt-Elektropherogramme wurden sofort nach Verdünnen der Vorratslösung auf 10 µg/l Pt (oben) aufgezeichnet, nach 2 Stunden (Mitte) und 4 Stunden (unten). Bemerkenswert ist die Verringerung der Signalhöhe bei 18 s (Na_2PtCl_6 * 6 H_2O), sowie das Auftreten neuer Peaks bei 15.5 s, 21.5 s und 23.5 s (Mitte) und eine deutliche Zunahme des Rauschens (unten).

Die Quantifizierung der Peaks ergab, daß die Summe aller Peaks des mittleren Elektropherogramms (98 %) der Fläche des 10 µg/l Na_2PtCl_6 * 6 H_2O Peaks der oberen Aufzeichnung entspricht (100 %). Jedoch ergibt die Summe der Peakflächen in der unteren Abbildung nur noch 60 % des Anfangswertes (oben) und gleichzeitig einen Anstieg des Rauschens während des Trennungsschritts. Untersucht man nur das Na_2PtCl_6 * 6 H_2O Signal bei 18 s, so ergibt sich eine permanente Abnahme. Die Anfangspeakfläche (oberes Elektropherogramm) ist 2 Stunden später auf 51 % (Mitte), nach 4 Stunden sogar auf 36 % reduziert (unten). Zusätzlich nimmt während der Detektion das Rauschen zu und der Na_2PtCl_6 * 6 H_2O Peak verliert gleichzeitig stark an Höhe und verbreitert sich (unten).

Abbildung 4 zeigt die zeitabhängige Veränderung des Elektropherogramms eines wäßrigen Auszugs von einem seit drei Tagen mit Na_2PtCl_6 * 6 H_2O kontaminierten Boden. Das obere Elektropherogramm wurde direkt nach dem Auftauen der gefrorenen Probe aufgezeichnet. Die ursprünglich verwendete Spezies (Na_2PtCl_6 * 6 H_2O) kann immer noch bei 18 s gefunden werden, aber es treten mehrere weitere Spezies auf. Eine Pt-Spezies bei 20 s tritt besonders hervor, andere finden sich bei 21.5 oder 24 s. Das Bild ändert sich, wenn die gleiche Probe nach 2 (Mitte) oder 4 Stunden (unten) analysiert wird. Das ursprünglich eingesetzte Na_2PtCl_6 * 6 H_2O ist immer noch vorhanden, aber andere – im Boden entstandene – Spezies sind verschwunden. Die Quantifizierung von Gesamt-Pt aus dem wäßrigen Extrakt ergibt vor der CE-Trennung einen Wert von 370 µg/l Pt (unabhängig von der Alterung). Die Aufsummierung der Einzelpeakkonzentrationen aus Abbildung 4 (oben) gibt eine Pt-Gesamtkonzentration von 387 µg/l (= 104 % von 370 µg/l). Entsprechend ergab die Summe der Peakflächen in der mittleren Aufzeichnung einen Pt-Gesamtwert von 366 µg/l (= 99 %), in der unteren von 287 µg/l (= 77 %). Betrachtet man das Na_2PtCl_6 * 6 H_2O -Signal bei 18 s, so wurde in der frisch aufgetauten Probe eine Pt-Konzentration von 88 µg/l ermittelt, nach 2 Stunden 86 µg/l, nach 4 Stunden 91 µg/l, was 24 % des Gesamt-Pt ergibt. Es ist keine lagerungsbedingte Veränderung der Na_2PtCl_6 * 6 H_2O -Konzentration zu erkennen. Dagegen scheint eine bei 20 s auftretende, im Boden entstandene Spezies, beim Altern weniger stabil zu sein. Die Konzentration in einer frisch aufgetauten Probe beträgt 82 µg/l Pt (= 22 % des Gesamt-Pt), nach 2 Stunden 48 µg/l Pt (= 13 % des Gesamt-Pt) und schließlich nach 4 Stunden nur noch 7 µg/l Pt (~ 2 % des Gesamt-Pt). Parallel dazu nimmt das Rauschen während des Trennungsschritts mit fortschreitender Zeit zu (4 Stunden), obwohl in den Puffer-Einlaßgefäßen kein Pt nachgewiesen werden kann.

Identifizierung und Quantifizierung von Pt-Spezies in wäßrigen Extrakten

*Nach Na_2PtCl_6 * 6 H_2O -Wechselwirkung (Abbildung 5 A-C)*

Die Gesamt-Pt-Gehalte, die wieder extrahiert werden konnten, lagen bei 520, 790 und 840 µg/l, nach jeweils 3, 7 und 14 Tagen.

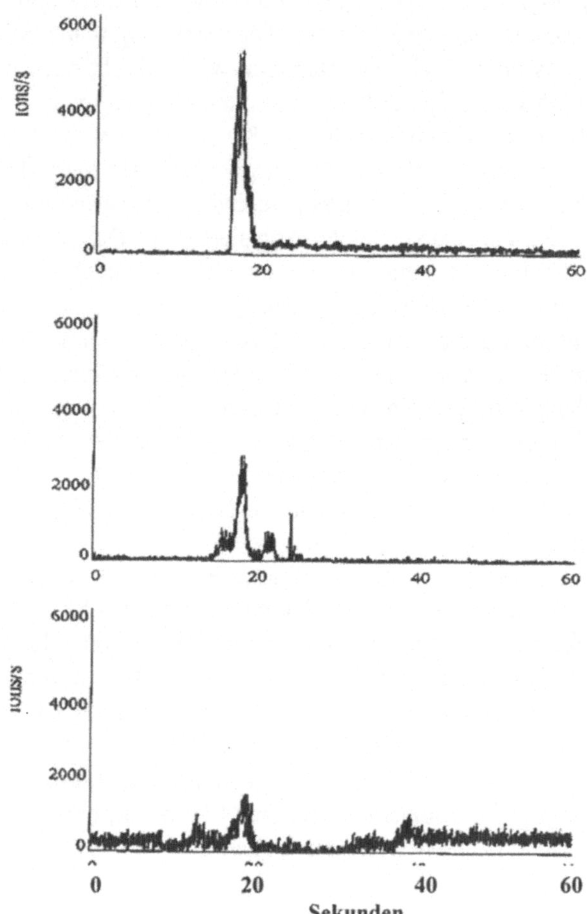

Abb. 3. Elektropherogramme eines Na_2PtCl_6 * 6 H_2O Standards (Konzentration: 10 µg Pt/l). Oben: Elektropherogramm sofort nach Herstellen der Standardlösung. Mitte: Elektropherogramm zwei Stunden nach Herstellen der Standardlösung. Unten: Elektropherogramm vier Stunden nach Herstellen der Standardlösung (Michalke et al. 1997).

Die Wiederfindungsrate lag zwischen 96 und 109 %, wenn alle Peakflächen aufsummiert wurden. Verglichen mit den Standard-Anwendungen findet offensichtlich in den Proben eine Verschiebung der Migrationszeit von 18 s nach 30 s statt. Nach 3 bzw. 7-tägiger Wechselwirkung mit dem Boden ist Na_2PtCl_6 * 6 H_2O die vorherrschende Spezies (Abb. 5 A, B), mit der 80 % des Pt assoziiert sind, während eine weitere im Boden entstandene Spezies, die bei 11 s erscheint, 20 % des Gesamt-Pt enthält. Nach 14 Tagen (Abb. 5 C) treten „schnelle" Spezies schon während des Trennungsschrittes bei 14, 15 und 16 min auf, mit einem Pt-Gehalt von 75 % des Pt-Gesamtgehalts (siehe Fenster in Abb. 5 C), während die Spezies bei 11 s und Na_2PtCl_6 * 6 H_2O sich auf 12 bzw. 14 % verringern.

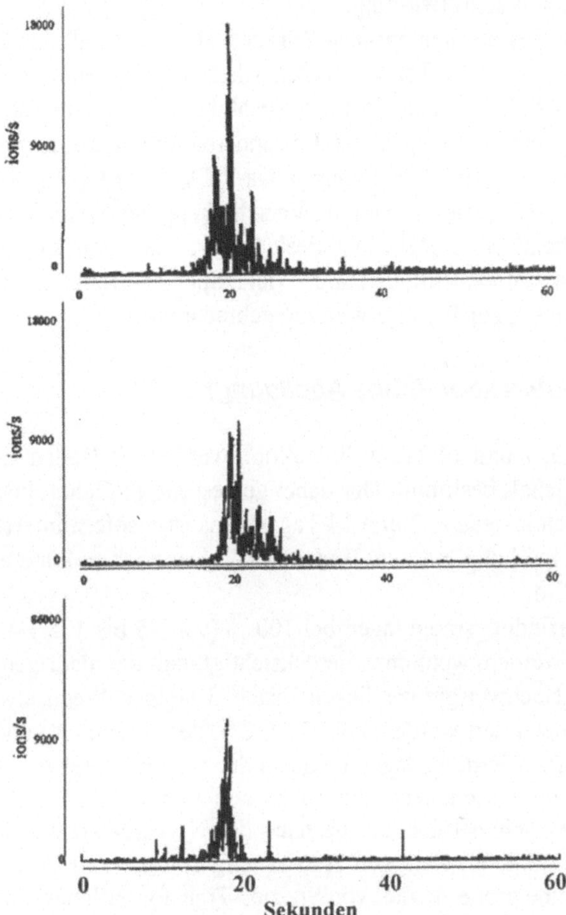

Abb. 4. Analog zu Abbildung 3: Elektropherogramme eines wäßrigen Bodenextraktes. Der Boden war vorher mit Na_2PtCl_6 * 6 H_2O kontaminiert worden. Oben: Elektropherogramm sofort nach Auftauen des Extraktes. Mitte: Elektropherogramm zwei Stunden nach Auftauen des Extraktes. Unten: Elektropherogramm vier Stunden nach Auftauen des Extraktes (Michalke et al. 1997).

Nach K_2PtCl_4 -Wechselwirkung (Abbildung 5 D-F)

Die Gesamt-Pt-Gehalte, die wieder extrahiert werden konnten, waren 300, 175 und 185 µg Pt/l, nach jeweils 3, 7 und 14 Tagen. Die Wiederfindungsrate lag zwischen 99 und 103 % (7 bzw. 14 Tage), wenn alle Peakflächen zusammengezählt wurden. Bei 3 Tagen konnten nur 68 % des Gesamt-Pt wiedergefunden werden. Eine Verschiebung der Migrationszeit von 33 s nach 45 s fällt im Vergleich mit den Standard-Anwendungen ins Auge. Die Original-Spezies (Identifizierung durch Standard-Addition) überwiegt nach 3 Tagen und verringert sich mit zunehmender Zeit der Wechselwirkung.

Andere Spezies erscheinen nach 3 Tagen als „fronting" der Original-Spezies; sie treten nach 7 und 14 Tagen deutlicher hervor. Eine Spezies („fronting" bei 3 Tagen), die nach 7 Tagen als deutlicher Peak bei 30 s auftritt, ist nicht Na_2PtCl_6 * 6 H_2O, wie in einem Versuch durch Standardaddition dieser Spezies zur Probe nachgewiesen wurde (ohne Abbildung). Na_2PtCl_6 * 6 H_2O -Zugabe führt zu einem neuen Peak bei 23 s, was erneut eine Verschiebung der Migrationszeit zeigt. Nach 7 Tagen erscheint ein auffallender Peak bei 3 s, der nach 14 Tagen wieder verschwunden ist. Offensichtlich laufen viele Spezies-Transformationen ab, wenn Boden mit K_2PtCl_4 zur Wechselwirkung gebracht wird.

Nach Pt(0)-Interaktion (ohne Abbildung)

Nach jeweils 3, 7 und 14 Tagen Interaktion wurden die Böden extrahiert und der jeweilige Pt-Gehalt bestimmt. Der dabei gemessene Pt-Gehalt betrug 2.2, 2.0 und 5.8 µg Pt/l nach jeweils 3, 7 und 14 Tagen. Das ist insofern interessant, weil Pt(0) (ohne Wechselwirkung mit dem Boden) in Wasser nach so kurzen Zeitabschnitten nicht gelöst wird.

Die Wiederfindungsraten lagen bei 100 % (von 95 bis 135 %). Diese Streuung kann toleriert werden, wenn man berücksichtigt, daß die niedrigen Gesamtmengen nahe an der Nachweisgrenze liegen. Nach 3-tägiger Wechselwirkung konnten zwei Spezies detektiert werden, bei 35 s (38 % des Gesamt-Pt) und bei 65 s (60 % des Gesamt-Pt). Allerdings lagen beide an der Nachweisgrenze. Mit zunehmender Wechselwirkungszeit entsteht eine wachsende Anzahl von Peaks. Dies macht die Quantifizierung schwieriger, da die nahe der Nachweisgrenze liegende Gesamtmenge in eine steigende Zahl von Spezies aufgesplittet wird. Auf jeden Fall wurde sichtbar, daß eine große Anzahl von Spezies-Transformationen stattgefunden hat.

Pt-haltiger Tunnelstaub (Abbildung 5 G)

Die extrahierten Gesamt-Pt-Mengen lagen an den Bestimmungsgrenzen, die für Standard-Anwendungen berechnet worden sind. Deshalb war die Quantifizierung einzelner Peaks ebenso unmöglich wie Massenbilanzen. Qualitative Aussagen sind jedoch möglich. Die wichtigste davon ist: Die „Realprobe" Tunnelstaub zeigt im Vergleich mit „künstlichen" Spezies ein anderes Spezies-Muster, wenn sie mit Boden in Wechselwirkung tritt. Schon nach 3 Tagen treten eine Menge Pt-Verbindungen als Peaks auf, selbst bei späten Migrationszeiten. Da gewöhnlich unpolare Spezies während der CZE langsame oder gar keine Migration im elektrischen Feld zeigen, könnten diese Spezies eher apolaren Charakter haben.

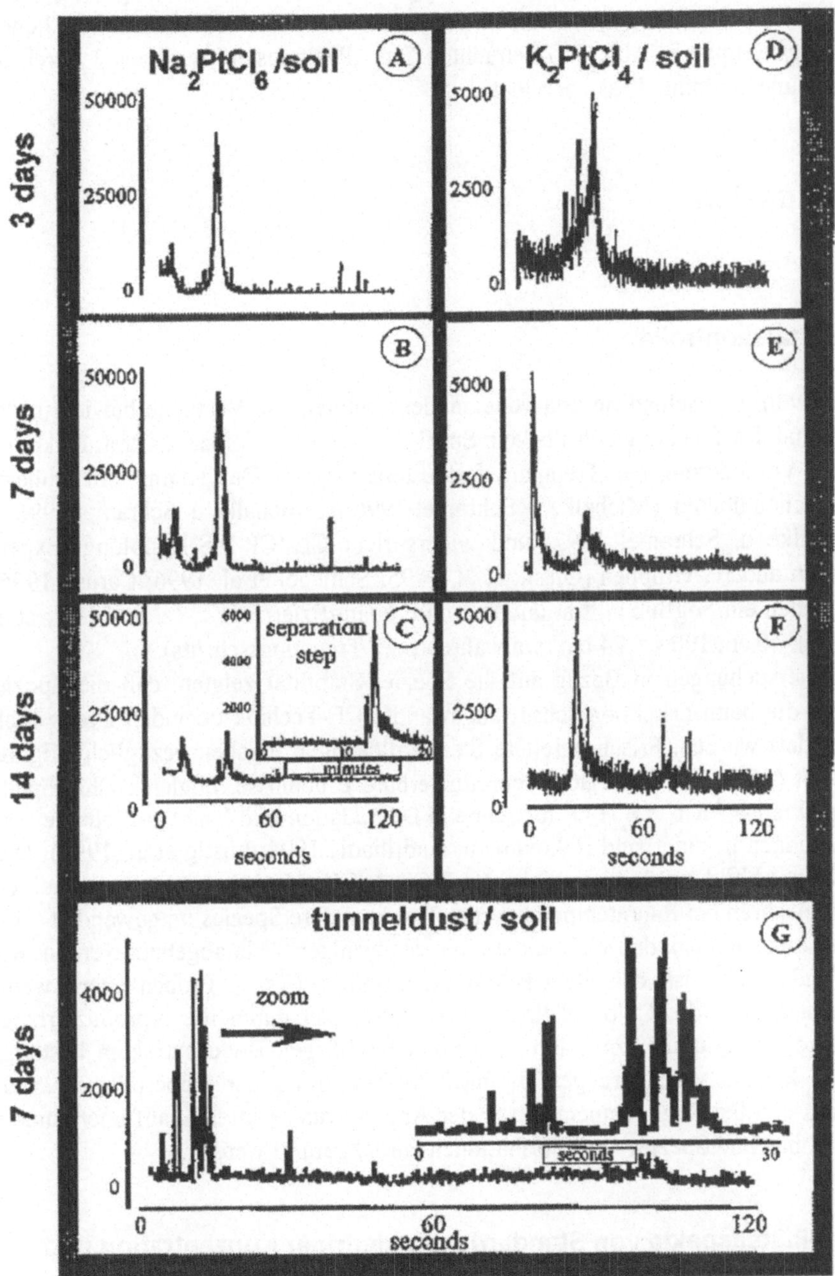

Abb. 5. Elektropherogramme aus wäßrigen Bodenextrakten nach unterschiedlich langer Interaktion mit verschiedenen Pt-Spezies bzw. Tunnelstaub (Lustig et al. 1998 A).

Des weiteren finden wir nach 7 und 14 Tagen viele, durch den Boden verursachte, Spezies-Transformationen. Besonders nach 7 Tagen treten 2 „schnelle“ Peakgruppen hervor, die bei etwa 11 s und 20 s liegen. Die hohe Trennleistung des Systems zeigt sich besonders gut, wenn man den „gezoomten“ Bereich der um 20 s liegenden Peakgruppe in Abb. 5 G betrachtet: Das „Peakmuster“ wird aus 3 durch die Basislinie getrennte Peaks gebildet.

Diskussion

Qualitätskontrolle

Zwei völlig verschiedene und voneinander unabhängige Versuche bewiesen, daß während des Trennungsschritts kein Sogfluß durch die Kapillare auftrat. Es konnte keine Veränderung der Trennung festgestellt werden. Das stimmt mit früheren Versuchen überein (Michalke u. Schramel 1996 A; Michalke u. Schramel 1996 C; Michalke u. Schramel 1997) und widerspricht CE-ICP-MS-Kopplungs-Experimenten anderer Gruppen (Olesik et al. 1995; Schlegel et al. 1996; Caruso 1996), bei denen ein Sogfluß auftrat und teilweise quantifiziert wurde (z. B. Olesik et al. (1995): 40 cm/100 s = 24 cm/min während des Trennungsschritts).

Untersuchungen in Bezug auf die Spezies-Stabilität zeigten, daß die Spezies durch die beim Detektionsschritt angewandte CE-Technik oder den Druck nicht verändert wurden. Frisch bereitete Standardlösungen ergaben bezüglich Migrationszeit (18 s) und Peakfläche reproduzierbare Ergebnisse, obgleich Chloroplatinate, wie $Na_2PtCl_6 * 6 H_2O$, für schnelle Degradation und leicht auftretende Veränderungen bekannt sind (Iakovidis u. Hadjiliadis 1994; Lustig et al. 1996). Dies wird in Abbildung 3 gezeigt, wo $Na_2PtCl_6 * 6 H_2O$ schon nach zweistündigem Aufbewahren bei Raumtemperatur zum Teil in andere Spezies umgewandelt wird. Es ist anzunehmen, daß viele andere Spezies weniger leicht abgebaut werden, was ein Indiz dafür ist, daß die CE-Methoden andere (Real-) Proben ebensowenig verändern wie die Chloroplatinate. Das wird auch durch die reproduzierbaren Elektropherogramme von frisch aufgetauten wäßrigen Bodenextrakten bestätigt. Daher können Veränderungen, die nach Aufbewahrung der Probe oder der Standardlösung bei Raumtemperatur vor der Analysierung eintreten, auf unerwünschten Abbau und Spezies-Transformationen zurückgeführt werden.

Stabilitätsaspekte von Standards mit niedriger Konzentration und von Realproben

Die Stabilität der Spezies (oder Informationen über Änderungen bzw. Transformationsgeschwindigkeiten) während der Analyse – in Abhängigkeit von den Versuchsbedingungen – ist von größter Wichtigkeit für die Beurteilung des Wechselwirkungs- und Transformationsgrades im Boden. Diese Informationen sind ein unerlässlicher Teil der analytischen Qualitätskontrolle und eine wichtige Vorbedingung für zukünftige Untersuchungen über Spezies-Transformationen in Bezug auf zeitabhängige Wechselwirkungsprozesse im Boden. Außerdem beeinflußen die Abbau- und die Spezies-Transformationsgeschwindigkeit in niedrig konzentrierten Standardlösungen (z. B. 10 µg/l) die „korrekte" Quantifizierung. Peakflächen von Proben, die auf veränderte Standards mit verringerten Peakflächen bezogen werden, ergeben eine Überschätzung der Konzentration in den Proben. Dies läßt sich deutlich durch Pt-Massenbilanzen (Wasserextrakte) zeigen, die etwa 100 % Pt ergeben (z. B. 389 µg/l : 370 µg/l = 104 %), wenn ein frisch bereiteter Standard als Quantifizierungsbasis verwendet wird. Dagegen erreicht man 195 %, wenn man einen Na_2PtCl_6 * 6 H_2O -Standard benutzt, der 2 Stunden gealtert ist (Abb. 3, Mitte: Pt = 51 % vom Anfangswert).

Die Transformation von Na_2PtCl_6 * 6 H_2O in Wasser ist aus der Literatur bekannt (Wilkinson et al. 1987; Iakovidis u. Hadjiliadis 1994) und stimmt mit eigenen Versuchen überein, besonders in Bezug auf niedrige Konzentrationen. Diese Transformation läßt sich wahrscheinlich durch schrittweisen Austausch der Cl^--Ionen durch OH^--Ionen am Chloroplatinat erklären (Wilkinson et al. 1987). Diese Transformationen erzeugen offensichtlich Spezies, die während des Detektionsschritts auftreten (2 Stunden). Dies zeigt sich an der abnehmenden Peakfläche des Na_2PtCl_6 * 6 H_2O und dem Auftreten neuer Peaks. Die Pt-Massenbilanz (Summe aller Peaks) liegt immer noch bei 100 %. Nach 4 Stunden weisen sowohl die bei etwa 60 % liegende Massenbilanz als auch das zunehmende Rauschen während des Trennungsschrittes auf Transformationen in schneller wandernde Spezies hin, die das ICP-MS schon während der Trennung erreichen. Außerdem verschlechtert sich die Nachweisgrenze mit steigendem Rauschen, größerer Peakbreite und geringerer Peakhöhe.

Bei genauer Betrachtung der Elektropherogramme des wäßrigen Extrakts erkennt man ein spezifisches Muster verschiedener Spezies. Dieses Muster ist abhängig von den Versuchsbedingungen (3-tägige Interaktion von Na_2PtCl_6 * 6 H_2O mit dem Boden), was durch die Reproduzierbarkeit der Elektropherogramme der frisch aufgetauten Proben bestätigt wird. Es fällt auf, daß die Menge des Na_2PtCl_6 * 6 H_2O im Extrakt während des Alterns gleich bleibt. Das erklärt sich aus dem beträchtlichen Chloridgehalt der Probe. Man weiß, daß Chlorid die Chloroplatinate stabilisiert (Iakovidis u. Hadjiliadis 1994; eigene Erfahrungen). Darüber hinaus bewegt sich die festgestellte Konzentration (90 µg/l) in einer Größenordnung, wo ein Abbau auch ohne Cl^--Stabilisierung nur langsam vor sich geht (in Tagen, nicht in Stunden). Doch andere im Boden entstandene Spezies werden offensichtlich sehr schnell transformiert. Sie verschwinden (z. B. die Spezies bei 20 s) und neue Spezies entstehen. Dieses Ergebnis wird durch die Massenbilanzen bestätigt, die nach 2 Stunden immer noch bei 100 % liegen, nach 4 Stunden aber auf 77 % fallen. Zusätzlich tritt zunehmendes Rauschen während des Trennungsschritts auf. Die Entstehung „schnellerer" Spezies, die das ICP-MS schon während des Trennungsschritts erreichen (Michalke u. Schramel 1997), könnte diese Beobachtung erklären.

Die Gesamtanalysenzeit der Methode (10 Minuten Trennung + 100 s Detektion = ca. 12 Minuten) ist kurz genug, um die zeitabhängigen Transformationen aufzuzeichnen. So liefern diese Untersuchungen und die Anwendung der CE-ICP-MS-Kopplung einen wertvollen Beitrag zur Qualitätskontrolle bei der Analyse instabiler Spezies in Lösungen. Zukünftige Untersuchungen solch instabiler Proben müssen ihr besonderes Augenmerk sowohl auf die umgehende Analysierung der frisch aufgetauten Proben, als auch auf die Quantifizierung mit frisch bereiteten Standardlösungen richten. Zum Beispiel sollten jeweils nach 5 Proben Kontrollstandards zwischengeschoben werden, um eventuell auftretende (kleine) Abweichungen in der Empfindlichkeit des Systems zu eliminieren (was in der Spurenelementanalytik sowieso routinemäßig gemacht wird). Bei Beachtung dieser Vorsichtsmaßregeln kann man, in Bezug auf Speziestransformation in Böden nach verschiedenen Wechselwirkungszeiten, gute Analyseergebnisse erzielen.

Identifizierung und Quantifizierung von Pt-Spezies in wäßrigen Extrakten

Bei einem Blick auf die Elektropherogramme können weitere Erkenntnisse über Pt-Spezies in Bodenextrakten gewonnen werden. Die Abbildung 5 A–G zeigt, daß die Spezies-Transformationen rasch, nämlich innerhalb von Tagen, vor sich gehen. $Na_2PtCl_6 * 6\,H_2O$ war zwar im Boden einigermaßen stabil, doch K_2PtCl_4 wurde umgehend in andere Pt-Spezies überführt. Vor dem Hintergrund der Literatur überrascht dies nicht (Elding 1970; Volshtein 1975; Iakovidis u. Hadjiliadis 1994). Elektropherogramme von Pt(0)/Boden und Tunnelstaub/Boden sind allerdings schwer zu interpretieren. Tatsächlich fand eine große Anzahl von Spezies-Transformationen statt. Die meisten dieser Spezies sind nur in sehr geringer Konzentration vorhanden, unter der Nachweisgrenze des CE-ICP-MS und extrem kurzlebig, so daß weitere Identifizierungen mit der hier angewandten Technik nicht möglich sind. Einige dieser Spezies könnten Pt-Hydroxid-Komplexe sein (Iakovidis u. Hadjiliadis 1994). Das würde mit den RPC-Trennungen übereinstimmen, die in (Lustig et al. 1998 A) beschrieben werden.

Bei der Betrachtung weiterer qualitativer Aspekte fallen besonders Unterschiede zu künstlichen Pt-Spezies auf, insbesondere für Pt/Tunnelstaub. Hier wandern die transformierten bzw. neu entstandenen Spezies teilweise langsam, was auf einen apolaren Charakter hinweist. Die Unterschiede in Bezug auf die Bioverfügbarkeit für Pflanzen, bei Verwendung eines Pt-haltigen Tunnelstaubs (Lustig et al. 1997 A), verglichen mit Versuchen, in denen künstliche Pt-Spezies in Nährlösungen verwendet werden (Messerschmidt et al. 1994; Farago u. Parsons 1994), könnten durch diese Befunde erklärt werden.

Zusammenfassung

Platin-Speziation erfordert wegen des geringen Vorkommens von Pt in der Umwelt und seiner Einschränkungen in Bezug auf Spezies-Veränderungen besonders aufwendige Techniken. Die vorgelegten Experimente stellen einen ersten Versuch zur Pt-Speziation in umweltrelevanten Proben dar. Die gewonnenen Ergebnisse geben erste Aufschlüsse über den polaren Charakter der Pt-Spezies.

Literatur

Alt F, Bambauer A, Hoppstock K (1993) Platinum traces in airborne particulate matter. determination of whole content, particle size distribution and soluble platinum. Fresenius J Anal Chem 346: 693-696

Aresta M, Defazio M, Fumarulo R (1982) Biological activity of metal complexes. V. Influence of Pd (II), Pt (II) and Rh (I) on the macrophages chemotaxis. Biochem Biophys Res Commun 104: 121-125

Bolm-Audorff U, Bienfait HG, Burkhard J, Bury AH, Merget R, Pressel G, Schulze-Werninghaus G (1992) Prevalence of respiratory allergy in a platinum rafinery. Int Arch Ocupp Environ Health 64: 257-260

Caruso JA (1996) New directions for elemental speciation studies. 26th Intern. Symposium on Environmental Analytical Chemistry, Wien Austria April 9-12

Chen SM, Wiktorowicz JE (1992) Isoelectric focusing by free solution capillary electrophoresis. Anal Biochem 206: 84-90

Ehrenstorfer-Schäfers E, Hartl H, Beck W (1988) Bildung wasserlöslicher Histidin - Platin - Komplexe aus metallischem Platin und Histidin. Z Naturforsch 43b: 499

Elding LI (1970) The stepwise dissociation of tetrachloroplatinate (II) ion in aqueous solution. Acta Chem Scand 24: 1527-1540

Farago ME, Parsons PJ (1994) The effect of various platinum metal species on the water plant Eichhornia crassipes (Mart). Chem Speciation Bioavail 6/1: 1-12

Foret F, Müller O, Thorne J, Götzinger W, Karger BL (1995) Analysis of protein fractions by micropreparative capillary isoelectric focusing and matrix assisted laser desorption time of flight mass spectrometry. J Chromatography A 716: 157-166

Freiesleben D, Wagner B, Hartl H, Beck W, Hollstein M, Lux F (1993) Auflösung von Palladium und Platinpulver durch biogene Stoffe. Z Naturforsch 48b: 847

Huheey JE (1983) Inorganic Chemistry. 3rd Ed. Harper & Row New York

Iakovidis A, Hadjiliadis N (1994) Complex compounds of platinum (II) and (IV) with amino acids, peptides and their derivates. Coord Chem Rev 135/136: 17-63

Keeffe MO, Dunemann L, Theobald A, Svehla G (1995) Capillary electrophoresis in speciation analysis. Investigations of metal - polyaminopolycarboxylate complexes and effects of metals on proteins. Anal Chim Acta 306: 91-97

Kilar F (1994) Isoelectric focusing in coated and uncoated capillaries - theoretical and practical considerations. 2nd Göttinger Capillary Elektrophoresis Symposium Göttingen Germany Oct 12-13

Lustig S (1997) Platinum in the Environment. UTZ-Wissenschaftsverlag München ISBN 3-89675-235-9

Lustig S, Zang S, Michalke B, Schramel P, Beck W (1996) Transformation behaviour of different platinum compounds in clay - like soil: speciation investigations. Sci Tot Environment 188: 195-204

Lustig S, Zang S, Michalke B, Schramel P, Beck W (1997 A) Platinum determination in nutrient plants by inductively coupled plasma mass spectrometry with special respect to the hafnium oxide interference. Fresenius J Anal Chem 357: 1157-1163

Lustig S, Zang S, Beck W, Schramel P (1997 B) Influence of micro-organisms on the dissolution of metallic platinum emitted by automobile catalytic converters. ESPR-Env. Sci Poll Res 4/3: 146-153

Lustig S, Michalke B, Beck W, Schramel P (1998 A) Platinum speciation with hyphenated techniques: high performance liquid chromatography and capillary electrophoresis online coupled to an inductively coupled plasma mass spectrometer - application to aqueous extracts from a platinum treated soil. Fresenius J Anal Chem 360: 18-25

Lustig S, Zang S, Beck W, Schramel P (1998 B) Dissolution of metallic platinum as water soluble species by naturally occurring complexing agents. Microchim Acta 129: 189 - 194

Messerschmidt J, Alt F, Tölg G (1994) Platinum species analysis in plant material by gel permeation chromatography. Anal Chim Acta 274: 161-167

Michalke B (1995 A) CE - Methods for identification of low molecular weight Se-organo-compounds and differentiation from their sulphur analogons in human milk. 13th Int Symposium on Liquid Chromatography Innsbruck Austria May 28-June 2

Michalke B (1995 B) About the use of capillary electrophoresis in speciation investigation. Trends in Bioanalysis, Oberschleißheim Germany September 23

Michalke B, (1996) Capillary electrophoresis - a useful tool in speciation investigations. Fresenius J Anal Chem 354: 5-6, 557-565

Michalke B, Schramel P (1996 A) Hyphenation of capillary electrophoresis to inductively coupled plasma mass spectrometry as an element - specific detection method for metal speciation. J Chromat A 750: 51-62

Michalke B, Schramel P (1996 B) Elementspeciation mit Hilfe der on-line Kopplung von Kapillarelektrophorese und ICP-MS. Elektrophorese Forum '96, München Germany Oct 23-25

Michalke B, Schramel P (1996 C) Hyphenation of CE to ICP-MS as element - specific detector for metal speciation. 4th Int Symposium on Hyphenation Techniques in Chromatography and Hyphenated Chromatographic Analyzers, Brügge Belgien February 2-9

Michalke B, Schramel P (1997) Coupling of capillary electrophoresis with ICP-MS for metal speciation investigations. Fresenius J Anal Chem 357: 594-599

Michalke B, Lustig S, Schramel P (1997) Analysis for the stability of platinum containing species in soil samples using capillary electrophoresis interfaced on-line with inductively coupled plasma mass spectrometry. Electrophoresis 18: 196 - 201

Moens L, Vanhaecke F, Riondato J, Dams R (1995) Some figures of merrit of a new double focusing inductively coupled plasma mass spectrometer. JAAS 10: 569-574

Nachtigall D, Kock H, Artelt S, Levsen K, Wünsch G et al. (1996) Platinum solubility of a substance designed as a model for emissions of automobile catalytic converters. Fresenius J Anal Chem 354: 742-746

Nordlind K (1986) Further studies on the ability of different metal salts to influence the DNA synthesis of human lymphoid cells. Int Arch Allergy Appl Immun 79: 83-85

Normenausschuß Wasserwesen (NAW) im DIN Deutsches Institut für Normung e.V. (1984) Schlamm und Sedimente (Gruppe S) DIN 38414-S4

Olesik JW, Kinzer JA, Olesik SV (1995) Capillary electrophoresis inductively coupled plasma mass spectrometry for rapid elemental speciation. Anal Chem 67/1: 1-12

Pallas JE, Benton JE (1978) Platinum uptake by horticultural crops. Plant Soil 50/1: 207

Parent M, Vanhoe H, Moens L, Dams R (1994) Platinum determination by thermospray nebulization inductively coupled plasma mass spectrometry. 1. Platin-Anwendertreffen Stuttgart Germany Nov 22-23

Parent M, Vanhoe H, Moens L, Dams R (1996) Determination of low amounts of platinum in environmental and biological materials using thermospray nebulization inductively coupled plasma mass spectrometry. Fresenius J Anal Chem 354: 664-667

Rosner G, Merget R (1990) Immunotox metals and immunotox allergenic potential of Platinum compounds. Immunotox Plenum Press New York

Schierl R, Fruhmann G (1996) Airborne Platinum concentrations in Munich city buses. Sci Tot Environment 182: 21-23

Schlegel D, Mattusch J, Wennrich R (1996) Speciation by capillary electrophoresis with ICP-MS elemental specific detection. 26th Int Symposium on Environmental Analytical Chemistry Wien Austria April 9-12

Schlögl R, Indlekofer G, Oelhafen P (1987) Mikropartikelemissionen von Verbrennungsmotoren mit Abgasreinigung - Röntgen - Photoelektronenspektroskopie in der Umweltanalytik. Angew Chem 99: 312-322

Schramel P, Wendler I, Lustig S (1995) Capability of ICP-MS (pneumatic nebulization and ETV) for Pt - analysis in different matrices at ecological relevant concentrations. Fresenius J Anal Chem 353: 115-118

Schramel P, Lustig S (1997) Immissions - Situation für Platin (Vorkommen von Platin in der Luft, Boden, Wasser, Futtermitteln, Lebensmitteln). Abschlußpräsentation Forschungsverbund Edelmetallemissionen BMBF, GSF München

Sheard C (1955) Contact dermatitis from Platinum and related metals. Arch Derm 71: 357-360

Tschöpel P, Kotz L, Schulz W, Veber M, Tölg G (1980) Zur Ursache und Vermeidung systematischer Fehler bei Elementbestimmungen in wäßrigen Lösungen im ng/ml und pg/ml – Bereich. Fresenius Z Anal Chem 302: 1-6

Volshtein LM (1975) Coordination compounds of Platinum with aminoacids Soviet J Coord Chem 1/5: 483-509

Wei C, Morrison GM (1994) Platinum analysis and speciation in urban gullypots. Anal Chim Acta 284: 587-592

WHO (ed) IPCS (1991) Platinum Environmental Health Criteria 125, WHO Geneva

Wildhagen D, Krivan V (1993) Determination of Platinum in environmental and geological samples by radiochemical neutron activation analysis. Anal Chim Acta 274: 257-266

Wilkinson G, Gillard RD, McCleverty JA (1987) The synthesis, reactions, properties and applications of coordination compounds. Comprehensive Coordination Chemistry Wheaton & Co Ltd, New York

Zereini F, Zientek C, Urban H (1993) Konzentration und Verteilung von Platingruppenelementen (PGE) in Böden. Z Umweltchem Ökotox 5/3: 130-134

1.5 Bestimmung von Palladium in Umweltkompartimenten

M. Schuster, M. Schwarzer, G. Risse
Institut für Anorganische und Analytische Chemie, TU München

Einleitung

Palladium kann grundsätzlich mit allen wichtigen atomspektrometrischen Verfahren bestimmt werden. Viele dieser Techniken können ihre volle Empfindlichkeit und Nachweisstärke jedoch nur in Proben mit einfacher Matrix entfalten. Umweltrelevante Proben sind dagegen häufig komplexe Mischungen unterschiedlicher und oft unbekannter Bestandteile, die hohe Anforderungen an die Selektivität und an das Nachweisvermögen eines Analysenverfahrens stellen. Dies gilt besonders für sehr seltene Elemente wie Palladium, das wie andere Edelmetalle nur in äußerst niedrigen Konzentrationen in der Biosphäre vorkommt und auch durch anthropogene Einflüsse nur in sehr geringen Mengen freigesetzt wird. Unglücklicherweise unterliegen gerade besonders nachweisstarke Techniken, wie die Massenspektrometrie mit induktiv gekoppeltem Plasma (ICP-MS), die instrumentelle Neutronenaktivierungsanalyse (INAA) und die Laseratomfluoreszenzspektrometrie (LAFS) bei diesem Element starken spektralen Störungen (Hall u. Pelchat 1993; Schwarzer et al. 1998; Tilch 1993). Diese Bestimmungsmethoden sind deshalb nur bedingt, d.h. bei wenig interferierenden Proben, einsetzbar.

Für die Spuren- und Ultraspurenanalyse von Palladium wurde deshalb ein in allen Schritten automatisiertes Anreicherungssystem entwickelt (Schuster u. Schwarzer 1996, 1998), das aus einer neuartigen Variante der Festphasen- oder Sorbentextraktion in einem Fließsystem mit anschließender Elementdetektion durch Graphitofen-AAS (GF-AAS), Laseratomfluoreszenzspektrometrie mit elektrothermaler Probenverdampfung (ETV-LAFS), ICP-MS oder INAA besteht (Schwarzer u. Schuster 1998).

Das Anreicherungssystem basiert ausschließlich auf kommerziell erhältlichen Komponenten (FIAS 400, AS 90, Perkin-Elmer, Überlingen) und kann im Falle der FI-GF-AAS-Kopplung (Spektrometer 4100 ZL, Perkin-Elmer) vollautomatisiert betrieben werden. Aus Probenvolumina von 0,8 bis 45 ml lassen sich so Empfindlichkeitssteigerungen von 40 bis 1200 und Nachweisgrenzen im unteren ng/l-Bereich realisieren. In stark sauren Lösungen werden potentielle Störionen wie Alkali- und Erdalkaliionen, Al(III), Cr(III), Fe(III), Ni(II), Co(II), Cu(II), Zn(II), Cd(II), etc. und Edelmetalle in Konzentrationen bis 10 g/l und mehr toleriert. Die relativen Verfahrensstandardabweichungen der Kalibrierfunktionen liegen zwischen 1,7 und 2,9%.

Durch Kopplung mit nachweisstärkeren Techniken wie der ICP-MS oder der INAA lassen sich Nachweisgrenzen im pg/l bzw. im pg/kg-Bereich erzielen. Aufgrund der komplexeren Technik und der Blindwertproblematik (insbesondere ICP-

MS) erfordern diese Kopplungen allerdings einen wesentlich höheren Arbeitsaufwand und spezielle Anpassungen des Anreicherungssystems (Schwarzer u. Schuster 1998). Für die im folgenden beschriebenen Untersuchungen wurde deshalb überwiegend die vergleichsweise robuste FI-GF-AAS-Kopplung eingesetzt.

Bestimmung von Palladium in Straßenstaub

Stäube entlang viel befahrener Straßen werden direkt von Emissionen aus Kraftfahrzeugen beeinflußt. Die Freisetzung bestimmter Elemente aus dieser Quelle sollte sich deshalb hier besonders deutlich niederschlagen. Da Palladium erst seit 1994 verstärkt in der Kfz-Abgasreinigungstechnik eingesetzt wird, ist ein eventueller Anstieg verkehrsbedingter Palladiumemissionen zunächst in dieser Matrix zu erwarten. Besonders geeignet sind in diesem Zusammenhang Tunnelstäube, da hier witterungsbedingte Einflüsse nur in abgeschwächter Form auftreten. Aus diesem Grund wurden verschiedene Tunnelstäube aus Deutschland und ein japanischer Tunnelstaub auf ihren Palladiumgehalt untersucht.

Probennahme und Charakterisierung der Matrix

Für die Untersuchungen standen insgesamt neun in Tabelle 1 aufgeführte Tunnelstäube mit z.T. sehr unterschiedlicher Zusammensetzung zur Verfügung. Die Münchener Proben wurden von den Dächern von Notrufzellen im jeweiligen Tunnel genommen, 24 h bei 120°C getrocknet und homogenisiert. Da sich nur der Feinanteil des Staubes auf den Zellendächern absetzt, konnte auf das Sieben der Proben verzichtet werden. Die Proben aus Frankfurt wurden von verschiedenen Trägern wie Mauervorsprüngen, Schutzplanken, Ampel- und Lüftungsanlagen genommen und anschließend vereinigt. Bei dem Straßenstaub aus Japan handelt es sich um das zertifizierte Standardreferenzmaterial NIES 8. Es wurde aus den Abscheidungen elektrostatischer Filter in Ventilatoren japanischer Autobahntunnel gewonnen. Das Ausgangsmaterial wurde mit 35% Ethanol vermischt, luft- und ofengetrocknet und anschließend pulverisiert. Nach dem Sieben wurde es in einer Kugelmühle homogenisiert (Japan Environment Agency 1987). Palladium wurde aus den eingangs genannten Gründen bisher nicht in die Zertifizierung aufgenommen.

Tabelle 1. Herkunft der untersuchten Straßenstäube und Zeitpunkt der Probennahme.

Ort der Probennahme	Zeitpunkt der Probennahme	Verkehrsaufkommen [Fahrzeuge/Tag]
Candidtunnel, Mittlerer Ring, München	August 1994	k.A.
Candidtunnel, Mittlerer Ring, München	August 1997	Ca. 94 000
Trappentreutunnel, Mittlerer Ring, München	August 1994	Ca. 110 000
Trappentreutunnel, Mittlerer Ring, München	Februar 1998	Ca. 126 000
Landshuter Allee, Mittlerer Ring, München	August 1994	Ca. 100 000
Landshuter Allee, Mittlerer Ring, München	Februar 1998	Ca. 118 000
Theatertunnel, Frankfurt am Main	Sommer 1994	k.A.
Hafentunnel, Frankfurt am Main	Sommer 1994	k.A.
NIES 8, Japan	1987	k.A.

Tabelle 2 zeigt die durch Elementaranalyse ermittelten C-, H-, N- und S-Gehalte der Stäube. Der ebenfalls aufgeführte Siliciumgehalt wurde durch Titration mit Molybdänblau bestimmt. Die Proben Candid 94, Theater 94 und Hafen 94 wurden zusätzlich mit der Totalreflexions-Röntgenfluoreszenzanalyse (TXRF) untersucht. Die hierbei ermittelten Elementgehalte sind in Tabelle 3 zusammengefaßt. Die Angaben für NIES 8 wurden dem Zertifikat entnommen (Japan Environment Agency 1987).

Tabelle 2. Organische Anteile und Siliciumgehalte der untersuchten Staßenstäube.

Probe	Elementgehalt im Staub [Massen-%]				
	C	H	N	S	Si
Candid 94	11,57	1,06	0,23	1,5	13,97
Candid 97	10,71	0,87	0,18	1,07	10,98
Trappentreu 94	13,99	1,17	0,24	1,57	10,90
Trappentreu 98	13,95	1,12	0,30	1,69	9,05
Landshuter 94	13,21	1,07	0,21	1,37	11,0
Landshuter 98	16,15	1,29	0,25	0,94	9,91
Theater 94	29,43	4,27	1,56	3,28	11,87
Hafen 94	8,55	1,15	0,24	2,05	22,2
NIES 8	79	2,69	1,37	2,43	2,4

Die in München unter vergleichbaren Bedingungen gesammelten Tunnelstäube zeigen nur geringfügige Unterschiede in der Zusammensetzung ihrer Hauptbestandteile. Im Gegensatz dazu unterscheiden sich die beiden Frankfurter Tunnelstäube deutlich. Die Probe aus dem Theatertunnel in Frankfurt weist einen vergleichsweise hohen organischen Anteil auf, während der Staub aus dem Hafentunnel überwiegend aus mineralischen Komponenten besteht. Der japanische Straßenstaub besteht zu ca. 80% aus Ruß und nimmt damit eine Sonderstellung ein.

Tabelle 3. Elementgehalte [mg/kg]/[%] einiger Tunnelstäube, TXRF-Messung bzw. zertifizierte Werte (NIES 8).

Element	Candid 94	Theater 94 [(a)]	Hafen 94 [(a)]	NIES 8 [(b)]
K	n.b.	0,30 [%]	0,32 [%]	0,115 ± 0,008 [%]
Ca	7,9 [%]	1,88 [%]	2,45 [%]	0,53 ± 0,02 [%]
Cr	110	128	92	25,5 ± 1,5
Mn	n.b.	525	568	k.A.
Fe	1,6 [%]	2,43 [%]	3,14 [%]	k.A.
Co	240	268	353	3,3 ± 0,3
Ni	80	108	75	18,5 ± 1,5
Cu	210	876	426	67 ± 3
Zn	0,15 [%]	0,21 [%]	0,13 [%]	0,104 ± 0,005 [%]
As	n.d.	61	74	2,6 ± 0,2
Sr	50	121	159	89 ± 3
Ba	n.b.	338	478	k.A.
Sn	n.b.	33	34	k.A.
Al	> 0,87 [%]	k.A.	k.A.	0,33 ± 0,02 [%]
Pb	570	k.A.	k.A.	219 ± 9
Br	65	k.A.	k.A.	56
Cl	0,24 [%]	k.A.	k.A.	k.A.
Ti	0,18 [%]	k.A.	k.A.	k.A.
Hg	16	k.A.	k.A.	k.A.

k.A.. keine Angabe, *n.b.* nicht bestimmt, (a) TXRF-Analyse vom Geologischen Institut der Universität Frankfurt, (b) zertifizierte- bzw. Referenzwerte (Japan Environment Agency 1987)

Aufschluß, Messung und Wiederfindung

Da Palladium im Gegensatz zu anderen Platingruppenmetallen in nicht säurelöslicher Form an silikatische Probenbestandteile gebunden wird mußten die Straßenstäube aufgrund des hohen Siliziumanteils vollständig aufgeschlossen werden. Die Proben wurden deshalb einem dreistufigen, mikrowellenunterstützten Druckaufschluß (Multiwave-System, Perkin-Elmer) mit Salpetersäure/ Wasserstoffperoxid, Flußsäure und Borsäure unterworfen (Schuster et al. 1998). Die Probeneinwaage betrug in allen Fällen 0,3 g. Von jedem Straßenstaub wurden drei unabhängige Aufschlüsse durchgeführt, die jeweils dreimal vermessen wurden (Probenvolumen 2,7 ml). Die vollständige Wiederfindung des Palladiums wurde durch die Aufnahme von Wiederfindungsfunktionen (c Pd = 0 - 0,38 µg/l) sichergestellt. Die Wiederfindungsrate betrug 100 ± 5%.

Ergebnisse und Diskussion

Tabelle 4 zeigt die Palladiumgehalte der untersuchten Straßenstäube. Die angegebenen Schwankungen stellen die Standardabweichungen der aus wiederholten Aufschlüssen erhaltenen Meßwerte dar.

Tabelle 4. Pd-Gehalte in den untersuchten Tunnelstäuben [µg/kg]

Jahr	Candid	Trappentreu	Landshuter Allee	Theater	Hafen	NIES 8
1987	-	-	-	-	-	297 ± 56
1994	13,48 ± 3,7	17,66 ± 4,1	21,84 ± 3,5	40,29 ± 12	113,7 ± 35,4	-
1997/98	47,72 ± 2,9	32,96 ± 10,1	100,45 ± 15,1	-	-	-

Die Palladiumgehalte im Staub der drei Münchener Straßentunnel haben in den letzten 3 bis 4 Jahren deutlich zugenommen. Das tägliche Fahrzeugaufkommen ist zwar im gleichen Zeitraum ebenfalls gestiegen (vgl. Tabelle 1), allerdings in deutlich geringerem Maße. Da im gleichen Zeitraum auch die Platin- und Rhodiumgehalte im Tunnelstaub stark zugenommen haben (Helmers u. Mergel 1998), ist der Anstieg der Palladiumgehalte mit hoher Wahrscheinlichkeit auf den wachsenden Anteil an Kraftfahrzeugen mit palladiumhaltigen Abgaskatalysatoren zurückzuführen. In Japan wurden Palladium-Katalysatoren bereits Anfang der 70er Jahre eingesetzt, was den vergleichsweise hohen Palladiumgehalt in NIES 8 erklären könnte.

Bestimmung von Palladium in Luftstaub

Platin wird aus Autoabgaskatalysatoren vor allem in der lungengängigen Fraktion mit Partikelgrößen von 0,1 - 15 µm emittiert (Lüdke et al. 1996). Da Palladiumkatalysatoren einen ähnlichen Aufbau besitzen, kann von einem vergleichbaren partikulären Emissionsverhalten ausgegangen werden. Während jedoch die Gehalte von Platin in Luft und Luftstaub bereits eingehend untersucht wurden (Bowen 1979; Schierl et al. 1995), liegen über die entsprechenden Palladiumwerte bisher keine Daten vor. Aus diesem Grund wurden Luftproben bzw.

Luftstaub gesammelt und der Palladiumgehalt mit der FI-ETV-LAFS und der FI-GF-AAS-Kopplung bestimmt.

Probennahme

Die Probennahme erfolgte mit einem kommerziellen Kleinfiltergerät (Fa. Ströhlein, Kaarst). Der Luftdurchsatz betrug ca. 2,4 m^3/h, die absolute Luftmenge lag zwischen 70 und 315 m^3. Ort der Probennahme war Berlin-Adlershof, nahe einer stark befahrenen Straße im Frühjahr 1996 und 1997. Die Witterungsverhältnisse zum Zeitpunkt der Probennahme reichten von warm und trocken bis zu regnerisch kühl. Die Staubmenge wurde als Differenz der trockenen Filter vor und nach der Probennahme bestimmt. Eine Größenfraktionierung des Staubs wurde nicht vorgenommen.

Aufschluß und Messung

Die mit Staub beladenen Filter wurden mit 2 ml Königswasser in Quarzglasgefäßen im High Pressure Asher (Kürner, Rosenheim) aufgeschlossen. Die Aufschlußlösungen wurden mit Salpetersäure (c HNO_3 = 0,7 mol/l) verdünnt und filtriert. Das Filtrat wurde bis zur Trockene eingeengt und in 10 ml Salpetersäure (c HNO_3 = 0,7 mol/l) aufgenommen. Die so erhaltenen Lösungen wurden dem Anreicherungsverfahren unterzogen, das Probenvolumen betrug 2,7 ml. Die Detektion erfolgte mittels ETV-LAFS. Einige höher konzentrierte Proben wurden darüber hinaus mit der FI-GF-AAS-Kopplung untersucht, wobei die Ergebnisse beider Methoden im Rahmen der Meßgenauigkeit übereinstimmten.

Ergebnisse und Diskussion

Tabelle 5 zeigt die Ergebnisse der Luftuntersuchungen bezogen auf die Luftmenge und auf den Staubgehalt der Luftprobe. Der Staubgehalt in der untersuchten Luft betrug 26,4 – 144,6 µg/m^3 und liegt damit in dem für städtische Luftproben typischen Bereich (Alt et al. 1993; Hupfer u. Chmielewski 1990). Der Palladiumgehalt in der Luft lag im Bereich von 2,9 – 54,6 pg/m^3, der Palladiumgehalt im Luftstaub zwischen 48 und 594 µg/kg. Ein Einfluß der Wetterbedingungen ist nicht erkennbar.

Die gemessenen Palladiumgehalte sind deutlich höher als die 1991/92 von Alt et al. (1993) für Platin bestimmten Werte. Diese reichten von 0,02 bis 5,1 pg/m^3 bzw. von 0,6 bis 130 µg/kg, wobei die dort untersuchten Proben einen ähnlichen Staubgehalt aufwiesen. Tabelle 5 enthält zwei auffällig erhöhte Werte von 5,5 ng/m^3 bzw. 54 und 93 mg/kg, die gegenüber den normalen Konzentrationen um etwa den Faktor 1000 erhöht sind. Da bereits ein einzelner Partikel mit einem Durchmesser von 10 µm in einer Luftprobe von 100 m^3 einen Palladiumgehalt von 64 pg/m^3 erzeugt, wurden die erhöhten Einzelwerte möglicherweise durch einzelne größere Palladiumpartikel in der Luft verursacht. Edelmetallpartikel mit einem Durchmesser von 10 µm und mehr sind in Kraftfahrzeugabgasen durchaus vertreten (Lüdke et al. 1996). Die starke Streuung der Meßwerte läßt ohnehin auf eine partikuläre Palladiumemission schließen.

Tabelle 5. Ergebnisse und Bedingungen der Palladiummessung in Luft und Luftstaub.

Zeitpunkt der Probennahme	Wetter	Proben-menge [m^3]	Staub-menge [mg]	Pd-Gehalt der Luft [pg/m^3]	Pd-Gehalt im Staub [µg/kg]
25.3.-29.3.96	Kühl, trocken	220,0	9,6	2,9 ± 0,27	66,5 ± 5,63
29.3.-2.4.96	Kühl, trocken	222,6	10,5	4,7 ± 0,45	99,6 ± 9,54
2.4.-4.4.96	Kühl, trocken	109,2	9,2	12,8 ± 1,23	151,9 ± 14,60
15.4.-17.4.96	Kühl, trocken	107,7	9,9	54,6 ± 5,54	594,0 ± 60,27
17.4.-18.4.96	Kühl, trocken	101,2	14,6	17,2 ± 1,68	119,2 ± 11,64
6.5.-9.5.96	Warm, trocken	147,1	5,4	5,2 ± 0,49	141,7 ± 13,35
9.5.-10.5.96	Kühl, Regen	72,2	1,9	14,6 ± 1,39	554,8 ± 52,82
10.1.-15.1.97	Kalt, Regen	192,1	16,9	15,6 ± 1,55	177,3 ± 17,62
15.1.-20.1.97	Kalt, trocken	183,7	18,8	5489 ± 293,5	53634 ± 2867,9
20.1.-26.1.97	Kalt, trocken	315,0	21,0	3,2 ± 0,31	48 ± 4,65
26.1.-3.2.97	Kalt, Regen	311,9	18,4	5480 ± 355,7	93045 ± 6029,5
3.2.-7.2.97	Kalt, Regen	185,3	12,9	10,8 ± 1,06	155,1 ± 15,23

Bestimmung von Palladium in Gras

Seit Beginn der 90er Jahre wird eine deutliche Anreicherung von Platin und Rhodium im Boden und in Gräsern entlang stark befahrener Straßen festgestellt (Helmers u. Mergel 1997, 1998; Zereini et al. 1993). Untersuchungen haben ergeben, daß der Hauptanteil des in Grasproben gefundenen Platins in partikulärer Form an der Oberfläche der Pflanzen haftet (Helmers 1997), Rückschlüsse auf die Bioverfügbarkeit sind deshalb nur mit Einschränkungen möglich. Pflanzen bieten allerdings den Vorteil, Kontaminationen selektiv d.h. über maximal eine Vegetationsperiode (mehrere Monate) zu erfassen (Helmers u. Mergel 1997). Da im Gegensatz zu Platin und Rhodium für Palladium bisher nur wenige Werte bekannt sind (Schäfer et al. 1995), wurden aktuelle Grasproben mit der FI-GF-AAS-Kopplung untersucht.

Probennahme und Charakterisierung der Matrix

Die Probennahme erfolgte am 25.08.1997 am Rand der Bundesautobahn (BAB) 8 an der südlichen Stadtgrenze von Stuttgart. Das Verkehrsaufkommen betrug an dieser Stelle ca. 96000 Fahrzeuge pro Tag. Die Proben wurden auf einem unkultivierten Vegetationsstreifen im Abstand von 0,2, 0,5 und 1,0 m vom Fahrbahnrand genommen. Unter Verwendung von Polyethylen-Einmalhandschuhen wurden mit einer Teflonschere die übererdigen Pflanzenteile abgeschnitten, gefriergetrocknet und in Polyethylenbeuteln homogenisiert. Die elementaranalytische Untersuchung der Grasmatrix erbrachte einen Kohlenstoffgehalt von 80 Massenprozent und einen Siliziumanteil von 2,75 Massenprozent, der überwiegend als Silikat vorliegt.

Aufschluß, Messung und Wiederfindung

Aufgrund des erheblichen Silikatanteils ist die Palladiumbestimmung in Gras nur nach einem Totalaufschluß möglich. Deshalb wurde die Grasmatrix analog zu den Straßenstaubproben mit einem dreistufigen, mikrowellenunterstützten Druckaufschluß in Lösung gebracht (Schuster u. Risse 1998). Die Probeneinwaage betrug jeweils 1,0 g. Jede Probe wurde zweimal aufgeschlossen und der jeweilige Palladiumgehalt bestimmt. Aufgrund der zu erwartenden niedrigen Palladiumkonzentrationen wurde ein Anreicherungsvolumen von 40 ml gewählt. Die vollständige Wiederfindung des Palladiums wurde durch Aufnahme einer Wiederfindungsfunktion (c Pd = 0 - 30 ng/l) in der Grasmatrix sichergestellt. Die Wiederfindungsrate betrug 91 ± 24%.

Ergebnisse und Bewertung

Die ermittelten Palladiumgehalte sind in Tabelle 6 zusammengefaßt. Die angegebenen Fehler stellen die Standardabweichungen der aus wiederholten Aufschlüssen erhaltenen Meßwerte dar. Diese sind größer als die aus der Kalibrierfunktion berechneten Meßunsicherheiten. Die Nachweisgrenze lag bei 0,3 μg Palladium pro kg Gras.

Tabelle 6. Palladiumgehalte in Gras

Entfernung zum Fahrbahnrand [m]	0,2	0,5	1,0
Palladiumgehalt in Gras [μg/kg]	1,31 ± 0,23	0,70 ± 0,16	< 0,3

Die Ergebnisse zeigen einen eindeutigen Trend: Der Palladiumgehalt nimmt mit steigendem Abstand vom Fahrbahnrand ab, bereits in 1 m Entfernung kann kein Palladium mehr detektiert werden. Platin- und Rhodium zeigen den gleichen Verlauf (Helmers u. Mergel 1998). Mit zunehmender Entfernung vom Fahrbahnrand nimmt auch hier der Metallgehalt exponentiell ab. Da auch weitere Bestandteile von Kfz-Katalysatoren wie Aluminium, Cer, Lanthan und Zirkonium einem ähnlichen Trend folgen (Helmers 1996) können die Emissionen eindeutig den Autoabgaskatalysatoren zugeordnet werden.

Bestimmung von Palladium in Klärschlammaschen

Klärschlämme bzw. Klärschlammaschen eignen sich hervorragend zur Dokumentation städtischer Schwermetallemissionen, da Schwermetalle dort in hohem Maße angereichert werden. Da Stichproben der verbrannten Klärschlämme zur späteren Dokumentation längere Zeit aufbewahrt werden, ist eine zeitliche Kontrolle der Emissionen möglich. So konnte z. B. der Rückgang von Blei aus Kfz-Emissionen auf diesem Wege dokumentiert werden (Helmers et al. 1995).

Probennahme und Charakterisierung der Matrix

Die analysierten Klärschlammaschen entstammen dem Hauptklärwerk Stuttgart-Mühlhausen und wurden in Stichproben seit 1972 archiviert. Der durchschnittliche Abwasserzulauf in diesem Klärwerk beträgt bei Trockenwetter ca. 220.000 m^3 pro Tag. Nach mechanischer Vorklärung resultieren aus der Schlammfaulung und der biologischen Stufe täglich ca. 69 t Schlamm (Trockenmasse) mit einem mittleren Schlammalter von 8 - 15 Tagen. Die Gesamtmenge ist seit 1972 etwa konstant.

Der Schlamm wird mit Hilfe eines Schwerkrafteindickers und einer Zentrifuge entwässert, jeweils unter Einsatz kationischer organischer Entwässerungshilfen. Nach einer weiteren thermischen Trocknung auf einen Wassergehalt von ca. 50% wird der Schlamm in einem Wirbelschichtofen bei 950°C verbrannt. Dabei entstehen täglich etwa 35 t Asche, die durch einen Elektrofilter abgeschieden werden. Eine Stichprobe der Asche entspricht einer Mischprobe über einen Zeitraum von ca. 10 Tagen. Von manchen Jahren sind mehrere Stichproben erhalten (1974, 1984, 1986 - 89, 1991), die vor der Analyse vereinigt und homogenisiert wurden. Die Hauptbestandteile der Klärschlammasche sind in Tabelle 7 aufgeführt.

Tabelle 7. Zusammensetzung der Klärschlammasche (Probe von 1993, Analyse om Chemischen Untersuchungsamt Stuttgart)

Verbindung/Element	SiO_2	SO_4^{2-}	Ca	Fe	PO_4^{3-}
Gehalt [%]/[mg/kg]	35,12 [%]	3,41 [%]	130881	117650	71676
Element	Al	Mg	K	Na	Ti
Gehalt [mg/kg]	57444	16514	11909	6209	4350
Element	Zn	Ba	Cu	Mn	Cr
Gehalt [mg/kg]	2882	1212	837	653	577
Element	Pb	Sn	Ni	Ag	V
Gehalt [mg/kg]	366	104	78	58	46

Aufschluß, Messung

Auch bei Klärschlammaschen ist eine vollständige Freisetzung des Palladiums wegen der silikatischen Matrixbestandteile nur mit einem Totalaufschluß möglich. Dieser erfolgte aufgrund des hohen Silikatanteils in einer Natriumperoxid-Schmelze (Helmers u. Mergel 1998) mit Probeneinwaagen von jeweils 0,25 g. Wegen der komplexen Matrix wurde bei allen Messungen eine Standardaddition durchgeführt. Von jeder Probe wurden drei voneinander unabhängige Aufschlüsse durchgeführt und jeweils dreimal mit der FI-GF-AAS-Kopplung vermessen (Probenvolumen 2,7 ml).

Ergebnisse und Diskussion

Die graphische Darstellung der Ergebnisse in Abbildung 1 zeigt einen kontinuierlichen Anstieg der Palladiumgehalte mit drei statistisch signifikanten Niveaus: 1972 um 30 µg/kg Palladium, von 1974 bis 1981 um 100 µg/kg Palladium und ab 1984 bis 1994 um 300 µg/kg Palladium. Der Wert von 1972 und die Mittelwerte der Meßwerte innerhalb der zwei folgenden Serien unterscheiden sich aus statistischer Sicht nicht signifikant, wie durch einen wechselseitigen Mittelwert-t-Test nachgewiesen werden konnte.

Der erste Anstieg der Palladiumkonzentration in der Klärschlammasche fand bereits von 1974-1981 statt, als noch keine Kraftfahrzeuge mit Edelmetallkatalysatoren hergestellt wurden. Der Anstieg von 1984 bis 1994 kann ebenfalls nur schwerlich der Emission aus Kraftfahrzeugen zugeordnet werden, da Palladiumkatalysatoren erst seit 1994 in zunehmender Zahl eingesetzt wurden. Es gibt jedoch Hinweise, daß der beobachtete Trend durch die verstärkte Anwendung von Palladium in Dentallegierungen verursacht wurde. Palladium-Basislegierungen wurden ab 1982 in Westeuropa eingeführt. Die Anzahl verschiedener Typen dieser Legierungen stieg von 10 im Jahr 1981 auf 115 im Jahre 1993 (Dental Vademecum 1981-93). Gleichzeitig wurden silberhaltige Dentallegierungen vom Markt genommen, da erhebliche Schwierigkeiten mit Verfärbungen des Brückenmaterials auftraten (Knosp 1995). Parallel dazu nimmt der Silbergehalt in den Klärschlammaschen von 200 mg/kg in 1972 auf 50 mg/kg in 1994 ab. Der Anstieg des Palladiumgehalts in den Klärschlammaschen kann somit ziemlich sicher mit dem jährlichen Verbrauch von Palladium in der Dentalindustrie korreliert werden. Dieser Sachverhalt ist in Abb. 1 graphisch dargestellt.

Dieses Ergebnis deckt sich mit Untersuchungen von (Laschka 1996), die eine Korrelation zwischen Platin- und Goldgehalten in kommunalen Abwässern der Stadt München ergaben. Diese Korrelation wird auf die Anwendung beider Metalle in Dentallabors zurückgeführt. Feinverteilte Reste dieser Legierungen gelangen offenbar über das Abwasser von Dentallaboratorien und Zahnarztpraxen in die Kläranlagen und werden dort im Klärschlamm angereichert.

Die ermittelten Palladiumgehalte decken sich gut mit den von (Lottermoser 1994) in Klärschlämmen gefundenen Werte um 200 µg/kg. Da es sich in diesem Fall um unverbrannte Klärschlämme handelte, muß dieser durchschnittliche Gehalt mit mindestens einem Faktor 2 multipliziert werden, um Vergleichbarkeit herzustellen.

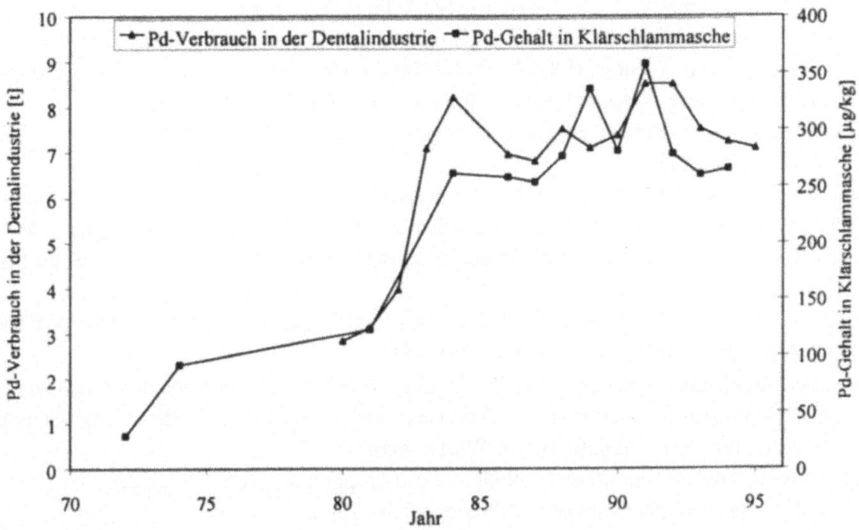

Abb. 1. Gegenüberstellung des Palladiumverbrauchs in der Dentalindustrie und der gemessenen Palladiumgehalte in Klärschlammasche.

Literatur

Alt F, Bambauer A, Hoppstock K, Mergler B, Tölg G (1993) Platinum traces in airborne particulate matter. Determination of whole content, particle size distribution and soluble platinum. Fresenius J Anal Chem 346: 693-696

Bowen HJM (1979) Environmental Chemistry of the Elements, Academic Press London

Dental Vademecum (1981-93) Bundeszahnärztekammer und kassenzahnärztliche Bundesvereinigung, Deutscher Ärzteverlag

Hall EM, Pelchat JC (1993) Determination of palladium and platinum in fresh waters by inductively coupled plasma mass spectrometry and activated charcoal preconcentration. J Anal At Spectrom 8: 1059-1065

Helmers E, Wilk G, Wippler K (1995) Lead in the urban environment - studying the strong decline in Germany. Chemosphere 30: 89-101

Helmers E (1996) Elements accompanying platinum emitted from automobile catalysts. Chemosphere 33: 405-419

Helmers E (1997) Platinum emission rate of automobiles equipped with catalytic converters. ESPR-Environ Sci & Pollut Res 4: 100-103

Helmers E, Mergel N (1997) Platin in belasteten Gräsern. UWSF-Z Umweltchem Ökotox 9: 147-148

Helmers E, Mergel N (1998) Platinum and rhodium in the polluted environment: studying the emissions of automobile catalysts - with emphasis on the application of CSV rhodium analysis. Fresenius J Anal Chem, in press

Helmers E, Schwarzer M, Schuster M (1998) Comparison of palladium and platinum in environmental matrices. ESPR-Environ Sci & Pollut Res 5: 44-50

Hupfer P, Chmielewski F-M (1990) Das Klima von Berlin, Akademie Verlag Berlin

Japan Environment Agency (1987) NIES Certified Reference Material in Vehicle Exhaust Particulates (Hrsg.: National Institute for Environmental Studies) Iberaki Japan

Knosp H (1995) Edelmetall-Dentallegierungen - Eigenschaften und Anwendungen. Erzmetall 48: 240-248

Laschka D (1996) Untersuchungen zur ökotoxikologischen Relevanz von Platin in aquatischen Systemen (Hrsg.: Bayerisches Landesamt für Wasserwirtschaft) München S. 54

Lottermoser G (1994) Gold and platinoids in sewage sludges. Intern J Environmental Studies 46: 167-171

Lüdke C, Hoffmann E, Skole J, Artelt S (1996) Particle analysis of car exhaust by ETV-ICP-MS. Fresenius J Anal Chem 355: 261-263

Schäfer J, Eckhardt J, Puchelt H (1995) Einträge von Platingruppenmetallen aus Kfz-Abgaskatalysatoren in straßennahe Böden. Texte und Berichte zum Bodenschutz der Landesanstalt für Umweltschutz, Baden-Würtemberg, 2

Schierl R, Rohrer B, Hohnloser J (1995) Long-term platinum excretion in patients treated with cis-platin. Cancer Chemother Pharmacol 36: 75-78

Schuster M, Schwarzer M (1996) Selective determination of palladium by on-line column preconcentration and graphite furnace atomic absorption spectrometry. Anal Chim Acta 328: 1-11

Schuster M, Schwarzer M (1998) A new on-line-column separation and preconcentration system for the selective determination of trace and ultratrace levels of palladium. Atomic Spectroscopy, in press

Schuster M, Risse G, Schwarzer M (1998) Bestimmung von Palladium in Umweltkomparti-menten. UWSF-Z Umweltchem Ökotox, in Vorbereitung

Schwarzer M, Schuster M (1998) A comparison of GFAAS, ETV-LAFS, ICP-MS, and INAA as detection methods for the selective determination of palladium by on-line column preconcentration. Anal Chim Acta in Vorbereitung

Schwarzer M, Schuster M, von Hentig R (1998) Determination of palladium in fuels by automated column preconcentration and instrumental neutron activation analysis. Anal Chim Acta, in Vorbereitung

Tilch J (1993) Bestimmung von Palladium in Umweltproben mittels laserangeregter Atomfluoreszenzspektrometrie. CANAS '93 (Hrsg.: K. Dittrich, B. Welz), Bodenseewerk Perkin-Elmer GmbH, Überlingen S. 909-915

Zereini F, Zientek C, Urban H (1993) Konzentration und Verteilung von Platingruppenelementen in Böden. UWSF-Z Umweltchem Ökotox 5: 130-134

1.6 Bestimmung von Palladium in biologischen Proben

M. Schuster, M. Schwarzer, G. Risse
Institut für Anorganische und Analytische Chemie, TU München

Einleitung

Untersuchungen aus den letzten 10 Jahren zeigen, daß die allergene Potenz von Palladium offenbar unterschätzt wurde. Im Zusammenhang mit der Verwendung von Dentalimplantaten mit hohen Palladiumgehalten wurde erstmals über allergische Reaktionen berichtet (Augthun et al. 1990; Castelein u. Castelein 1987), die später auch bei Epicutantestungen mit Palladiumdichlorid bestätigt werden konnten. Auffällig ist auch das gekoppelte Vorkommen von Überempfindlichkeit gegenüber Nickel und Palladium. Etwa 90% der nickelpositiv getesteten Personen weisen auch eine Sensibilisierung für Palladium auf (de Fine Olivares u. Menné 1992).

Obwohl wegen der geringen Verbreitung von Palladium derzeit kein allgemeines Gefährdungspotential abgeleitet werden kann, sollten potentielle Palladiumquellen als präventive Maßnahme analytisch erfaßt werden, um so eine Datenbasis für die Abschätzung eventueller Risiken zu erhalten.

Interessant ist in diesem Zusammenhang die jüngste Entwicklung des jährlichen Bedarfs an den Katalysatormetallen Platin und Palladium. Abbildung 1 zeigt den zeitlichen Verlauf seit Mitte der 80er Jahre mit einer Prognose bis in das Jahr 2000 (Produktinformation Platin/Palladium). Zwischen 1984 und 1997 hat sich die eingesetzte Platin- und Palladiummenge verdoppelt, wobei bis 1994 der Anstieg im Verbrauch beider Metalle nahezu gleich verläuft. Seit 1994 steigt der Palladiumbedarf deutlich stärker an als der des Platins. Im Jahr 2000 wird weltweit voraussichtlich 1,7mal mehr Palladium als Platin verbraucht werden.

Der Hauptteil des 1997 weltweit produzierten Palladiums (ca. 213 t) wurde zur Herstellung von Autoabgaskatalysatoren (ca. 40%), in der Elektro- und in der Elektronikindustrie (ca. 34%) sowie in der Dentalindustrie (ca. 19%) verarbeitet. 1990 wurden nur 6,5% des weltweit produzierten Palladiums in der Katalysatorherstellung verarbeitet, bis zum Jahr 2000 wird der Palladiumverbrauch für Autoabgaskatalysatoren dagegen voraussichtlich auf 47% des Gesamtverbrauchs ansteigen. Der Bedarf anderer Industriezweige wird sich in diesem Zeitraum voraussichtlich nicht wesentlich verändern (Produktinformation Platin/Palladium).

Palladium wird auch verbreitet in der chemischen Industrie eingesetzt, wo es z.T. zusammen mit Platin und Rhodium der Herstellung von Katalysatoren dient. Als selektive Katalysatoren für Hydrierungs- und Dehydrierungsreaktionen werden Palladiumverbindungen unter anderem in der pharmazeutischen Chemie, in der Polymerchemie, und bei der Produktion von Pestiziden und Farbstoffen eingesetzt.

In den folgenden Abschnitten wird die Desorption von Palladium aus Dentallegierungen mit Humanspeichel und unter dem Einfluß saurer und komplexierender Verbindungen untersucht. Ein weiterer Schwerpunkt ist die Bestimmung von Palladium im Urin beruflich exponierter Personen. Für die Bestimmung der häufig sehr niedrigen Palladiumgehalte wurde das neu entwickelte selektive Anreicherungsverfahren (Schuster u. Schwarzer 1996) mit der Graphitofen-Atomabsorptionsspektrometrie (GF-AAS) als Detektionsmethode eingesetzt.

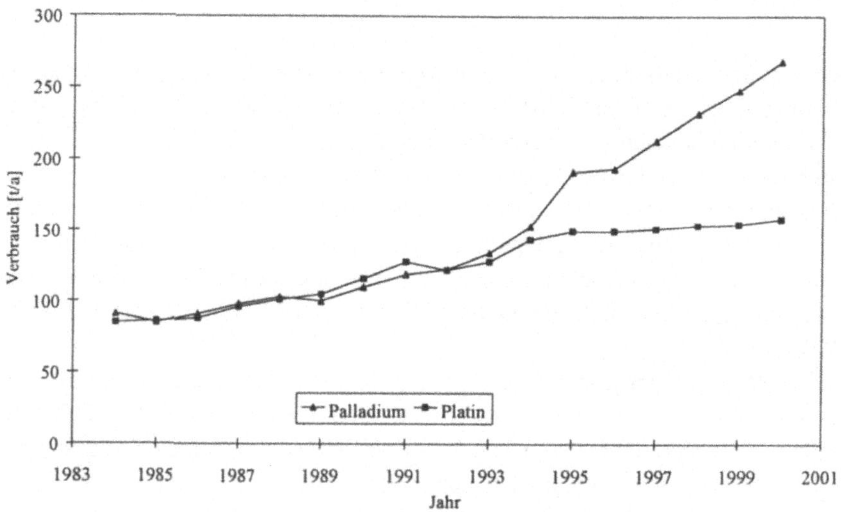

Abb. 1. Zeitliche Entwicklung des jährlichen Verbrauchs an Platin und Palladium mit einer Prognose bis zum Jahr 2000 (Johnson Matthey GmbH 1997).

Desorption von Palladium aus Dentallegierungen

Dentallegierungen sind eine Palladiumquelle mit unmittelbarem Kontakt zur Nahrungsaufnahme. Im Mund sind sie ständig von Speichel umgeben, der als Elektrolyt mit einer Vielzahl von Inhaltsstoffen wie z.B. Enzymen und Proteinen zur Korrosion der Legierungen beitragen kann. Während die Körpertemperatur und bestimmte chemische Bedingungen vergleichsweise leicht zu simulieren sind, läßt sich der mechanische Effekt der Kaubewegung nur schwer nachvollziehen. In den folgenden Untersuchungen werden deshalb mechanische Einflüsse nicht berücksichtigt. Es ist jedoch davon auszugehen, daß solche Einflüsse die Desorption eher erhöhen. Um den Einfluß von Nahrungsbestandteilen bzw. Zersetzungsprodukten mit zu berücksichtigen, wurden auch Laugungsversuche mit Cystein und Glukose-5-lacton durchgeführt. Zur Simulation eines stärker sauren Mundmilieus erfolgten außerdem Desorptionsversuche mit Mischungen aus Speichel und Coca-Cola (1:1).

Tabelle 1 enthält die Zusammensetzungen der untersuchten Dentallegierungen. Neben vier Palladium-Basislegierungen mit Pd-Gehalten >73% wurden auch vier Gold-Basislegierungen mit Pd-Gehalten zwischen 1 und 5% untersucht.

Tabelle 1. Zusammensetzung der untersuchten Dentallegierungen (Dental Vademekum 1995).

Legierung	Zusammensetzung [Massen-%]									
	Pd	Pt	Au	Ag	Cu	Sn	In	Ga	Zn	< 1%
Cerapall	83,0	-	-	-	-	12,5	-	4,5	-	-
Micro-Bond A-37	76,0	-	2,0	-	10,0	-	5,0	7,0	-	-
Alabond U	74,6	-	2,0	-	9,3	3,0	7,0	3,5	-	Zn, Ru
Pangold Keramik SF	73,5	-	2,0	-	8,5	16,0	-	-	-	-
Degudent H	5,0	8,0	84,4	-	-	-	2,5	-	-	Ta
Degulor B	3,3	1,4	75,7	15,0	4,1	-	-	-	0,4	Ir
Degulor M	2,0	4,4	70,0	13,5	8,8	-	-	-	1,2	Ir
Degulor A	1,0	-	87,5	11,5	-	-	-	-	-	-

Durchführung der Desorptionsversuche

Die Legierungen lagen in Form mechanisch unbehandelter rechteckiger Prüfkörper mit einer Stärke von 1 bis 2 mm und einer Oberfläche zwischen 0,6 und 1,3 cm^2 vor. Vor der eigentlichen Laugung wurden die Legierungen einer Reinigungsprozedur unterzogen, mit der auf der Oberfläche haftende Partikel und Fettrückstände weitgehend entfernt wurden. Dazu wurden die Prüfkörper zuerst mit n-Hexan bzw. Wasser abgespült, jeweils 20 min in den gleichen Lösungsmitteln im Ultraschallbad behandelt und abschließend nochmals mit beiden Lösungsmitteln abgespült. Der Erfolg der Reinigung wurde unter einem Stereomikroskop überprüft und die Reinigung gegebenenfalls wiederholt.

Die so behandelten Prüfkörper wurden in einem Einwegreagenzglas aus Polystyrol mit 1,2 ml der jeweiligen Laugungsmischung versetzt und auf 37°C erwärmt. Nach 3 Tagen wurde 1 ml der Lösung entnommen und wie unten angegeben analysiert. Die Legierungen wurden ebenfalls entnommen, mit bidestilliertem Wasser abgespült, einem nicht fasernden Papiertuch trockengerieben und dann in einem neuen Gefäß erneut gelaugt. Die Speichel-Laugungen wurden mit jeweils zwei Prüfkörpern einer Legierung durchgeführt. Die Wiederholungslaugungen wurden unter den gleichen Bedingungen wie die Erstlaugung durchgeführt. Der eingesetzte Humanspeichel wurde von einem Probanden jeweils frisch zur Verfügung gestellt.

Von den vier Palladium-Basislegierungen wurde jeweils ein weiterer Prüfkörper mit einer Mischung aus Speichel/Coca-Cola (1:1) in Kontakt gebracht. Zwei weitere Prüfkörper vom Typ Degulor A wurden in Lösungen von Glukose-5-Lacton (GL) bzw. Cystein mit einer Konzentration von jeweils 9 mmol/l gelaugt. Die Wiederholungsversuche und die Messungen erfolgten analog zu den Untersuchungen der Speichelproben. Zur Kontrolle wurde das entsprechende Desorptionsverhalten in Trinkwasser mit je einem weiteren Prüfkörper pro Legierung untersucht. Diese Proben wurden nach Ansäuern mit 1,4 mol/l HNO_3 direkt auf ihren Palladiumgehalt untersucht.

Aufschluß, Messung und Wiederfindung

Die Zerstörung der organischen Matrix erfolgte mit Salpetersäure in einem mikrowellenunterstützten Druckaufschluß (Schuster et al. 1998). Der Palladiumgehalt der Aufschlußlösungen wurde mit der FI-GF-AAS Kopplung (Schuster u. Schwarzer 1996) bei einem Probenvolumen von jeweils 2,7 ml bestimmt. Die vollständige Wiederfindung des Palladiums wurde durch Aufnahme einer Wiederfindungsfunktion (c Pd = 0 - 1,0 µg/l) in der Speichelmatrix sichergestellt. Die Wiederfindungsrate betrug 95 ± 19%.

Ergebnisse und Diskussion

Tabelle 2 zeigt die Ergebnisse der Desorptionsuntersuchungen. Die Nachweisgrenzen für Palladium lagen je nach Prüfkörpergröße zwischen 0,1 und 1,9 ng/cm^2. Die Legierungen mit hohen Palladiumgehalten desorbierten erwartungsgemäß am meisten Palladium, wobei die Legierung Micro-Bond A-37 mit dem höchsten Kupfer- bzw. Galliumgehalt und einem hohen Indiumgehalt besonders auffällig ist. Unterschiede sind vor allem während der ersten Laugungsperiode festzustellen. Ein hoher Zinnanteil scheint keinen verstärkenden Einfluß auf die Desorption zu haben, das gleiche gilt für Kupfer in den Gold-Basislegierungen. In nahezu allen untersuchten Fällen, insbesondere aber bei den Palladium-Basislegierungen sank die Palladiumdesorption mit zunehmender Laugungsdauer ab. Während nach 3 Tagen eine Palladiumabgabe zwischen 0,3 ng/cm^2 und maximal 110 ng/cm^2 beobachtet wurde, war in einigen Fällen bereits nach dem 9. Tag kein Palladium mehr nachweisbar. Dies könnte eine Folge der in der Literatur häufiger beschriebenen "Veredelung" bzw. Passivierung der Oberflächen solcher Legierungen sein (Pfeiffer u. Schwickerath 1994). Die beiden Vergleichslaugungen in Speichel korrelieren in den meisten Fällen gut. In einigen Fällen z.B. bei der Legierung Micro-Bond A-37 treten aber auch größere Abweichungen auf, was auf unterschiedliche Oberflächenbeschaffenheiten der beiden Prüfkörper schließen läßt.

Zur Simulation chemischer Einflüsse durch die Nahrungsaufnahme wurde die Palladiumabgabe auch in Gegenwart stärker komplexierender und saurer Verbindungen, die selbst Nahrungsbestandteile sind bzw. im Mundraum aus Nahrungsmittelresten gebildet werden können, untersucht. Zur Simulation eines sauren Mundmilieus wurden Mischungen aus Speichel und Coca–Cola eingesetzt. Das Erfrischungsgetränk enthält höhere Konzentrationen an Kohlensäure, Phosphorsäure, Benzoesäure und Zitronensäure und senkte damit den pH-Wert des Speichels von ursprünglich 7,4 auf 5,5. Die Säuerungsmittel besitzen schwach komplexierende Eigenschaften und können auch so zu einer erhöhten Desorption beitragen. Die Werte in Tabelle 2 zeigen, daß diese Mischung tatsächlich in allen untersuchten Fällen die Palladiumdesorption erhöht. Am Beispiel der Gold-Basislegierung Degulor A wurde der Einfluß schwefelhaltigen Aminosäure Cystein und von Glukose-5-lacton auf die Palladiumdesorption untersucht. Im Vergleich zu Trinkwasser wurden auch hier erhöhte Werte gefunden, die etwa den in Speichel gefundenen Werten entsprechen.

Tabelle 2. Desorption von Palladium aus Dentallegierungen in Humanspeichel, Humanspeichel/Coca-Cola (1:1),Trinkwasser, Glukose-5-lacton (GL)- und Cystein-Lösungen

Legierung	Laugung in	Desorption [ng/cm^2]			
		3. Tag	6. Tag	9. Tag	12. Tag
Cerapall	Speichel	47,8	2,5	2,3	< 1,6
Cerapall	Speichel	58,6	2,3	2,4	< 1,5
Cerapall	Speichel/Coca-Cola	77,5	8,7	8,3	< 1,4
Cerapall	Trinkwasser	6,7	4,5	3,3	2,6
Mikro-Bond A-37	Speichel	67,1	11,0	2,8	4,0
Mikro-Bond A-37	Speichel	109,7	108,1	78,2	5,5
Mikro-Bond A-37	Speichel/Coca-Cola	79,6	16,8	21,9	14,2
Mikro-Bond A-37	Trinkwasser	8,4	3,9	4,3	2,6
Alabond U	Speichel	67,2	5,7	2,3	7,2
Alabond U	Speichel	64,9	7,2	3,2	< 1,9
Alabond U	Speichel/Coca-Cola	94,9	50,1	67,5	13,0
Alabond U	Trinkwasser	7,9	5,1	6,4	3,6
Pangold Keramik SF	Speichel	42,9	10,2	4,1	2,2
Pangold Keramik SF	Speichel	35,2	8,3	6,3	1,9
Pangold Keramik SF	Speichel/Coca-Cola	57,4	16,6	19,1	7,7
Pangold Keramik SF	Trinkwasser	10,4	9,0	5,5	2,3
Degudent H	Speichel	1,2	0,5	< 0,1	< 0,1
Degudent H	Speichel	1,7	1,1	0,5	< 0,1
Degudent H	Trinkwasser	< 0,1	< 0,1	< 0,1	< 0,1
Degulor B	Speichel	0,5	1,1	0,8	0,8
Degulor B	Speichel	1,3	0,8	< 0,1	< 0,1
Degulor B	Trinkwasser	< 0,1	< 0,1	< 0,1	< 0,1
Degulor M	Speichel	0,3	0,4	0,3	0,6
Degulor M	Speichel	1,0	0,5	2,0	< 0,1
Degulor M	Trinkwasser	< 0,1	< 0,1	< 0,1	< 0,1
Degulor A	Speichel	7,6	1,8	1,1	1,9
Degulor A	Speichel	12,6	0,9	0,4	< 0,1
Degulor A	Trinkwasser	3,3	< 0,1	0,6	< 0,1
Degulor A	GL	13,0	14,3	3,3	3,3
Degulor A	Cystein	5,0	0,8	< 0,1	< 0,1

Die Kontrollversuche mit Trinkwasser aus München zeigten bei allen Legierungen die niedrigsten Desorptionsraten, bei den Gold-Basislegierungen konnte mit Ausnahme von Degulor A keine Desorption festgestellt werden.

Die von Pfeiffer und Schwickerath (1994) für die Legierung Pangold Keramik SF in Milchsäure/Kochsalzlösungen gefundenen Desorptionswerte für Palladium zwischen 0,5 und 22,5 $\mu g \cdot cm^{-2} \cdot d^{-1}$ konnten in keinem Fall gefunden werden. Die großen Unterschiede sind möglicherweise eine Folge der stark differierenden Vorbehandlung der Legierungen und der unterschiedlichen Laugungsbedingungen die im o.g. Fall sehr niedrige pH-Werte von 2,3 und 4,2 und hohe Salzkonzentrationen beinhalteten.

Bestimmung von Palladium in Urin

Die Analyse von Urin eröffnet die Möglichkeit, Schwermetallexpositionen von Menschen direkt zu erfassen (Chen et al. 1994), was vor allem bei beruflich exponierten Personengruppen eine unerläßliche Hilfe bei der frühzeitigen Erkennung bzw. Vermeidung berufsbedingter Krankheiten ist. Mit Hilfe der neu entwickelten FI-GF-AAS-Kopplung (Schuster u. Schwarzer 1996) kann der Palladiumgehalt im Urin beruflich belasteter Personen erfaßt werden.

Probennahme

Für die Untersuchungen stand Urin von drei Personengruppen zur Verfügung: drei nicht exponierte Personen, sechs Beschäftigte einer Edelmetallscheiderei sowie sechs Beschäftigte einer Autoabgas-Katalysatorproduktion. Von den Beschäftigten in der edelmetallverarbeitenden Industrie wurde entweder Morgen- oder Abendurin analysiert. In Proben derselben Serie wurde von Schierl et al. (1998) bereits der Platingehalt bestimmt. Von den drei nicht exponierten Personen stand jeweils Morgen- und Abendurin zur Verfügung. Keine dieser Personen war Träger palladiumhaltiger Dentalimplantate.

Aufschluß, Messung und Wiederfindung

Der Urin wurde mit Hilfe eines mikrowellenunterstützten Druckaufschlusses aufgeschlossen (Schuster u. Schwarzer 1996). Dazu wurden 1 ml Urin mit 0,5 ml Salpetersäure versetzt und 15 min bei 900 W Leistung des Mikrowellenofens aufgeschlossen. Jede Probe wurde viermal aufgeschlossen; jeweils zwei der resultierenden Lösungen wurden vereinigt und mit Wasser auf 4 – 10 ml aufgefüllt. Die Messung erfolgte mit der in Kapitel 2.1 beschriebenen FI-GF-AAS-Kopplung bei einem Probenvolumen von 2,7 ml. Vor dem Aufschluß wurde der im Urin enthaltene Feststoff durch Ultraschallbehandlung homogen in der Lösung verteilt. Die mit der FI-GF-AAS Kopplung erreichte Nachweisgrenze betrug 36 ng/l. Die vollständige Wiederfindung des Palladiums wurde durch die Aufnahme einer Wiederfindungsfunktion (c Pd = 0,2 - 0,6 µg/l) in der Probenmatrix sichergestellt. Die Wiederfindungsrate betrug 100 ± 21%.

Zum besseren Vergleich der Metallgehalte in Urin erfolgt die Konzentrationsangabe normiert auf den Kreatiningehalt des Urins. Kreatinin (2-Imino-1-methylimidazolidin-4-on) wird im Organismus gebildet und über die Niere ausgeschieden. Die Menge an Kreatinin ist proportional zur Muskelmasse eines Individuums und deshalb annähernd konstant (Falbe u. Regitz 1989).

Ergebnisse und Diskussion

Tabelle 3 zeigt die gemessenen Palladiumgehalte bezogen auf das Volumen und den Kreatiningehalt. Im Urin nicht exponierter Personen konnte weder im Morgen- noch im Abendurin Palladium bestimmt werden. Die von Begerov et al. (1997) gefundenen hohen Palladiumgehalte (bis 80 ng/l) konnten nicht verifiziert werden.

Tabelle 3. Palladiumgehalte in Urin, bezogen auf Volumen und Kreatiningehalt.

Nr.	Exposition	Zeitpunkt der Probennahme	Kreatinin-gehalt [g/l]	c Pd [µg/l] volumenbezogen	c Pd [µg/g] kreatininbezogen
1	Keine	Morgens	n. b.	< 0,036	-
2	Keine	Abends	n. b.	< 0,036	-
3	Keine	Morgens	n. b.	< 0,036	-
4	Keine	Abends	n. b.	< 0,036	-
5	Keine	Morgens	n. b.	< 0,036	-
6	Keine	Abends	n. b.	< 0,036	-
7	Scheiderei	Morgens	3,06	1,5 ± 0,18	0,49 ±0,06
8	Scheiderei	Abends	2,15	1,6 ± 0,41	0,74 ± 0,256
9	Scheiderei	Abends	0,53	2,9 ± 0,22	5,47 ± 0,415
10	Scheiderei	Morgens	2,45	3,4 ± 0,37	1,39 ± 0,151
11	Scheiderei	Abends	0,72	1,2 ± 0,46	1,67 ± 0,64
12	Scheiderei	Morgens	1,8	0,57 ± 0,56	0,33 ± 0,329
13	Kat.-Prod.	Abends	1,22	0,28 ± 0,385	0,25 ± 0,344
14	Kat.-Prod	Morgens	1,61	0,32 ± 0,288	0,19 ± 0,171
15	Kat.-Prod	Morgens	0,69	< 0,080	< 0,12
16	Kat.-Prod	Morgens	1,79	0,3 ± 0,343	0,17 ± 0,194
17	Kat.-Prod	Abends	0,63	< 0,080	< 0,13
18	Kat.-Prod	Abends	1,35	0,3 ± 0,352	0,22 ± 0,258

n. b.: nicht bestimmt

Bei den PGM-exponierten Personen konnte dagegen in fast allen Fällen Palladium detektiert werden. Abbildung 2 zeigt graphisch die auf Kreatinin bezogenen Palladium- und Platingehalte in den analysierten Proben.

Die Arbeiter der Edelmetallscheiderei (Nr. 7 – 12) kommen mit Edelmetallen in unterschiedlichen Aggregatzuständen und Formen in Berührung. In ihrem Urin ist deshalb sowohl Platin als auch Palladium in vergleichsweise hohen Konzentrationen enthalten. Die Beschäftigten in der Produktion von Dreiwegekatalysatoren (Nr. 13 – 18) kamen dagegen überwiegend mit Katalysatoren aus Platin und Rhodium in Kontakt. Palladiumhaltige Katalysatoren wurden zu diesem Zeitpunkt nur in geringem Umfang gefertigt. Die Palladiumkonzentration im Urin dieser Arbeiter ist deshalb deutlich geringer. Eine Korrelation zwischen Platin und Palladium ist nicht feststellbar.

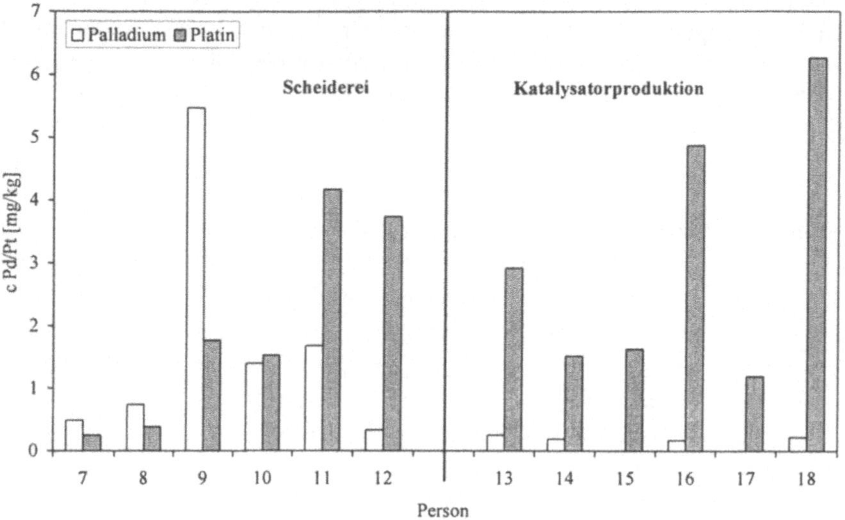

Abb. 2. Kreatininbezogene Palladium- und Platingehalte im Urin von Personen, die in einer Edelmetallscheiderei (Nr. 7-12) und in der Katalysatorproduktion (Nr. 13-18) beschäftigt sind; Platinwerte gemessen von R. Schierl, Institut für Arbeitsmedizin der Ludwig-Maximilian Universität München.

Literatur

Augthun M, Lichtenstein M, Kammerer G (1990) Untersuchungen zur allergenen Potenz von Palladium-Legierungen. Dtsch Zahnärztl Z 45(8): 480-482

Begerow J, Turfeld M, Dunemann L (1997) Determination of pysiological noble metals in human urine using liquid-liquid extraction and Zeeman electrothermal atomic absorption spectrometry. Anal Chim Acta 340: 277-283

Castelain Y, Castelain M (1987) Contact dermatitis to palladium. Contact Dermatitis 16:46.

Chen S, Shiue M, Yang M (1997) Microwave digestion and matrix separation for the determination of cadmium in urine samples by electrothermal atomization atomic absorption spectrometry using a fast temperature program. Fresenius J Anal Chem 357: 1192-1197

Dental Vademekum (1995) Bundeszahnärztekammer und kassenärztliche Bundesvereinigung, Deutscher Ärzteverlag

Falbe J, Regitz M (1989) Römpp Chemie Lexikon, Georg Thieme Verlag, Stuttgart, Bd. 1

de Fine Olivarius F, Menné T (1992) Contact dermatitis from metallic palladium in patients reacting to palladium chloride. Contact Dermatitis 27: 71-73

Produktinformation Palladium/Platin (1997) Johnson Matthey GmbH, Deutschland

Pfeiffer P, Schwickerath H (1994) Palladiumionenabgabe von Palladiumlegierungen in Milchsäure-/Kochsalzlösung. Dtsch Zahnäztl Z 49: 616-618

Schierl R, Fries HG, Vandeweyer C, Fruhmann G (1998) Urine description of platinum from platinum industry workers. Occ Environ Med. 55: 138-140

Schuster M, Schwarzer M (1996) Selective determination of palladium by on-line column preconcentration and graphite furnace atomic absorption spectrometry. Anal Chim Acta 328: 1-11

Schuster M, Risse G, Schwarzer M (1998) Desorption von Palladium aus Dentallegierungen. UWSF-Z Umweltchem Ökotox in Vorbereitung

1.7 Trennverfahren für Platin-Spezies

G. Weber, J. Messerschmidt
Institut für Spektrochemie und angewandte Spektroskopie, Dortmund

Einleitung

Trennverfahren sind nicht nur für die Analytik von Platin-Spezies, sondern ganz allgemein für die Elementspeziesanalytik unverzichtbar. Das ergibt sich zum einen aus der hohen Komplexität umweltrelevanter oder auch biologischer Proben, zum anderen aus der Vielzahl möglicher Elementspezies, die in diesen Matrices vorliegen können. Da die meisten Analysenverfahren keine spezies-selektiven Informationen erzeugen, besteht die Aufgabe von Trennverfahren darin, die verschiedenen Elementspezies vor dem eigentlichen Bestimmungsschritt voneinander und auch von überschüssigen Matrixkomponenten zu trennen. Um dieses Ziel zu erreichen ist in der Regel eine Kombination mehrerer verschiedener Trennschritte erforderlich, die von einfachen Vortrenntechniken bis hin zu mehrdimensionalen chromatographischen oder elektrophoretischen Trennverfahren reichen können.

Ein Grundproblem bei der Anwendung von Trennverfahren in der Elementspeziesanalytik ergibt sich aus der Tatsache, daß die zu analysierenden Spezies nicht einfach als isolierte Moleküle betrachtet werden können: Sie sind vielmehr Teil von chemischen Komplex- und Redoxgleichgewichten, die während einer Trennung mehr oder weniger stark beeinflußt werden. Die daraus resultierende Gefahr eines systematisch falschen Ergebnisses durch Änderungen des originären Speziesmusters einer Probe läßt sich nie ganz ausschließen, so daß die experimentelle Überprüfung der Speziesstabilität in Bezug auf das jeweilige Trennverfahren einen unverzichtbaren Bestandteil der Validierung solcher Verfahren bildet. Diese Problematik spielt auch bei der Analytik von Platinspezies eine Rolle, da nahezu alle Platinspezies in wäßriger Lösung Komplexverbindungen der beiden wichtigsten Oxidationsstufen Pt(II) und Pt(IV) sind, wobei die thermodynamische und kinetische Stabilität dieser Spezies sehr unterschiedlich ist.

Nach den obigen Vorbemerkungen sollte klar sein, daß es kein „universelles" Trennsystem für Platinspezies gibt und geben kann, sondern daß je nach Problemstellung ein angepaßtes und für die spezielle Fragestellung optimales Verbundverfahren erstellt und validiert werden muß. Im folgenden wird das am Beispiel der Analytik von Platinspezies in Pflanzenextrakten gezeigt. Der Schwerpunkt liegt dabei auf der analytischen Charakterisierung hoch- und niedermolekularer Platinspezies und der Untersuchung von Änderungen des Speziesmusters bei erhöhter Platinbelastung der Pflanzen. Weitgehend ausgeklammert bleibt bei der folgenden Darstellung eine detaillierte Diskussion der Versuchsplanung und Probenvorbereitung (Pflanzenaufzucht, Platinzugabe, Extraktion der Pflanzen). Details hierzu finden sich bei Messerschmidt et al. (1994 und 1995).

Vortrennungen im Rahmen eines Verbundverfahrens

Durch die hochkomplexe Zusammensetzung von Pflanzenextrakten einerseits und die geringe Konzentration von Platinspezies in diesen Extrakten andererseits ergibt sich, daß eine vollständige Trennung aller Platinspezies mit nur einem einzelnen Trennsystem nicht möglich ist. Es muß vielmehr ein mehrstufiges Trennschema entwickelt werden, das die schrittweise Anreicherung verschiedener platinhaltiger Fraktionen relativ zur Matrix beinhaltet. In Abb.1 ist ein solches Schema dargestellt, das die Grundlage für die folgenden Ausführungen bildet.

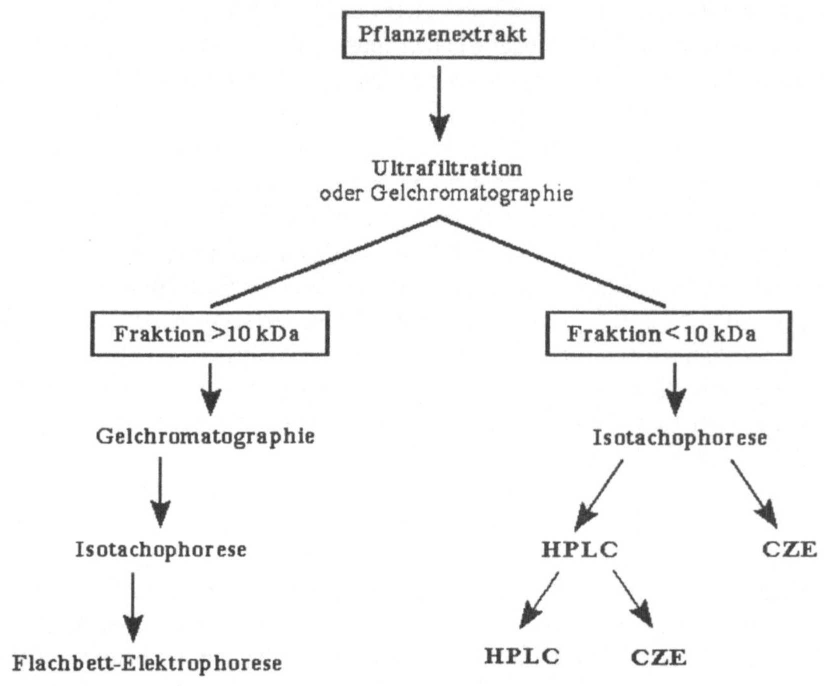

Abb. 1. Trennschema für Platinspezies in Pflanzenextrakten. *CZE:* Kapillarzonenelektrophorese, *HPLC:* Hochleistungs-Flüssigchromatographie

Besonders an die ersten Trennoperationen, die der Vortrennung verschiedener Speziesfraktionen dienen (in Abb. 1 hoch- und niedermolekulare Spezies), sind folgende Anforderungen zu stellen:

1. Trennungen sollten im präparativen Maßstab möglich sein, damit für die nachfolgenden Trennungen noch genügend Substanz zur Verfügung steht.

2. Die Trennschritte sollten möglichst nach einem einheitlichen Mechanismus ablaufen (z.B. Trennung nach Polarität, Molekülgröße, Ladung etc.), damit aus der Trennung Informationen über unbekannte Spezies erhalten werden können.
3. Generell gilt, daß Trennverfahren die Platinspezies nicht verändern dürfen, etwa durch irreversible Platinbindung an das Trennmaterial oder Dissoziation von Komplexverbindungen

Die Gelchromatographie erfüllt die genannten Voraussetzungen in hohem Maße und eignet sich daher gut für erste Trennoperationen. Insbesondere kann mit einer einfachen Trennung ein Überblick über die Molekulargewichtsverteilung einer Probe erhalten werden. In Abb. 2 sind als Beispiel die Chromatogramme der Extrakte aus unbelastetem (Abb. 2a) und mit Platin belastetem Gras (Abb. 2b) dargestellt. Es zeigt sich, daß Platin in unbelastetem Gras ausschließlich in einer hochmolekularen Fraktion lokalisiert ist, die schnell von der Trennsäule eluiert wird (Maximum bei 250 Min). Bei Aufnahme von Platin über die Wurzeln tritt neben dieser hochmolekularen Fraktion eine niedermolekulare Fraktion auf, die über 90% des Platins enthält (Retentionsbereich 550-650 Min).

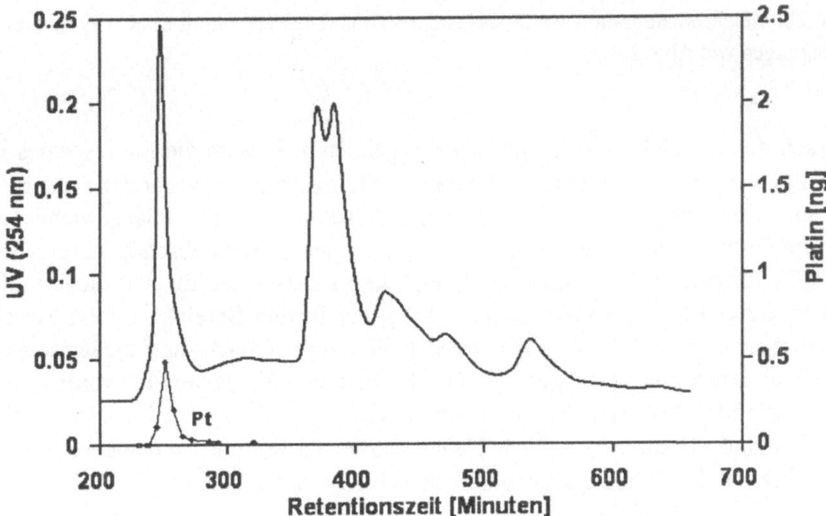

Abb. 2a. Gelchromatogramm von unbelastetem Gras (Messerschmidt et al. 1994). Trennbedingungen: Sephadex G25 superfine (100 cm x 16 mm), Eluent: 0,01 M HCl / 0,05 M NaCl / Tris (pH 8), 18 ml/h

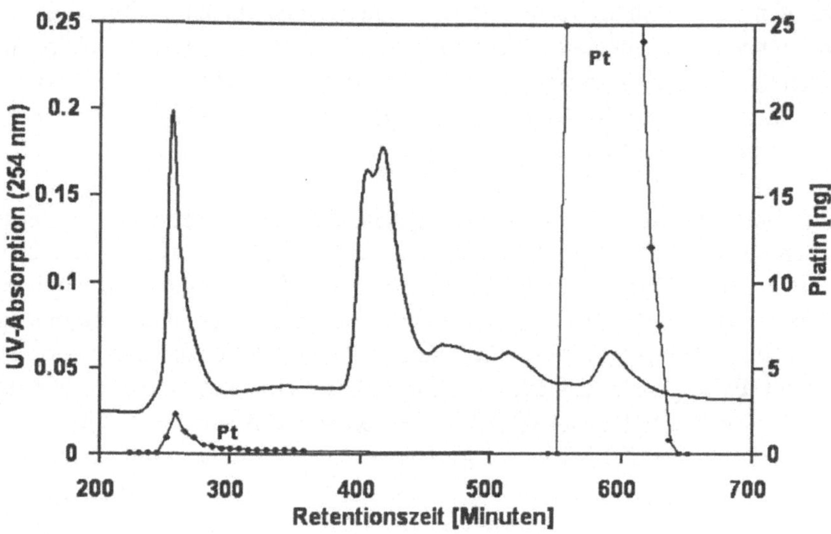

Abb. 2b. Gelchromatogramm von Pt-belastetem Gras (Messerschmidt et al. 1994). Trennbedingungen wie Abb. 2a

Nach diesen gelchromatographischen Ergebnissen können die Platinspezies im Gras in zwei deutlich voneinander getrennte Molekulargewichtsbereiche unterteilt werden. Durch Vergleich mit Proteinstandards bekannten Molekulargewichts läßt sich die Größenordnung der jeweils platinbindenden Spezies abschätzen (ca. 100-200 kDa für den hochmolekularen Bereich und ca. 1-2 kDa für den niedermolekularen Bereich). Die weitere Untersuchung der beiden Bereiche erfolgt zweckmäßigerweise getrennt. Zur präparativen Isolierung der hoch- und niedermolekularen Fraktionen könnte die gezeigte Gelchromatographie verwendet werden; eine Trennung durch Ultrafiltration (Ausschlußgrenze 10 kDa) ist jedoch wesentlich schneller und effizienter möglich. Daher wurde für weitere Untersuchungen die Ultrafiltration der Extrakte als erster Trennschritt genutzt (s. Abb. 1).

Trennung hochmolekularer Platinspezies

Die Bindung von Metallen an hochmolekulare Proteine ist sowohl im Pflanzen- als auch im Tierreich vielfältig dokumentiert. Für essentielle Elemente spielen diese Proteinbindungen häufig eine wichtige Rolle in Enzymen und als Transport- und Speicherstoffe, für toxische Metallkonzentrationen aber auch im Rahmen von Entgiftungsmechanismen über Phytochelatine, wie von Grill et al. (1985) gezeigt wurde.

Die analytische Trennung von hochmolekularen Stoffen wie Proteinen kann entweder über Gelchromatographie, oder aber über elektrophoretische Trennverfahren erreicht werden. In Abb. 3 ist die gelchromatographische Auftrennung der hochmolekularen Fraktion eines mit Platin belasteten Grases dargestellt.

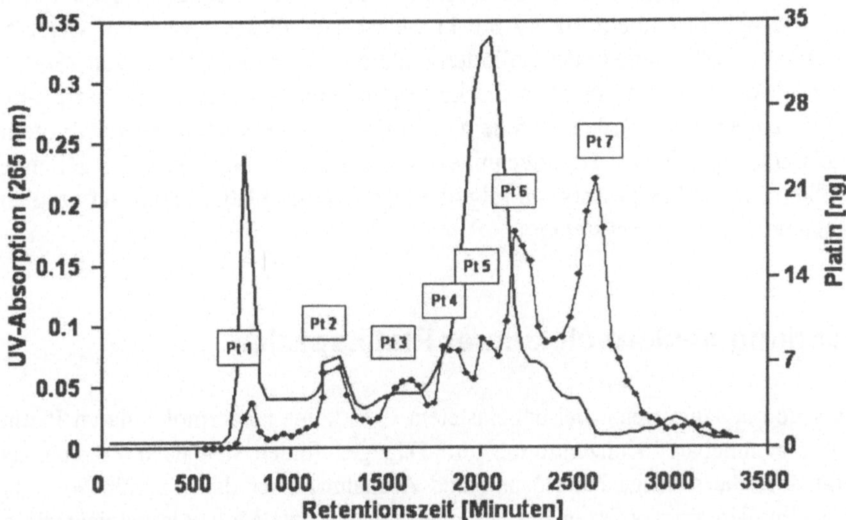

Abb. 3. Gelchromatogramm des hochmolekularen Anteils (>10 kDa) eines Extraktes von Pt-belastetem Gras (Messerschmidt et al. 1994). Trennsäule: Sephacryl S-400 HR (100 cm x 16 mm); Eluent: 0,025 M HCl / Tris (pH 8); 12 ml/h

Das Trenngel sowie die Trennbedingungen wurden in diesem Fall auf den Molekulargewichtsbereich zwischen 10 kDa und 1000 kDa optimiert. Man erkennt, daß sich mindestens sieben verschiedene Platinspezies nachweisen lassen (Pt1-Pt7). In unbelastetem Gras findet man nur Peak Pt4. Die abgeschätzten Molekulargewichte in den einzelnen Fraktionen sind in Tabelle 1 aufgelistet. Eine exakte Identifizierung der organischen Bindungspartner des Platins wurde nicht durchgeführt; die Zuordnung zur Gruppe der Proteine kann aber wegen der Trennbedingungen, UV-Spektren und auch durch Hinweise auf schwefelhaltige Gruppen (durch ICP-MS) als gesichert gelten.

Tabelle 1. Molekulargewichte hochmolekularer Pt-Spezies (in kDa)

Pt1	Pt2	Pt3	Pt4	Pt5	Pt6	Pt7
> 1000	600	225	160-200	80,7	27,8	19

Um die Reinheit der Platinspezies nach der gelchromatographischen Trennung weiter abzusichern, wurde eine ausgewählte Fraktion (Pt4) zusätzlich mittels Isotachophorese aufgetrennt (s. Abb. 1). Die Isotachophorese basiert als elektrophoretische Trennmethode auf einem völlig anderen Trennprinzip als die Gelchromatographie. Außerdem bietet sie den Vorteil sehr scharfer Trennzonen mit hoher Substanzreinheit. Mittels dieser Technik konnte das Molekulargewicht der isolierten Platinspezies auf 180-195 kDa eingegrenzt werden. Die Reinheit dieser Fraktion wurde zusätzlich noch durch eine nachfolgende Trennung mittels Flachbett-Elektrophorese überprüft (s.Abb. 1). Selbst nach diesem insgesamt vierstufigen Trennprozeß konnte in der isolierten Fraktion sowohl das Protein von 180-195 kDa Molekulargewicht, als auch die korrespondierende Platinmenge (im pg-Bereich) nachgewiesen werden. Aus dem übereinstimmenden Nachweis des Proteins mittels unterschiedlicher Trenntechniken, sowie aus dem Nachweis des gebundenen Platins in der Speziesfraktion folgt die Stabilität der Platinspezies in bezug auf die angewandten Trennsysteme.

Trennung niedermolekularer Platinspezies

Wie schon erwähnt treten bei unbelastetem Gras keine niedermolekularen Platinspezies in meßbarer Konzentration auf. Dagegen finden sich nach Zugabe von Platin über die wäßrige Nährlösung und Aufnahme über die Wurzeln 90% des Platins im niedermolekularen Bereich. Das abgeschätzte Molekulargewicht dieser Spezies liegt zwischen einigen Hundert Dalton und maximal 2 kDa. Für eine weitere Auftrennung der in diesem Molekulargewichtsbereich vorliegenden Platinspezies ist die Verwendung der Gelchromatographie weniger geeignet, denn im Gegensatz zum hochmolekularen Bereich spielen für kleine Moleküle neben der reinen Molekülgröße auch sekundäre Struktureigenschaften wie Ladung und sterische Faktoren eine entscheidende Rolle bei der Trennung. Daher wäre eine Kalibrierung der Trennsäule nur durch Metallspezies-Standards möglich, die in ihrer Struktur den gesuchten Spezies sehr ähnlich sind. Der Einsatz einfacher organischer Stoffe (etwa Aminosäuren und kleinere Peptide) für diesen Zweck würde unweigerlich zu falschen Zuordnungen führen, da sich der Trennmechanismus für niedermolekulare Metallverbindungen stark von dem nicht metallhaltiger Verbindungen unterscheidet (Weber 1993). Um diese Problematik zu vermeiden, und auch um eine bessere Trennleistung zu erreichen, wurde als Vortrenntechnik nach der Ultrafiltration die präparative Isotachophorese eingesetzt (Alt et al. 1998). Hierbei wurden fünf platinhaltige Fraktionen isoliert, die dann weiter über HPLC aufgetrennt werden können.

Zur weiteren Auftrennung der Platinspezies in den niedermolekularen Fraktionen bieten sich verschiedene HPLC-Verfahren an, wobei verteilungschromatographische (reversed-phase) oder ionenchromatographische Systeme mit „milden" Ionenaustauschergruppen die wichtigste Rolle spielen, da hier Wechselwirkungen mit dem Risiko von Speziesänderung minimiert werden können. Das Risiko solcher ungewollter Änderungen ist allerdings bei niedermolekularen Spezies im Gegensatz zu hochmolekularen Spezies sehr viel größer, so daß zur Absicherung der Ergebnisse möglichst mehrere, unabhängige Trennverfahren eingesetzt werden sollten. Für die Untersuchungen wurden folgende Trennsäulen benutzt:

1. RP-modifizierte Kieselgelsäule (Spherisorb ODS II)
2. DIOL-modifizierte Kieselgelsäule (Spherisorb DIOL)
3. Anionenaustauschsäule (Dionex AS9)
4. Cyclodextrin-Säule (Nucleodex Beta-OH)

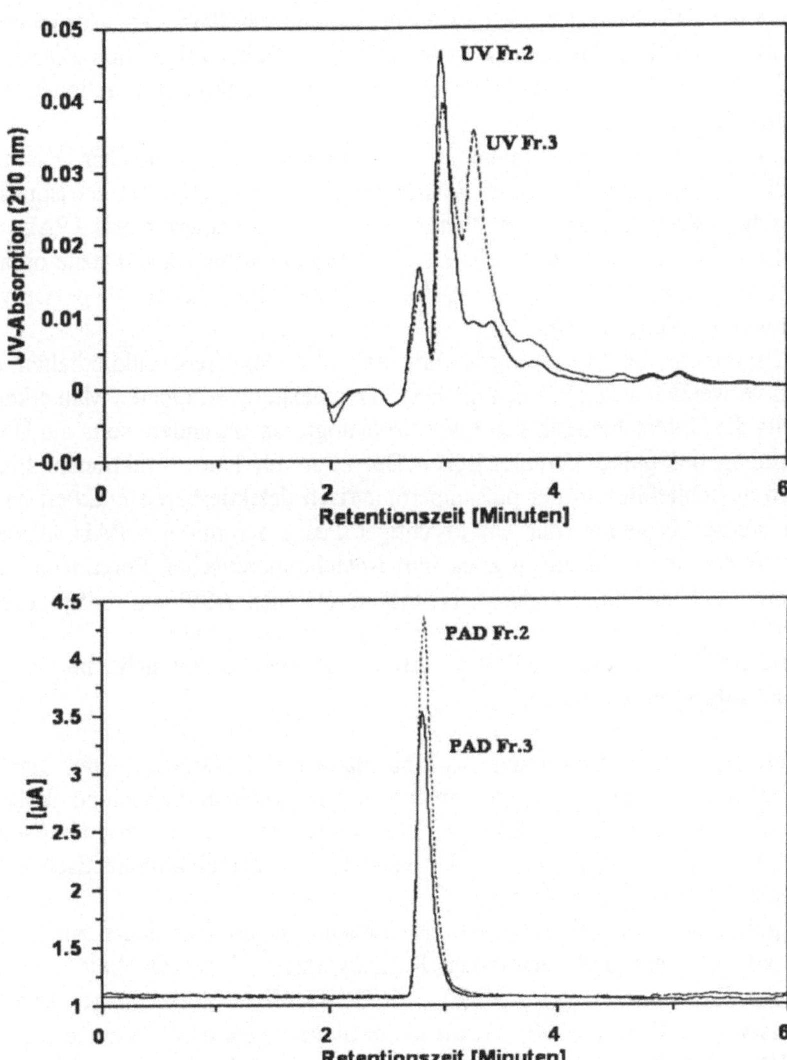

Abb. 4. Chromatogramm einer HPLC-Trennung niedermolekularer Platinfraktionen (Vortrennung über Isotachophorese) mit UV- und pulsamperometrischer Detektion (Weber et al. 1998). Trennbedingungen: Nucleodex Beta-OH (200 x 4 mm) mit Vorsäule (11 x 4 mm); Eluent: 0.05 Phosphatpuffer pH 5 / Acetonitril (50+50); 0,75 ml/Min. PAD: E1=0,1V; E2=0,6V; E3=–0,8V; t1=300ms (200ms Delay); t2=120 ms; t3=500ms

Die Detektion erfolgte on-line mit einem Dioden-Array-Detektion (UV-Spektren im Bereich 200-400 nm) und mit einem elektrochemischem Detektor (amperometrisch bzw. pulsamperometrisch), sowie für Platin off-line mittels adsorptiver Voltammetrie (Messerschmidt et al. 1992). Das letztgenannte Verfahren ist zwar zeitaufwendig, hat aber eine sehr niedrige Nachweisgrenze, die Voraussetzung ist für die Analyse einzelner HPLC-Fraktionen.

Neben der HPLC wurden auch Versuche mit der Kapillarzonenelektrophorese (CZE) als alternativer Trennmethode durchgeführt. Dabei zeigte sich allerdings, daß die UV-Detektion für die relevanten (d.h. platinhaltigen) Fraktionen sehr unempfindlich ist.

In Abb. 4 sind Chromatogramme mit UV- und pulsamperometrischer Detektion für zwei verschiedene platinhaltige Fraktionen (Fraktion 2 und 3 aus der isotachophoretischen Vortrennung) gegenübergestellt. Die Pulsamperometrie (PAD) ist eine sehr selektive elektrochemische Detektionsmethode für verschiedene organische Stoffe (Johnson u. LaCourse 1990), die auch schon für Metallspezies verwendet wurde (Weber 1996).

Die Ergebnisse der Abb. 4 wurden mit der Nucleodex-Trennsäule erhalten, die von den verwendeten Trennsäulen die beste Trennleistung erbrachte. Man erkennt einerseits die Unterschiede in den UV-Chromatogrammen, andererseits die Übereinstimmung der pulsamperometrischen Detektion für beide Fraktionen. Platin läßt sich ausschließlich in der pulsamperometrisch detektierbaren Fraktion nachweisen. Dieses Ergebnis (nur ein Pt-haltiger Peak, der mit der PAD übereinstimmt) findet sich nicht nur in allen fünf isotachophoretischen Fraktionen, sondern kann auch auf einer anderen Trennsäule (Dionex AS9) und entsprechend geänderten Trennbedingungen bestätigt werden (Alt et al. 1998).

Zur Identität der in der HPLC detektierbaren Pt-Spezies läßt sich zum jetzigen Zeitpunkt folgendes feststellen:

1. Unsere anfängliche Vermutung, wonach Platin im niedermolekularen Bereich an Peptide gebunden sein könnte (analog zu den Proteinen im hochmolekularen Bereich), mußte aufgrund des chromatographischen bzw. elektrophoretischen Verhaltens, sowie aufgrund der UV-Spektren und der elektrochemischen Eigenschaften aufgegeben werden.
2. Die pulsamperometrischen Detektionsparameter entsprechen denen zur Detektion von Zuckern und verwandten Kohlehydraten (Zuckeralkohole, Zuckersäuren, Oligo- und Polysaccharide) und sind für diese Verbindungen selektiv (Johnson u. LaCourse 1990). Damit ist im niedermolekularen Bereich mit hoher Wahrscheinlichkeit eine Bindung von Platin an Kohlehydrate anzunehmen. Diese Annahme konnte durch Einsatz einer speziellen HPLC-Trennsäule zur Kohlehydrattrennung (Dionex Carbopac PA10) und auch durch CZE als alternativer Trenntechnik bestätigt werden.
3. Eine weitere Untersuchung der niedermolekularen Platinspezies ist durch Cyclovoltammetrie (CV) direkt in der isolierten HPLC-Fraktion möglich. Damit läßt sich neben der selektiven Detektion auch eine (begrenzte) Strukturinformation erhalten, was mit anderen Techniken wegen der geringen Konzentration nur unter hohem Aufwand möglich ist. Wie Abb. 5 zeigt, beginnt eine

nennenswerte Oxidation der platinhaltigen HPLC-Fraktion erst bei etwa –0,2V. Das ähnelt dem Verhalten der Gluconsäure (GlcA), während es sich vom elektrochemischen Verhalten der Galacturonsäure (GalUA) deutlich unterscheidet (Beginn der Oxidation schon bei etwa –0,6V). Diese Unterscheidung ist wichtig, da Galacturonsäureeinheiten Bestandteil von Gerüstsubstanzen wie Pektinen sind und auch für Metallbindungen in Frage kommen. Hier liegt aber eindeutig keine solche Bindung vor, sondern eher eine Bindung an Zuckersäuren.

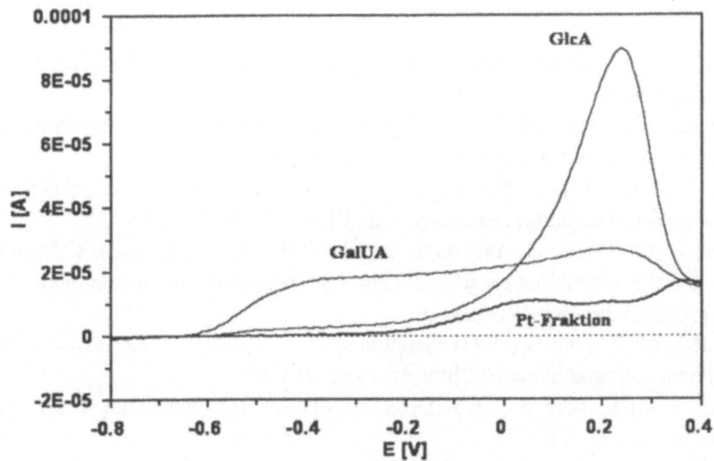

Abb. 5. Cyclovoltammogramme (nur oxidativer Teil) von Gluconsäure *GlcA*, Galacturonsäure *GalUA* und platinhaltiger HPLC-Fraktion *Pt-Fraktion.* Messung an rotierender Goldelektrode (1000 rpm) in 0,1M NaOH; Scangeschwindigkeit 100 mV/s; Referenzelektrode Ag/AgCl/KCl (3M)

Schlußfolgerungen und Ausblick

Zur Trennung und Isolierung verschiedener Platinspezies in Pflanzenextrakten ist eine einzige Trenntechnik in der Regel nicht ausreichend. Vielmehr ist die Kombination verschiedener Trennverfahren erforderlich, wobei sowohl chromatographische (HPLC, Gelchromatographie) als auch elektrophoretische Trenntechniken (Isotachophorese, Kapillarelektrophorese) ihren Platz haben. Die Verwendung verschiedener Trenntechniken ist aber nicht nur aus Gründen der Trennleistung erforderlich, sondern auch zur Absicherung der Ergebnisse. Das gilt besonders wenn, wie in Pflanzen und anderen Biomatrices, die zu analysierenden Spezies noch nicht genau bekannt sind. Hier kann nur der parallele Einsatz verschiedener, möglichst unterschiedlicher Trenntechniken richtige Ergebnisse sicherstellen.

Ein großes Problem ist zur Zeit noch die exakte Identifizierung isolierter Spezies, da eine eindeutige Strukturaufklärung bei den niedrigen Konzentrationen, die in isolierten Fraktionen vorliegen, nur selten direkt möglich ist. Eine Schlüsselfunktion kommt hier in der Zukunft sicherlich der Massenspektrometrie zu; aber auch mit Techniken wie UV-Spektroskopie und Elektrochemie lassen sich konkrete Teilaussagen machen.

Literatur

Alt F, Messerschmidt J, Weber G (1998) Investigation of low molecular weight platinum species in grass. Anal Chim Acta 359: 65-70

Grill E, Winnacker EL, Zenk MH (1985) Phytochelatins: The principal heavy-metal complexing peptides of higher plants. Science 230: 674-676

Johnson DC, LaCourse WR (1990) Liquid chromatography with pulsed amperometric detection at gold and platinum electrodes. Anal Chem 62: 589A-597A

Messerschmidt J, Alt F, Tölg G, Angerer J, Schaller KH (1992) Adsorptive voltammetric procedure for the determination of platinum baseline levels in human body fluids. Fresenius J Anal Chem 343: 391-394

Messerschmidt J, Alt F, Tölg G (1994) Platinum species analysis in plant material by gel permeation chromatography. Anal Chim Acta 291: 161-167

Messerschmidt J, Alt F, Tölg G (1995) Detection of platinum species in plant material. Electrophoresis 16: 800-803

Weber G (1993) Investigation of the stability of metal species with respect to liquid chromatographic separations. Fresenius J Anal Chem 346: 639-642

Weber G (1996) Selective detection of metal species in HPLC and FIA by means of pulsed amperometric detection. Fresenius J Anal Chem 356: 242-246

Weber G, Alt F, Messerschmidt J (1998) Characterization of low-molecular-weight metal species in plant extracts by using HPLC with pulsed amperometric detection and cyclic voltammetry. Fresenius J Anal Chem, im Druck

1.8 Trennungen der Metalle der Platingruppe (PGE) mit HPLC und Vergleich mehrerer Probenvorbereitungstechniken

B. W. Wenclawiak, T. Hees
Institut für Analytische Chemie, Universität Siegen

Trennung der PGE mit Flüssigchromatographie

Aufgrund ihres ähnlichen chemischen und physikalischen Verhaltens ist die qualitative sowie quantitative Bestimmung der PGE sehr schwierig und aufwendig. Die Analytische Chemie hat in den letzten Jahren auf diesem Gebiet deutliche Fortschritte gemacht. Es wurden leistungsstarke Analysenmethoden entwickelt und optimiert, wozu elektrochemische, und atomspektroskopische Methoden zu zählen sind. Durch Interferenzen der Metalle untereinander sowie durch Matrixprobleme treten allerdings oft Schwierigkeiten bei der Bestimmung auf (Hees et al. 1998).

Erste chromatographische Bestimmungen der PGE wurden in den 60er und 70er Jahren mit Hilfe der Dünnschichtchromatographie (DC oder TLC, engl.: Thin Layer Chromatography) durchgeführt (König et al.1979). Infolge der methodischen Weiterentwicklung hat sich dann jedoch die Hochleistungs-flüssigchromatographie (HPLC) als wichtigste und leitstungsstärkste chromato-graphische Bestimmungsmethode für die PGE weiterentwickelt. Sie verbindet die Trennung mehrerer PGE oder PGE-Spezies mit einer quantitativen Bestimmung.

Kieselgel ist das meist verbreitete Basismaterial für die stationäre Phase. Seine besondere Hohlraumstruktur und Oberfläche machen es trotz einiger Limitierungen, wie der eingeschränkten pH-Stabilität, allen anderen Materialen weit überlegen. Andere anorganische Oxide, wie Aluminiumoxid, oder organische Polymere sind bislang noch wenig verbreitet in der HPLC.

Die Chromatographie mit modifizierten stationären Phasen (Umkehrphasen, engl.: reversed phase, RP) wird sehr häufig eingesetzt und hat die Normal-phasenchromatographie (NC) fast vollständig verdrängt. Die Modifizierung der Kieseloberfläche mit chemischen Endgruppen erlaubt es, nahezu für alle Anwendungen ein selektives und effizientes Sorbens herzustellen.

Einige chemisch gebundene Gruppen sind (Merck 1995):

– Octadecyl (C_{18}), Octyl (C_8)	- Si - O - Si - $(CH_2)_{17/7}$ - CH_3
– Cyano (CN)	- Si - O - Si - $(CH_2)_3$ – CN
– Amino (NH_2)	- Si - O - Si - $(CH_2)_3$ - NH_2
– Phenyl	- Si - O - Si - C_6H_5

Zur Analyse geladener Spezies wird die Ionenchromatographie (IC) eingesetzt. Ebenfalls möglich ist die Bestimmung von ionischen Spezies mit der Ionenpaarchromatographie (IPC). Dabei werden dem Eluenten Ionenpaar-Reagenzien zugesetzt, die mit dem komplementär geladenen Analyten nach außen hin neutrale und somit unpolare Ionenpaare bilden (Meyer 1986).

Tabelle 1: Einige in der PGE Analytik verwendete Liganden für LC Bestimmungen

Ligand	Trennbedingungen	Metalle	Detektion	Lit.
DC-Trennung				
1-Hydroxy-2-pyridinthion	Kieselgel 60 CH_2Cl_2/THF 90/10	Ni, Pd, Pt, Rh, Ir	UV 254 nm	König et al. 1979
NP-Trennung von Metallchelaten				
8-Hydroxychinolin	THF / Chloroform	Pt,Pd,Ru,Ir, Rh	UV 254 nm	Wenclawiak u. Bickmann 1984
RP-Trennung von Metallchelaten				
ß-Diketone	Ultrasphere ODS, MeOH / Wasser	Mn, Be, Co, Cr, Rh, Ru, Ir, Pd, Pt	UV	Gurira u. Carr 1982
Diethyldithiocarbamate	RP-C18 Säule, ACN / Acetat-Puffer	Pt, Pd, Rh	UV 254 nm	Mueller u. Lovett 1985
PAN	RP-CN Säule ACN / Na-Perchlorat	Rh, Pd, Pt	UV 440 nm	Timerbaev et al. 1991
N,N-Dialkyl-N′-pyrenoylthioharnstoff	RP-C18 Säule $CHCl_3$, Toluol, MeOH	Pd, Pt, Ru, Rh, Co, Ni, Zn	Fluoreszenz	Schuster u. Unterreitmeier 1993
IC				
Chloro	Anionensäule ACN / Wasser / Perchlorat	Au,Ir,Os,Pd, Pt, Rh, Ru	UV 210 nm	Jones u. Schwedt 1989
IPC				
Cyanid	RP-C18 Säule mit PICA	Au, Pd, Pt	UV 214 nm	Haddad u. Rochester 1988
MECC				
ß-Diketone	SDS / Boratpuffer	Rh, Pt, Cr, Co		Saitoh et al. 1991

Eine verbreitete HPLC Methode zur Bestimmung von Platingruppenmetallen in wäßrigen Phasen stellt die RP-Chromatographie zur Trennung von ungeladenen PGE-Chelaten dar. Hier erfolgt vor der chromatographischen Trennung oder auch in-situ eine Umsetzung der geladenen Ionen zu unpolaren Chelaten, die dann mittels eines polaren Lösungsmittels auf einer unpolaren Chromatographiesäule getrennt werden können. Dabei spielt die Auswahl der verwendeten Liganden eine wichtige Rolle. In letzter Zeit ist auch die Mizellare Elektrokinetische Chromatographie (MECC) für die Trennung von PGE-Chelaten eingesetzt worden. Eine Auswahl an Anwendungen und Methoden für DC, NP- und RP-HPLC, IC, IPC und MECC sind in der Tabelle 1 zusammengefaßt.

HPLC-Trennung unterschiedlicher Rh-Spezies

Für die Analytik des Rhodiums ist es heute unerläßlich, neben dem Gesamtgehalt und neben einer Trennung des Rhodiums von Platin und Palladium auch verschiedene Spezies voneinander zu trennen. Eine chromatographische Trennung sehr unterschiedlicher Spezies des Rhodiums wird hier aufgezeigt.

Die drei Spezies sind Chelate des Rhodiums mit sehr unterschiedlichen Liganden: 8-Hydroxychinolin (ox), Benzylmethyldithiocarbamat (bzmedtc) und 2,2,6,6-Tetramethylheptan-3,5-dion (thd). Die Elutionsreihenfolge auf RP-C 18 ist $Rh(ox)_3$, $Rh(bzmedtc)_3$ und $Rh(thd)_3$. Das $Rh(thd)_3$ wird stark retadiert und muß deshalb beschleunigt mit einem Gradienten eluiert werden. Eine Erhöhung der Fließgeschwindigkeit verkürzt die Retentionszeit weiter.

Die Optimierung der Trennung wurde mit einer Mischung der Chelate durchgeführt, deren Konzentrationen jeweils < 0,1 mg/ml waren (Abb. 1).

Die chromatographischen Daten (Retentionsfaktor k′, Selektivität α, Auflösung R und Bodenzahl N) sind in Tabelle 2 zusammengestellt.

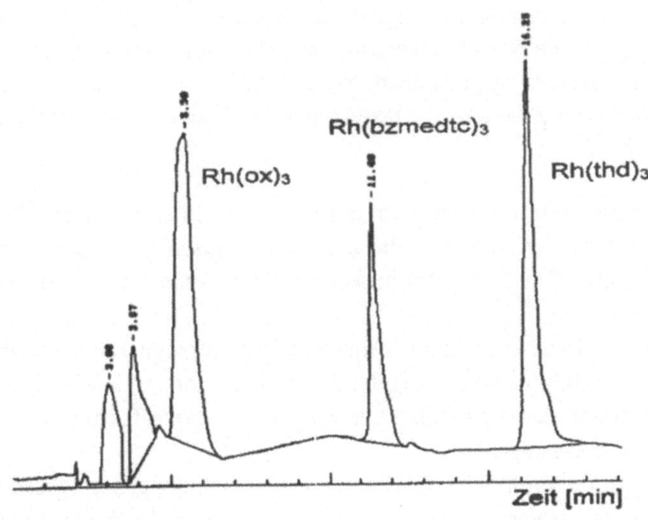

Abb. 1. HPLC Chromatogramm zur Trennung unterschiedlicher Rhodium-Spezies (Temperatur: 20 °C, Detektionswellenlänge: 0-7 min: 254 nm, 7-18 min: 325 nm, stationäre Phase: LiChrospher 100 RP-C18 250*4 mm). Mobile Phase: 0 - 2 min 70/30 vol% Methanol/Wasser, bis 5 min Gradient auf 100% Methanol, Fließgeschwindigkeit: 0-10 min: 1 ml/min, von 10 bis 15 min Gradient auf 2 ml/min.

Tabelle 2. Chromatographische Daten zur HPLC-Trennung unterschiedlicher Rh-Spezies

Chelat	K′	α	R	N
$Rh(ox)_3$	1,7			350
$Rh(bzmedtc)_3$	4,7	2,7	4,7	1940
$Rh(thd)_3$	7,1	1,5	4,4	8300

K′: Retentionsfaktor, *α*: Selektivität, *R*: Auflösung, *N*: Bodenzahl)

Probenvorbereitung für Rhodium mit Festphasen- und Flüssig-Flüssig Extraktion

Vor der flüssigchromatographischen Bestimmung ist das gelöste Rhodium zu derivatisieren und anzureichern. Die Derivatisierung erfolgt durch Chelatbildung. Die Anreicherung ist notwendig, weil die Konzentration in natürlichen Proben sehr gering ist. Arbeitet man ohne Fließinjektionssystemen ist die Flüssig-Flüssig Extraktion mit einem organischen Lösungsmittel wie Chloroform oder Hexan die bevorzugte Methode.

Meist geht der Extraktion die Chelatbildung bei optimierten Bedingungen voraus, dabei erfolgt gleichzeitig mit der Extraktion eine Aufkonzentrierung der Probe. Der Anreicherungsfaktor liegt in der Regel zwischen 10 und 50. Neben dieser Methode hat die Festphasenextraktion (SPE, engl.: solid phase extraction) immer mehr an Bedeutung gewonnen. Sie nimmt heute unter den verschiedenen Probenvorbereitungsmethoden eine bedeutende Stellung ein. Die Vorteile der SPE sind (Kabus 1996):

- die Abtrennung von störenden Matrixkomponenten in einer Probe (Clean up)
- die Anreicherung der Analyten, die z.B. in biologischen Flüssigkeiten oder in umweltbelasteten Gewässern nur in sehr geringer Konzentration auftreten.

Für die SPE müssen manchmal mehrere zeitaufwendige Einzelschritte ausgeführt werden (Konditionierung, Aufgabe der Probelösung, evtl. Waschschritte und Trocknung, Elution der Analyten, Abblasen im Stickstoffstrom, Auflösen des Rückstandes, Filtrieren usw.).

Die SPE kann für zahlreiche analytische Problemstellungen eingesetzt und optimiert werden. So hat vor allem eine Miniaturisierung der Methode (SPME - solid phase mikro extraction) als auch eine Automatisierung weitere Fortschritte gebracht (Eisert u. Pawliszyn 1997).

Der Einsatz der SPE für die Analyse der PGE wird hier am Beispiel Rhodium betrachtet und mit der Flüssig-Flüssig Extraktion verglichen.

Alle Untersuchungen wurden mit einem automatisierten Gerät (on-line Sample

Preparator Unit mit 2 Arbeitspositionen, OSP 2) durchgeführt, das in ein HPLC-System integriert ist und mit kleinen Edelstahlkartuschen, gefüllt mit RP-C18 Material, arbeitet. Das System ist vollständig geschlossen und die angereicherte Probe wird im on-line Betrieb ohne Verluste auf die Analysensäule transferriert (Abb. 2).

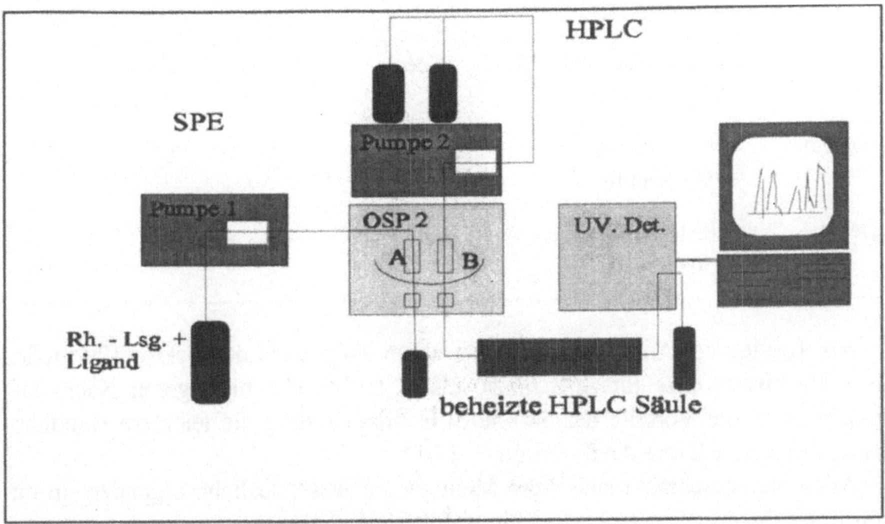

Abb. 2. Verwendetes SPE-HPLC on-line System

Für die Anreicherung von Rh(III) aus wäßrigen Lösungen als Dithiocarbamatchelate an LiChrospher 100 RP-18 (10 µm) Kartuschen wurden zwei unterschiedliche Liganden ausgewählt: Diethyldithiocarbamat (dedtc) als symmetrischer Ligand und Benzylmethylditiocarbamat (bzmedtc) als asymmetrischer Ligand.

Die Stammlösungen enthalten 0,1 mmol/l Rh(III) und 5 mmol/l Ligand. Für eine ausreichende Wiederfindung ist ein deutlicher Überschuß an Ligand notwendig. Dann liegt die relative Standardabweichung unter 8% bei Anreicherungsvolumina über 5ml. Größere Volumina mit kleinen Rh-Gehalten eignen sich besser als kleine Volumina mit größeren Rh-Gehalten.

Bei 4 Bestimmungen je Volumen ergaben sich folgende relative Standardabweichungen: 2 ml Anreicherung: 13,7 %, 10 ml Anreicherung: 6,0 %, 15 ml Anreicherung: 4,3 %. Die angereicherte Rhodiummenge betrug jeweils 1,5 µg.

Nachweisgrenzen ($S_m = S_{blind} + 3 * s_{blind}$) für dieses on-line Verfahren sind in Tabelle 3 zusammengestellt. Es wurden Verdünnungen der wäßrigen Rh-Lösungen auf den Kartuschen angereichert. Die Konzentrationen ergeben sich aus einer noch gut anzureichernden Menge von 100 ml Lösung, noch größere Anreicherungsmengen können die Nachweisgrenzen noch verbessern, sind aber in der Realität wenig praktikabel (Zeitaufwand).

Flüssig-Flüssig-Extraktion und SPE werden in Tabelle 4 verglichen.

Tabelle 3. Nachweisgrenzen für die Anreicherung von Rhodium aus wäßrigen Lösungen an SPE Kartuschen mit anschließender HPLC Bestimmung als DTC-Chelate

Ligand	Säule	NWG, absolut [µg Rh]	NWG [µg/l]
Bzmedtc	LiChrospher 100 C18 250*4 mm ID	0,15	1,5
Dedtc	LiChrospher 100 C18 250*4 mm ID	0,06	0,6
Bzmedtc	Nucleosil 300 C18 250*2mm ID	0,05	0,5
Dedtc	Nucleosil 300 C18 250*2mm ID	0,025	0,25

Als Resultat der Anreicherung ist vor allem auf die um den Faktor 100 niedrigere Nachweisgrenze für SPE hinzuweisen. Neben den niedrigeren Nachweisgrenzen sind die Vorteile der on-line SPE Anreicherung die leichtere Handhabbarkeit und die kürzere Analysenzeit (< 1 h).

Allerdings beschränkt sich diese Methode auf wasserlösliche Liganden. In huminstoffhaltigen Wässern ist die Flüssig-Flüssig Extraktion besser geeignet.

Tabelle 4. Vergleich On-line SPE Anreicherung und Flüssig-Flüssig Extraktion

	Fl. - Fl. Extraktion	SPE on-line
Nachweisgrenze bei Anreicherung aus wäßriger Probe	70 µg Rh / l	0,3 - 1,5 µg Rh / l
Einsatzmöglichkeiten	verschiedene Liganden Optimierung der Synthesen möglich	Eingeschränkt auf wasserlösliche Liganden
Handhabung	Schwierig	Einfach
Zeitaufwand	langwierig (z.T. > 5 h)	schnell (30 min)
RSD	2 - 5 %	5 - 10 %
Flexibilität	groß (verschiedene Analysenmethoden, Extrakt mehrmals meßbar)	klein (Extrakt nur einmal meßbar)
Matrixeinfluß durch Huminstoffe	abhängig vom Liganden	sehr groß

Extraktion mit überkritischem Kohlendioxid (SFE) zur Bestimmung von Rhodium und Palladium in festen Matrizes

Für die Identifizierung und Quantifizierung umweltrelevanter Analyte in festen Matrizes spielt die Extraktion die entscheidende Rolle. Hier bietet die Überkritische Fluidextraktion (SFE, engl. Supercritical Fluid Extraction) einige Vorteile gegenüber den herkömmlichen Methoden Soxhlet oder Ultraschall. Die Analysenzeiten sind deutlich kürzer und auf die Benutzung organischer Lösungsmittel kann durch den Einsatz des nicht toxischen Kohlendioxids weitgehend verzichtet werden.

Kopplungen zwischen SFE und HPLC oder GC bieten neue Möglichkeiten im Bereich der Umweltanalytik. Wird auf Festphasen gesammelt, sind auch kleine Mengen noch nachweisbar. Die Gesamtanalysenzeit beträgt etwa 1,5 h. Es ist kein zusätzlicher Aufarbeitungsschritt notwendig.

Für die Extraktion ist die Art der Matrix sehr wichtig. In der Literatur werden für die Geschwindigkeit des Massentransports mehrere Schritte angegeben (King u. France 1992):

- Diffusion durch die Matrix
- Desorption der Analyten von der Oberfläche
- Diffusion durch den Oberflächenfilm des Fluids
- Transport im Fluid.

Für diese Untersuchungen werden Sand als inerte und ein HS-Standard (Humussäure Natriumsalz, Janssen Chimica) als reale Matrix eingesetzt.

Die Optimierung der SF-Extraktion für unterschiedliche Platingruppenmetall Chelate spielt eine wichtige Rolle. Die Extraktion kann dabei durch die Entwicklung eines Druckprogrammes erheblich verbessert werden. Die Löslichkeit und die Selektivität des Fluids für die jeweiligen Analyten können durch Dichte und Druck kontrolliert werden, z.B. verhalten sich die thd-Chelate des Rhodiums und Palladiums sehr unterschiedlich (Abb. 3). Das Rhodiumchelat ist bereits bei 15 MPa und 60°C in überkritischem Kohlendioxid löslich. Das Palladiumchelat ist erst bei Drücken oberhalb 40 MPa löslich. Durch ein Druckprogramm können die beiden Metallchelate schon im Extraktionsschritt voneinander getrennt werden.

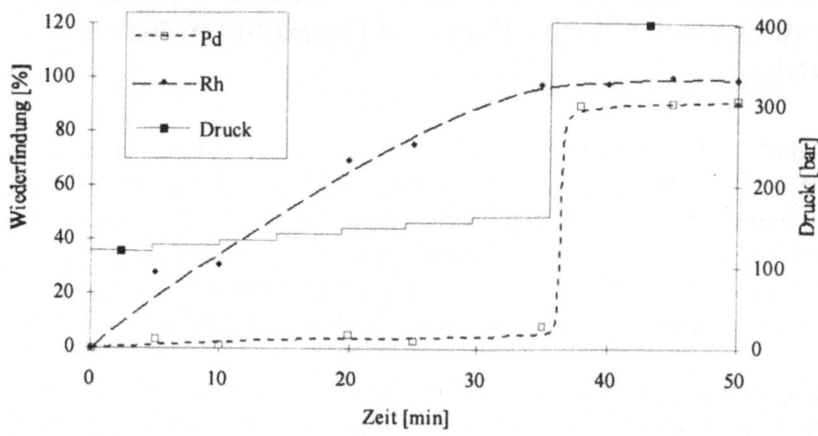

Abb. 3. Druckprogramm und Extraktionskinetiken für die Trennung von Pd und Rh mit-Hilfe der überkritischen Fluidextraktion

Ein Vergleich der off-line SFE/HPLC (Extraktion der Analyten mittels überkritischem CO_2, Sammeln in Dichlormethan, Einengen des Lösungsmittels, HPLC Bestimmung) mit der on-line SFE/SPE/HPLC zeigt, daß beim off-line Verfahren höhere Wiederfindungsraten erreicht werden. Die Wiederfindungsraten für $Rh(thd)_3$ sind im off-line Verfahren geringfügig höher als für $Pd(thd)_2$ (ca. 10%). Im on-line Verfahren ist es deutlich besser (> 50 %). Rhodium ist oktaedrisch koordiniert und deshalb gegenüber anderen Koordinationsmöglichkeiten weitestgehend geschützt. Anders verhält sich das Palladium, es ist quadratisch planar aufgebaut, läßt somit zwei Koordinationsstellen offen, die mit möglichen aktiven Gruppen der Matrix in Wechselwirkung treten können (Wenclawiak et al. 1988).

Variiert man z.B. die Ligandenreste des ß-Diketons für Rhodium und untersucht Extraktionsausbeuten und Wiederfindungsraten, erkennt man deutliche Abhängigkeiten (Tab. 5) (Wenclawiak et al. 1997).

Es wurden die Liganden 2,4-Pentandion (Acetylaceton, Hacac), 1-Phenyl-2,4-pentandion (Hbzac) und 2,2,6,6-Tetramethylheptan-3,5-dion (Hthd) ausgewählt, zwei symmetrische und ein asymmetrischer Ligand, der mit Rhodium die Konformationsisomeren mer und fac bilden kann.

Es wurden für die on- und off-line Versuche unterschiedlich konzentrierte Stammlösungen verwendet:

- on-line: 20 µl einer Standardlösung, die 0,5 mg/ml jedes Chelates enthielt, wurde für die Dotierung der festen Matrix eingesetzt
- off-line: hier mußten entsprechend höhere Konzentrationen gewählt werden, deshalb wurde mit einer Standardlösung von 5 mg/ml dotiert
- Kalibriert wurde mit externem Standard.

Tabelle 5. Vergleich der Wiederfindungsraten [%] dreier unterschiedlicher Rh-ß-Diketonate im on-line und off-line Modus ($n \geq 2$)

	off-line Methode		on-line Methode	
	Sand	HS-Standard	Sand	HS-Standard
$Rh(acac)_3$	97,6	91,0	72,7	62,7
$Rh(bzac)_3$	99,3	77,2	70,1	50,3
$Rh(thd)_3$	99,4	90,8	64,6	60,9

Die nahezu quantitativen Wiederfindungsraten von Sand zeigen die hohe Präzision der Extraktion mit überkritischem Kohlendioxid für die Rhodium-Chelate. Von dem HS-Standard zeigen sich im off-line Modus etwas geringere Wiederfindungsraten, vor allem bei dem unsymmetrischen Chelat $Rh(bzac)_3$, Werte um 90 % belegen jedoch die prinzipielle Eignung der Extraktion auch von sehr komplexen Matrizes. Die Bindungsfähigkeit von Huminstoffen gilt auch für Metallchelate.

Die Kopplung der SFE mit der HPLC durch Sammlung auf fester RP 18 Matrix bietet einige Vorteile gegenüber der off-line Methode. Bei einer geringeren Zahl an Probenvorbereitungsschritten bei dem on-line Verfahren ist die Wiederfindungsrate allerdings niedriger.

Zusammenfassung

Die HPLC hat sich in der PGE Analytik als nachweisstarke Trennmethode herausgestellt. Mit ihr können die in ihrem Retentionsverhalten sehr unterschiedlichen Rhodiumchelate $Rh(ox)_3$, $Rh(bzmedtc)_3$ und $Rh(thd)_3$ innerhalb von 18 Minuten mittels Gradienten der mobilen Phase sowie der Fließgeschwindigkeit getrennt werden.

Rhodium kann in wäßrigen Matrizes durch eine on-line Kopplung von SPE mit HPLC noch bis zu Konzentrationen von 0,25 µg/l bestimmt werden. Dies ist eine deutliche Verbesserung gegenüber der herkömmlichen Flüssig-Flüssig-Extraktion (Faktor 100). Die Standardabweichungen liegen zwischen 5 und 10%.

Die Extraktion mit überkritischen Fluiden ist ideal für die Rhodiumbestimmung von festen Matrizes geeignet. Schon im Extraktionsschritt kann eine Trennung von $Rh(thd)_3$ und $Pd(thd)_2$ erreicht werden. Eine Kopplung von SFE mit HPLC via SPE verkürzt die Analysenzeit erheblich, da vor allem die Probenvorbereitung erleichtert wird. Die off-line Methode liefert nahezu quantitative Wiederfindungsraten für die Rhodiumchelate $Rh(bzac)_3$, $Rh(acac)_3$ und. $Rh(thd)_3$.

Literatur

Eisert R, Pawliszyn J (1997) New Trends in Solid-Phase Microextraction. Critic Revies Anal Chem 27: 103

Gurira RC, Carr PW (1982) J Chromatogr Sci 20: 461

Haddad P, Rochester N (1988) Determination of Trace Levels of Gold(I) as its Cyano Complex by Ion-Interaction Reversed-Phase Liquid Chromatography with on-line Sample Preconcentration. Anal Chem 60: 536

Hees T, Wenclawiak BW, Lustig S, Schramel P, Schwarzer M, Schuster M, Verstraete D, Dams R, Helmers E (1998) Distribution of Platinum Group Elements (Pt, Pd, Rh) in Environmental and Clinical Matrices. ESPR - Environ Sci & Poll Res 5: 105

Jones P, Schwedt G (1989) Ion Chromatography of Chloro Complexes ot the Platinum Group Metals and Gold using bonded phase silica substrates. Anal Chim Acta 220:195

Kabus HP (1996) Handbuch OSP-II A Sample Preparator. Merck, Darmstadt

King JW, France JE (1992) In: Wenclawiak BW (Ed.) Analysis with Supercritical Fluids: Extaction and Chromatography. Springer, Berlin Heidelberg New York

König KH, Steinbrech B, Schneeweis G, Chaudhuri P, Ehmke HU (1979) Zur Chromatographie von Metallchelaten II. Dünnschicht-Chromatographie der Metallchelate des 1-Hydroxy-2-pyridinthions mit den Metallen der 8. Nebengruppe. Fresenius Z Anal Chem 297: 144

Merck (1995) ChromBook, Darmstadt

Meyer V (1986) Praxis der Hochleistungsflüssigchromatographie. Verlag Moritz Diesterweg, Berlin

Mueller BJ, Lovett RJ (1985) Determination of Low Levels of Rhodium and Palladium as Their Solvent Extracted Dtihiocarbamate Complexes by Liquid Chromatography. Anal Chem 57: 2693

Saitoh K, Kiyohara C, Suzuki N (1991) Mobilities of Metal ß-Diketonato Complexes in Micellar Electrokinetic Chromatography. J Hich Resol Chromatogr 14: 245

Schuster M, Unterreitmaier E (1993) Fluorometric detection of heavy metals with pyrene substituted N-acylthioureas. Fresenius J Anal Chem 346: 630

Timerbaev AR, Petrukhin OM, Alimarin IP, Bolshova TA (1991) High-Performance Chromatography of Metal Chelates: Environmental and Industrial Trace Metal Control. Talanta 37: 485

Wenclawiak BW, Bickmann F (1984) Liquid Chromatographic Separation of some Platinoid Metal 8-Hydroxyquinolinates. Bunseki Kagaku 33: E67

Wenclawiak BW, Pinkerton A, Terrill N (1988) Normal Phase Liquid Chromatographic Separation and Structure Determination of Palladium-2,7-trimethyloctane-3,5-dionate. Inorg Chim Acta 149: 213

Wenclawiak BW, Hees T, Zöller EC, Kabus HP (1997) Rhodium and palladium ß-diketonate determination with on-line supercritical fluid extraction - high performance liquid chromatography via solid phase extraction. Fresenius J Anal Chem 358: 471

1.9 Anwendung der Nickelsulfid-Dokimasie zur Bestimmung von Platingruppenelementen (PGE) in Umweltmaterialien mittels Graphitrohr-AAS

F. Zereini, H. Urban
Institut für Mineralogie, J. W. Goethe-Universität, Frankfurt am Main

Einleitung

Zuverlässige Analysenmethoden zur Ermittlung von PGE-Konzentrationen im unteren ppb-Bereich sind nicht nur in der Geochemie erforderlich; bedeutsam sind sie heute gerade in der Umweltanalytik, da die zunehmende Verwendung von Platinmetallen in der Industrie – insbesondere im Bereich der Katalysator-Technik – in Zukunft zu einer Erhöhung der PGE-Konzentrationen in der Umwelt führt (Zereini 1997; Zereini et al. 1997; Helmers u. Mergel 1997; Eckhardt u. Schäfer 1997).

Die zur Gruppe der Platinmetalle zählenden Elemente (Platin, Palladium, Iridium, Rhodium, Ruthenium und Osmium) kommen in der uns zugänglichen Lithosphäre in äußerst geringen Konzentrationen vor. Wedepohl (1995) gibt für die Erdkruste Gehalte von 0.4 ppb für Pt und Pd, 0.1 ppb für Ru, 0.06 ppb für Rh und 0.05 ppb für Os und Ir an. Um diese niedrigen Konzentrationen zu erfassen, ist eine Anreicherung und Isolierung der Platinmetalle erforderlich.

Die Nickelsulfid-Dokimasie, die eine neuere Variante der klassischen Probierkunst darstellt, ist zur selektiven Bindung und Anreicherung der PGE besonders gut geeignet. Ihr Grundprinzip ist die Anreicherung der Edelmetalle aus einer abkühlenden Schmelze in einer Metallphase- bzw. metallsulfidischen Phase. Die Nickelsulfid-Dokimasie wurde zuerst von Robert et al. (1971) entwickelt. Seither wurde diese Methode in bezug auf Flußmittel, Kollektor und Schmelztemperatur von zahlreichen Anwendern modifiziert (u.a. Robert u. Van Wyk 1975; Hoffman et al. 1978; Robert 1987; Date et al. 1987; Klein 1987; Asif u. Parry 1991; Asif et al. 1992; Zereini et al. 1994a, b; Urban et al. 1995; Cubelic et al. 1997). In dieser Arbeit wird eine Variante der Nickelsulfid-Dokimasie vorgestellt, deren Einsatz sich bei der PGE-Bestimmung sowohl in geologischen Proben als auch in Umwelkompartimenten (Böden, Schlämme, Straßenkehrgut) bewährt hat.

Analytische Methode

Reagentien und Geräte

Reagentien: Natriumtetraborat (Borax); Natriumcarbonat (Soda) [Merck; wasserfrei; Art 6398]; Schwefel [Merck ; Korngr. < 44 nm, Art 7982]; Sand [Taunus-Quarzit-Werke; Korngr. 0,06 bis 0,2 mm]; Calciumfluorid [Merck; Art 2840]; Nickelpulver [INCO-Typ 123]; Salzsäure [37 %ig, zur Analyse]; Wasserstoffperoxid [30 %ig, zur Analyse]. Standardlösungen: Platin, Palladium, Iridium, Rhodium, Ruthenium und Osmium [J. M. GmbH, ALFA Products].
Geräte, die von uns verwendet wurden: Graphitrohr-AAS [5100 PC der Firma Perkin-Elmer]. Schmelzofen N100H [Fa. Naber]; max. Temperatur 1250 °C; Schamotte-Tiegel, Höhe 150 mm, Tiegelöffnung 80 mm Durchmesser.

Probenaufbereitung und Analysenvorschrift

Das Probenmaterial (Boden, Schlamm, Kehrgut) wird zuerst bei Raumtemperatur getrocknet und anschließend auf die Fraktion < 2 mm gesiebt, um die groben Bestandteile (Gesteine und Unrat) abzutrennen. Das Material wird je nach Fragestellung in verschiedene Fraktionen gesiebt und mit der Achatmühle zur Analyse fein gemahlen. Von der homogenisierten Substanz werden je Probe 50 g in einen Quarztiegel eingewogen und 2 Stunden im Muffelofen bei einer Temperatur von 640 °C geglüht.

Das analytische Verfahren „Nickelsufid-Dokimasie" besteht aus zwei Hauptschritten:

1. Zunächst wird in einem Schmelzvorgang das Probenmaterial zusammen mit einer Flußmittelmischung (60 g Natriumtetraborat, 30 g Natriumcarbonat, 5 g Calciumfluorid und 10 g Quarzsand) und einem Sammler für die PGE (17 g Nickelpulver und 12 g Schwefel) in Schamotte-Tiegeln bei einer Temperatur von 1160 °C 60 Minuten im Schmelzofen geschmolzen. Beim Abkühlungsvorgang trennt sich die Schmelze in eine silikatische Schlacke und den sich am Boden des Tiegels absetzenden Nickelsulfidregulus, in welchem sich die Edelmetalle quantitativ sammeln.
2. Im zweiten Schritt wird der gebildete Nickelsulfidregulus mit 400 ml konz. Salzsäure behandelt. Der Rückstand, der die Platingruppenelemente enthält, wird auf einem Teflonfilter (Porendurchmesser 0.2 μm) gesammelt und in einer Mischung aus 30 ml konz. Salzsäure und 15 ml Wasserstoffperoxid in Lösung gebracht.

Zur Bestimmung der PGE wurde die Graphitrohr-AAS (5100 PC der Fa. Perkin-Elmer) eingesetzt. Die Trocknungstemperatur für die PGE-Lösung liegt bei 120 ^{o}C. Die Parameter der thermischen Vorbehandlungs- und Atomisierungstemperatur sind vom Gerätetyp abhängig und müssen deshalb experimentell ermittelt werden. Im vorliegenden Fall liegt die thermische Vorbehandlungstemperatur für

Platin, Rhodium und Ruthenium bei 1325 ^{o}C, für Palladium bei 900 ^{o}C und für Iridium bei 1220 ^{o}C. Die Atomisierungstemperatur beträgt 2350 ^{o}C für Platin, 2200 ^{o}C für Palladium und 2400 ^{o}C für Iridium, Rhodium und Ruthenium.

Die Nachweisgrenze der Nickelsulfid-Dokimasie berechnet sich aus dem Mittelwert plus der dreifachen Standardabweichung des Blindwertes (Tabelle 1). Demnach betragen die Nachweisgrenzen bei Einwaage von 50 g Probenmaterial für Pt 1.6 µg/kg , für Pd 2.8 µg/kg, für Ir 1.6 µg/kg, für Ru 1.9 µg/kg und für Rh 0.5 µg/kg. Hauptstörfaktor sind Platinmetalle im verwendeten Nickelpulver, die je nach Charge schwanken können (Tabelle 1).

Tabelle 1. PGE-Konzentrationen in drei Blindproben (in µg/kg) (s: Standardabweichung)

Elemente	Minimum	Maximum	Mittelwert ± s
Platin	1.0	3.5	1.16 ± 0.15
Palladium	0.6	3.6	1.16 ± 0.55
Rhodium	0.3	1.2	0.36 ± 0.06
Ruthenium	1.1	1.5	1.23 ± 0.23
Iridium	1.0	3.5	1.16 ± 0.15

Ergebinsse und Diskussion

Reproduzierbarkeit des analytischen Verfahrens

Die vorgestellten Variante der Nickelsulfid-Dokimasie wurde sowohl am internationalen Platinerz-Standard SARM7 (Steele et al. 1975) und Chromit-Standard CHR-Pt (Potts et al. 1992, Zereini et al. 1994b) als auch durch Teilnahme an internationalen Ringversuchen (Canadian Certified Reference Materials Project: Standards: (TDB-1, UMT-1, WGB-1, WMG-1, WPR-1) auf ihre Reproduzierbarkeit überprüft.

Beim Standard SARM7 beträgt die Wiederfindungsrate im Durchschnitt für Platin 99,7 %, für Palladium 95,4 %, für Rhodium 99,2 %, für Ruthenium 99,1 % und für Iridium 81,1 % im Vergleich zum Referenzwert (Tabelle 2). Um festzustellen, in welchem Umfang die PGE sich während des ersten Schmelzvorgangs in der metallischen Phase sammeln, wurde die Schlacke nachgeschmolzen und getrennt analysiert. Die Untersuchungsergebnisse zeigen, daß 98,4 % des gesamten Platins sich in der metallischen Phase des 1. Schmelzvorganges befinden, während 1.6 % in der Schlacke zurückbleiben. Die Hauptausbeute für Palladium liegt bei 99 %, für Ruthenium bei 96.8 %, für Rhodium bei 93.3 % und für Iridium bei 90 %, der Rest sammelt sich in der Schlacke. Ähnlicher Befund wurde im Chromit-Standard (CHR-PT) festgestellt. Tabelle 2 ist zu entnehmen, daß alle Analysenwerte der Platingruppenelemente im CHR-Pt+-Standard im Vergleich zum Zertifikatwert mehr oder weniger übereinstimmen und eine Abweichung nur bei der Palladium-Messung festzustellen ist. Diese liegt im Durchschnitt 36.5 % niedriger als der Zertifikatwert. Die Wiederfindungsrate liegt im Durchschnitt für Iridium in diesem Standard weit höher als im Standard SARM7. Diese Unterschiede könnten möglicherweise auf den unterschiedlichen Materialien bzw. den Verbindungen der PGE im Platinerz-Standard SARM7 und im Chromit-Standard (CHR-PT) zurückzuführen (Zereini et al. 1994b; Zereini 1997).

Bei dem „Canadian Certified Reference Materials Project: Standards: (TDB-1, UMT-1, WGB-1, WMG-1, WPR-1) variiert die errechnete relative Standardabweichung für Platin in den untersuchten Standards zwischen 0.6 % und 10.9 %, wobei die Variationsbreite bei niedrigen ppb-Konzentrationen (TDB-1; WGB-1) zwischen 8.6 % und 9.4 % liegt (Tabelle 3). Dagegen bewegt sie sich bei höheren ppb-Gehalten (WMG-1) um ca. 5 %. Zieht man die relative Standardabweichung für Palladium zum Vergleich heran, so ist festzustellen, daß die Streubreite zwischen 4.4 % und 20.3 % liegt, wobei sie beim Standard (TDB-1) bis zu 20.3 % reicht.

Tabelle 2. PGE-Konzentrationen (in mg/kg) im Standard (SARM7) und CHR-Pt. 1: Zertifizierte Werte; 2: Mittelwert der 5Fachbestimmung; (±) Standardabweichung

Standard	Platin	Palladium	Ruthenium	Rhodium	Iridium
SARM7 1	3.74 ±0.045	1.53 ±0.032	0.43 ±0.057	0.24 ±0.013	0.074 ±0.012
2	3.73 ±0.404	1.46 ±0.098	0.426 ±0.08	0.238 ±0.014	0.060 ±0.007
CHR-Pt 1	58.0 ±6.69	80.8 ±13.15	9.2 ±2.00	4.7 ±0.72	6.2 ±0.83
2	53.4 ± 3.63	51.3 ±6.29	8.0 ±0.20	4.3 ±0.06	7.2 ±0.17

Die relative Standardabweichung von Ruthenium, Rhodium und Iridium ist für alle Proben sehr niedrig. Sie streut zwischen 1.6 % und 9 % für Ru, zwischen 1.6 % und 9.5 % für Rh und zwischen 2.5 % und 3.4 % für Ir. Von den untersuchten Platingruppenelementen weist nur Palladium in bezug auf die ermittelte Standardabweichung und die relative Standardabweichung hohe Werte auf.

Die ermittelten PGE-Gehalte zeigen im Vergleich zu den zertifizierten Werten der Standards relativ geringe Abweichungen. Auch die Standardabweichung der einzelnen Standardpropben ist im allgemeinen sehr niedrig und spricht für die zuverlässige Reproduzierbarkeit der dargestellten Variante der Nickelsulfid-Dokimasie.

Tabelle 3. PGE-Konzentrationen (in µg/kg) in den kanadischen Standards; 1: Zertifizierte Werte; 2: Mittelwert der 5Fachbestimmung; (±) Standardabweichung.

Standard		Platin	Palladium	Ruthenium	Rhodium	Iridium
TDB-1	1	5.8 ± 1.1	22.4 ±1.4	-	(0.7)	(0.15)
	2	5.3 ± 0.5	21.2 ±4.3	-	-	-
WGB-1	1	6.1 ± 1.6	13.9 ±2.1	-	(0.32)	(0.33)
	2	5.8 ± 0.5	23.2 ±2.9	-	-	-
WPR-1	1	285 ±12.0	235 ±9	22 ±4	13.4 ±0.9	13.5 ±1.8
	2	285 ±1.8	320 ±18	31 ±0.5	16.4 ±0.5	15.8 ±0.4
UMT-1	1	129 ±5.0	106 ±3	10.9 ±1.5	9.5 ±1.1	8.8 ±0.6
	2	126 ±13.8	130 ±5.7	9.2 ±0.4	10 ±0.7	<10
WMG-1	1	731 ±35	382 ±13	35 ±5	26 ±2	46 ±4
	2	893 ±47	456 ±39	40 ±1.8	31 ±0.5	53 ±1.8

Methodenvergleich NiS-Dokimasie (GF-AAS), HPA-Aufschluß (ICP-MS) und HPA-Aufschluß (Voltammetrie)

Um die Reproduzierbarkeit der Nickelsulfid-Dokimasie zu überprüfen, wurden auch andere Verfahren wie ICP-MS und Voltammetrie nach HPA-Aufschluß zum Vergleich herangezogen. So wurden beispielsweise Straßenstaubproben durch Nickelsulfid-Dokimasie aufgeschlossen und auf ihre Platin-Gehalte mittels Graphitrohr-AAS gemessen.

Beim Vergleich durch Hochdruckaufschluß (HPA) wurde das Probenmaterial in Quarzglasgefäße gebracht, mit einer Aufschlußsäuremischung aus 3 ml HNO_3 und 1 ml HCl versetzt und in einem Hochdruckverascher bei 250 °C und einem Druck von 120 bar aufgeschlossen, anschließend die Lösung quantitativ in einen 10 ml Meßkolben überführt und bis zur Eichmarke mit destilliertem Wasser aufgefüllt. Die Messung erfolgte mittels ICP-MS (Fisons PlasmaQuad 2+, Pt-Isotope: 194.195.196) am Fraunhofer Institut für Toxikologie und Aerosolforschung in Hannover. Eine ausführliche Darstellung der analytischen Methode findet sich in Knobloch (1993). Zusätzlich wurden die Staubproben im Amt für Umweltschutz, (Chemisches Institut) Stuttgart nach HPA-Aufschluß mittels adsorptiver Voltammetrie auf ihre Pt-Gehalte nach dem Verfahren von Helmers u. Mergel (1998) untersucht Zur Zeit kann von den Platingruppenelementen nur Platin bestimmt werden, da sich das Bestimmungsverfahren für Palladium, Ruthenium, Rhodium und Iridium noch in der Entwicklungsphase befindet. Aus Tabelle 4 ist zu ersehen, daß mit den angewandten Verfahren vergleichbare Ergebnisse für Platin erzielt wurden. Die Löslichkeit der Platingruppenelemente nach HPA-Aufschluß ist insofern problematisch, als diese unter anderem von der Art des Probenmaterials abhängig ist.

Die Nickelsulfid-Dokimasie ist bis jetzt die einzige analytische Methode, mit der solche Probleme umgangen werden können. Deshalb geht der Trend dahin, die Platingruppenelemente nach Anreicherung im Nickelsulfid-Regulus entweder direkt mittels INAA oder aus der Endlösung mittels AAS, ICP-MS, Voltammetrie etc. zu bestimmen.

Tabelle 4. Pt-Konzentration (in µg/kg) in Staubproben; Methodenvergleich GF-AAS, Voltammetrie und ICP-MS. (*Helmers u. Mergel 1998)

Proben Nr.	NiS-Dokimasie GF-AAS	HPA-Voltammetrie*	HPA-ICP-MS
319 ST	131	165±28	133±12
321 ST	232		241
1 ST	129 ±3	198±20	149±4

Schlußfolgerungen

Die Dokimasie hat nach Meinung vieler Fachleute einen Zuverlässigkeitsgrad erreicht, die sie als Routineverfahren zur selektiven Anreicherung von Edelmetallen aus geologischen Proben empfiehlt. Trotz ihres erfolgreichen Einsatzes als Routineverfahren zum Aufschluß von geologischen Proben, treten bei der selektiven Anreicherung der Platingruppenelemente aufgrund der Mannigfaltigkeit des Materials Probleme auf, die durch Teiländerung der Analysenvorschrift behoben bzw. verringert werden können.

Die bei der Teilnahme an internationalen Ringversuchen erzielten Ergebnisse beweisen die zuverlässige Reproduzierbarkeit der dargestellten Variante der Nickelsulfid-Dokimasie. Ihre erfolgreiche Anwendung bei geologischen Proben mit PGE-Konzentrationen im ppb- bis ppm-Bereich läßt sich an Hand der untersuchten Standardmaterialien und des geführten Methodenvergleiches dokumentieren.

Die Nachweisgrenze des hier vorgestellten Verfahrens, bezogen auf die dreifache Standardabweichung des Blindwertes, liegt bei einer Einwaage von 50 g Probenmaterial und einer Endlösung von 10 ml für alle PGE (außer Osmium) bei der Messung mit dem Graphitrohr-AAS (5100 PC) im Bereich von 2 ppb. Mit Hilfe der ICP-MS kann nach Voranreicherung mit der NiS-Dokimasie eine Nachweisgrenze bis in den ppt-Bereich für alle PGE erreicht werden. Allerdings stößt der Nachweis durch die Anreicherung der PGE in der Nickelsulfidphase auf eine gewisse Grenze, die durch das Vorhandensein einer geringen Pt-Konzentration im Nickelpulver hervorgerufen wird.

Gegenüber anderen Verfahren wie Mitfällung, Extraktion und Ionenaustausch bietet die Nickelsulfid-Dokimasie - neben einem geringeren Arbeitsaufwand - den entscheidenden Vorteil, daß alle Platingruppenelemente (außer Osmium) nebeneinander direkt aus der Endlösung bestimmt werden können. Auch kann die Methode optimal an die jeweilige Probenmatrix angepaßt werden. Die Platingruppenelemente können sowohl in Gesteinen und Erzen als auch in Umweltkompartimenten bestimmt werden. Eine Beeinträchtigung der PGE-Messung durch Matrixeffekte wie bei den direkten Bestimmungsverfahren ICP-MS und Adsorptiv-Voltammetrie nach Hochdruckaufschluß (HPA) ist nicht gegeben, da die PGE nach der naßchemischen Behandlung des Nickelsulfid-Regulus in der Endlösung matrixfrei vorliegen. Auch das Problem der Löslichkeit der PGE im Hochdruckaufschluß wird hier umgangen.

Aus diesen Gründen bleibt die Nickelsulfid-Dokimasie die optimale Methode für den Routineeinsatz zur Bestimmung von Platingruppenelementen in geologischen Proben und Umweltmaterialien. Nachteilig ist allenfalls die erforderliche hohe Einwaage von 25 bis 50 g Probenmaterial für die PGE-Bestimmung im unteren ppb-Bereich (ca. 2 ppb) mittels Graphitrohr-AAS.

Literatur

Asif M, Parry S (1991) Study of the digestion of chromite during nickel sulphide fire assay for the platinum-group elements and gold. Analyst 116: 1071-1073

Asif M, Parry S, Malik H (1992) Instrumental neutron activation analysis of a nickel sulfide fire assay button to determine the platinum-group elements and gold. Analyst 117: 1351-1353

Cubelic M, Pecoroni R, Schäfer J, Eckhardt JD, Berner Z, Stüben D (1997) Verteilung verkehrsbedingter Edelmetallimmissionen in Böden. Z Umweltchem Ökotox 9: 249-258

Czamnaske GK, Kunilov VE, Zientek ML, Cabri LJ, Likhachev AP, Calk LC, Oscarson RL (1992) A proton-microprobe study of sulfide ores from the Noril'sk – Talnakh district Siberia –, Can Mineral 30: 249-287

Date AR, Davis AE, Cheung YY (1987) The potential of fire assay and inductively coupled plasma source mass spectrometry for the determination of platinum-group elements in geological materials. Analyst 112: 1217-1222

Eckhardt JD, Schäfer J (1997) PGE-Emissionen aus Kfz-Abgaskatalysatoren. In: Matschullat J, Tobschall HJ, Voigt HJ. (Hrsg.): Geochemie und Umwelt: 181-188

Helmers E, Mergel N (1997) Platin in belasteten Gräsern. Z Umweltchem Ökotox 9: 147-148

Helmers E, Mergel N (1998) Platinum and Rhodium in a polluted environment: studying the emissions of automibile catalysts. – with emphasis on the application of CSV rhodium analysis -, Fresenius J Anal Chem (im Druck)

Hoffman EL, Naldrett AJ, van Loon JC, Hancock RGV, Manson A (1978) The determination of all the platinum-group elements and gold in rocks and ores by neutron activation analysis after preconcentration by a nickel sulfide fire-assay technique on large Samples. Anal Chim Acta 102: 157-166

Klein S (1987) Anwendung und Variation einer Methode zur Analyse von Platingruppenmetallen in Chromiterzen und chromitreichen Proben mittels Vorkonzentration in einer Nickelsufidschmelze. Diplomarbeit, Frankfurt a. M., 134 S

Knobloch S (1993) Bestimmung von Platin in katalysiertem Autoabgas mittels ICP-MS. Dissertation, Hannover, 110 S

Potts PJ, Gowing CJB, Govindaraju K (1992) Preparation, homogeneity evaluation and cooperative study of two new chromitite reference samples CHR-Pt+ and CHR-Bkg. Geostandards Newsletter 16: 81-108

Robert RVD (1987) The use of lithium tetraborate in the fire-assay procedure with nickel sulphide as the collector. NIM-Rep No M324: 1-9

Robert RVD, van Wyk E (1975) The effects of various matrix elements on the efficiency of the fire-assay procedure using nickel-sulfide as the collector. NIM-Rep 1705: 1-10

Robert RVD, van Wyk E, Palmer R (1971) Concentration of the noble metals by a fire-assay technique using nickel-sulfide as the collector. NIM-Rep No 1371: 1-16

Steele TW, Levin J, Copelowitz I (1975) Preparation and certification of a reference sample of a precious metal ore. NIM-Report 1696

Urban H, Zereini F, Skerstupp B, Tarkian M (1995) The determination of platinum group-elements (PGE) by nickel sulfide fire assay: Coexisting PGE-phases in the nickel sulfide buton. Fresenius J Anal Chem 352: 537-543

Wedepohl KH (1995) The composition of the continental crust. Geochim et Cosmochim Acta 59: 1217-1232

Zereini, F (1997) Zur Analytik der Platingruppenelemente (PGE) und ihren geochemischen Verteilungsprozessen in ausgewählten Sedimentgesteinen und anthropogen beeinflußten Umweltkompartimenten Westdeutschlands. Shaker Verlag Aachen

Zereini F, Alt F, Rankenburg K, Beyer J, Artelt S (1997) Verteilung von Platingruppenelementen (PGE) in den Umweltkompartimenten Boden, Schlamm, Straßenstaub, Straßenkehrgut und Wasser. Z Umweltchem Ökotox 9: 193-200

Zereini F, Urban H, Lüschow HM (1994a) Zur Bestimmung von Platingruppenelementen (PGE) in geologischen Proben mittels Graphitrohr-AAS nach der Nickelsulfid-Dokimasie. Erzmetall 47: 45-52

Zereini F, Skerstupp B, Urban H (1994b) Comparison between the use of sodium and lithium tetraborate in platinum group element determination by nickel sulphide fire-assay. Geostandards Newsletter 18: 105-109

2 Stand der Katalysator-Technik

Seit 1986 werden in der Bundesrepublik Deutschland Drei-Wege-Katalysatoren zur Reinigung von Abgasen aus Kraftfahrzeugen mit Ottomotoren ausgestattet. Der Drei-Wege-Katalysator mit Lambdasonde reinigt die Kfz-Abgase zu etwa 90 % von Schadstoffen wie Stickstoffoxiden, Kohlenstoffmonoxiden und Kohlenwasserstoffen.

In diesem Kapitel führt uns Eschnauer (Abschnitt 2.1) in die Autoabgaskatalysator-Technik und die Rolle der Lambda-Abgas-Sonde bei der Reduzierung der Schadstoffe aus Kfz-Abgasen ein.

Im zweiten Abschnitt diskutieren Artelt et al. (2.2) die Ergebnisse der Motorstandversuche, die vom Fraunhofer-Institut für Toxikologie und Aerosolforschung, Hannover, durchgeführt wurden. Die Untersuchungsergebnisse zeigen, daß die mittlere Pt-Emission aus dem Drei-Wege-Katalysator des Monolithtyps sich zwischen 8 und 123 ng/m^3 bewegt, wobei die Emission mit steigender Geschwindigkeit und Abgastemperatur zunimmt.

2.1 Schadstoff-Verminderung in Kfz-Abgasen durch Regelung des Kraftstoff-Gemisches mit der Lambda-Abgas-Sonde

H. R. Eschnauer
Institut für Oenologie, Ober-Ingelheim/Rhein

Einleitung

Für die optimale Funktion eines Drei-Wege-Katalysators in Otto-Motoren ist ein genau definierter Sauerstoff-Gehalt im Abgas nötig, damit Kohlenwasserstoffe, Kohlenmonoxid und Stickoxide möglichst vollständig abgebaut werden. Der Sauerstoffgehalt im heißen Abgas wird mit Hilfe der Lambda-Abgas-Sonde ermittelt. Die Wirkungsweise beruht auf dem Prinzip einer galvanischen Sauerstoff-Konzentrationszelle mit einem Festkörperelektrolyt, der aus mit Yttriumoxid teilstabilisiertem Zirkonoxid besteht, und die stöchiometrische Gemischzusammensetzung aus Luft und Kraftstoff regelt (Lambda-Regelung).

Die Funktionsfläche der Lambda-Abgas-Sonde, die dem heißen Abgasstrom direkt ausgesetzt ist, unterliegt starker Abnutzung durch Oxidation und Erosion. Sie wird mit einer thermischen Spritzschicht aus Spinell, einem nichtmetallischem, oxidischen Hartstoff, wirkungsvoll geschützt, der mit dem hochenergetischen Plasmaspritzverfahren verarbeitet wird.

Zur Geschichte des thermischen Spritzens

Alle wesentlichen Grundlagen des thermischen Spritzens gehen auf Erfindungen des schweizer Ingenieurs M. U. Schoop in den 20iger Jahren dieses Jahrhunderts zurück (Eschnauer 1992; Schoop 1915) und sind im US Patent 1,128,059 vom 9. Febr. 1915 dargestellt (Abb. 1). Thermisches Spritzen umfaßt danach Verfahren zur Herstellung von Schichten, bei denen in oder außerhalb von Spritzgeräten geeignete Spritzwerkstoffe (an-) geschmolzen und mit hoher Geschwindigkeit auf Werkstück-Oberflächen aufgespritzt werden (DIN 32530).

Rasch entwickelte sich das niedrig-energetische Pulver- und Draht-Flammspritzen mit Sauerstoff/Acetylen (ca. 3150 °C) sowie das Lichtbogenspritzen mit Draht (ca. 4000 °C) und fand früh Eingang in die KfZ-Industrie mit zahlreichen Anwendungen. Ein Durchbruch zur industriellen Serienfertigung brachte in den fünfziger Jahren das Flammspritzen mit Molybdändraht zum Beschichten von Kolben- und Synchronringen, für die heute wohl 2000 Tonnen pro Jahr weltweit verarbeitet werden (Firmendruckschrift TRW Teves-Thompson).

M. U. SCHOOP.

METHOD OF PLATING OR COATING WITH METALLIC COATINGS.

APPLICATION FILED AUG. 7, 1911.

1,128,059. Patented Feb. 9, 1915.

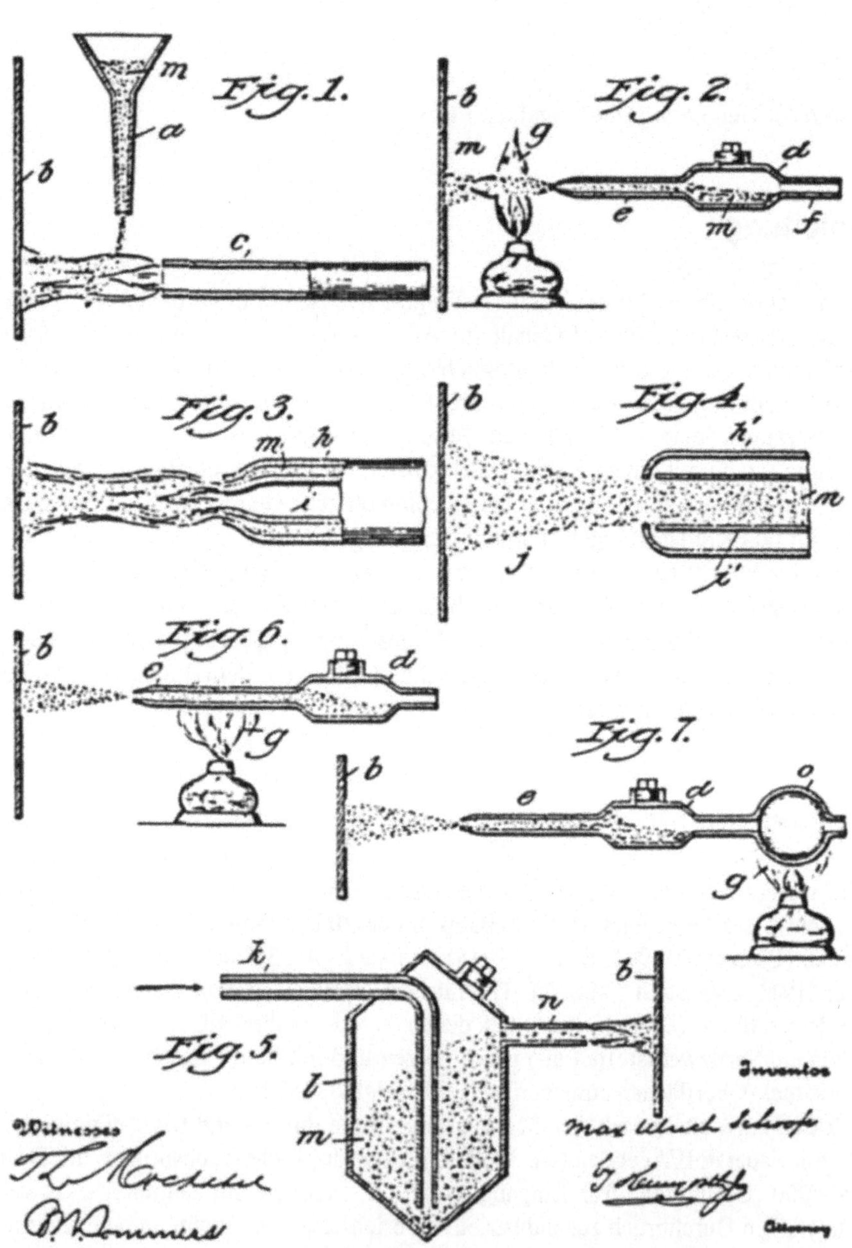

Abb. 1. US –Patent 1,128,059 (Feb. 9,1915) zur Grundlage des thermischen Spritzens

Etwa zur gleichen Zeit begann man das Plasma mit seiner Energie von 20.000 °K für die hochenergetischen Plasmaspritzverfahren nutzbar zu machen, mit denen harte und hoch schmelzende Pulverwerkstoffe zu Oberflächen-Schutzschichten verarbeitet werden können. So wurden um das Jahr 1970 die Elektroden für die Vorfunkenstrecke von Automobilen mit dem metallischen Hartstoff Zirkonnitrid (ZrN) in großen Serien (ca 100.000 Stück/Monat) plasmaveredelt (Kirner 1967; Kirner 1975a; Kirner 1975b) und ab 1975 die Lambda-Abgas-Sonde mit dem nichtmetallischen oxidischen Hartstoff Spinell (Bosch Technische Druckschriften 1980; Bosch Technische Kurzinformation 1985; Bosch Technische Unterrichtung 1994a; Wiedemann et al. 1984). Diese Anwendung dürfte bis heute zur größten Serienfertigung der Spritztechnik mit bis zu einigen 10 Millionen Stück beschichteten Sonden und einem jährlichen Verbrauch von 50-100 Tonnen Spinell-Spritzpulver geführt haben.

Die Lambda-Regelung

Die Lambda-Regelung ist in Verbindung mit dem Katalysator heute das wirksamste Abgasreinigungsverfahren für den Otto-Motor (Bosch Technische Unterrichtung 1994b).

Für die katalytische Abgasnachbehandlung mit der Lambda-Abgas-Sonde muß die Zusammensetzung des Gemisches aus Luft und Kraftstoff, das „Gemisch", optimal zusammengesetzt sein. Eine optimale, d. h. stöchiometrische Gemischzusammensetzung liegt dann vor, wenn zu 14,5 kg angesaugter Luft genau 1 kg Kraftstoff eingespritzt werden, damit theoretisch eine vollständige Verbrennung stattfinden kann. Ein derartiges Gemisch ist durch die Luftzahl bzw. das Luftverhältnis Lambda (λ = 1,00) definiert und muß bei jedem Betriebszustand des Motors zur Minimierung der giftigen Abgase eingehalten werden.

Nur die hohe Regelgenauigkeit innerhalb 50 bis 100 Millisekunden der Luftzahl von $\lambda = 1{,}00 \pm 1$ % regelt präzise das stöchiometrisch zusammengesetzte Gemisch aus Luft und Kraftstoff. Schon knapp unterhalb bei $\lambda = 0{,}95$ liegt ein fettes Gemisch mit zu viel Kraftstoff und zu wenig Sauerstoff vor, das zu einer starken Zunahme von schädlichem Kohlenmonoxid (CO) führt, während knapp oberhalb bei $\lambda = 1{,}05$ ein mageres Gemisch mit zu wenig Kraftstoff und zu viel Sauerstoff zum sprunghaften Anstieg der schädlichen Stickoxide (NO_x) führt.

Aufbau der Lambda-Abgas-Sonde

Der keramische Teil der Lambda-Abgas-Sonde (Festelektrolyt) hat die Form eines einseitig geschlossenen, gasundurchlässigen Rohres. Die Sonde ragt in den Abgasstrom. Die Außenseite ist dem heißen Abgas ausgesetzt und unterliegt starker Abnutzung durch Oxidation und Erosion.

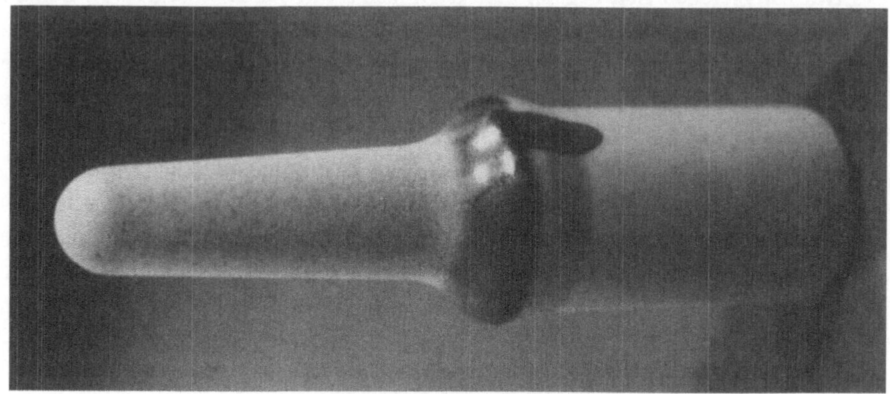

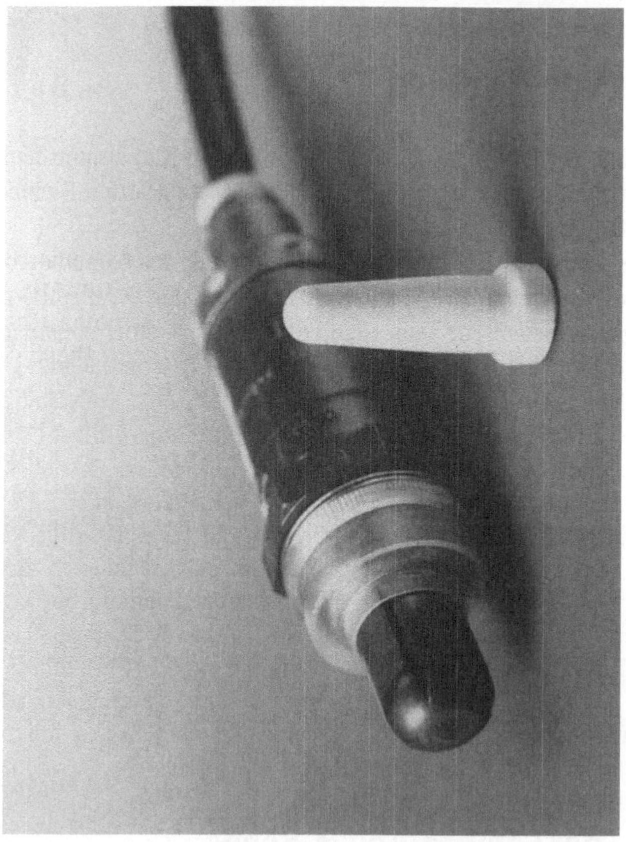

Abb. 2. Komplette Lambda-Abgas-Sonde und daneben Keramikrohr (stark vergrößert) mit Plasma-Spritzschicht auf oberem Teil

Die Innenseite steht mit der Außenluft in Verbindung (Atmosphäre mit konstantem Sauerstoff-Partialdruck). Der keramische Teil ist in einer Halterung fixiert und mit einem Schutzrohr mit Schlitzen und elektrischem Anschluß versehen. Die Lambda-Abgas-Sonde wird an einer Stelle der Abgasleitung eingebaut, die eine repräsentative Abgaszusammensetzung aller Zylinder bei ausreichend hoher Abgas-Temperatur aufweist (bei unbeheizter Sonde min. 350 °C, bei beheizter Sonde min. 200 °C). Eine komplette Lambda-Abgas-Sonde etwa natürlicher Größe und daneben stark vergrößert das Keramikrohr mit der Plasma-Spritzschicht aus Spinell auf dem oberen geschlossenen Teil zeigt Abb. 2.

Sonderkeramik der Lambda-Abgas-Sonde

Für die Lambda-Abgas-Sonde sind zwei spezielle oxidkeramische Werkstoffe erforderlich, Yttriumoxid-stabilisiertes Zirkonoxid (ZrO_2 - Y_2O_3) für das Keramikrohr und Magnesium-Aluminium-Doppeloxid, Spinell, ($MgO \cdot Al_2O_3$) für die Plasma-Spritzschicht. Beide Keramik-Werkstoffe müssen streng nach dem jeweiligen Phasendiagramm ZrO_2 - Y_2O_3 (bis 15 Gew.-% Y_2O_3) und MgO - Al_2O_3 (phasenrein) hergestellt sein (siehe Phasendiagramme in Abb. 3).

Das oben geschlossene Keramikrohr wird durch einen Sinterprozess aus Zirkonoxid, das mit Yttriumoxid teilweise stabilisiert und dadurch elektrisch leitfähig wird, gefertigt. Dieses ZrO_2 - Y_2O_3 Sinter-Mischoxid ist ein gasundurchlässiger Festelektrolyt und in einem weiten Temperaturbereich ein fast reiner Sauerstoffionenleiter. Die Sauerstoffleitfähigkeit entsteht über Substitution des vierwertigen Zirkoniumions im Kristallgitter durch dreiwertige Yttriumionen (Prinzip der galvanischen Sauerstoff-Konzentrationszelle mit Festelektrolyt).

Auf der Innen- und Außenseite der Sonde ist eine mikroporöse Platinschicht von wenigen Mikron Dicke fest aufgebracht. Durch die katalytische Wirkung der abgasseitigen Elektrodenoberfläche mit dem Restsauerstoff im Abgas ergibt sich ein sprunghafter Verlauf der Sondenspannung im Bereich der stöchiometrischen Gemisch-Zusammensetzung ($\lambda = 1{,}00$).

Die REM-Aufnahme (V = 500fach) in Abb. 4 zeigt unten das ZrO_2 - Y_2O_3 Sinter-Mischoxid, in der Mitte die mikroporöse, katalytische Platinschicht von wenigen Mikron und abgasseitig die poröse Plasma-Spritzschicht aus Spinell.

Spinell-Schutzschicht auf der Lambda-Abgas-Sonde

Die Aussenseite der Lambda-Abgas-Sonde muß gegen Verschmutzung, vor allem aber Oxidation und Erosion, durch die heißen Abgase geschützt werden. Dazu eignet sich eine dünne, poröse Oberflächen-Schutzschicht aus Spinell, einem oxidkeramischen Hartstoff mit der allgemeinen Formel $MgAl_2O_4$. Spinell ist ein natürliches (Mineral, Edelstein) und ein synthetisches Produkt, ein Magnesium-Aluminium-Doppeloxid MgO-Al_2O_3 (70:30) mit einer Dichte von 4 g/cm^3, einer Härte von etwa 8 nach Mohs und einem Schmelzpunkt von 2150 °C.

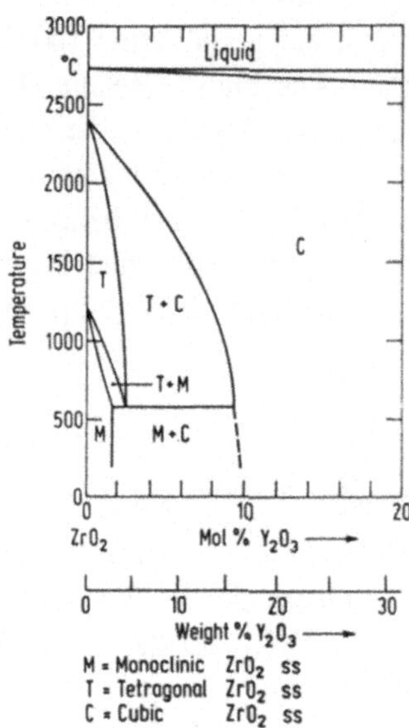

Abb. 3a. Phasendiagramm für ZrO_2-Y_2O_3 (Sinter-Mischoxid)

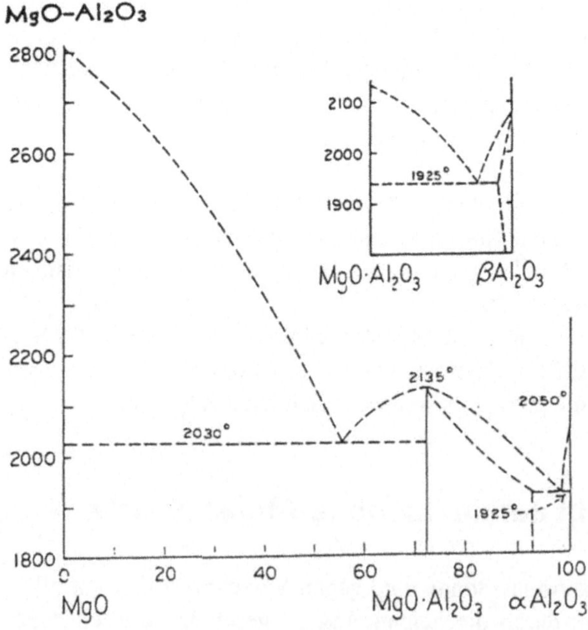

Abb. 3b. Phasendiagramm für MgO-Al_2O_3 (Spinell)

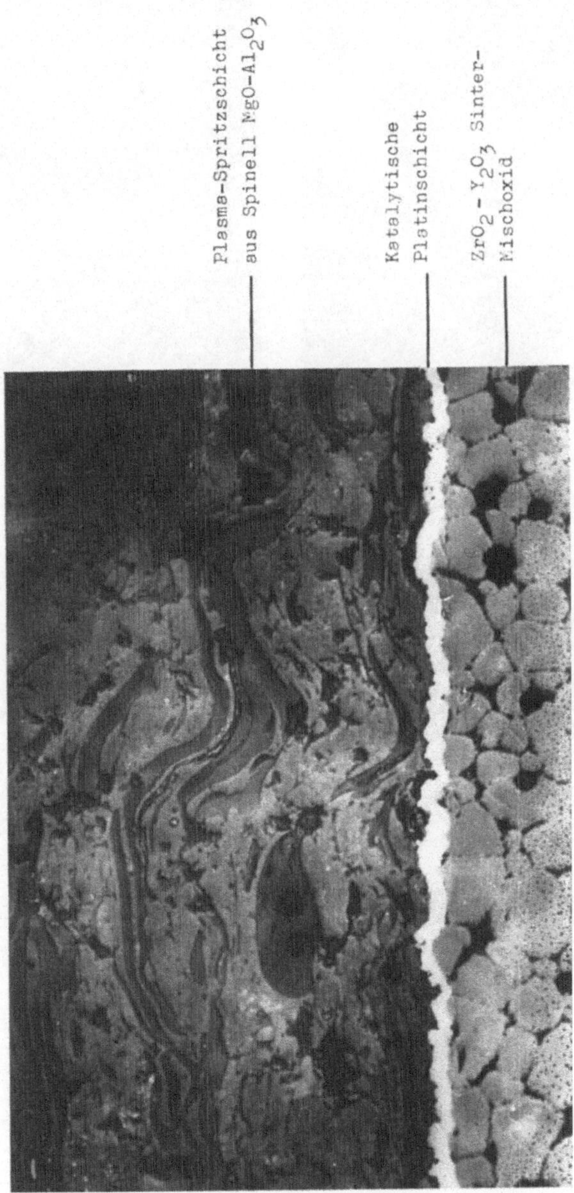

Abb. 4. Rasterelektronenmikroskopische Aufnahme (Vergrößerung 500fach) der Sonden-Keramikschichten: oben Plasma-Spritzschicht aus Spinell (MgO-Al_2O_3), Mitte katalytische Platinschicht (hell), unten Schicht aus Sinter-Mischoxid (ZrO_2-Y_2O_3)

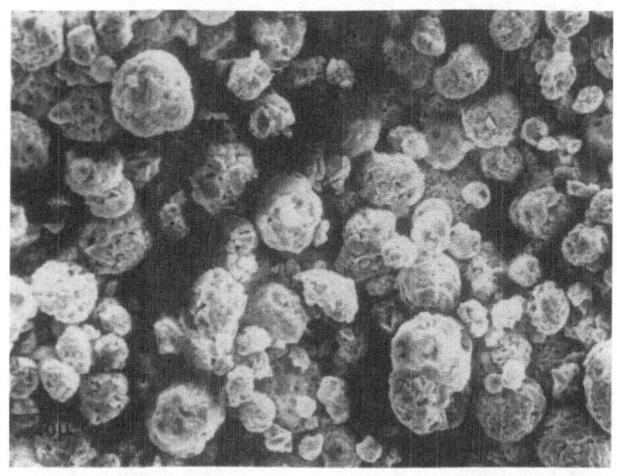

Abb. 5. Rasterelektronenmikroskopische Aufnahmen von Spinell-Plasma-Spritzpulver, geschmolzen (oben links), gesintert (oben rechts) und kugelig-agglomeriert (unten)

Spinell-Spritzpulver wird vorzugsweise mit Plasmaspritzen verarbeitet. Das Plasma, nach I. Langmuir seit den 20iger Jahren dieses Jahrh. als der 4. physikalische Aggregat-Zustand bezeichnet, in dem die Moleküle überhitzter Gase in Ionen und Elektronen aufgespalten sind und dabei Temperaturen bis 30.000 °K erreicht werden, wird für das hoch-energetische Plasmaspritzen genutzt. Damit können sonst schwer spritzbare pulverförmige Keramiken plasma-gespritzt werden. Ein gutes Beispiel sind die Sondenoberflächen mit einer Spinell-Schutzschicht von 30 bis 50 Mikron Stärke und definiertem Restporenvolumen. Mit heutigen Plasmaspritz-Automaten ist eine serienmäßige Beschichtung rund um die Uhr möglich (Eschnauer 1989, 1990; Eschnauer u. Lugscheider 1985, 1991).

Spinell-Plasma-Spritzpulver wird aus Magnesiumoxid und Aluminiumoxid durch Schmelzen oder Sintern und zusätzlichem Agglomerieren hergestellt und liegt in unterschiedlicher Teilchen-Morphologie vor (Abb. 5). Das Spritzpulver muß chemisch (Spurenmetall-frei) und kristallographisch (phasen-) rein sein und eng-klassiert in einer Korngrößenverteilung von 10 bis 63 Mikron mit wenig Unterkorn und wenig Überkorn und guten Fließ- und Fördereigenschaften vorliegen (DIN 32529; Firmendruckschrift H.C. Starck; Technische Information Giulini Chemie).

Saubere Autos für bessere Luft

Der geregelte Drei-Wege-Katalysator reduziert gleichzeitig und weitgehend vollständig die Schadstoffe Kohlenwasserstoffe (H_xC_y), Kohlenmonoxid (CO) und Stickoxide (NO_x). Voraussetzung ist ein stöchiometrisch zusammengesetztes „Gemisch" aus Luft und Kraftstoff mit der Luftzahl von $\lambda = 1{,}00 \pm 1\,\%$, das von der Lambda-Abgas-Sonde eingestellt wird. Dann können im Temperaturbereich von 300 bis 850 °C sowohl Oxidations- als auch Reduktionsvorgänge gleichzeitig ablaufen, etwa nach den chemischen Reaktionen:

I Oxidationsvorgänge

Kohlenwasserstoffe (toxisch, cancerogen) werden zu Kohlendioxid und Wasser (ungiftig) umgesetzt.

$$2\,H_xC_y + (2y + 1/2x)\,O_2 = 2y\,CO_2 + x\,H_2O$$
$$2\,H_xC + 4\,H_2O = 2\,CO_2 + (x+4)\,H_2$$

Kohlenmonoxid (toxisch) wird zu Kohlendioxid (ungiftig) umgesetzt

$$2\,CO + O_2 = 2\,CO_2$$
$$CO + H_2O = CO_2 + H_2$$

II Reduktionsvorgänge

Stickoxide (Lungenreizgas, Ursache für sauren Regen) werden zu Stickstoff, Wasser und Kohlendioxid (ungiftig) umgesetzt.

$$2\,NO + 2\,CO = N_2 + 2\,CO_2$$
$$2\,NO + H_2 = N_2 + 2\,H_2O$$
$$2\,(4m+n)\,NO + 4\,H_nC_m = (4m + n)\,N_2 + 2n\,H_2O + 4m\,CO_2$$

So sind mehr als 90 % der giftigen Abgase mit einem geregelten Drei-Wege-Katalysator mit Lambda-Regelung zu beseitigen und in Stoffe umzuwandeln, die in der Atmosphäre und unserer Atemluft enthalten sind.

Literatur

Bosch Technische Druckschriften (1980) Lambda-Sonde, Technische Beschreibung, Kenngrößen. VDT- O6/2

Bosch Technische Kurzinformation (1985) Abgastechnik Lambda-Sonde. K3/VMI

Bosch Technische Unterrichtung (1994a) Abgastechnik für Ottomotoren. KH/VDT, S 1-94

Bosch Technische Unterrichtung (1994b) Abgasnachbehandlung. In: Abgastechnik für Ottomotoren. KH/VDT, S 16-23

DIN 32529 Pulver zum thermischen Spritzen

DIN 32530 Thermisches Spritzen Begriffe Merkblatt DVS 2301. Richtlinien für das thermische Spritzen von metallischen und nichtmetallischen Werkstoffen

Eschnauer H (1989) Hard Materials. Ullmann's Encyclopedia 12A: 603-605

Eschnauer H (1990) Spray Coating Materials. Ullmann's Encyclopedia 16A: 433-436

Eschnauer H (1992) Plasmaspritzen als Beschichtungsverfahren in der Serienfertigung. Werkstoff 5, Nr.1

Eschnauer H, Lugscheider E (1985) Fortschritte beim thermischen Spritzen. Metall 39: 218-224

Eschnauer H, Lugscheider E (1991) Fortschritte beim thermischen Spritzen. Metall 45: 458-466

Firmendruckschrift Hermann C. Starck. Amperit Flamm- und Plasmaspritzpulver.

Firmendruckschrift TRW Teves-Thompson. Piston Rings

Kirner K (1967) Ein Beitrag zum Plasmaspritzen hochschmelzender Werkstoffe. Molybdän-Dienst 47

Kirner, K (1975a) Gasgefüllte Vorfunkenstrecken für Zündanlagen. Bosch Technische Berichte 5: 76-82

Kirner, K (1975b) Zirkonnitrid – nun ein technischer Werkstoff. Ber Dt Keram Ges 52: 77-80

Schoop MU (1915) Method of Plating or Coating with Metallic Coatings US Patent 1,128,059 Patented Fe., 9

Technische Information, Giulini Chemie

Wiedemann HM, Raff L, Noack R (1984) Beheizte Zirkondioxid-Sonde für stöchiometrische und magere Luft-Kraftstoff-Gemische. Bosch Technische Berichte 7: 210-219

2.2 Quantitative Motorstand-Reihenuntersuchungen zur Bestimmung der Platinemissionen aus Automobilabgaskatalysatoren

S. Artelt[1], H.-P. König[2], K. Levsen[3], G. Rosner[4]
[1]Bayern Innovativ Gesellschaft für Innovation und Wissenstransfer mbH, Nürnberg
[2]Hochschule Bremen, FB3, Bremen
[3]Fraunhofer-Institut für Toxikologie und Aerosolforschung, Hannover
[4]Consulting-Büro Toxikologie & Umwelt, Merzhausen/Freiburg

Einleitung

Aus langjährigen Erfahrungen mit stationären technischen Katalysatoren ist bekannt, daß in Abhängigkeit von Druck-, Temperatur- und anderer Betriebsbedingungen ein Teil des aktiven Materials losgelöst und freigesetzt wird. So schätzte man etwa den Platinverlust trotz nachgeschalteter Rückhaltesysteme bei der US-amerikanischen Produktion von Salpetersäure im Jahre 1989 auf 217 kg. Die daraus hergestellten Stickstoffdünger bilden somit eine stetige Quelle der Platinkontamination von Agrarflächen (WHO, 1991).

Aufgrund von mechanischen und thermischen Einwirkungen ist auch aus Automobilabgaskatalysatoren ein gewisser Platinverlust zu erwarten. Nach dessen Einführung vor mehr als 20 Jahren in den USA bzw. 10 Jahren in Europa warnten daher auch kritische Stimmen vor nachteiligen Wirkungen freigesetzter Platingruppenmetalle. Im Vordergrund standen Platinemissionen, da Platin lange Zeit den Hauptanteil des aktiven Katalysatormaterials ausmachte. Außerdem weisen einige Platinverbindungen ein starkes sensibilisierendes und allergenes Potential auf (Rosner u. Merget, 1990).

Voraussetzung für die Beurteilung des Umwelt- und Gesundheitsrisikos von katalysatorbürtigen Platinemissionen ist deren quantitative Charakterisierung und die weitaus schwierigere Identifizierung der emittierten Platinspezies. Zu Beginn des Einsatzes von Automobilabgaskatalysatoren in Europa lagen nur wenige Emissionsdaten aus US-amerikanischen Untersuchungen vor. Im Rahmen des BMBF-Forschungsverbundes "Edelmetallemissionen" wurde die Datenbasis inzwischen erheblich erweitert. Eine kurze Übersicht über den Stand der Forschung zu Platinemissionen aus den früher eingesetzten Schüttgutkatalysatoren und den heute üblichen Monolithkatalysatoren geben Rosner & Merget (in diesem Buch).

Im folgenden werden die vom Fraunhofer-Institut für Toxikologie und Aerosolforschung, Hannover, durchgeführten Motorstand-Reihenuntersuchungen zur Beurteilung des Emissionsverhaltens von Dreiwegkatalysatoren des Monolithtyps dargestellt und diskutiert.

Quantitative Motorstand-Reihenuntersuchungen an Dreiwegkatalysatoren

Die Motorstandversuche wurden mit einem Mittelklassemotor (1,8 L 66 kW) und Katalysatoren von vier verschiedenen Herstellern und verschiedenen Alterungsgraden durchgeführt. Zusätzlich wurde ein Kleinwagenmotor (1,4 L 44 kW) eingesetzt, da diese Hubraumklasse innerhalb der EU zahlenmäßig am stärksten vertreten ist.

Versuchsaufbau und quantitative Bestimmung der Platinemissionen

Motorstand: Aufbau und Betriebszustände

Die Versuche wurden mit einem 1,8 L Motor (Passat, Volkswagenwerk Wolfsburg, Typ RP, 66 kW, 1760 cm^3, Baujahr 1991) und einem 1,4 L Motor (Corsa, Adam Opel AG, Typ OHC, 44 kW, 1389 cm^3, Baujahr 1995) in einem von den Laborräumen getrennten Motorstandgebäude durchgeführt. In der computergesteuerten Prüfeinheit zur Simulation verschiedener dynamischer Belastungszustände des Motors ist das serienmäßige Automatikgetriebe über ein Vorschaltgetriebe mit einer Schwungmasse verbunden, welche die träge Masse des Kraftfahrzeuges darstellt. Zusätzlich simuliert eine Wirbelstrombremse die realen Fahrtwiderstände wie Rollreibung und Windwiderstand. Wie im realen Betrieb wurden die Katalysatoren jeweils hinter dem Auspuffkrümmer montiert, gefolgt von zwei Schalldämpfern.

Die Motoren wurden rechnergesteuert bei folgenden Betriebsbedingungen gefahren: drei Konstantgeschwindigkeiten sollten den Fahrbetrieb von Pkw auf Landstraßen (80 km/h) und Autobahnen (Corsa: 140 km/h, Passat: 130 km/h) repräsentieren. Bei höheren Geschwindigkeiten war eine ausreichende Kühlung der Motoren nicht möglich. Weiterhin wurden zwei Fahrzyklen eingesetzt: Der US72-Zyklus simuliert die Wechsel von Beschleunigung, Abbremsen, Wartezeiten und langsamer Geschwindigkeit im Stadtverkehr (Höchstgeschwindigkeit ca. 90 km/h, entspricht einer kurzen Strecke auf einer Schnellstraße). Der US72-EUDC-Zyklus ist ein kombinierter Fahrzyklus bestehend aus Stadtverkehr und einem europäischen Außerortsfahrzyklus (EUDC = extra urban driving cycle) mit einer Maximalgeschwindigkeit von 120 km/h.

Katalytische Konverter

Für die Versuche mit dem Passat-Motor und neuen Katalysatoren wurden insgesamt 12 fabrikneue Konverter[1] vier verschiedener Hersteller eingesetzt. Weiterhin

[1] Das Gesamtsystem aus Katalysator und Edelstahlgehäuse wird als (katalytischer) Konverter bezeichnet. Häufig wird der Begriff Katalysator nicht ganz korrekt im Sinne von Konverter verwendet.

wurden insgesamt acht Katalysatoren zur Verfügung gestellt, die von den Herstellern so gealtert worden waren, daß sie einer mittleren Lebensdauer entsprachen. Zwei Katalysatoren wurden von uns selbst im Motorstandbetrieb (Laufzeit ca. 120.000 km) gealtert. Mit dem Corsa-Motor wurden vier der in der ersten Versuchsreihe am Passat-Motor eingesetzten Konverter untersucht, was aufgrund von Herstellerangaben zulässig war. Diese Katalysatoren werden aufgrund des Gebrauchzustandes von ca. 100 Betriebsstunden als gering gealtert bezeichnet. Tabelle 1 zeigt den Versuchsplan mit den eingesetzten Katalysatorindividuen, Betriebszuständen, Wiederholungen der Einzelversuche und Probenahmen.

Probenahme

Die Probenahme erfolgte wegen der geringen Platinkonzentration im Abgasstrom direkt am Auspuff hinter dem ersten Schalldämpfer. Wie in Vorversuchen festgestellt wurde, waren die emittierten Platinmengen so gering, daß die Probenahme im unverdünnten Abgas vorgenommen werden mußte, um unvertretbar lange Sammelzeiten zu vermeiden. Zusätzlich wurde jede Probe über mehrere Zyklus-Wiederholungen ohne dazwischenliegende Pausen genommen (Tabelle 1).

Die Partikelprobenahme erfolgte mittels eines fünfstufigen Niederdruck-Kaskadenimpaktors (Typ Berner LPI 150/0, 15/3). Zur differenzierten Erfassung löslicher und gasförmiger Verbindungen wurde zusätzlich eine kombinierte Partikel-/Kondensatprobenahme entsprechend einer EPA-Methode (Hamersma et al., 1977) durchgeführt. Zur Sammlung "partikelfreien Kondensats", wurden die Partikel auf einem Glasfaserfilter (Glasfasertiefenfilter, Sartorius) abgeschieden. Um eine Unterschreitung des Abgastaupunktes am Filter zu verhindern, wurde der Filterhalter auf ca. 200 °C erhitzt. Mit Hilfe eines Dimrothkühlers wurde das Abgas auf ca. 20 °C abgekühlt und das Kondensat in einem Glaskolben aufgefangen. Um potentiell flüchtige Verbindungen zu sammeln, wurde das Abgas am Ende mit einer stickstoffgekühlten Kühlfalle ($T = 77$ K) quantitativ ausgefroren. Bei dieser Probenahme wurden vier verschiedene Probenmatrizes gesammelt. Der Partikelfilter wurde auf per definitionem lösliches Platin und unlösliches Platin analysiert. Zusätzlich wurden das Abgaskondensat und der Inhalt der Kühlfalle der Platinbestimmung zugeführt.

Bei keiner der beiden angewandten Probenahmetechniken ist es möglich, den gesamten Abgasstrom durch die Sammelapparatur zu leiten. Um eine repräsentative Probenahme zu gewährleisten, müssen verschiedene vorgeschaltete Sonden für verschiedene Abgasgeschwindigkeiten in den Abgasstrom eingebaut werden. Eine repräsentative, d.h. isokinetische Probenahme war gewährleistet, wenn die Probenahmegeschwindigkeit der Abgasgeschwindigkeit im Gesamtabgasstrom gleicht. Bei wechselnden Abgasgeschwindigkeiten im Zyklusbetrieb wurde eine Sonde eingebaut, die der mittleren Abgasgeschwindigkeit entsprach (semi-isokinetische Probenahme).

Probenvorbereitung und Analytik

Die Teflonfolien aus den Impaktorstufen wurden einem Hochdruckaufschluß (HPA, Paar Physica) mit einem Gemisch aus Salpetersäure und Salzsäure im Verhältnis 3:1 (suprapur, Merck) unterzogen. Die Glasfaserfilter wurden in Anlehnung an die für die Arbeitsmedizin entwickelte Methode MDHS 46 (HSE, 1985) mit 0,1 n Salzsäure 10 min. im Ultraschallbad behandelt. Die Filtration erfolgte über einen Membranfilter (Porengröße 0,45 µm, Gelman Sciences). Das im Filtrat enthaltene Platin ist als "lösliches" Platin definiert. Der auf den Membranfiltern verbliebene Filterrückstand wurde einem Königswasseraufschluß unterzogen. Nach zweimaligem Abrauchen mit 37 %iger Salzsäure wurde der Rückstand in 0,1 n Salzsäure aufgenommen und über einen Filter der Porengröße 4,4 µm (Schleicher u. Schuell) filtriert. Diese Lösung enthielt per definitionem "unlösliches" Platin. Die Kondensatproben wurden im Rotationsverdampfer auf ca. 5 ml eingeengt und dann wie die Teflonfolien im HPA aufgeschlossen. Die Nachweisgrenze betrug ca. 0,01 ng/m^3. Sie variiert geringfügig je nach Probenahme und Probenahmedauer.

Die quantitative Bestimmung erfolgte mit Hilfe eines Massenspektrometers mit induktiv gekoppeltem Plasma als Ionisierungsquelle (ICP/MS PlasmaQuad 2+, VG Elemental). Die Standardbetriebsparameter sind in Knobloch et al. (1993) beschrieben.

Qualitätssicherung

Die Vollständigkeit der Aufschlüsse wurde durch Einwaage einer definierten Menge Platinmohr (98,7 %ig) und anschließender ICP-MS-Analyse geprüft. Die mittleren Wiederfindungsraten lagen bei 107 % (HPA-Aufschluß) und 102 % (offener Aufschluß).

Die Genauigkeit und Zuverlässigkeit des eingesetzten Analysenverfahrens wurde zum einen durch Vergleichsmessungen mittels der Graphitrohr-Atomabsorptionsspektrometrie belegt. Zum anderen wurde im Rahmen eines Ringversuches (Wegscheider u. Zischka, 1993) ein Katalysatorreferenzmaterial mit guter Übereinstimmung analysiert.

Tabelle 1. Zusammenstellung der untersuchten Katalysatorindividuen mit den jeweiligen Betriebszuständen und Motortypen sowie Anzahl der Zyklen und Probenahmen

			Betriebszustände[b], Anzahl Wiederholungen[c]				
Motor	**Kat. Code[a]**	**Kat.-Alter**	**US72**	**80 km/h**	**US72-EUDC**	**130 km/h**	**140 km/h**
			Reihenfolge der Testläufe →				
Passat	**A1**	Neu	4-6 (6)	18-24 (6)	4 (4)	18-24 (5)	
Passat	**A2**	Neu	4-6 (6)	18-24 (6)	4 (4)	18-24 (5)	
Passat	**A3**	Neu	4-6 (6)	18-24 (6)	4 (4)	18-24 (5)	
Passat	**B1**	Neu	4-6 (6)	18-24 (6)	4 (4)	18-24 (5)	
Passat	**B2**	Neu	4-6 (6)	18-24 (6)	4 (4)	18-24 (5)	
Passat	**B3**	neu	4-6 (6)	18-24 (6)	4 (4)	18-24 (5)	
Passat	**C1**	neu	4-6 (6)	18-24 (6)	4 (4)	18-24 (5)	
Passat	**C2**	neu	4-6 (6)	18-24 (6)	4 (4)	18-24 (5)	
Passat	**C3**	neu	4-6 (6)	18-24 (6)	4 (4)	18-24 (5)	
Passat	**D1**	neu	4-6 (6)	18-24 (6)	4 (4)	18-24 (5)	
Passat	**D2**	neu	4-6 (6)	18-24 (6)	4 (4)	18-24 (5)	
Passat	**D3**	neu	4-6 (6)	18-24 (6)	4 (4)	18-24 (5)	
Passat	**A4**	mittel	4-6 (4)	24 (4)	4 (4)	12 (4)	
Passat	**A5**	mittel	4-6 (4)	24 (4)	4 (4)	12 (4)	
Passat	**B4**	mittel	4-6 (4)	24 (4)	4 (4)	12 (4)	
Passat	**B5**	mittel	4-6 (4)[d]	24 (4)	4 (4)	12 (4)	
Passat	**C4**	mittel	4-6 (4)	24 (4)	4 (4)	12 (4)	
Passat	**C5**	mittel	4-6 (4)[d]	24 (4)	4 (4)	12 (4)	
Passat	**C6**	mittel	4-6 (4)	24 (4)	4 (4)	12 (4)	
Passat	**D4**	mittel	4-6 (4)	24 (4)	4 (4)	12 (4)	
Passat	C7	alt	4 (4)	18 (4)	3 (4)	18 (4)	
Passat	D5	alt	4 (4)	18 (4)	3 (4)	18 (4)	
Corsa	A1	gering	5 (3)				12 (3)
Corsa	B1	gering	5 (3)				12 (3)
Corsa	C2	gering	5 (3)				12 (3)
Corsa	D2	gering	5 (3)				12 (3)

[a] 1 bis n verschiedene baugleiche Konverter der Hersteller A, B, C, D (in Fettdruck: Katalysatoren, mit denen sowohl die Impaktorsammlung als auch die kombinierte Glasfaserfilter-Kondensat-Sammlung durchgeführt wurde.)

[b] Dauer eines Zyklus: US72: 23,25 min.; US72-EUDC: 29,5 min.; alle Konstantbedingungen: 5 min.

[c] n Zyklen = 1 Probenahme; Klammerwerte: n Probenahmen pro Katalysator = 1 Test

[d] Wiederholte US72-Tests nach Durchführung aller Testreihen

Ergebnisse

Partikuläre Platinemissionen

Die im Abgas gemessenen Platinemissionen werden in ng/m³ angegeben. In Tabelle 2 sind die Platinemissionen aller Testläufe zusammenfassend dargestellt. Da die Emissionswerte sehr gut lognormalverteilt sind, wurden die arithmetischen Mittelwerte der Lognormalverteilung berechnet.

Die wichtigsten Ergebnisse dieser Motorstandversuche mit Bezug auf die partikulären Platinemissionen lassen sich wie folgt beschreiben:

- Bei mehr als 400 Partikelprobenahmen wurden im Verlauf aller durchgeführten Versuche Emissionswerte zwischen 0,9 und 410 ng/m³ gemessen. Die mittleren Emissionswerte liegen zwischen 8 und 123 ng/m³, was Emissionsfaktoren zwischen 9 und 124 ng/km entspricht.
- Bei vergleichbaren Testbedingungen unterscheiden sich die Emissionswerte bei Katalysatoren verschiedener Hersteller zum Teil, aber nicht statistisch signifikant. Bei Mittelung der Emissionswerte aller Betriebszustände ergeben sich keine nennenswerten Differenzen zwischen den vier verschiedenen Marken.
- Die mittleren Emissionswerte für die neuen Katalysatoren liegen zwischen 15 und 89 ng/m³ bzw. 12 und 90 ng/km (Passat-Motor).
- Wurden diese Katalysatoren nach Abschluß der Passat-Versuche, d.h. nach geringfügiger Alterung am Corsa-Motor getestet, ergaben sich wesentlich niedrigere Emissionswerte (7 und 23 ng/m³ oder 9 und 22 ng/km bei US72 bzw. 140 km/h).
- Bei den mittel gealterten Katalysatoren liegen die Emissionswerte im Mittel zwischen 21 und 123 ng/m³ entsprechend 17 und 124 ng/km. Wie unten diskutiert (Kap. 2.3) werden die hier verzeichneten, insbesondere in den ersten Testläufen (US72) ungewöhnlich hohen Emissionen nicht als repräsentativ angesehen, da sie Folge eines nicht mit dem Realbetrieb vergleichbaren Alterungsverfahrens waren.
- Bei den alten Katalysatoren zweier Hersteller liegen die mittleren Emissionswerte zwischen 11 und 20 ng/m³ entsprechend 9 und 26 ng/km und sind damit in der Tendenz, aber nicht statistisch signifikant geringer als bei neuen Katalysatoren.
- Die Platinemission ist im Vergleich aller Betriebsbedingungen am höchsten bei Vollastbedingungen, d.h. bei den hier eingesetzten Motoren bei Geschwindigkeiten von 130 bzw. 140 km/h. Im Vergleich zur mittleren Geschwindigkeit von 80 km/h war hier der Platinausstoß aus neuen und mittel gealterten Katalysatoren um den Faktor 7 bis 8 erhöht. Bei alten Katalysatoren ist dieser Unterschied bei insgesamt niedrigerer Emissionsrate wesentlich kleiner.
- Trotz geringerer Geschwindigkeiten und Abgastemperaturen ist die Platinemission im Stadtzyklusbetrieb (US 72) mit und ohne zusätzlichen Außerortsfahrten (US 72-EUDC) höher als bei der konstanten mittleren Geschwindigkeit von 80 km/h.

Tabelle 2. Platinemissionen aus Katalysatoren verschiedenen Alterungsgrades und bei verschiedenen Betriebsbedingungen

Betriebs-bedingung	Motor	Kataly-sator-Alter	Konzentration im Abgas: G. Mittel (ng/m³) (G. St.ab.)[b]	Konzentration im Abgas: 16 - 84 Perzentile (ng/m³)	Konzentration im Abgas: Arithmet. Mittel[c] (ng/m³)	Emissionsfaktor[a]: Arithmetisches Mittel (ng/km)
US72	1.8 L	Neu	22 (1,98)	11-44	28	37
		Mittel[d]	58 (2,32)	25-134	83	108
			(1) 76 (2,01)	(1) 38-152	(1) 96	(1) 125
			(2) 20 (1,54)	(2) 13-31	(2) 22	(2) 29
		Alt	14 (2,35)	6-33	20	26
80 km/h	1.8 L	Neu	9 (2,75)	3-24	15	12
		Mittel	12 (2,82)	4-34	21	17
		Alt	7 (2,35)	3-17	11	9
US72-EUDC	1.8 L	Neu	16 (2,17)	7-34	16	19
		Mittel	22 (2,71)	8-60	36	43
		Alt	15 (1,54)	10-24	17	20
130 km/h	1.8 L	Neu	74 (1,82)	41-135	89	90
		Mittel	73 (2,76)	27-203	123	124
		Alt	14 (2,03)	7-28	18	18
US72	1.4 L	Gering	6 (1,72)	4-11	7	9
140 km/h	1.4 L	Gering	19 (1,87)	10-34	23	22
Gesamt (alle Tests)	1.4 u. 1.8 L	Alle Altersstufen	23 (3,16)	7-72	44	-

[a] Berechnet aus dem arithmetischen Mittel der Platinkonzentration, dem Abgasvolumen von 11.86 m³ pro Liter Benzin und dem durchschnittlichen Benzinverbrauch (in L/100 km) von 11 (US72), 7 (80 km/h[1]), 10 (US72-EUDC), 8.5 (130 km/h[1]) and 8 (140 km/h[1])

[b] Geometrisches Mittel; in Klammern: geometrische Standardabweichung

[c] Arithmetisches Mittel der Lognormalverteilung, berechnet als Integral der Häufigkeiten gewichtet mit den entsprechenden Emissionskonzentrationen

[d] (1) Erster Testlauf mit acht Katalysatoren von vier Herstellern, (2) zweiter Testlauf mit zwei Katalysatoren von zwei Herstellern nach Abschluß aller Versuchsreihen

Partikelgrößenverteilung

Die in den Motorstandversuchen mittels Impaktor gesammelten platinhaltigen Partikel wurden wie folgt klassifiziert: (1) inhalierbare Partikel: > 10,2 µm, (2) bronchiengängige Partikel: 3,14 - 10,2 µm, (3) alveolengängige Partikel: < 3,14 µm (s. auch Buchkapitel Rosner u. Merget). Die Partikelgrößenverteilungen sind für alle Versuchsbedingungen in Tabelle 3 zusammenfassend dargestellt. Daraus lassen sich folgende Ergebnisse ableiten:

- In allen Versuchen nehmen platinhaltige Partikel mit aerodynamischen Durchmessern > 10 µm den größten Anteil der Partikelmasse ein.
- Bei neuen Katalysatoren lag die inhalierbare Fraktion bei den vier verschiedenen Fahrbedingungen etwa zwischen 62 und 67 % (Mittel 66 %), gefolgt von der bronchiengängigen Fraktion mit 19 bis 27 % (Mittel 21 %) und der alveolengängigen Fraktion mit 11 bis 15 % (Mittel 14 %).
- Die mittel und stark gealterten Katalysatoren zeigen im Prinzip ein ähnliches Verteilungsmuster, wenn auch ein leichter Trend Richtung eines höheren Anteils der alveolengängigen zuungunsten der bronchiengängigen Fraktion zu verzeichnen ist.
- Bei Versuchen mit einem 1,4 L Ottomotor und gering gealterten Katalysatoren lagen die Anteile der drei Fraktionen bei ca. 48 % (> 10.2 µm), 23 % (3,14 bis 10.2 µm) und ca. 29 % (< 3,14 µm).

Tabelle 3. Prozentualer Anteil der platinhaltigen Partikelfraktionen an den Gesamtemissionen (Mittelwerte)

Motor	Katalysator-Alter	Betriebs-zustand	Partikel > 10.2 µm	Partikel 3,14 bis 10.2 µm	Partikel < 3.14 µm
Passat (1.8 L)	Neu	US 72	66.6	18.6	14.8
		80 km/h	66.6	19.3	14.1
		US 72-EUDC	62.4	26.9	10.7
		130 km/h	66.9	19.1	14.0
Passat (1.8 L)	Mittel	US 72	70.7	15.9	13.4
		80 km/h	69.1	18.5	12.4
		US 72-EUDC	48.6	26.9	24.5
		130 km/h	70.6	17.5	11.9
Passat (1.8 L)	Alt	US 72	50.9	23.2	25.9
		80 km/h	73.9	13.6	12.5
		US 72-EUDC	67.0	13.4	19.6
		130 km/h	65.4	11.3	23.3
Corsa (1.4 L)	Gering	US 72	53.7	25.4	20.9
		140 km/h	42.8	21.3	35.9

Nachweis löslichen Platins

Anhand einer für die Arbeitsmedizin entwickelten Methode wurde der Anteil löslicher Platinverbindungen aus Glasfaserfilter- und Kondensatsammlungen ermittelt. Die mit neuen Katalysatoren gesammelten Proben konnten nicht ausgewertet werden, da die Glasfaserfilter Risse aufwiesen. Für die Versuche mit mittel gealterten Katalysatoren wurden daher doppellagige Filter verwendet. Der Anteil des im Filtrat der Glasfaserfilterproben gefundenen löslichen Platins lag im Mittel nicht höher als 1 % (Bereich: < 0,01 - 0,05 für US72; 0,02 - 1,5 für 130 km/h).

Der Anteil an Platin im theoretisch partikelfreien Kondensat des Dimroth-Kühlers betrug im Mittel ebenfalls ca. 1 % (US72: < 1 % (0,04 - 1,7), 130 km/h: 1,3 % (0,2 - 1,2)). In der anschließenden Kühlfalle konnte kein Platin nachgewiesen werden.

Diskussion

Die in den Motorstandversuchen mit einer Auswahl an Katalysatoren ermittelten Emissionsfaktoren von im arithmetischen Mittel 9 bis 124 ng/km liegen um ein bis zwei Größenordnungen niedriger als bei Schüttgutkatalysatoren. Damit werden die in unseren ersten Versuchen an zwei Katalysatoren (König et al., 1992) erhaltenen Befunde bestätigt. Darüber hinaus liegen vergleichbare Ergebnisse aus Motorstandversuchen von Innacker u. Malessa (1997) vor. Versuchsbedingt erlauben diese zwar "nur eine grobe Abschätzung", liegen aber - nach Umrechnung der angegebenen Emissionsraten (ng/h) auf Emissionsfaktoren (20, 18 und 40 ng/km bei 72, 109 bzw. 148 km/h) - größenordnungsmäßig in einem ähnlichen Bereich.

Die in den ersten Versuchen mit Monolithkatalysatoren von König et al. (1992) gefundene Zunahme der Platinemissionen mit zunehmender Geschwindigkeit und damit Abgastemperatur hat sich für den Dauergeschwindigkeitsbetrieb bestätigt. Darüber hinaus belegen die trotz geringerer Geschwindigkeiten und Abgastemperaturen im Zyklusbetrieb gegenüber der mittleren Geschwindigkeit von 80 km/h deutlich erhöhten Emissionen, daß weitere Einflußgrößen emissionsbestimmend sind. In diesem Fall dürften dies die zusätzlichen mechanischen und thermischen Belastungen oder Schwankungen der Redox-Bedingungen auf der Katalysatoroberfläche sein.

Bei stark gealterten Katalysatoren sind die Platinemissionen durchgängig geringer (9 bis 26 ng/km) als bei neuen Katalysatoren (12 bis 90 ng/km). Ein eindeutiger Trend läßt sich jedoch aus den Emissionsdaten nicht ablesen, da der Einfluß der Alterung auf die Emission nicht systematisch auf dem Motorstand geprüft wurde. So ergeben etwa die von den Herstellern mittel gealterten Katalysatoren am 1,8 L Motor meist höhere Werte (17 bis 124 ng/km) als die neuen oder alten Katalysatoren. Allerdings sind zumindest bei drei Fabrikaten als Ursache prozeßbedingte Änderungen auf der aktiven Katalysatorschicht zu vermuten, und zwar dergestalt, daß bei der ersten Versuchsreihe (US72) besonders hohe Emissionen resultierten. Im Laufe der folgenden Testreihen relativierten sich die Unterschiede zu den neuen Katalysatoren zusehends. Hierfür spricht auch die um den Faktor 4 geringere Emissionsrate, wenn die US72-Versuche nach Testung aller Versuchsreihen exemplarisch an zwei Fabrikaten wiederholt wurden.

Die vorliegenden Emissionswerte stellen derzeit die umfangreichste Datenbasis für die Abschätzung der Exposition aus gemessenen Emissionsfaktoren dar. Inwieweit Emissionsfaktoren, die aus Platinkonzentrationen in Böden oder Pflanzen in Verbindung mit Verkehrszahlen und anderen Einflußparametern hochgerechnet wurden (Helmers, 1997; Zereini et al., 1997) vergleichbar sind, wird von Rosner & Merget (in diesem Buch) diskutiert.

Helmers (1997) unterstellt eine methodisch bedingte Unterschätzung der auf dem Motorstand ermittelten Emissionsraten von König et al. (1992), da nur ein Teil des Abgases gesammelt und nur ein Teil des gesammelten Platins analysiert worden sei. In diesem Vorgängerprojekt erfolgten die Probenahmen ebenso, wie in unserem Methodenteil beschrieben, unter isokinetischen Bedingungen im unverdünnten Abgas. Insofern ist dieser, vermutlich auf einem Mißverständnis beruhende Einwand, nicht nachvollziehbar.

Die emittierten platinhaltigen Partikel, die aufgrund der Untersuchungen von Rühle u. Schlögl (1997) und Rühle et al. (1997) vorwiegend aus Aluminiumoxid (Al_2O_3) bestehen, liegen bis zu etwa 30 % in alveolengängiger Größe (< 3 µm) vor. Das bei diesen Versuchen im Filtrat bzw. Kondensat gefundene Platin könnte zum Teil auch aus freien ultrafeinen Platinpartikeln bestehen, die entweder bei Probenahme den Glasfaserfilter oder bei der Probenaufarbeitung den Membranfilter passierten.

Gesamtplatinemission aus. Hierbei kann aus methodischen Gründen nicht unterschieden Betrachtet man jedoch das im Filtrat der Glasfaserfiltersammlung nachgewiesene Platin per definitionem als lösliche Platinsalze, so machen diese etwa 1 % der werden zwischen tatsächlich emittierten löslichen Platinsalzen und sekundär aus Platinpartikeln durch Ultraschallbehandlung mit 0,1 n HCl gebildeten löslichen Platinsalzen. Wie in einem Folgeprojekt anhand von Löslichkeitsversuchen mit einer platinhaltigen Modellsubstanz gezeigt wurde, führt die Anwesenheit von Chlorid-Ionen zur Bildung von Tetra- und Hexachloroplatinat (Nachtigall, 1997; Nachtigall et al., 1996). Da solche Platinsalze ein hohes sensibilisierendes und allergenes Potential aufweisen, sind die hier ermittelten Daten für Risikoabschätzungen von Bedeutung (s. Kapitel Rosner u. Merget in diesem Buch). Obwohl die Löslichkeit des emittierten Platins in unseren Motorstandversuchen nur an mittel gealterten Katalysatoren untersucht wurde, kann gefolgert werden, daß der Anteil löslicher Platinverbindungen in Emissionen aus Monolithkatalysatoren um den Faktor 10 geringer ist als aus den Daten von Hill u. Mayer (1977) für Schüttgutkatalysatoren angenommen wurde.

Zusammenfassung

In Motorstand-Reihenuntersuchungen variierte die mittlere Platinemission aus Dreiwegkatalysatoren des Monolithtyps von vier verschiedenen Herstellern zwischen 8 und 123 ng/m³. Die über alle Fabrikate gemittelten Werte ergeben, nach Umrechnung anhand des Benzinverbrauchs, Emissionsfaktoren zwischen 9 und 124 ng Platin/km. Diese liegen um ein bis zwei Größenordnungen unter den für die früher eingesetzten Schüttgutkatalysatoren ermittelten Emissionsfaktoren. Unsere mit einem mittelstarken Ottomotor (1,8 L 66 kW, 1760 cm³) durchgeführten Untersuchungen an verschieden gealterten Katalysatoren lassen eine Tendenz in Richtung Emissionsrückgang mit zunehmender Einsatzdauer vermuten, aber wegen ungewöhnlich hoher Emissionen aus mittel gealterten Katalysatoren nicht statistisch absichern.

In jedem Fall nimmt die Platinemission mit steigender Geschwindigkeit und Abgastemperatur zu. Entsprechend sind die Emissionswerte neuer Katalysatoren bei einer simulierten Dauergeschwindigkeit von 80 km/h im Vergleich zu den anderen hier getesteten Fahrbedingungen in der Regel am niedrigsten (im Mittel 12 ng/km) und bei 130 km/h am höchsten (90 ng/km). Bei allen Alterungszuständen ist die Platinemission sowohl im US72-Betrieb als auch im US72-EUDC-Betrieb trotz der im Vergleich zu 80 km/h geringeren Durchschnittsgeschwindigkeit höher, was auf zusätzliche mechanische und thermische Belastungen im Zyklusbetrieb zurückzuführen ist. Katalytische Konverter, die nach kurzem Einsatz im 1,8 L Motor einem Kleinwagenmotor (1,4 L 44 kW) nachgeschaltet wurden, zeigten mit 9 ng/km im US72-Zyklus und 22 ng/km bei 140 km/h eine wesentlich geringere Platinemission als bei den vorangegangenen Testungen im stärkeren Motor (US72: 37 ng/km; 130 km/h: 90 ng/km).

Das aus Automobilabgaskatalysatoren freigesetzte Platin liegt größtenteils als elementares Platin in partikulärer Form vor, wobei µm-große Aluminiumoxid-Partikel als Träger fungieren. Der größte Teil dieser platinhaltigen Partikel ist > 10.2 µm. Der Anteil der alveolengängigen Fraktion (< 3,14 µm) liegt beim 1,8 L-Motor je nach Fahrbedingungen und Katalysatoralter zwischen 11 und 26 %, beim 1,4 L-Motor zwischen 21 und 36 %.

Der Anteil an löslichen Platinverbindungen, bestimmt an mittel gealterten Katalysatoren, liegt um 1 % der Gesamtplatinemission und ist damit um den Faktor 10 geringer als bei Schüttgutkatalysatoren.

Literaturverzeichnis

Hamersma JW, Reynolds SL, Maddalone RF (1977) IERL-RTP Procedures manual: Level I Environmental Assessment. US EPA 600/2-76-106a.

Helmers E (1997) Platinum emission rate of automobiles with catalytic converters. Comparison and assessment of results from various approaches. Environ Sci Pollut Res 4: 100-103

Hill RF, Mayer WJ (1977) Radiometric determination of platinum and palladium attrition from automotive catalysts. IEEE Trans nucl Sci NS-24: 2549-2554

HSE (1985) Methods for the Determination of Hazardous Substances (MDHS 46), Platinum Metal and Soluble Inorganic Compounds of Platinum in Air. Health and Safety Executive, ISBN 0717602397, 50 S., C5

Innacker O, Malessa R (1997) Experimentalstudie zum Austrag von Platin aus Automobilabgaskatalysatoren (VPO 03). In: GSF-Forschungszentrum für Umwelt und Gesundheit GmbH, Projektträger "Umwelt- und Klimaforschung" (Hrsg.) Edelmetall-Emissionen, Abschlußpräsentation 17.-18.10.1996 in Hannover, GSF, München, 48-53

Knobloch S, König HP, Wünsch G (1993) ICP-MS determination in automotive catalyst exhaust. In: Holland G, Eaton AN (eds.) Applications of plasma source mass spectrometry II. The Royal Society of Chemistry, Cambridge, 108-114

König HP, Hertel R, Koch W, Rosner G (1992) Determination of platinum emissions from a three-way catalyst-equipped gasoline engine. Atm Environ 26A: 741-745

Nachtigall D (1997) Verfahren zur Bestimmung von Platinspezies in anorganischen und biologischen Systemen. Dissertation, Universität Hannover, Cuvillier Verlag, Göttingen, 195 S.

Nachtigall D, Kock H, Artelt S, Levsen K, Wünsch G, Rühle T, Schlögl R (1996) Platinum solubility of a substance designed as a model for emissions of automobile catalytic converters. Fresenius J Anal Chem 354: 742-746

Rosner G, Merget R (1990) Allergenic potential of platinum compounds. In: Dayan A.D. et al. (eds.) Immunotoxicology and Immunotoxicity of Metals, Plenum Press, New York, pp. 93-104

Rühle T, Schlögl R (1997) Präparation und Charakterisierung von Pt/Al2O3-Systemen als Modell für aerosolförmige Emissionen aus Autoabgaskatalysatoren. In: GSF-Forschungszentrum für Umwelt und Gesundheit GmbH, Projektträger "Umwelt- und Klimaforschung" (Hrsg.) Edelmetall-Emissionen, Abschlußpräsentation 17.-18.10.1996 in Hannover, GSF, München, 38-47

Rühle T, Schneider H, Find J, Herein D, Pfänder N, Wild U, Schlögl R, Nachtigall D, Artelt S, Heinrich U (1997) Preparation and characterization of Pt/Al_2O_3 aerosol precursors as model Pt-emissions from catalytic converters. Appl Catal B 14: 69-84

Wegscheider W, Zischka M (1993) Quality assurance in environmental research: emissions and fate of platinum. Fresenius J Anal Chem 346: 525-529

WHO (1991) Environmental Health Criteria 125 - Platinum. International Programme on Chemical Safety, World Health Organization, Genf, 167 S.

Zereini F, Alt F, Rankenburg K, Beyer J-M, Artelt S (1997) Verteilung von Platingruppenelementen (PGE) in den Umweltkompartimenten Boden, Schlamm, Straßenstaub, Straßenkehrgut und Wasser. Z Umweltchem Ökotox 9: 193-200

3 Platin(metalle) in Umweltkompartimenten

Durch mechanische Beanspruchung des Katalysatormaterials, bedingt durch Temperaturerhöhung und Erschütterung, werden die Platinmetalle Platin, Palladium und Rhodium in geringen Mengen als Abrieb in die Atmosphäre freigesetzt, was zu einer Erhöhung der Platinmetall-Konzentration in der Umwelt führt.

Die Autoren beschäftigen sich in diesem Kapitel mit der Verteilung und Konzentrationen der Platinmetalle in Umweltkompartimenten (Staub, Boden, und Wasser). Sie zeigen, daß die erhöhten PGE-Gehalte im Boden in unmittelbarer Umgebung der Autobahn auf Kraftfahrzeuge mit Abgaskatalysatoren als Emissionsquelle zurückzuführen sind (Abschnitt 3.1; 3.2; 3.3; 3.7). Die höchsten PGE-Konzentrationen befinden sich direkt am Autobahnrand und nehmen mit zunehmendem Abstand von der Autobahn stark ab (Abschnitt 3.7).

Die PGE-Emission erfolgt überwiegend in partikulärer Form und ist u. a. vom Fahrverhalten abhängig (Abschnitt 3.1; 3.2; 3.5; 3.7).

Neben den Platinmetall-Emissionen aus Autoabgaskatalysatoren sind die Produktionsanlagen edelmetallverarbeitender Betriebe möglicherweise die Emissionsquelle für eine großflächige Verbreitung von Platingruppenelementen (PGE) in der Biosphäre (Abschnitt 3.3). Dirksen et al. (Abschnitt 3.3) stellen fest, daß die PGE-Verhältnisse – insbesondere das Pt/Rh-Verhältnis – in den Bodenproben aus einem Industriegebiet sich deutlich von denen der neben den Autobahnen entnommenen Proben unterscheiden.

Als weitere mögliche Platinemittenten kommen Krankenhäuser in Frage (Abschnitt 3.6). Platin gelangt durch die Verwendung platinhaltiger Zytostatika in kommunales Abwasser. Zur Platinfracht tragen Krankenhäuser z.T. erheblich bei, allerdings sind noch nicht alle möglichen Quellen für den Eintrag von Platin in kommunales Abwasser bekannt (Abschnitt 3.6).

Zur Abschätzung des Kfz-bezogenen Eintrags von Platin in die kommunalen Kläranlagen führten Laschka u. Nachwey (Abschnitt 3.4) Untersuchungen in Abwasser und Klärschlamm von zwei großen Kläranlagen der Stadt München durch.

3.1 Platinkonzentrationen in Staubproben aus Frankfurt am Main und Umgebung

J.- M. Beyer[1], F. Zereini[1], S. Artelt[2], H. Urban[1]
[1]Institut für Mineralogie, J.W. Goethe-Universität Frankfurt am Main
[2]Bayern Innovativ Gesellschaft für Innovation und Wissenstransfer mbH, Nürnberg

Einleitung

Nach der Einführung des PGE-haltigen Katalysators zur Reduzierung der Schadstoffemissionen im Automobilabgas Anfang der 70iger Jahre in den USA wurde bald deutlich, daß eine hohe Abrasionsrate des Katalysators zur Deposition der PGE in der näheren Umgebung der Verkehrswege führte. In den USA wurden von Hodge u. Stallard (1986) erhöhte Mengen Platin in Stäuben auf breitblättrigen Pflanzen längs stark befahrener Straßen ermittelt. Schramel et al. (1995) konnten in einem Tunnelstaub Pt-Gehalte von 65,3 ± 8,4 µg/kg nachweisen. Untersuchungen von Wei u. Morrison (1994) und Farago et al. (1996a) ermittelten ebenfalls Pt-Konzentrationen in Straßenstäuben. Die dabei angewandten Sammeltechniken lassen allerdings keinen direkten Vergleich zu. Die besser als Kehrgut zu bezeichnenden Proben enthielten unter 20 µg/kg Pt.

Da Staub das primäre Sedimentationsprodukt der partikulären Katalysatoremissionen darstellt, ist es von großer Bedeutung, die direkte Beaufschlagung dieses Mediums zu erfassen.

Seit 1989 müssen auch in Deutschland alle Neuwagen mit einem Drei-Weg-Katalysator ausgerüstet sein. Schon 1990-1991 konnte Zientek (1992) in Böden entlang der Autobahn A66 bis zu 100fach gegenüber geogenen Werten erhöhte Platinkonzentrationen nachweisen.

Probennahme

In Anlehnung an Hodge u. Stallard (1986), die Straßenstäube von breitblättrigen Pflanzen sammelten, wurden von August bis November 1994 Staubproben von unterschiedlichen Trägern entlang ausgewählter Verkehrswege gesammelt. Es zeigte sich dabei, daß eine Beschränkung des Beprobungsareals nur auf Pflanzenblätter keine ausreichenden Staubmengen lieferte. Die Stäube wurden mit einem Pinsel von zusätzlichen Trägern (Blätter, Schutz- bzw. Leitplanken und Mauervorsprünge) in ein PE-Gefäß überführt. Der dabei unvermeidliche Eintrag von größeren organischen Anteilen, wie Blättern, Ästen oder Kleintieren wurde mittels einer Pinzette entfernt. Um eine ausreichende Anreicherung der Stäube auf den unterschiedlichen Beprobungsarealen zu gewährleisten, wurde ausschließlich nach drei regenfreien Tagen gesammelt. Im innerstädtischen Bereich und insbesondere in den Tunneln und Parkhäusern konnten größere Mengen Staub gesammelt werden. Die Probenmengen umfaßten 1 bis 20 g. Es wurden insgesamt 30 Staubproben aus fünf unterschiedlichen Arealen genommen. Es handelt sich dabei um:

- Autobahnstäube (Bankettbereich der Autobahn A5/A67 vom Frankfurter Kreuz bis zur Ausfahrt Gernsheim; 7 - Proben)
- Innerstädtische Straßenstäube (Frankfurt a. Main; 9 - Proben)
- Tunnelstäube (Frankfurt a. Main; 2 - Proben)
- Parkhausstäube (Frankfurt a. Main; 8 - Proben)
- Stäube aus der näheren Umgebung edelmetallverarbeitender Betriebe (2 - Proben)
- Pflanzenmaterial mit aufliegendem Staubanteil längs einer Hauptverkehrsstraße (Frankfurt a. Main; 1 - Probe)

Aufbereitung und Analytik

Zur Homogenisierung wurden die Proben in einer Achat-Schwingschleifmühle zerkleinert, 16 Stunden bei 105°C getrocknet, eingewogen und zwei Stunden bei 650°C geglüht. Ca. 300 mg der Proben wurden nach Knobloch (1993) mit 3 ml HNO_3 65% und 1 ml HCl 30% bei 240°C verascht. Die Lösung wurde gefiltert (Schleicher & Schnell 589^2 Weißband aschefreier Rundfilter ∅ 55 mm) und in einem definierten Volumen aufgenommen. Als quantitatives Bestimmungsverfahren wurde die von Knobloch (1993) entwickelte Methode zur Bestimmung von Pt, Ce, Pb in katalysiertem Automobilabgas mit ICP-MS (Massenspektrometrie mittels induktiv gekoppeltem Plasma als Ionisierungsquelle am Fraunhofer Inst. f. Toxikologie und Aerosolforschung, Hannover; - Plasma Quad 2+, Fa. VG Elemental, Offenbach, Deutschland) angewandt.

Zur methodischen Absicherung wurde Platin in drei ausgewählten Proben (mit ausreichenden Staubmengen) nach verschiedenen analytischen Verfahren wie NiS-Dokimasie (GF-AAS), HPA-Aufschluß (ICP-MS) und HPA-Aufschluß (Voltammetrie) bestimmt (s. Zereini u. Urban in diesem Buch "Methodenvergleich").

Zur Erfassung der chemische Zusammensetzung der Stäube wurden die Elementkonzentrationen von K, Ca, Cr, Mn, Fe, Co, Ni, Cu, Zn, As, Sr, Sn und Ba in allen Proben mit der TXRF (Totalreflextions-Röntgenfluoreszenzanalyse; Extra IIA Atomika Instruments, Oberschleißheim/München) am Institut für Anorganische Chemie der Universität Frankfurt gemessen. Da eine Korngrößenbestimmung mit Siebanalysen oder dem Aräometerverfahren aufgrund der geringen Probenmengen nicht möglich war, wurden von 18 Proben REM-Aufnahmen (Raster Elektronen Mikroskop; CAM. Scan S4) mit 100 - 7000facher Vergrößerung am Institut für Geologie-Paläontologie der Universität Frankfurt vorgenommen. Die Bestimmung der Korngröße der Stäube erfolgte durch Auszählung definierter Bereiche der REM-Aufnahmen ($0{,}5625 mm^2$). In ausgewählten Proben konnten mittels EDX-Analyse (energiedispersive Röntgen Mikroanalyse) am Fraunhofer Institut für Toxikologie und Aerosolforschung, Hannover Korntypen unterschieden werden.

Ergebnisse und Diskussionen

Korngröße und chemische Zusammensetzung der Stäube

Die Korngrößenauszählung wurde an Autobahnstäuben und innerstädtischen Stäuben durchgeführt. Die Stäube sind auf den REM-Aufnahmen nicht unterscheidbar. Es wurden 6 Größenintervalle gewählt; >100 µm, 100 - 75 µm, 75 - 50 µm, 50 - 25 µm, 25 - 10 µm und < 10 µm und die Körnchen in Arealen von 0,5625 mm^2 auf den REM - Aufnahmen ausgezählt. Wie aus Abb. 1 zu entnehmen, ist die hervortretende Korngröße in der Fraktion 10 - 25 µm angesiedelt. Anhand der Auszählung können die Proben als leicht toniger, leicht sandiger Mittel- bis Grobschluff definiert werden.Die REM-Aufnahmen zeigen neben organischem Material (z.B. Pollen) drei morphologisch unterschiedliche Staubteilchen (Abb.2).

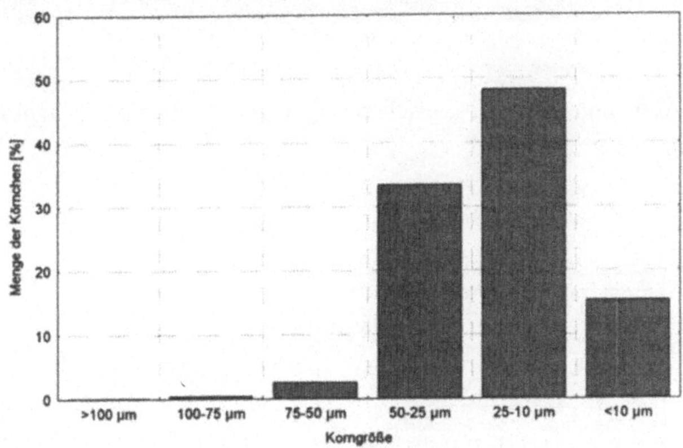

Abb. 1. Ergebnis der Korngrößenauszählung aus 16 Proben

Hauptsächlich treten Agglomerate [B] und kantige, plattige Aggregate [A] mit glatten Oberflächen auf. Neben diesen beiden sind noch vereinzelt kugelige Formen [C] vertreten.

Der Korntyp [A] weist in der EDX-Analyse ausschließlich Si als Element auf. Es handelt sich bei diesen Körnern demzufolge um Quarz ($Si0_2$). Neben Si wird im Korntyp [B] auch Al, K und Fe nachgewiesen. Nach Wedepohl (1967) sind diese vier Elemente die Hauptbestandteile durchschnittlicher Tone und Tonschiefer, weshalb die agglomeratischen Partikel als Tonminerale angesprochen werden. Bei den sphäroidischen Partikeln [C] handelt es sich um reine Eisensphäroide. Die Genese dieser Gebilde wird dem Kfz-Verkehr zugeschrieben. Ähnliche Sphäroide sind aus der Eisenverhüttung bekannt.

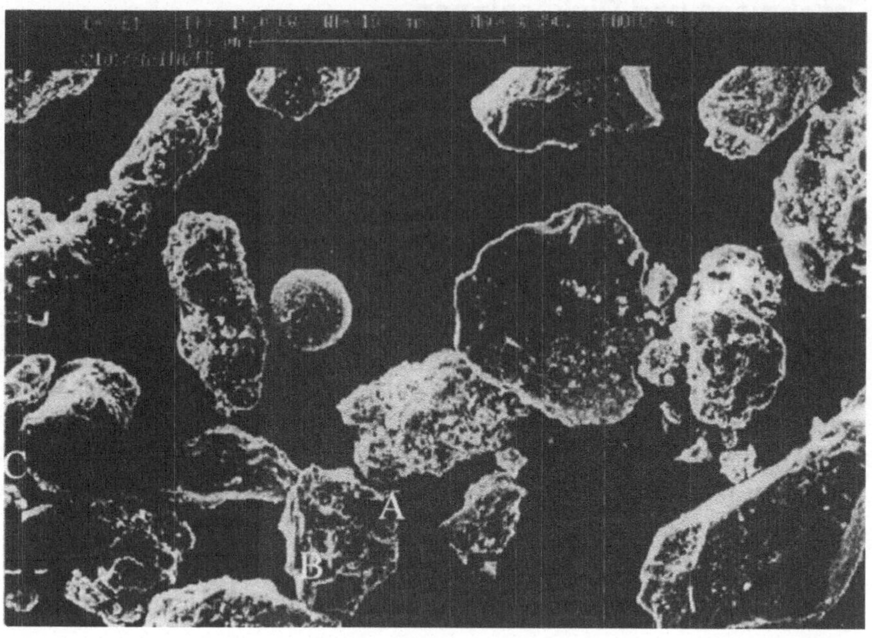

Abb. 2. REM-Aufnahme der drei typischen Aggregate A: plattig; B: agglomeratisch; C: kugelig (330fache Vergrößerung)

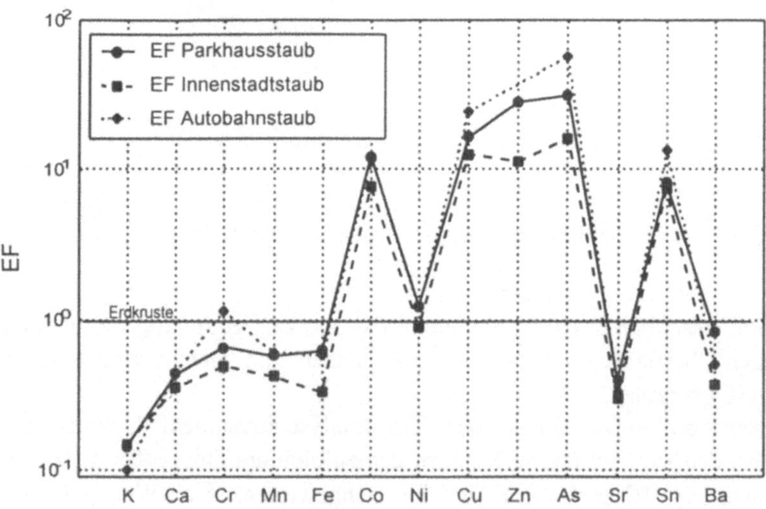

Abb. 3. Vergleich der durchschnittlichen Anreicherungsfaktoren ausgewählter Elemente in drei repräsentativen Proben der Gruppen Parkhaus -, Innenstadt- und Autobahnstaub

Zur Charakterisierung der Stäube wurden die Elemente K, Ca, Cr, Mn, Fe, Co,

Ni, Cu, Zn, As, Sr, Sn und Ba mittels TXRF bestimmt. In Abb. 3 werden die durchschnittlichen Elementanreicherungsfaktoren (EF) von Straßenstaubproben der Lokalitäten Parkhausstaub (8 Proben), Innenstadtstaub (9 Proben) und Autobahnstaub (7 Proben) dargestellt, wobei die Konzentration der kontinentalen Kruste zur Normierung herangezogen wurde (Wedepohl 1995).

Der über den Glühverlust abgeschätzte Kohlenstoffgehalt ist in den Parkhausstäuben um 20 % größer als in den Stäuben der übrigen Areale. Dies zeigt deutlich, daß der Benzin- und Dieselruß hier eine geringere Verwehung erfährt und demnach auch alle anderen Kfz-Emissionen unmittelbar sedimentiert werden. Die Parkhausstäube, die als typische und überwiegende Kfz-Emissionen gedeutet werden, zeigen die gleichen Anreicherungsfaktoren wie Stäube aus dem Bankettbereich der Autobahn und aus straßennahen Bereichen in der Frankfurter Innenstadt. Aus diesem Ergebnis wird deutlich, daß die Anreicherungen in allen drei Fällen hauptsächlich dem Emittenten Straßenverkehr zuzuschreiben sind. Der überwiegende Teil der Emissionen besteht aus Bremsen- und Reifenabrieb sowie Ruß aus Dieselfahrzeugen (Hildemann et al. 1991; Heinrichs 1993). Die Anreicherungen von Cu, Zn und Sn können durch den Fahrzeugteileverschleiß erklärt werden (Hildemann et al. 1991), wobei auch Cr, Mn, Fe, Ni, Sr und Ba emittiert werden. Die Elemente K und Ca sind Bestandteile der Tonminerale. Die Anreicherung des Elementes Co wird aus Bremsenabrieb, die des Elementes As aus Benzin- und Dieselruß erklärt (Heinrichs u. Brumsack 1997).

Platin-, Cer- und Blei-Konzentrationen in den Staubproben

In den insgesamt 29 Staubproben wurden die Konzentrationen von Platin, Cer und Blei ermittelt (Tabelle 1). Die Konzentration von Pt variiert zwischen 22 und 4345 µg/kg, die von Cer zwischen 5 und 91 mg/kg und die von Blei zwischen 12 und 5618 mg/kg.

Die in dieser Arbeit ermittelten maximalen Pt-Konzentrationen in Straßenstäuben liegen mit bis zu 719 µg/kg Staub deutlich über den bisher in Deutschland gefundenen Konzentrationen in Böden (167 µg/kg Rankenburg 1997; 330 µg/kg Heinrich et al. 1996 ; 391 µg/kg Dirksen 1998). Vergleichbare Pt-Konzentrationen in Stäuben liegen nur aus den USA vor: Hodge u. Stallard (1986) bestimmten neben Autobahnen Pt mit 100-680 µg/kg und an innerstädtischen Straßen mit 260-300 µg/kg. Diese Ergebnisse decken sich mit den in dieser Arbeit gemessenen Werten von 74-611 µg/kg neben Autobahnen und sind im innerstädtischen Bereich mit 139-719 µg/kg um den Faktor 2 erhöht.

Das durchschnittliche Pb/Pt-Verhältnis der untersuchten Staubproben liegt bei 4360, wohingegen Hodge u. Stallard (1986) in Stäuben aus den USA ein Verhältnis von 8600 ermittelten. Die Halbierung des durchschnittlichen Pb/Pt-Verhältnisses in der Zeit von 1986 bis 1994 wird auf die Reduzierung des Verbrauches von verbleitem Benzin zurückgeführt.

In Schwebstäuben in Münchener Straßen konnten von Schierl u. Fruhmann (1996) Pb/Pt-Verhältnisse zwischen 5740-17500 festgestellt werden.

Tabelle 1. Pt-, Ce- und Pb-Konzentrationen und Standardabweichung (SD)

a) Autobahnstäube (Bankettbereich der Autobahn A5 - A67 Frankfurter Kreuz bis Gernsheim)

Proben/Abschnitt	Pt	±SD [µg/kg]	Ce	±SD [mg/kg]	Pb	±SD [mg/kg]
301 A5 km 500-501 W	611	3	56	3	634	10
302 A67km 527-534 E	248	11	27	2	1130	80
303 A5 km 516-519 E	435	36	33	5	1790	450
304 A5 km 502-505 E	269	31	17	1	917	90
305 A5 km 510-515 W	260	30	16	1	2339	140
306 A5 km 505-508 W	483	29	23	1	2441	130
307 A67km 523-527 W	74	6	26	2	903	20

b) Innerstädtische Straßenstäube (Frankfurt a. Main)

Probennr.	Kfz/d	Pt	±SD [µg/kg]	Ce	±SD [mg/kg]	Pb	±SD mg/kg
310		66	7	61	5	157	30
311	14500	262	25	44	1	895	60
312	60000	253	6	35	2	2726	110
313	11000	371	21	37	2	370	30
314	43000	240	30	45	2	1063	40
315	20000	416	12	65	6	1306	30
316	20000	139	8	81	5	1576	40
317	< 2000	31	10	81	6	3312	110
318	12000	719	50	91	3	559	10

c) Tunnelstäube (Frankfurt a. Main)

Probennr.	Pt	±SD [µg/kg]	Ce	±SD [mg/kg]	Pb	±SD [mg/kg]
319 Hafentunnel	133	12	71	6	993	20
Z Theatertunnel	150	4	18	2	906	120

d) Parkhausstäube (Frankfurt a. Main)

Probennr.	Pt	±SD [µg/kg]	Ce	±SD [mg/kg]	Pb	±SD [mg/kg]
Hauptwache						
320	274	13	44	3	319	20
321	242	32	34	1	5618	1140
322	103	15	11	1	440	30
323	163	28	25	1	1047	30
Römer						
326	264	8	34	1	537	10
327	206	26	40	1	323	20
Bockenheim						
324	106	6	16	1	694	30
325	166	10	37	2	105	10

e) Stäube aus der näheren Umgebung edelmetallverarbeitender Betriebe

Probennr.	Pt	±SD [µg/kg]	Ce	±SD [mg/kg]	Pb	±SD [mg/kg]
330	4345	332	46	0	2202	20
331	74	23	35	1	35	0

f) Pflanzenmaterial mit aufliegendem Staubanteil längs einer Hauptverkehrsstraße (Ffm.)

Probennr.	Pt	±SD [µg/kg]	Ce	±SD [mg/kg]	Pb]	±SD [mg/kg]
332	22	4	5	1	31	0

Blindprobe	Pt	±SD [µg/kg]	Ce	±SD [mg/kg]	Pb	±SD [mg/kg]
Reiner Seesand (x)	< NWG	-	8	4	12	0

Die stark differierenden Pb-Konzentrationen werden auf unterschiedliche Fahrzeugzahlen mit verbleitem und unverbleitem Benzin, differierende Beprobungsareale und Windverhältnisse zurückgeführt. Auch die Variationsbreiten von 3100-14800 (Hodge u. Stallard 1986) und 480-2500 (diese Arbeit) zeigen, daß das Ausbreitungsverhalten des Pb mit dem des Pt nicht konform geht.

Cer dient in Katalysatoren als Promoter und wird mit einem Ce/Pt Verhältnis von ca. 20 - 100 verarbeitet (Domesle 1997). Es liegt nahe, dieses Element als typisches Begleitelement der Katalysatoremissionen zu erfassen. Dem steht allerdings die geogene Ce-Konzentration von 60 µg/kg entgegen (Wedepohl 1995). Dieser Durchschnittswert wurde aus unterschiedlichen Gesteinsproben ermittelt; für unbelastete Stäube liegen allerdings keine Hintergrundkonzentrationen vor. In einer Blindprobe (reiner Seesand) wurde Ce mit 8 mg/kg ermittelt, ein erstaunlich hoher Wert, der auf eventuell beigemengte Schwerminerale zurückzuführen ist. Sofern der geogene Hintergrund vernachlässigt wird, kann in den Parkhausstäuben, die fast ausschließlich Pkw-Emissionen entstammen, eine signifikante Korrelation von Ce und Pt festgestellt werden. Das Ce/Pt Verhältnis liegt in einer Größenordnung von 150 vor. Helmers (1995) konnte in Grasproben ein durchschnittliches Ce/Pt Verhältnis von 179 mit einer Variationsbreite von 141-241 ermitteln.

In den übrigen Proben variiert die Ce-Konzentration von 8 - 91 mg/kg, so daß keine Vergleichbarkeit mit Pt besteht. Ähnlich den Pb-Konzentrationen werden verschiedenartigste Bedingungen der Beprobungsareale für die wechselnden Ce-Gehalte verantwortlich gemacht.

Autobahnstäube a)

An der Autobahn A5/A67 wurden zeit- und ortsgleich Staub- und Bodenproben gesammelt. Abb. 4 vergleicht Pt-Konzentrationen in den Staubproben, die in Arealen von 1-7 km Länge gesammelt wurden, mit denen der Bodenproben von Rankenburg (1997). In der oberen Graphik sind die Einzelergebnisse der Bodenproben (Sammelproben aus einem Kilometer) den Ergebnissen der Staubproben gegenübergestellt. Die Pt-Konzentrationen in den Stäuben korrelieren signifikant mit denen im Boden. Rankenburg (1997) konnte mit einem Tiefenprofil belegen, daß das Pt im Boden aus dem auflagernden Staub stammt. Pt war nur in den oberen 12 cm nachweisbar. Wird Pt in einer Bodenprobe bestimmt, ist die Konzentration von der Tiefe der Probennahme und von der damit verbundenen Verdünnung der oberen Bodenschichten abhängig. Die hier zum Vergleich herangezogenen Bodenproben entstammten nur den oberen 2 cm des Bodens. Für den vorliegenden Fall ist Pt im Autobahnstaub gegenüber dem im Boden 3-5fach aufkonzentriert.

Farago et al. (1996a) beprobten Böden neben verkehrsreichen Straßen in Großbritannien, nahmen dabei Bodenproben aus den oberen 15 cm und konnten somit nur Pt-Gehalte von < 0,3-8 µg/kg nachweisen.

Innerstädtische Straßenstäube b)

Anhand der innerstädtischen Staubproben kann ganz deutlich eine Abhängigkeit der Pt-Gehalte vom Fahrverhalten belegt werden. In drei Proben aus verschiedenen "Zone 30 km/h" Straßen wurden, entsprechend der Fahrzeuganzahl und dem Fahrverhalten, steigende Pt-Konzentrationen nachgewiesen. Aus Abb. 5 ist ersichtlich, daß die Hauptdurchgangsstraße (12000 Kfz/d) zwar nahezu gleiche Fahrzeugzahlen zur Hauptstraße aufweist, aber Pt fast doppelt angereichert ist.

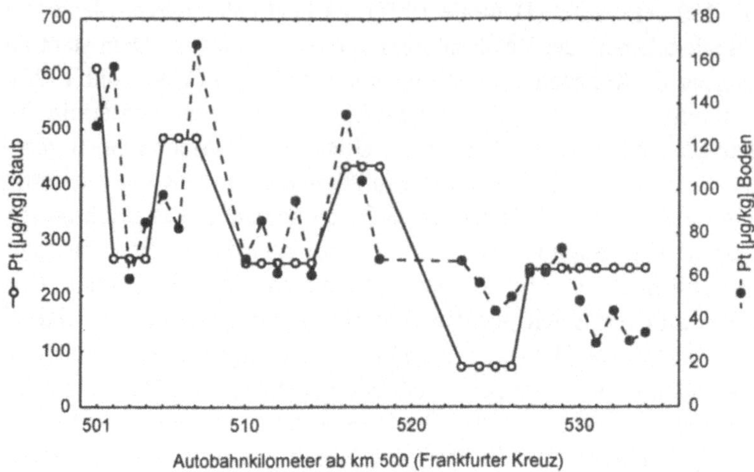

Abb. 4. Vergleich der Pt-Konzentrationen in Böden mit denen in Stäuben entlang der A5/A67

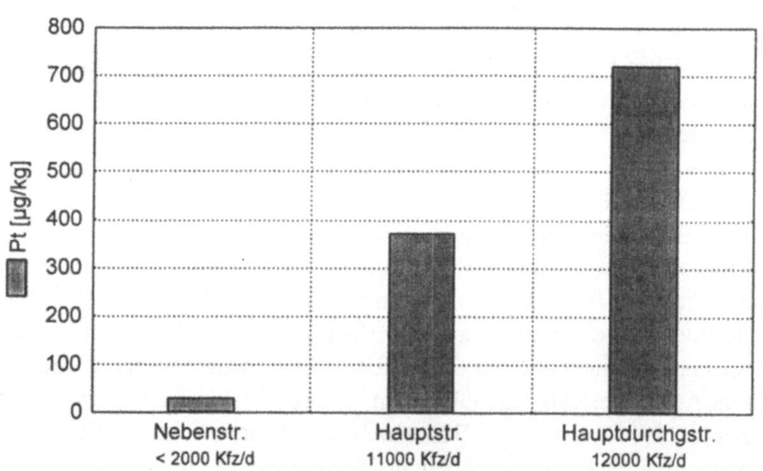

Abb. 5. Vergleich der Pt-Konzentrationen dreier "Zone 30 km/h" Straßen

Eine Erklärung bieten die Fahrbedingungen in der Hauptdurchgangsstraße. Es handelt sich um eine zur Rush-hour stark befahrene und von Stau geprägte Straße. Im Beprobungsareal befinden sich drei Ampeln, durch welche zusätzlich zur 5%igen Steigung der Strecke eine große Motorleistung gefordert wird.

Artelt u. Kock (1995) belegten in Motorstandversuchen, daß bei höheren Geschwindigkeiten die Pt-Emissionen ebenfalls deutlich zunehmen. Drei Proben an

Hauptdurchgangsstraßen (50-80 km/h) in Frankfurt am Main erbrachten Pt-Konzentrationen von 240-262 µg/kg. Verglichen mit dem durchschnittlichen Pt-Gehalt der Autobahnstäube (340 µg/kg), kann auch hier eine Abhängigkeit der Pt-Emission von der gefahrenen Geschwindigkeit festgestellt werden.

Die in einer Straßenschlucht in unterschiedlichen Höhen gesammelten Stäube (Proben Nr. 315 u. 316) differieren deutlich in ihren Pt-Konzentrationen (Abb. 6). Nach ihrer Korngröße können diese Stäube nicht unterschieden werden. Auch ein Vergleich der Begleitelemente erbringt keine Unterscheidungsmöglichkeit. Da die PGE an ihr Trägermaterial gebunden in die Umwelt emittiert werden, stellt sich die Frage nach der Größe dieser Agglomerate. Knobloch (1993) ermittelte in Motorstandversuchen, daß ca. 70 % der Pt-Emissionen an Partikel > 10,2 µm gebunden sind. Geht man davon aus, daß Grobstaub (> 10 µm) als Staubniederschlag in unmittelbarer Umgebung der Fahrbahn landet und Feinstaub (0,5-10 µm) atmosphärisch weiter transportiert wird, so spiegeln sich die Ergebnisse der Motorstandversuche in den Pt-Gehalten der Stäube dieser Straßenschlucht wider. Mit 139 µg/kg gelangen etwa 30 % der Pt-Partikel in eine Höhe von 1,5-2,5 m; demgegenüber stehen 416 µg/kg in Stäuben, die in der Höhe 0,3-1 m gefunden werden. Die Beprobung fand jeweils 2 - 2,5 m vom Fahrbahnrand entfernt statt. Alt et al. (1993) untersuchten Flugstäube, die straßenfern in einer Höhe von 1,5 m gesammelt wurden und konnten dabei Pt mit 0,8-130 µg/kg feststellen. Die höchsten Konzentrationen lagen bei Korngrößen zwischen 0,5-8 µm.

Unter der Annahme, daß es sich bei der Probe der Sammelstelle über 1,5 m um Schwebstaub (0,5 - 10 µm) und bei der Probe zwischen 0,3 - 1 m Sammelhöhe um Staubniederschlag (> 10 µm) handelt, kann der Gehalt in der Luft sowie der Staubniederschlag mit Hilfe durchschnittlicher Staubmengen berechnet werden (Bärtsch u. Schlatter 1988).

In der Schweiz wurden im Auftrag des Bundesamts für Umwelt Messungen des Staubniederschlags und Schwebstaubes in Bern (in einer Straßenschlucht) mit Jahresmittelwerten von 105 mg Staub/(m^2 Tag) und 69 µg Staub/m^3 Luft gemessen (Nabel 1993).

Unter der Annahme, dieselben Konzentrationen in einer Frankfurter Straßenschlucht vorzufinden, ergeben sich für die Staubproben aus der Innenstadt rechnerisch folgende Konzentrationen:

Resultiert die Immission ausschließlich von Pt im Schwebstaub, ergibt sich eine Luftkonzentration von:

69 µg Staub/m^3 Luft x 139 µg Pt/kg Staub = <u>9,6 pg Pt/m^3 Luft</u>
für den Bereich ab 1,5 m Höhe.

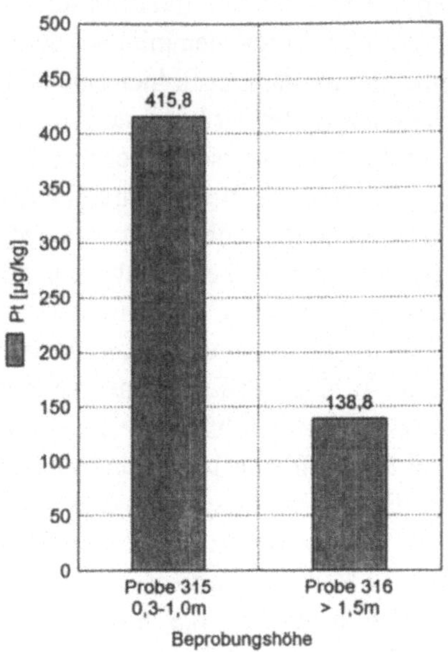

Abb. 6. Pt-Konzentrationen in Stäuben der selben Lokalität (Reuterweg ; 20000 Kfz/d) aus unterschiedlichen Beprobungshöhen (Proben: 315, 316)

Schierl u. Fruhmann (1996) fanden mit Luftfiltermessungen in Münchener Bussen und Straßenbahnen ein vergleichbares Ergebnis mit durchschnittlich 7,3 pg/m³ bei einer Variation von 3-33 pg/m³. Alt et al. (1993) ermittelten in straßenfernen Stäuben eine Pt-Konzentration von 0,02-5,1 pg/m³.

Wenn der Hauptteil des Pt direkt nach der Emission als Staubniederschlag deponiert wird, kann die durchschnittliche Pt-Deposition berechnet werden:

105 mg Staub/(m² Tag) x 416 µg Pt/kg Staub = <u>43,8 ng Pt/(m² Tag)</u>

In München wurde von Laschka u. Nachtwey (1996) eine Pt-Deposition von 20 ng /(m² Tag) gemessen.

Die Berechnungen dieser Arbeit beruhen auf gemittelten Staubmengen und haben damit nur orientierenden Charakter, der Vergleich mit gemessenen Werten bestätigt jedoch die berechneten Ergebnisse.

Es ist davon auszugehen, daß ein erwachsene Fußgänger (> 1,5 m) im Straßenbereich mit ca. 10 pg Pt/m³ Atemluft konfrontiert wird. Aus Untersuchungen von Nachtigall et al. (1996) ist eine 10 %ige Löslichkeit der Pt-Katalysatorpartikel in physiologischer Kochsalzlösung bekannt (untersucht wurde eine Modellsubstanz bestehend aus Aluminiumoxid und elementarem Platin, die die Verhältnisse des Platins auf einem Katalysator beschreiben soll). Alt et al. (1993) konnten sogar eine 30-40 %ige Löslichkeit in 0,07 molarer Salzsäure des Pt in Schwebstäuben feststellen. Geht man davon aus, daß 10-40 % der 10 pg Pt/m³ Luft leicht löslich sind, ist es möglich, daß 1-4 pg/m³ als Pt-Verbindung aus der Atemluft aufgenommen werden können. Dieses Ergebnis liegt um 5 Zehnerpotenzen unter einem Allergisierungspotential von 0,4-0,9 µg/m³ für Hexachloroplatinat (Summer

1990). Nach Merget u. Schulze-Werninghaus (1997) weisen die aktuell in der Umwelt vorhandenen Platinverbindungen kein relevantes Allergiepotential auf. Untersuchungen von Platin im Blut von Beschäftigten der britischen Autobahnmeisterei ergaben ebenfalls keine erhöhten Pt-Konzentrationen (Farago et al. 1996b).

Tunnelstäube c)

Die Tunnelstäube, die in > 1.5 m Fahrbahnhöhe gesammelt wurden und somit Schwebstäuben entsprechen, liegen mit ihren Pt-Gehalten von 133 und 150 µg/kg in der gleichen Größenordnung wie die Staubproben aus 1,5 m Höhe aus der Straßenschlucht.

Parkhausstäube d)

Mit den Staubproben aus Frankfurter Parkhäusern wird nochmals die Abhängigkeit der Pt-Konzentration von der Sammelhöhe und damit dem Verhältnis Pt in Grobstaub zu Pt im Feinstaub deutlich. In Abb. 7 werden die Pt-Gehalte in Proben über und unter 1,5 m Beprobungshöhe verglichen. Zum Vergleich werden die Pt-Messungen in Stäuben aus der Straßenschlucht auf der rechten Seite mit aufgeführt.

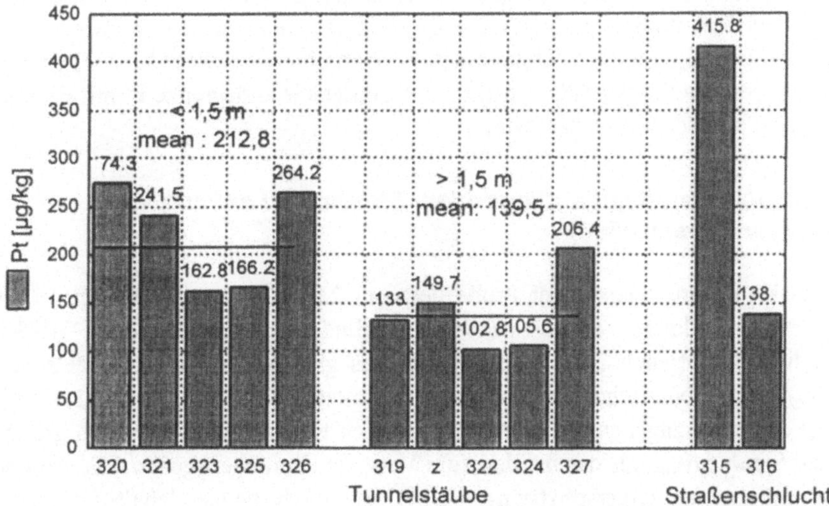

Abb. 7. Vergleich der Pt-Konzentrationen in Sammelproben aus Parkhausstäuben, genommen über und unter 1,5 m Fahrbahnhöhe (zum Vergleich sind die Tunnelstäube und die Stäube aus der Straßenschlucht mit einbezogen)

Das Verhältnis der Pt-Konzentrationen über und unter 1,5 m Beprobungshöhe (1:3) aus der Straßenschlucht wird im Parkhaus nicht erfüllt. Die Pkw fahren in den Parkdecks der Parkhäusern Schrittempo, das nur eine minimale Motorleistung fordert. Dabei werden aufgrund des Fehlens hoher Abgasdurchflußraten möglicherweise nur Feinstpartikel emittiert. Die Grobstäube fehlen. Eine Bestätigung für dieser Vermutung sind die Pt-Konzentrationen in den Proben 321 (242 µg/kg) und 326 (264 µg/kg), die direkt in Auspuffhöhe in Parknischen gesammelt wurden. Sie zeigen obwohl teilweise nur 0,05 m Abstand zwischen Auspuff und Träger bestand, keine der Autobahn oder der Straßenschlucht vergleichbaren Pt-Gehalte.

Stäube aus der näheren Umgebung edelmetallverarbeitender Betriebe e)

Die Pt-Konzentration von 4345 µg/kg in der Staubprobe 330, wurde auf den westlichen Zufahrtswegen zu einem Industriekomplex gefunden. Die Möglichkeit einer Kontamination durch ein zufällig in die Probe aufgenommenes Katalysatorteilchen wird durch die Staubsammelprozedur ausgeschlossen. Von Dirksen (1998) wurden an den gleichen Stellen Bodenproben entnommen, und auch hier zeigte sich ein Maximalwert von 391 µg/kg Pt in einem Boden. Dieses Ergebnis belegt, daß ein industrieller Pt-Eintrag mindestens in die nähere Umgebung dieses Industriekomplexes besteht.

Auf einem Waldweg, direkt an der Geländegrenze des Industriekomplexes konnte in einer Kehrgutprobe eine Pt-Konzentration von 74 µg/kg ermittelt werden. In Kehrgutproben aus Frankfurt am Main und der Autobahn A66 konnten Zereini et al. (1994a) nur Pt-Gehalte von 8-35 µg/kg nachweisen; die erhöhten Pt-Werte auf dem straßenfernen Waldweg resultierten demzufolge überwiegend aus einer industriell bedingten Kontamination. Bestätigt wird dies durch Ergebnisse von Dirksen (1998), der 500 m östlich der Betriebsgeländegrenze Pt mit 62 µg/kg in einer Waldbodenprobe nachwies.

Pflanzenmaterial mit aufliegendem Staubanteil entlang einer Hauptverkehrsstraße f)

Die Pt-Konzentrationen dieser Probe liegt mit 22 µg/kg um den Faktor 10 über den von Helmers et al. (1994) gefundenen Werten von 1,93 - 3,98 µg/kg in straßennahen Gräsern. Gleiches gilt für die von Verstraete et al. (1996) an zwei belgischen Autobahnen bestimmten Gehalte mit 1,8 und 1,4 µg/kg. Es ist davon auszugehen, daß den breitblättrigen Pflanzen ein wesentlich größerer Anteil Staub auflag, als das bei den zum Vergleich herangezogenen Gräsern überhaupt möglich ist. Unterstützt wird diese These durch die Ce-Gehalte, welche im Vergleich zu den Ergebnissen von Helmers (1995) auch um den Faktor 10 erhöht sind.

PGE-Verhältnisse in drei ausgewählten Proben

Von drei Staubproben standen ausreichende Mengen zur Verfügung, so daß sie mit der Nickelsulfid-Dokimasie aufgeschlossen und auf ihre PGE mittels GF-AAS analysiert werden konnten. Bei den Proben handelt es sich um die beiden Tunnelstäube (Proben 319 u Z) und einen Parkhausstaub (Proben Nr. 321). In allen Proben konnten Pt, Rh und Pd in deutlich erhöhten Konzentrationen nachgewiesen werden. Ir und Ru lagen unter der Nachweisgrenze von 1 µg/kg

Die PGE-Konzentrationen der drei Proben ergeben folgende Verhältnisse:

Pt/Rh: 5,8 - 5,6 - 6,1

Pt/Pd: 2,1 - 4,0 - 2,2

Das Pt/Rh-Verhältnis entspricht den in Katalysatoren industriell eingebrachten Konzentrationen von Pt/Rh 5 : 1. Dieses Ergebnis spiegelt sich auch in den Arbeiten von Claus (1998) und Rankenburg (1997) wider. Es wurden dabei an der A5 Verhältnisse von 5,7 im Kehrgut, 5,1 in Abwassereinlaufkörben und 3,9 in Bodenproben gefunden.

Interessant ist der Unterschied der Pt/Pd-Verhältnisse, für die Claus (1998) 17,1 im Kehrgut und 21,1 in Abwassereinlaufkörben gefunden hat. Rankenburg (1997) konnte 12,7 in Bodenproben ermitteln. Die in dieser Arbeit bestimmten Pt/Pd-Verhältnisse von 2,8 deuten entweder auf eine starke Anreicherung des Pd im Feinstaub hin, oder zeigen, daß Pd am Boden wesentlich schneller als Pt mit dem Regenwasser abtransportiert wird. Für einen aquatischen Transport sprechen auch die geringen Pd-Konzentrationen in den Abwassereinlaufkörben. Da Pd in neueren Katalysatoren vermehrt und in größeren Konzentrationen zum Einsatz kommt, ist für die Zukunft ein erheblicher Forschungsbedarf bezüglich des Umweltverhaltens von Pd erforderlich.

Ausblick

Im Jahr 1998 sind erst ca. 70 % der zugelassenen Pkw mit einem Katalysator ausgestattet, so daß weiterhin mit einer Steigerung der PGE-Konzentrationen in der Umgebung unserer Verkehrswege zu rechnen ist. In Katalysatoren werden 0,9 - 2 g Pt pro Liter Hubraum eingesetzt und in der Zukunft durch 1,5 - 5 g Pd pro Liter Hubraum ersetzt. Diese Zahlen belegen ganz deutlich, daß der heutigen Pt-Problematik in absehbarer Zukunft eine bisher weitgehend unerforschte Pd-Problematik folgen wird.

Danksagung

Besonderer Dank gilt Herrn Prof. Dr. G. Kowalczyk, Institut für Geologie-Paläontologie der J. W. Goethe-Universität, für seine Unterstützung und die Ermöglichung der REM-Aufnahmen.

Gedankt sei auch den Mitarbeitern der Abteilung für Anorganische Chemie am Frauenhofer Institut für Toxikologie und Aerosolforschung in Hannover für die Unterstützung beim HPA-Aufschluß und für die Durchführung der ICP-MS-Bestimmung.

Weiterhin möchte wir der Arbeitsgruppe von Herrn Prof. Dr. B. O. Kolbesen Institut für Anorganische Chemie der J. W. Goethe-Universität für die TXRF-

Analysen danken.

Außerdem sei dem Autobahnamt Frankfurt für die Bereitstellung der Verkehrsdaten der bearbeiteten Autobahnabschnitte und Straßen gedankt.

Literatur

Alt F, Bambauer A, Hoppstock K, Mergler B, Tölg G (1993) Platinum traces in airborne particulate matter. Determination of whole content, particle size distribution and soluble platinum.- Fresenius J Anal Chem 346: 693 -696

Artelt S, Kock H (1995) Statistische Bewertung von Motorstandversuchen zur Emission von Platin aus Drei-Wege-Katalysatoren. Abstract: Platin-Anwendertreffen 1995, Fraunhofer Institut für Toxikologile und Aerosolforschung, Hannover

Bärtsch A, Schlatter C (1988) Platinemissionen aus Automobil-Katalysatoren.- Schriftenreihe Umweltschutz 95: 1-58, Schweiz (BUS)

Beyer JM (1997) Platinkonzentrationen in Staubproben verschiedener Lokalitäten in Hessen. Diplomarbeit, Institut für Mineralogie, Universität, Frankfurt/Main

Claus T (1998) Verteilung und Verhalten von Platingruppenelement-Emissionen entlang der A5(Kassel - Frankfurt) anhand unterschiedlicher Proben. Diplomarbeit, Institut für Mineralogie, Universität, Frankfurt/Main

Dirksen F (1998) Konzentrationen der Platingruppenelemente (PGE) in Böden entlang ausgewählter Autobahnabschnitte im Vergleich zu Böden in der näheren Umgebung des Industriestandortes Hanau-Wolfgang. Diplomarbeit, Institut für Mineralogie, Universität, Frankfurt/Main

Domesle R (1997) Katalysatortechnik. Edelmetall-Emissionen. Abschlußpräsentation, GSF-Forschungszentrum für Umwelt und Gesundheit 95-102

Farago ME, Kavanagh P, Blanks R, Kelly J, Kanantzis G, Thornton I, Simpson PR, Cook JM, Parry S, Hall G.M (1996a) Platinum metal concentrations in urban dust and soil in the United Kingdom. Fresenius J Anal Chem 354: 660-663

Farago ME, Kavanagh P, Blanks R, Kelly J, Kanantzis G, Thornton I, Simpson PR, Cook JM., Trevor Delves H (1996b) Platinum and lead concentrations in urban road dust, soil, blood and urine in the United Kingdom. Proceedings: 3. Platin-Anwendertreffen 1996, GSF Forschungszentrum / Inst. f. Ökologische Chemie, München

Heinrichs H (1993) Die Wirkung von Aerosolkomponenten auf Böden und Gewässer industrieferner Standorte: eine geochemische Bilanzierung. Habilitationsschrift, Georg-August-Universität Göttingen

Heinrichs H, Braumsack HJ (1997) Anreicherung von umweltrelevanten Metallen in atmosphärisch transportierten Schwebstäuben aus Ballungszentren. In: Matschullat J; Tobschall H, Voigt HJ (Hrsg) Geochemie und Umwelt. Springer, Heidelberg, S 25-36

Heinrich E, Schmidt G, Kratz KL (1996) Determination of Platinum-Group Elements (PGE) from catalytic converters in soil by means of docimasy and INAA. Fresenius J Anal Chem 354: 883-885

Helmers E (1995) Platin-Emissionen aus KFZ-Abgaskatalysatoren - analytische Absicherung zeitlicher und räumlicher Trends durch Erfassung spezifischer Begleitelemente. Kurzreferat ANAKON '95 Schliersee

Helmers E, Mergel N, Barchet R (1994) Platin in Klärschlammasche und an Gräsern. UWSF - Z Umweltchem Ökotox 6: 130-134

Hildemann LM, Markowski GR, Cass GR (1991) Chemical composition of emission from urban sources of fine organic aerosol. Environ Sci Technol 25: 744-759

Hodge V M, Stallard MO (1986) Platinum and palladium in roadside dust. Sci Total Environ 20: 1058-1060

Knobloch S (1993) Bestimmung von Platin in katalysiertem Autoabgas mittels ICP-MS. Dissertationsschrift, Fachbereich Chemie, Universität Hannover

Laschka D, Nachtwey M (1996) Platin in kommunalen Kläranlagen einer Großstadt. Proceedings: 3. Platin-Anwendertreffen 1996, GSF-Forschungszentrum / Inst. f. Ökologische Chemie, München: 54-61

Merget R, Schultze-Werninghaus G (1997) Untersuchungen über toxische und allergische Reaktionen bei Exposition gegen Platinverbindungen. Edelmetall-Emissionen. Abschlußpräsentation, GSF-Forschungszentrum für Umwelt und Gesundheit 95-102

Nabel (1993) Meßresultate des Nationalen Beobachtungsnetz für Luftfremdstoffe in der Schweiz (NABEL). Schriftenreihe Umweltschutz, Bundesamt für Umweltschutz Bern

Nachtigall D, Kock H, Artelt S, Levsen K, Wünsch G, Rühle T, Schlögl R (1996) Platinum solubility of a substance designed as a model for emission of automobil catalytic converters. Fresenius J Anal Chem 354:742-746

Rankenburg K (1997) Verteilung von Platingruppenelementen (PGE) in Böden entlang der Autobahn Frankfurt - Mannheim. Diplomarbeit, Institut für Mineralogie, Universität, Frankfurt/Main

Schierl R, Fruhmann G (1996) Airborne platinum concentrations in Munich city buses. Sci Total Environ 182: 21-23

Schramel P, Wendler I, Lustig S (1995) Capability of ICP-MS (pneumatic nebulization and ETV) for Pt-analysis in different matrices at ecologically relevant concentrations. Fresenius J Anal Chem 353:115-118

Summer KH (1990) Toxikologische Bedeutung von Platinmetallen im extrem niedrigen Konzentrationsbereich.- Gesellschaft für Strahlen- und Umweltforschung mbH (GSF) München, Ökologische Forschung, Zwischenbericht „Edelmetallemissionen“: 33-36

Verstraete D, Riondato J, Vanhaecke F, Moens L, Dams R (1996) Double focusing magnetic sector ICP mass spectrometry for the determination of ultra-traces of platinum in the environment. Proceedings: 3. Platin-Anwendertreffen 1996, GSF-Forschungszentrum / Inst. f. Ökologische Chemie, München: 62-69

Wedepohl KH (1967) Geochemie. Sammlung Göschen Band 1224/ 1224a/ 1224b, 220 S.; Berlin (de Gruyter)

Wedepohl (1995) The composition of the continental crust. Geochim et Cosmochim Acta 59:1217-1232

Wei C, Morrison GM (1994) Platinum in road dust and urban river sediments. Sci Total Environ 146/147:169-174

Zereini F, Alt F, Ye Y, Urban H (1994a) Platingruppenelemente (PGE) im Straßenkehrgut und Straßenstaub. Europ J Mineralogy 6: 318

Zereini F, Urban H, Lüschow HM (1994b) Zur Bestimmung von Platingruppenelementen (PGE) in geologischen Proben mittels Graphitrohr-AAS nach der Nickelsulfid-Dokimasie. Erzmetall 47:45-52

Zientek C (1992) Zur Verteilung der Platingruppenelemente (PGE) entlang der Autobahn A 66 Frankfurt - Wiesbaden. Diplomarbeit, Institut für Mineralogie, Universität, Frankfurt/Main

3.2 Verteilung und Konzentrationen von Platin, Palladium und Rhodium in Umweltmaterialien an der Bundesautobahn A 5 (Akm 459 - Akm 524)

T. Claus, F. Zereini, H. Urban
Institut für Mineralogie, J. W. Goethe-Universität, Frankfurt am Main

Einleitung

Seit der achtziger Jahre sind Kraftfahrzeuge (Kfz) in der BRD zur Reduzierung der Schadstoffemissionen mit Katalysatoren ausgestattet worden (1994, zur Zeit der Untersuchung, ca. 40 % der in Deutschland angemeldeten Kfz). Schon bald nach der Einführung der Katalysatoren wurde festgestellt, daß die zur Schadstoffreduzierung verwendeten katalytischen Stoffe (Tabelle 1) zum Teil selbst emittiert werden. Vor dem Hintergrund der Einführung der Drei-Wege-Katalysatoren in allen Neuwagen seit 1989 in Deutschland, konnte Zientek (1992) in Böden entlang der Bundesautobahn 66 schon eine bis zu 100-fach erhöhte Konzentration an Platin gegenüber dem geogenen Wert ermitteln. In darauf folgenden Untersuchungen (Zereini et al. 1994a, Beyer 1997, Dirksen 1997 und Rankenburg 1997) kristallisierten sich Platin, Rhodium und Palladium als emissionsrelevante PGE (Platingruppenelemente) heraus. Diese PGE stellen nach Angaben der Industrie die in den Kraftfahrzeugkatalysatoren verwendeten katalytisch wirksamen PGE dar (Tabelle 1).

Ziel dieser Untersuchung ist es, den Weg der PGE von der Emission über Sedimentation und folgender Umlagerung zu verfolgen und die Verteilung und Konzentrationen der einzelnen PGE zu dokumentieren und zu interpretieren.

Tabelle 1. Zusammensetzung der Katalysatoren nach Domesle (1997) in g pro Katalysatorvolumen (l)

	Pt	Pd	Rh	Al_2O_3	CeO_2	ZrO_2
herkömml. Kat.	0,9 - 2,0	-	0,1 - 0,4	90 - 160	30 - 80	0 - 20
neue Kat.	0,0 - 0,3	1,5 - 5	0,1 - 0,4	90 - 160	30 – 80	10 - 50

Probennahme und Analytik

Das Untersuchungsgebiet befindet sich bei Frankfurt am Main und erstreckt sich über 65 Kilometer entlang der N-S orientierten Bundesautobahn 5 (BAB 5) von Akm (Autobahnkilometer) 459 der BAB 5 nordwestlich von Bad Nauheim bis zu

Akm 524 südwestlich Darmstadt. Auf diesem sehr verkehrsreichen Streckenabschnitt erreichte 1994 die DTV (durchschnittliche tägliche Verkehrsmenge) in einzelnen Abschnitten rund 62000 Kfz bis 142000 Kfz.

Über den gesamten Streckenabschnitt wurden Kehrgutproben genommen. Um die Verteilung der PGE auf der Autobahn, aber auch im geographischen Umfeld genauer zu betrachten, wurden einzelne kleindimensionierte Bereiche systematisch mittels Proben aus unterschiedlichen Sedimentationszonen untersucht. Ein etwa 2,5 Kilometer langer Streckenabschnitt an der „Anschlußstelle Friedberg", von der die Autobahn in südlicher Richtung über eine Erhebung mit etwa 35 m Höhendifferenz führt, stellt hierbei das Hauptuntersuchungsgebiet dar. Die folgenden Umweltmaterialien bilden die Grundlage der Untersuchung:

- **Bankettschälgut:** Proben, die direkt von der Fahrbahn vor dem erhöhten und bewachsenen Bankettstreifen entnommen wurden. (Akm 471–Akm 473 und Akm 480)
- **Kehrgut:** Mischproben aus 1 bis 2 m^3 Fahrbahnablagerungen, die von Kehrmaschinen aus dem Mittelstreifenbereich aufgenommen wurden. (Akm 459–Akm 524)
- **Material aus Einlaufkörben im Mittelstreifenbereich:** Proben aus einzelnen Einlaufkörben oder Sammelproben aus maximal 4 Gullys. Die Probennahme erfolgte an zwei Streckenabschnitten an einem Tag, um etwaige verfälschende Einflüsse, wie z.B. Niederschlag auszuschließen (Laschka et al. 1996).(Gully1: Akm 489,2–Akm 490,3; Gully2: Akm 492,2–Akm 492,4)
- **Material von Sedimentationshügeln unterhalb befestigter Ablaufrinnen:** In den Senken wird das sich dort ansammelnde Wasser durch befestigte Rinnen senkrecht von der Fahrbahn abgeleitet. Am Fuß der Rinnen entstanden bis zu 2 m^2 große Ablagerungshügel, von deren Oberfläche die Proben genommen wurden. (Akm 470,7–Akm 471,2)
- **Material aus Seitengräben:** Proben aus kanalisierten Gräben, die zur Weiterleitung des Fahrbahnoberflächenwassers parallel zur Autobahn angelegt worden sind. (Akm 471–Akm 473 und bei Akm 480)
- **Material aus einem Wassergraben:** Es handelt sich hierbei um einen Graben, der nur durch Oberflächenwasser der Autobahn (eingeleitet über die Seitengräben), Grundwasser und Oberflächenwasser der angrenzenden Gebiete (Wiesenflächen) gespeist wird. Der Graben ist der ehemalige Mühlgraben der „Tannenmühle" südöstlich von Köppern. (Akm 472,9)
- **Material aus einer Parkplatzsickergrube:** Proben aus unterschiedlichen Sedimentationszonen einer Grube, die angelegt wurde, um das Oberflächenwasser eines Parkplatzes aufzufangen. (Akm 515,5)

Aus der Kornfraktion < 2 mm des Probenmaterials wurden mit der Nickelsulfid-Dokimasie die PGE (Ru, Rh, Pd, Ir, Pt) angereichert und deren Konzentrationen mittels Graphitrohr-AAS bestimmt (Methode nach Zereini et al. 1994b).

Ergebnisse und Diskussion

Konzentrationen der PGE und deren Verteilung in den einzelnen Probengruppen

Die untersuchten Proben weisen, mit Ausnahme von Ru und Ir, deutlich höhere Konzentrationen an PGE auf, als sie in umliegenden Böden gefunden wurden. In allen Proben aus Arealen, die nicht direkt mit dem Entwässerungssystem der Autobahn verbunden sind und über 15 m entfernt zur Fahrbahn liegen, konnten keine PGE-Konzentrationen (< 1 µg/kg) festgestellt werden.

Die Probengruppen (Tabelle 2) „Kehrgut" und „Einlaufkörbe" spiegeln die PGE-Konzentrationen im Mittelstreifenbereich der BAB wider. Die Gruppen „Bankettschälgut" und „Ablaufrinnen" repräsentieren den Bereich des unmittelbaren Fahrbahnrandes. Die Seitengräben liegen im näheren Umfeld der BAB (Abstand der Probennahme zur Fahrbahn > 1,5 m). Die Probengruppe „Wassergraben" umfaßt die PGE-Konzentrationen im Entwässerungssystem der BAB bis zu einer Entfernung von ca. 350 m ab Fahrbahn. Insgesamt ist eine kontinuierliche Abnahme der PGE-Konzentrationen mit zunehmendem Abstand zur Fahrbahn zu verzeichnen. Die ermittelten PGE-Konzentrationen sind deutlich höher als die PGE-Konzentrationen früherer Untersuchungen (Zientek, 1992; Freisleben et al., 1993; Zereini et al., 1993/1994/1997; Helmers et al. 1994), was wahrscheinlich auf eine Zunahme des DTV und der Anzahl der Kfz mit Katalysator zurückzuführen ist.

Tabelle 2. PGE-Konzentrationen der Probengruppen im **Mittel** (Minima–Maxima) in µg/kg; Zur Berechnung des arithmetischen Mittelwertes wurden die Werte, die unter der Nachweisgrenze (u.d.N.) liegen, auf Null gesetzt; Anzahl der Proben = n; DTV in *Kfz x 1000/Tag*

	Kehrgut n=14	Einlaufkörbe n=28	Bankett-schälgut n=12	Ablaufrinnen n=4	Seitengräben n=7	Wasser-graben n=9
DTV	62-142	<120-142	124	102-124	124	(124)
Pt	182 (49-477)	196 (30-451)	150 (34-287)	135 (57-216)	21 (7-53)	6 (u.d.N.-27)
Rh	32 (10-85)	37 (7-73)	28 (8-46)	24 (8-41)	4 (2-8)	1 (u.d.N.-4)
Pd	9 (u.d.N-53)	9 (u.d.N.-51)	4 (u.d.N.-9)	3 (u.d.N.-4)	1 (u.d.N.-3)	1 (u.d.N.-5)

Verteilung der PGE in den Kornfraktionen

Ein Arbeitsschritt bei der Aufbereitung der Proben ist das Aussieben der Kornfraktionen > 2 mm. Bei diesem Vorgang fällt eine kleine Menge Staub an, der aufgefangen und als eigenständige Probe der Analyse zugefügt wurde.

In Abb. 1 sind die PGE-Konzentrationen einer Staubprobe im Vergleich zu den PGE-Konzentrationen der Ursprungsproben dargestellt. Die Konzentrationen von

Pt und Rh sind in der Staubfraktion erheblich höher als in den ursprünglichen Mischproben. In beprobten Stäuben (Beyer, 1997) und Böden (Rankenburg, 1997) konnte das Staubmaterial als primäres Sedimentationsmaterial ermittelt werden, welches das Bodenmaterial oberflächlich kontaminiert. Das Verhältnis der Pt-Konzentrationen von Staub zu Bodenmaterial lag bei ca. 5/1. Bei den hier dargestellten PGE-Konzentrationen der Staubproben zu denen der Originalproben ergab sich ein Verhältnis von 3/1 bei Pt, 3/1 bei Rh und 1/2 bei Pd. Das auffällige Verhältnis der Pd-Konzentration deutet darauf hin, daß bei postsedimentären Umlagerungen der Pd-Partikel nicht nur mechanische Vorgänge, sondern auch chemische stattgefunden haben.

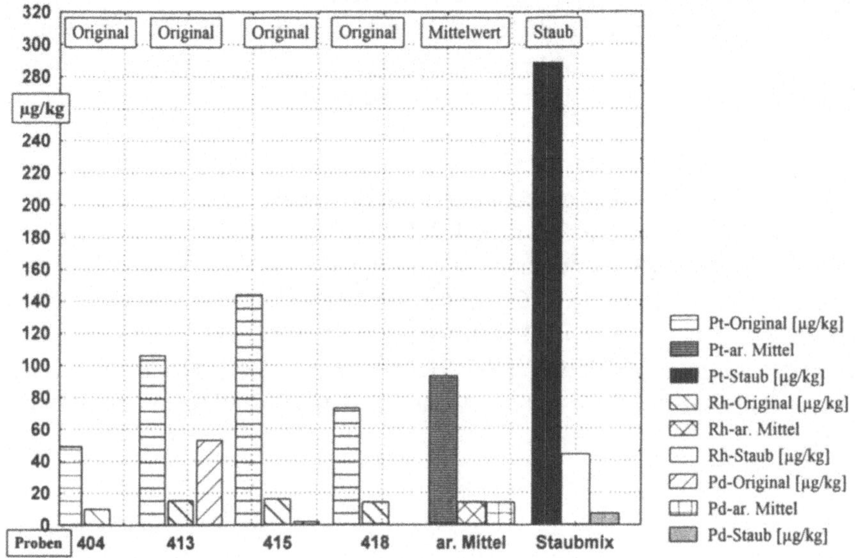

Abb. 1. PGE-Konzentrationen einer Staubprobe aus dem Siebvorgang und der einzelnen Originalproben mit deren Mittelwert im Vergleich; (ar. = arithmetisches)

In Abb. 1 ist zu erkennen, daß in diesem Fall der Hauptanteil des Pd an der gröberen Fraktion gebunden ist. Eine Erklärung hierfür könnte eine chemische Anreicherung sein, die die besonders hohe Pd-Konzentration in der Probe 413 (Abb. 1) verursacht hat. Es ist anzunehmen, daß der Hauptanteil der Pd-Partikel hier nicht mehr in Form der partikulären Emission feinerer Kornfraktionen vorliegt (Knobloch, 1993), sondern überwiegend an andere Partikel gröberer Kornfraktionen gebunden ist.

Die in Abb. 1 dargestellte Anreicherung der PGE durch mechanische Kornfraktionierung konnte auch an einigen Stellen im Untersuchungsgebiet festgestellt werden. Die Proben aus Einlaufkörben im Mittelstreifenbereich weisen ca. 3-fach höhere Konzentrationen von Pt und Rh auf, als sie in der parallel entnommenen Kehrgutprobe „418" gefunden wurden. Die Pd-Konzentration in den Einlaufkörben beträgt durchschnittlich 9 µg/kg. In der Kehrgutprobe 418 (Akm 489,2- Akm 492,6) lag die Konzentration des Pd unter der Nachweisgrenze. Die höheren Konzentrationen der PGE in den Einlaufkörben gegenüber denen der Kehrgutprobe werden auf eine mechanische Kornfraktionierung durch langsam fließendes Wasser zurückgeführt. Hierbei wird vorwiegend die Schluff- und Feinsandfraktion auf der Fahrbahn abgetragen und in den Einlaufkörben abgelagert. Dementsprechend ist ein höherer Anteil der feineren Kornfraktionen in den Einlaufkörben gegenüber denen der Fahrbahnablagerung zu verzeichnen.

Verhältnisse der PGE-Konzentrationen und deren Verhalten bei Umlagerungsprozessen

Die Verhältnisse der PGE-Konzentrationen erwiesen sich als gute Möglichkeit, das unterschiedliche Verhalten der PGE (Pt, Rh und Pd) bei den Umlagerungsvorgängen zu dokumentieren.

In Abb. 2 ist das Verhältnis von Pt/Rh und Rh/Pd der einzelnen Probengruppen dargestellt. Die Auswahl der Verhältnisse ergibt sich aus der Zusammensetzung der zur Untersuchungszeit verwendeten Katalysatoren (s.o.). Die arithmetischen Mittelwerte aus den Quotienten aller Proben ergaben bei Pt/Rh ca. 5/1 und bei Rh/Pd ca. 6/1. Das Verhältnis von Pt/Rh zeigt in allen Probengruppen eine relative Konstanz. Die Werte von Rh/Pd zeigen in den Probengruppen „Bankettschälgut" und „Kehrgut" geringe Schwankungen um den Mittelwert von ca. 6/1.

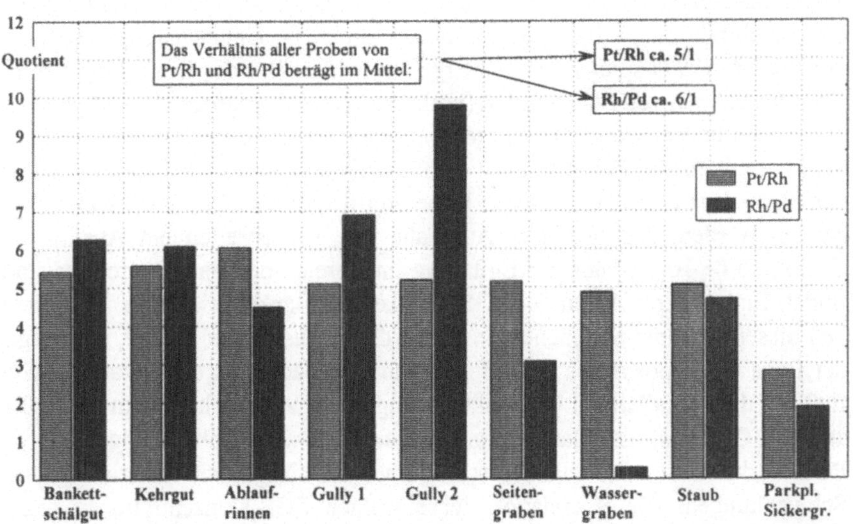

Abb. 2. Arithmetische Mittelwerte der Verhältnisse von Pt/Rh und von Rh/Pd in den verschiedenen Probengruppen; Gully 1 und 2 = Proben aus den Einlaufkörben aus zwei verschiedenen Streckenabschnitten

Bei den folgenden Probengruppen sind unter Zunahme des aquatischen Einflusses und des Transportweges, insbesondere in den Gruppen „Seitengraben“, „Wassergraben“ und „Parkplatzsickergrube“, starke Abweichungen vom Mittelwert zu erkennen. Das durchschnittliche Verhältnis von Rh/Pd in den Probengruppen Bankettschälgut, Kehrgut, Ablaufrinnen und Gullys beträgt hier ca. 7/1, gegenüber einem Verhältnis von ca. 2/1 bei den übrigen Probengruppen. Letzteres spiegelt eine deutliche Anreicherung des Pd gegenüber Pt und Rh wider. Dieses wird auf ein zunehmendes Angebot an gelöstem Pd (bei fortschreitendem Transportweg und aquatischen Einfluß), welches örtlich angereichert wird, zurückgeführt. Die höhere Löslichkeit des Pd ist auch schon in anderen Untersuchungen festgestellt worden. Bei Anwesenheit z.B. verschiedener wäßriger Lösungen biogener Stoffe kann das Pd verstärkt gelöst werden. Freisleben et al. (1993) untersuchten das Verhalten von fein verteiltem Pd und Pt in wäßrigen Lösungen von α-Aminosäuren und Peptiden. Für Pt stellte sich Adenosintriphosphat (ATP) als deutlich am stärksten lösend heraus. Für Pd wurde die Auflösungswirkung nur von Wasser, einer α-Aminosäure und zwei Peptiden untersucht. Hier hatte ebenfalls die α-Aminosäure L-Alanin eine bessere Auflösungswirkung als die getesteten Peptide.

Sonderstellung des Palladiums

Um das auffällige Verteilungsverhalten der Pd-Konzentrationen bewerten zu können, werden im folgenden einzelne Probengruppen genauer betrachtet.

- Das Bankettschälgut setzt sich aus Material zusammen, das sowohl mechanisch als auch aquatisch um- bzw. abgelagert wurde. Knobloch (1993) ermittelte in Motorstandversuchen, daß ca. 70 % der Pt-Emissionen an Partikel der Grobstaubfraktion (> 10,2 µm) gebunden sind. Die Untersuchungsergebnisse von Beyer (1997) spiegeln dieses Ergebnis wider. Bei der Ermittlung der Pt-Konzentrationen von Staubproben (vorherrschende Korngröße: 10 - 25 µm) aus unterschiedlichen Sedimentationszonen, verteilten sich etwa 70 % der Pt-Partikel in unmittelbarer Fahrbahnnähe (Probennahme in einer Höhe von 0,3 - 1 m) und 30 % der Pt-Partikel aus einer Höhe von 1,5 - 2,5 m. Es kann davon ausgegangen werden, daß bei einer Autobahn mit Standstreifen ein Ausfall von Grobstaub (> 10 µm) aus der Luft etwa im Bereich des Bankettstreifens stattfindet. Ein größerer Anteil der PGE-Partikel des Bankettschälgutes ist vermutlich dieser primären Sedimentation zuzuordnen. Aus diesem Grund, und wegen der Lage des Probengutes auf der Fahrbahnoberfläche, ist der aquatische Einfluß auf die PGE-Partikel im Bankettschälgut, im Vergleich zu dem Einfluß in anderen Gruppen, als relativ gering einzuschätzen. In Abb. 3 zeigen die der PGE-Verhältnisse der Bankettschälgutproben insgesamt relativ geringe Schwankungen. Die Korrelation der einzelnen PGE-Konzentrationen ergab, daß Pt mit Rh (r = 0,91), Pt mit Pd (r = 0,84) und Rh mit Pd (r = 0,84) signifikant korrelieren. Die Signifikanz der Korrelation von Pt, Rh *und* Pd verdeutlicht, daß auch die Herkunft des Pd dem Kraftfahrzeugkatalysator zugeschrieben werden muß. Das Material des Bankettschälgutes ist im Vergleich zu den anderen Probengruppen dem Primärsediment vermutlich noch am ähnlichsten.

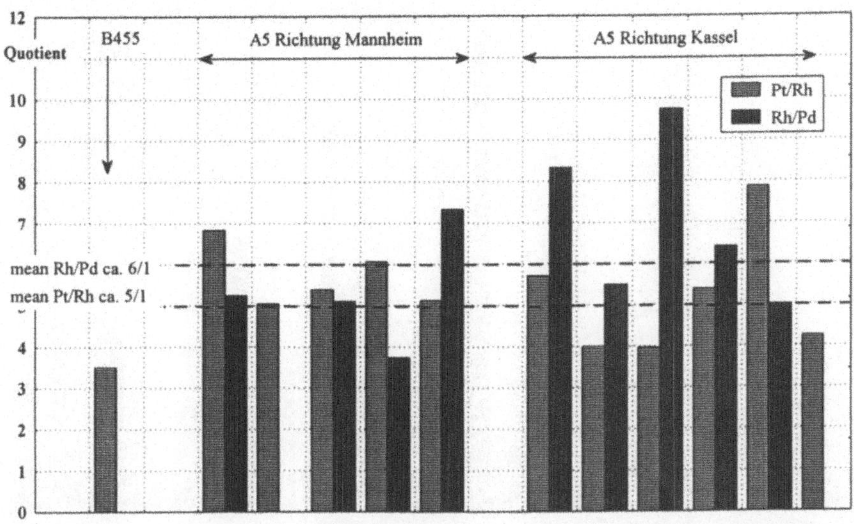

Abb. 3: Verhältnis von Pt/Rh und Rh/Pd der einzelnen Bankettschälgutproben; B455 = Bundesstraße 455, A5 = Bundesautobahn 5

- Das Material der Einlaufkörbe setzt sich aus rein aquatischen Umlagerungen (mit sehr geringem Transportweg) der auf der Fahrbahnoberfläche abgelagerten Sedimente zusammen. In Abb. 4 sind deutliche Schwankungen des Verhältnisses von Rh zu Pd zu sehen. Die Anreicherung bzw. Verarmung des Pd gegenüber Rh erreicht hier das 5-fache bzw. nur ein 1/5 des ermittelten Gesamtdurchschnittswertes. Das Verhältnis Pt zu Rh ist aber auch hier weiterhin stabil. Die Pt-Konzentrationen korrelieren mit den Rh-Konzentrationen signifikant ($r = 0{,}92$). Die Korrelation der Rh-Konzentrationen mit den Pd-Konzentrationen ergab keinen signifikanten Wert ($r = 0{,}34$). "Gully 1" (Akm 489,2 – Akm 490,3) steht für einen dreispurigen Streckenabschnitt (DTV <120-124), der auf der linken und rechten Seite von einer Böschung mit Baumbewuchs eingerahmt ist. Das Autobahnteilstück "Gully 2" (Akm 492,2 – Akm 492,4) ist vierspurig (DTV 142000) und von Lärmschutzmauern begrenzt. Westlich schließt sich ein Wohngebiet und östlich ein Industriegebiet an. Qualitativ ist bei "Gully 1" mit einem Verhältnis Rh/Pd von ca. 7/1 eine geringe, und bei "Gully 2" mit ca. 10/1 eine erhebliche Verschiebung über den Mittelwert zu erkennen. Quantitativ liegen jedoch bei "Gully 1" rund 70 % der Proben mit ihrem Rh/Pd-Verhältnis deutlich unter dem Mittelwert, gegenüber ca. 15 % bei "Gully 2". Die meisten Proben aus "Gully 1" spiegeln demzufolge eine relative Anreicherung des Pd gegenüber Rh wider. In den Proben aus "Gully 2" ist das Pd überwiegend verarmt. Eine mögliche Begründung für diese Verteilung des Pd ist in Abschnitt 3.4.1 aufgeführt.

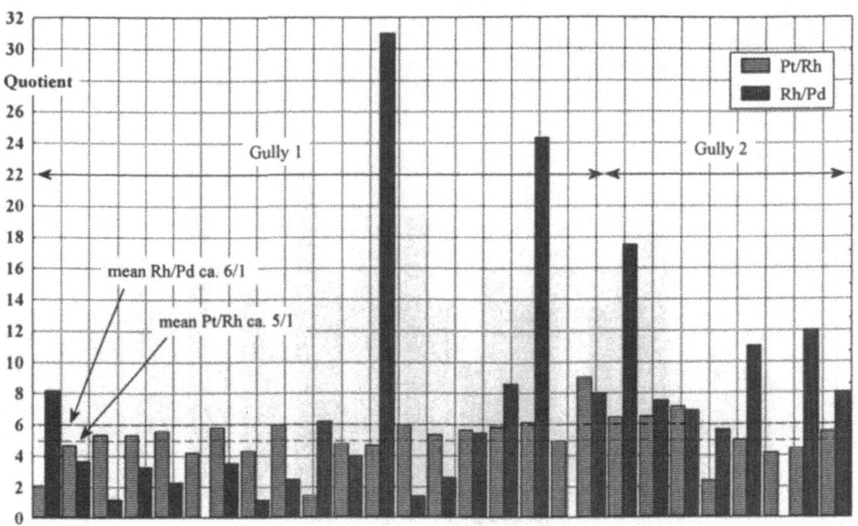

Abb. 4. Verhältnisse von Pt/Rh und Rh/Pd der einzelnen Einlaufkorbproben aus dem Mittelstreifenbereich; Gully 1 und 2 sind Proben aus unterschiedlichen Streckenabschnitten (s.u.)

- Das Material der Probengruppe „Wassergraben" hat den weitesten aquatischen Transportweg hinter sich. Westlich der Autobahn (Akm 472,9) wird der Wasserlauf von einem etwa 140 m langen und 1 m breiten, mit Grundwasser gefüllten Graben gebildet, welcher östlich abfließt und nach etwa 800 m ohne weiteren Ablauf endet. Der Graben wurde bis in eine Entfernung von 350 m zur Autobahn beprobt, und bis zu dieser Entfernung konnten auch erhöhte PGE-Konzentrationen nachgewiesen werden (Abb. 5). Es wurden überwiegend geringe Werte an Pt gefunden. Auffällig sind hier jedoch die ungewöhnlich hohen Werte an Pd gegenüber Rh und Pt in allen Proben, in denen Pd nachgewiesen wurde. Ein ähnliches Verteilungsverhalten konnte in den Proben aus dem Seitengraben und der Parkplatzsickergrube beobachtet werden. Beim Rh konnten insbesondere in den aquatisch stark beeinflußten Probengruppen vereinzelt Verteilungsauffälligkeiten beobachtet werden. Diese treten jedoch insgesamt sehr selten auf und sind mit den deutlichen Verteilungsauffälligkeiten des Pd nicht zu vergleichen. Insgesamt ist im Vergleich zum Pt in Umweltmaterialien eine geringfügig höhere Mobilität des Rh zu verzeichnen, wie sie auch in anderen Untersuchungen schon nachgewiesen wurde (Zereini et al. 1997).

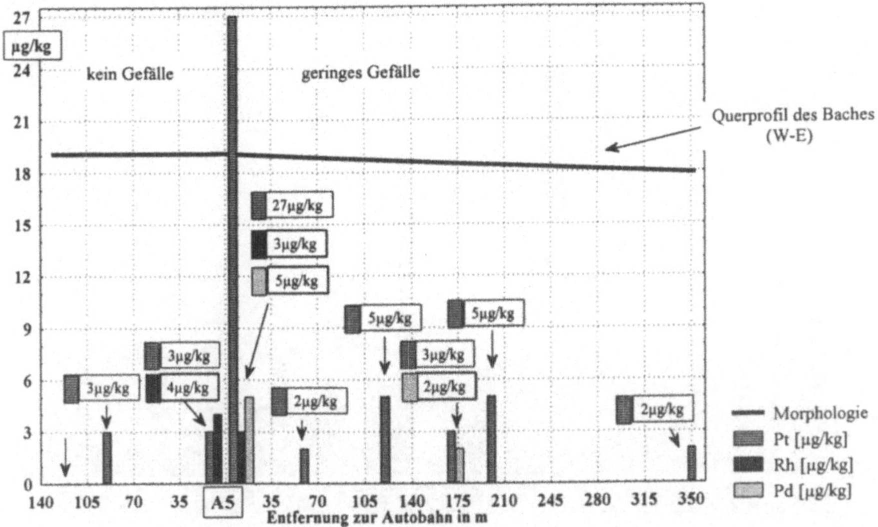

Abb. 5. Entwässerungsgraben im südlichen Hauptuntersuchungsgebiet (Akm 470,7-473,2; Graben: Akm 472,9); Darstellung der PGE-Konzentrationen der Einzelproben in Abhängigkeit von der Entfernung zur Fahrbahn und den morphologischen Bedingungen

Abhängigkeit des Verhältnisses Rh/Pd vom Glühverlust

Eine Betrachtung des Ausgangsmaterials bezüglich der relativen Anreicherung bzw. Verarmung des Pd gegenüber Rh ergab eine auffällige Abhängigkeit vom errechneten Glühverlust. In Abb. 6 ist der Quotient Rh/Pd der einzelnen Proben aus unterschiedlichen Probengruppen gegenüber dem Glühverlust dargestellt. Eine Verkleinerung des Quotienten drückt eine verhältnismäßige Erhöhung der Pd-Konzentration gegenüber der Rh-Konzentration aus. Der Glühverlust wurde durch die Ermittlung der Differenz des Gewichtes der Probe nach Trocknung bei 105°C und nach Glühen bei 640°C berechnet und prozentual auf das Trockengewicht (nach Trocknung bei 105°C) bezogen. Die Proben in Abb. 6 sind nach ihrem Glühverlust in ansteigender Reihenfolge sortiert.

Die Abbildung zeigt eine diskontinuierliche Zunahme der relativen Anreicherung des Pd gegenüber Rh bei steigendem Glühverlust. Der Glühverlust läßt eine Eingrenzung der Stoffe, welche für die Anreicherungsvorgänge als verantwortlich in Frage kommen, zu. Wahrscheinlich ist der C-org. Gehalt für die bevorzugte Anlagerung des Pd in den Umweltmaterialien verantwortlich. Diese Annahme soll anhand eines Beispieles gestützt werden: Die Einlaufkorbproben sind in Abb. 6 in zwei Gruppen unterteilt (Gu1 und Gu2), die den Streckenabschnitten "Gully 1" und "Gully 2" in Abb. 4 entsprechen. Die Proben aus dem Streckenabschnitt "Gully 2" weisen einen durchschnittlichen Glühverlust von 3,3 % und die der Teilstrecke "Gully 1" von 6,5 % auf.

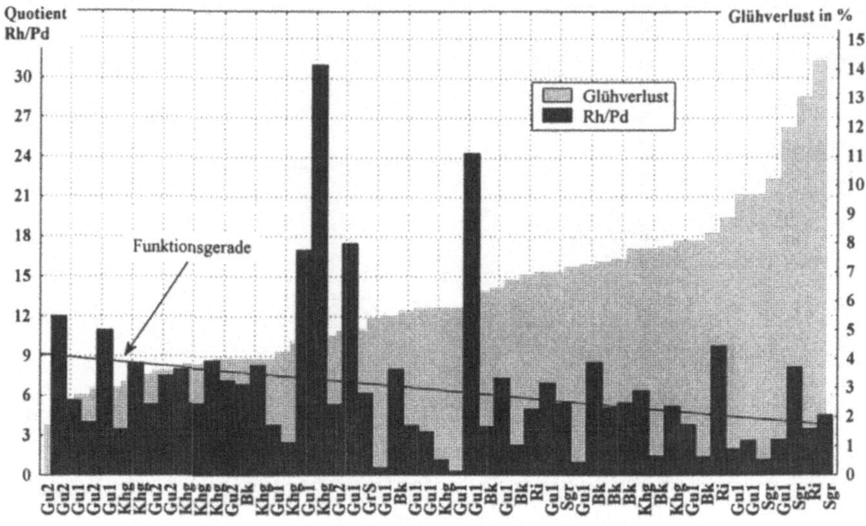

Abb. 6. Verhältnisse von Rh/Pd der einzelner Proben unterschiedlicher Probengruppen in Abhängigkeit vom ermittelten Glühverlust; Gu1 („Gully 1“: Akm 489,2 – Akm 490,3) und Gu2 ("Gully 2": Akm 492,2 - Akm 492,4) = Einlaufkorbproben, Khg = Kehrgut, Bk = Bankettschälgut, GrS = Probe aus dem Entwässerungsgraben, Ri = Proben aus Ablaufrinne, Sgr = Probe aus dem Seitengraben.

Unter Berücksichtigung der unterschiedlichen Rahmenbedingungen der Streckenabschnitte ist anzunehmen, daß der höhere Glühverlust im Streckenabschnitt "Gully 1" aus dem Eintrag biogenen Materials aus der randlichen Bepflanzung (welche im Bereich von "Gully 2" im weiteren Umfeld nicht besteht) resultiert. Folglich ist es wahrscheinlich, daß es bei dem Streckenabschnitt "Gully 1" zu dem 70 %-igen Anteil der Proben, mit einer relativen Anreicherung des Pd gegenüber Rh (siehe Abb. 4), durch den Eintrag biogener Materialien kam. Es kann also postuliert werden, daß ein erhöhter C-Org. Gehalt zu einer verhältnismäßigen Anreicherung des Pd gegenüber Rh bzw. Pt (das Verhältnis Pt/Rh ist durchweg stabil) führt.

Einflußfaktoren auf die Emissionsrate

Bei den Sedimentations- und Umlagerungsprozessen wirken sich eine Vielzahl von Faktoren auf die Konzentrationen der PGE aus (z.B. Kornfraktionierung oder C-Org. Gehalt s. o.). Im folgenden werden jene benannt, die sich als auf die Emission direkt auswirkende Faktoren herauskristallisierten.

- **Fahrverhalten:** *Beschleunigung* und *hohe Geschwindigkeiten* bewirken eine stark *erhöhte Emission.* In Streckenabschnitten mit einer Auffahrt oder solchen, in denen hohe Fahrgeschwindigkeiten vorherrschen, konnten höhere PGE-Konzentrationen nachgewiesen werden als in jenen mit einer Ausfahrt, oder solchen, die sich durch langsamen bis stockenden Verkehr auszeichnen. Letztere weisen relativ geringe Werte auf. Auch Beyer (1997), Dirksen (1998) und Rankenburg (1997) haben die Abhängigkeit des Fahrverhaltens zur PGE-Konzentration nachgewiesen. Nach Knobloch (1993) liegt die Emissionsrate von Pt im Stadtzyklusbetrieb um den Faktor 2 bis 3 höher als bei einem Betrieb mit konstanter Geschwindigkeit.

- **Morphologie:** Bei *ansteigender Morphologie* konnte an Bankettschälgutproben, die entlang von Steigungsabschnitten entnommen wurden, eine *Erhöhung der PGE-Konzentrationen* ermittelt werden.
- **Kfz/Tag:** Die Anzahl der Kfz/Tag auf einem Streckenabschnitt stellt das *Emissionspotential* dar. Eine höhere Zahl an Kfz/Tag bewirkt nicht automatisch erhöhte PGE-Konzentrationen, da auf diese unterschiedliche Bedingungen (z.B. Fahrverhalten, Gefälle, Niederschlag usw.) einwirken. Bei Vergleich zweier Streckenabschnitte mit sehr unterschiedlicher Anzahl von Kfz/Tag ist die Einflußnahme der Menge der Kfz auf die PGE- Konzentrationen jedoch deutlich zu sehen.

Weitere Einflüsse auf die Emissionsrate sind vermutlich das Alter und der Zustand des Katalysators, Wetter (z.B. Frost, Spritzwasser), der Zustand der Aufhängung der Auspuffanlage, mechanische Einwirkungen auf das Katalysatorgehäuse (z.B. Steinschlag), Zustand der Fahrbahnoberfläche, verwendeter Treibstoff und andere. Diese Faktoren konnten jedoch bei der Untersuchung nicht direkt erfaßt werden.

Schlußfolgerung

In den Proben, die direkt am Fahrbahnrand entnommen wurden, korrelieren die Konzentrationen von Pt, Rh und Pd signifikant. Die Quelle der PGE-Emissionen kann eindeutig den Kfz mit Katalysatoren zugeordnet werden. Die Emissionsrate wird durch die mechanische Beanspruchung des Katalysatormaterials bestimmt. Bei größerer Beanspruchung, z.B. auf Steigungsstrecken oder bei hohen Geschwindigkeiten, resultiert eine höhere Emissionsrate. Nach der primären Sedimentation der PGE-Partikel über äolischen Transport in der Staubfraktion in unmittelbarer Nähe des Straßenrandes, folgt eine überwiegend aquatische Umlagerung des Materials, bei der die PGE-Konzentrationen unterschiedlich verändert werden.

Die PGE-Konzentrationen von Pt und Rh stehen in allen Probengruppen in einem stabilen Verhältnis von etwa **5/1** (1994-1995). Dies dokumentiert eine überwiegend klastische Umlagerung der Partikel. Die Konzentrationen werden hier nur durch Zufuhr von Fremdmaterial, Verdünnung durch Verteilung oder mechanische Kornfraktionierung beeinflußt.

Das durchschnittliche Verhältnis von Rh/Pd beträgt ca. **6/1**, welches in den Probengruppen starke Schwankungen aufweist, was auf chemische Vorgänge während der Umlagerung deutet. Zusammenfassend kann postuliert werden, daß das Verhalten der emittierten Pd-Partikel sich von dem der Pt- und Rh-Partikel in der

Form unterscheidet, daß das Pd im Vergleich zu Pt und Rh unter Einwirkung aquatischer Verhältnisse stärker chemisch mobil ist. Die resultierende Verteilung zeigt sehr stark schwankende Verhältnisse von Rh zu Pd. Eine verhältnismäßige Anreicherung bzw. Verarmung des Pd gegenüber Pt und Rh ist mit zunehmendem aquatischen Einfluß und Transportweg immer öfter bzw. ausgeprägter zu beobachten. Bei längerem Transportweg und der höheren chemischen Mobilität des Pd sind insgesamt relativ höhere Konzentrationen von Pd (steigendes Angebot an gelöstem Pd) gegenüber denen von Pt und Rh zu erwarten.

Die Verarmung an Pd ist durch eine höhere Löslichkeit des Pd gegenüber Pt und Rh zu erklären.

Eine Abhängigkeit vom Glühverlust konnte bezüglich einer relativen Anreicherung des Pd beobachtet werden. Bei Proben mit höherem C-org. Gehalt ist eine bevorzugte Anlagerung des Pd an die Umweltmaterialien zu verzeichnen.

Insgesamt deuten die Ergebnisse darauf hin, daß die Biosphäre in einem weitreichenderem Maße von Pd kontaminiert werden könnte, als sich dies bei Pt und Rh abzeichnet. Eine höhere Verfügbarkeit in Flora und Fauna als bei Pt (Nachtigall et al. 1995; Schlögl 1996) und Rh ist anzunehmen. Die Umstellung von Pt-dominierten zu Pd-dominierten Katalysatoren der Industrie und die hier dargestellte Sonderstellung des Pd fordern weitere Untersuchungen, um die Rolle des Pd in der Biosphäre zu klären.

Literatur

Beyer J M (1997) Platinkonzentrationen in Staubproben unterschiedlicher Lokalitäten in Hessen. Diplomarbeit, Institut für Mineralogie, J. W. Goethe-Universität Frankfurt/M.

Dirksen F (1998) Konzentrationen der Platingruppenelemente (PGE) in Böden entlang ausgewählter Autobahnabschnitte in Vergleich zu Böden in der näheren Umgebung des Industriestandortes Hanau-Wolfgang. Diplomarbeit, Institut für Mineralogie, J. W. Goethe-Universität Frankfurt/M.

Domesle R (1997) Katalysatortechnik.In Edelmetall-Emissionen, GSF-Forschungszentrum für Umwelt und Gesundheit GmbH, S 8-17

Freisleben D, Wagner B, Hollstein M, Lux F (1993) Auflösung von Palladium- und Platinpulver durch biogene Stoffe. Z Naturforsch 48b: 847-848

Helmers E, Mergel N, Barchet R (1994) Platin in Klärschlammasche und an Gräsern. UWSF - Z Umweltchem Ökotox 6: 130-134

Knobloch S (1993) Bestimmung von Platin in katalysiertem Autoabgas mittels ICP-MS. Dissertation, Universität Hannover

Laschka D, Striebel T, Daub J, Nachtwey M (1996) Platin im Regenabfluß einer Straße. UWSF -Z Umweltchem Ökotox 8: 124-129

Nachtigall D, Kock H, Artelt S (1995) Erste Ergebnisse zur Verteilung von Platin in Ratten nach intratrachealer und intragastraler Applikation. Platin-Anwendertreffen 1995, Fraunhofer Institut für Toxikologile und Aerosolforschung, Hannover

Rankenburg K (1997) Verteilung von Platingruppenelementen (PGE) in Böden entlang der Autobahn Frankfurt – Mannheim. Diplomarbeit, Institut für Mineralogie, J. W. Goethe-Universität Frankfurt/M.

Schlögl R (1996) Bioverfügbarkeit von feinstverteiltem Platin und erste orientierende Wirkungsuntersuchungen. Abschlußbericht des Forschungsvorhabens, Fritz-Haber-Institut der Max-Plank-Gesellschaft, Berlin

Zereini F (1997) Zur Analytik der Platingruppenelemente (PGE) und ihren geochemischen Verteilungsprozessen in ausgewählten Sedimentsteinen und anthropogen beeinflußten Umweltkompartimenten Westdeutschlands. Habilitationsschrift, Fachbereich Geowissenschaften der J W Goethe-Universität Frankfurt

Zereini F, Skerstupp B, Alt F, Helmers E, Urban H (1997) Geochemical behaviour of platinum-group elements (PGE) in particulate emissions by automobile exhaust catalysts: experimental results and environmental investigations. The Science of Total Environment 206: 137-146

Zereini F, Urban H (1994) Platingruppenelemente (PGE) in Schlamm- und Abwasserproben aus Absetzbecken der Autobahnen A8 und A66. In: Matschullat J & Müller G (Hrsg): Geowissenschaften und Umwelt. Springer, Berlin: 171-175

Zereini F, Zientek C, Urban H (1993) Konzentration und Verteilung von Platingruppenelementen (PGE) in Böden. UWSF -Z Umweltchem Ökotox 5: 130-134

Zereini F, Alt F, Ye Y, Urban H (1994a) Platingruppenelemente (PGE) im Straßenkehrgut und Straßenstaub. Ber Dt Min Gesl (Beih z Eur J Mineral, No 1): 318

Zereini F, Urban H, Lüschow HM (1994b) Zur Bestimmung von Platin-gruppenelementen (PGE) in geologischen Proben mittels Graphitrohr-AAS nach der Nickelsulfid-Dokimasie. Erzmetall 47: 45-52

Zereini F, Alt F, Rankenburg K, Beyer J, Artelt S (1997) Zur Bestimmung von Platingruppenelementen (PGE) in Böden - Platinmetall-Emission durch Abrieb des Abgaskatalysatormaterial. UWSF-Z Umweltchem Ökotox 5: 130-134

Zientek C (1992) Zur Verteilung der Platingruppenelemente (PGE) entlang der Autobahn A 66 Frankfurt - Wiesbaden. Diplomarbeit am Inst f Geochemie, Petrologie und Lagerstättenkunde, J W Goethe-Universität Frankfurt

3.3 PGE-Konzentrationen in Böden entlang der Autobahnen A 45 und A 3 im Vergleich zu Böden im Einflußbereich der edelmetallverarbeitenden Industrie in Hanau

F. Dirksen, F. Zereini, B. Skerstupp, H. Urban.
Institut für Mineralogie der J. W. Goethe-Universität, Frankfurt am Main

Einleitung

Mit der Einführung des Autoabgas-Katalysators in den achtziger Jahren in der BRD begann eine kontroverse Diskussion über Platinmetall-Emissionen und ihre eventuellen Auswirkungen auf Mensch und Umwelt, da insbesondere arbeitsmedizinische Untersuchungen die Toxizität einer Reihe von Platinverbindungen (z. B. lösliche Platinsalze) belegen (Merget u. Schultze-Werninghaus 1997).

Im Abgas-Katalysator werden die Elemente Platin, Rhodium und Palladium verwendet, um die Autoabgase von Schadstoffen wie Stickstoffoxiden, Kohlenstoffmonoxid und Kohlenwasserstoffen zu reinigen. Durch mechanische Beanspruchung des Katalysatormaterials, d.h. durch Temperaturerhöhung und Erschütterung, werden jedoch die Platinmetalle in geringen Mengen in die Atmosphäre freigesetzt, was zu einer Erhöhung der Platinmetall-Konzentration in der Umwelt führt (u.a. Cubelic et al. 1997; Dirksen 1998; Helmers u. Mergel 1997; Laschka et al. 1996; Zereini 1997. Nach Zereini et al. (1997a) liegt der geogene Hintergrundwert von Platin für „unbelastete" Böden bei ca. 1 µg/kg, während die Pt-Konzentration in der Erdkruste 0.4 µg/kg beträgt (Wedepohl 1995). Neben den Platinmetall-Emissionen aus Autoabgaskatalysatoren sind die Produktionsanlagen edelmetallverarbeitender Betriebe möglicherweise die Emissionsquelle für eine großflächige Verbreitung von Platingruppenelementen (PGE) in der Biosphäre (Boyd et al. 1997). Nicht unbeträchtlich sind zudem die Platinausträge aus Krankenhäusern, die durch die Verabreichung der platinhaltigen Verbindungen Cisplatin und Carboplatin zur Chemotherapie bei Krebserkrankungen anfallen (Kümmerer u. Helmers 1997).

In der vorliegenden Arbeit wurde der Einfluß der Platinmetall-Emissionen aus edelmetallverarbeitenden Betrieben im Vergleich zu denjenigen aus Autoabgas-Katalysatoren in straßennahe Böden in der Umgebung von Hanau untersucht.

Probennahme und Analytik

Die Probennahme konzentrierte sich auf das Industriegebiet Hanau-Wolfgang, wo seit langer Zeit edelmetallverarbeitende Betriebe ansässig sind, und die Autobahnen A 3 und A 45 in der Umgebung von Hanau. Die Probennahme von Böden erfolgte zwischen Februar und Juli 1995. Die Entnahme der Proben erfolgte direkt neben der Fahrbahn, d. h. etwa 10–15 cm neben dem Asphalt im Grünstreifen. Die Entnahmetiefe umfaßt je nach Bodenbeschaffenheit die obersten 1–2 cm des Bodens. Nach Möglichkeit repräsentiert eine Probe einen Autobahnabschnitt von 1 km Länge.

Folgende Gebiete wurden beprobt:

- Böden im Einflußbereich der Autobahnabschnitte A 3 und A 45
- Böden im Einflußbereich der edelmetallverarbeitenden Industriebetriebe
- Böden in einem industrienahen Wald (Staatsforst Wolfgang)

Die Bodenproben wurden bei Raumtemperatur getrocknet und anschließend auf die Kornfraktion < 2 mm gesiebt, um die groben Bestandteile abzutrennen. Anschließend wurden aus dem homogenisierten Probenmaterial je Probe 50 g Substanz in einen Quarztiegel eingewogen und 2 Stunden im Muffelofen bei einer Temperatur von 640 °C geglüht. Die PGE-Bestimmung erfolgte mittels Graphitrohr-AAS (5100 PC der Fa. Perkin-Elmer) nach Voranreicherung mit der Nikkelsulfid-Dokimasie (Zereini et al. 1994).

Ergebnisse und Diskussion

Konzentration und Verteilung von Platingruppenelementen in Böden

In den Bodenproben entlang der untersuchten Autobahnabschnitte der A 3 und A 45 wurden von den Platingruppenelementen nur Pt, Rh und Pd in meßbaren Konzentrationen festgestellt, während Ruthenium und Iridium mit dem angewandten Analysenverfahren nicht nachgewiesen werden konnten (Tabelle 1). Eine Ausnahme bilden lediglich die vier Bodenproben, die an der A 45 zwischen Autobahnkilometer 237.0 und 234.0 entnommen wurden. In diesen Proben treten neben Pt, Pd und Rh auch Ir und Ru auf (Tabelle 1). Da diese Elemente nicht Bestandteil des Drei-Wege-Katalysators sind, ist ihr Ursprung möglicherweise in den betreffenden edelmetallverarbeitenden Betrieben bei Hanau zu suchen. Dieser Sachverhalt steht im Einklang mit den Ergebnissen der Bodenproben, die direkt im Einflußbereich dieser Betriebe entnommen wurden und in denen alle Platingruppenelemente (außer Osmium) auftreten (Tabelle 1). Die Platingruppen-elemente Pt, Pd und Rh erreichen im untersuchten Autobahnabschnitt der A 45 ebenfalls besonders hohe Konzentrationen. Dies resultiert aus der Überlagerung von Kfz-Katalysator- und Industrie-Emissionen. In Stichproben, die im Jahr 1991 entlang dieser Strecke entnommen wurden, zeigte sich eine ähnliche Tendenz (Zientek 1992; Zereini et al. 1993).

Die ermittelten Pt- und Rh-Konzentrationen in den Bodenproben von der A 3 sind im Durchschnitt höher als diejenigen von der A 45. Dies ist darauf zurückzuführen, daß das Fahrzeugaufkommen an der A 3 (70 000 – 72 000 Kfz/24h) größer ist als an der A 45 (25 500 – 42 500 Kfz/24h; Zahlen aus dem Jahr 1993; Quelle:

Autobahnamt Frankfurt). Aus diesem Grund sollten die Pd-Konzentrationen ein ähnliches Ergebnis zeigen. Tatsächlich sind in den Bodenproben von der A 45 die Pd-Gehalte fast doppelt so hoch, wie an der A 3. Ein hoher Anteil von US-Fahrzeugen am gesamten Verkehr zwischen den ehemals wichtigen Standorten der US-Streitkräfte Hanau und Aschaffenburg könnte ein Grund dafür sein, daß der Pd-Gehalt im Boden an der A 45 höher ist als an der A3 mit vermutlich weniger Verkehr amerikanischer Fahrzeuge. Seit Mitte der siebziger Jahre wurden amerikanische Fahrzeuge mit Katalysatoren auf Schüttgutträgerbasis ausgestattet, deren Emissionsrate an Pd und Pt bedeutend höher ist als bei den in Deutschland ausschließlich verwendeten Monolithkatalysator (König et al. 1992).

Tabelle 1. Durchschnitt und Variationsbreite der PGE-Gehalte (in µg/kg) in den Bodenproben. (N = Zahl der Proben)

Lokalität	N	Pt	Pd	Rh	Ru	Ir
A3 – Seligenstadt – Rasthof Weiskirchen	10	61 (23-112)	4 (3-11)	11 (5-18)	<0.9	<0.8
A45 – Seligenstdt - Langenselbold:						
Akm 257-233.15	25	39 (2-115)	9 (1-40)	7 (1-23)	<0.9	<0.8
Akm 237-234	4	93 (25-159)	30 (8-70)	15 (5-28)	13 (4-18)	13 (2-21)
Industriegebiet:						
B8	3	69 (7-120)	56 (2-85)	11 (5-18)	32 (4-66)	6 (2-11)
B43	3	202 (91-391)	35 (8-62)	63 (14-55)	21 (4-35)	10 (1-16)
Staatsforst Wolfg.	12	14 (3-68)	15 (1-35)	<0.9	4 (1-13)	<0.8

In den Bodenproben von Straßen, die direkt an das Industriegebiet angrenzen, wurden alle Platingruppenelemente (außer Osmium) festgestellt. Das leicht flüchtige Os kann zur Zeit aus methodischen Gründen noch nicht bestimmt werden. Die Proben weisen im Durchschnitt die weitaus höchsten PGE-Konzentrationen der im Rahmen dieser Arbeit untersuchten Bodenproben auf. Auch die Schwankungsbreite der PGE-Gehalte ist in diesen Proben besonders groß (Tabelle 1). Die große Variation der PGE-Gehalte gilt nicht nur in bezug auf die verschiedenen Straßen, sie besteht auch zwischen den einzelnen Proben derselben Straße, wie etwa der B8 (Aschaffenburger Straße). Entlang einer Strecke von 300 m Länge wurden drei Bodenproben entnommen. Jede Probe repräsentiert einen Straßenabschnitt von 100 m Länge. In diesen Proben wurden Pt-Gehalte von 120, 81 und 7 µg/kg bestimmt. Diese sprunghafte Verteilung der Pt-Konzentrationenen gilt auch für die übrigen Platingruppenelemente. Ein ähnliches Verhalten wurde in den Bodenproben entlang der Autobahnen A 3 und A 45 beobachtet. Die Verteilungskurven von Pt, Rh und Pd entlang der A 45 verlaufen überwiegend sprunghaft und weisen auf eine inhomogene Verteilung der Elemente (Abb. 1) hin. Eine ähnliche Tendenz besteht auch an der A 3. Die Pt- und Rh-Konzentrationen zeigen entlang der Autobahnabschnitte z.T. ausgeprägte Schwankungen auf kleinem Raum. Als Ursache kommen mehrere Faktoren in Betracht: Zum Beispiel unterschiedliches Verkehrsaufkommen zwischen den verschiedenen Autobahn-Anschlußstellen, unterschiedliche Anreicherung der emittierten Partikel (Regenwasser, Wind) sowie die Geländemorphologie und Art der Probennahme. Auch das Fahrverhalten könnte hier ein Rolle spielen, da Bodenproben aus dem Bereich von Beschleunigungsstreifen höhere PGE-Gehalte aufweisen.

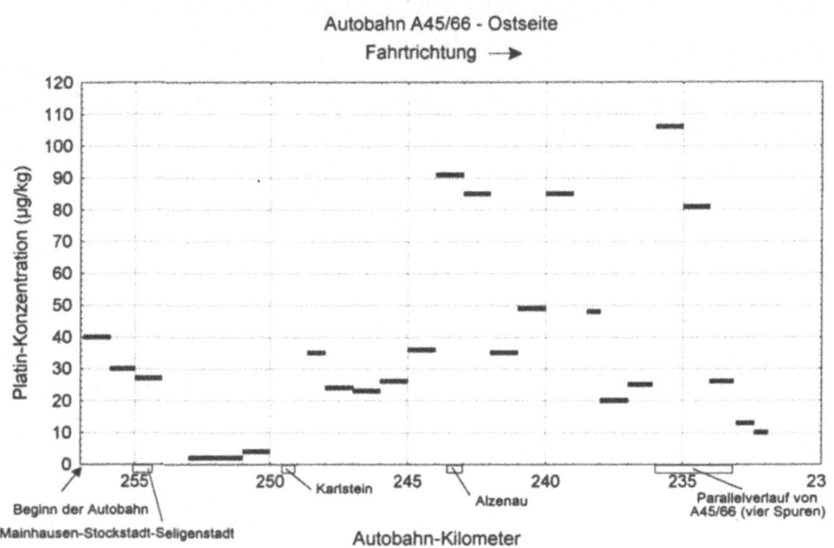

Abb. 1. Platinkonzentration entlang der Autobahn A 45

In den Bodenproben von der Autobahnstrecke A 45 besteht eine signifikante Korrelation zwischen Pt und Rh. Der Korrelationskoeffizient liegt bei 0.93 (Abb. 2). Dieses Korrelationsverhalten steht wiederum in Beziehung zu dem Tatbestand, daß der Abgaskatalysator beide Elemente enthält. Eine ähnliche Tendenz läßt sich auch in den Bodenproben von der A 3 feststellen. In den Proben von der A 3 korreliert Pt mit Rh mit einem Korrelationskoeffizienten von 0.71 linear positiv.

Das Pt/Rh-Verhältnis der untersuchten Bodenproben von der A 3 lag im Durchschnitt bei 5.5 : 1, was in etwa dem Verhältnis beider Elemente im Drei-Wege-Katalysator entspricht. Abweichungen von diesem Verhältnis in einigen Proben sind auf die Annäherung der Pt- und/oder Rh-Konzentration an den geogenen Hintergrundwert zurückzuführen, d. h. methodisch bedingt. Eine Ausnahme bilden zwei Proben mit einem Pt/Rh-Verhältnis von 3 : 1. Diese Abweichung könnte bereits den Einfluß des neuen Pd-Rh-Katalysators wiederspiegeln. Für diese Annahme sprechen die relativ hohen Pd- und Rh-Gehalte in diesen Proben. An der A 45 bewegt sich das Pt/Rh-Verhältnis ebenfalls um den Wert von 5 : 1. Eine deutliche Abweichung davon besteht in drei Bodenproben mit hohen Ru- und Ir-Gehalten. In diesen Proben, die in der Nähe des Industriegebiets entnommen wurden, verschiebt sich das Pt/Rh-Verhältnis zugunsten von Pt. Das Pt/Rh-Verhältnis in den einzelnen Proben liegt bei 5.7 : 1, 6.6 : 1 und 7.4 : 1. Auch in zwei Proben von Autobahn-Kilometer 243 und 242 wurde ein Pt/Rh-Verhältnis von 8.3 : 1 und 8.5 : 1 ermittelt. Dies könnte auf einen hohen Pt-Anteil in Industrie-Emissionen zurückzuführen sein.

Das Korrelationsverhalten von Pt und Rh sowie das Verhältnis ihrer Konzentrationen sind Anhaltspunkte dafür, daß der überwiegende Teil der Pla tinmetall-Emissionen in partikulären Form durch mechanische Beanspruchung des Katalysatormaterials in die Atmosphäre gelangt. In Prüfstandversuchen wurde festgestellt, daß ca. 65 % der Platinmetallemission an Partikel > 10 µm gebunden ist, wobei diese Partikel den größten Anteil der gesamt emittierten Partikel darstellen (Artelt 1997). Da das Mengenverhältnis der im Boden auftretenden Metalle demjenigen im Drei-Wege-Katalysator in etwa entspricht, erfahren die emittierten Partikel nach ihrer Ablagerung offensichtlich keine nennenswerte chemische Umwandlung.

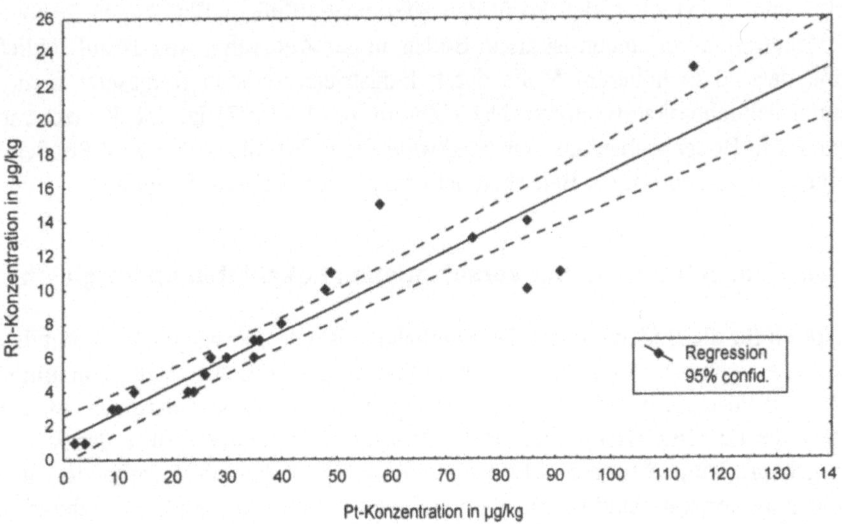

Abb. 2. Korrelation zwischen Platin und Rhodium in den Bodenproben aus A 45 (ohne die Proben von Autobahn-Kilometer 237 bis 234)

Dies läßt darauf schließen, daß eine Fraktionierung der einzelnen PGE beim Transport durch Regenwasser und bei ihrer Deposition im Boden infolge von unterschiedlichen chemischen und physikalischen Eigenschaften – wenn überhaupt – nur untergeordnet erfolgt (Cubelic et al. 1997). Auch in verschiedenen Laborversuchen wurde die geringe Löslichkeit von Platin aus Katalysatormaterial in Böden beobachtet (Zereini et al. 1997b).

Der Einfluß von Industrie-Emissionen auf die Platinmetall-Konzentration im Boden ist deutlich an den Untersuchungsergebnissen der Bodenproben aus dem Staatsforst Wolfgang, die nicht direkt vom Autoverkehr betroffen sind, zu erkennen. In diesen Proben wurden von den Platingruppenelementen insbesondere Pt und Pd in relativ hohen Konzentrationen festgestellt (Tabelle 1). Sie lagen im Durchschnitt um ca. das 14fache höher als der geogene Hintergrundwert von ca. 0.9 µg/kg. Die Konzentration an Pd war durchschnittlich um ca. das 15fache höher als der geogene Hintergrundwert, obwohl die Entnahmestellen bis zu 1880 m entfernt von der A 45 lagen, so daß ein Einfluß des Autobahnverkehrs ausgeschlossen werden kann. Das Auftreten von Pd neben Pt bei fast fehlenden Rh-Gehalten in den Waldproben deutet darauf hin, daß die nahe liegende edelmetallverarbeitende Industrie für die Platinmetall-Konzentration im Boden verantwortlich ist. Nach Zereini (1997) und Rankenburg (1997) treten die höchsten Platinmetall-Gehalte (Pt, Pd und Rh) im Boden – bedingt durch Autoabgaskatalysatoren – direkt am Straßenrand auf und nehmen mit zunehmendem Abstand vom Autobahnrand ab. In einem Abstand von ca. 10 m sind PGE-Gehalte mit dem angewendeten Analysenverfahren nicht mehr meßbar.

Ein Vergleich der Pd-Konzentration von Waldproben und Autobahnproben (A 3 und A 45) zeigt, daß Pd in den Kfz-unbeeinflußten Waldböden in höherer Konzentration vorhanden ist als in Böden an der Autobahn, was darauf schließen läßt, daß Pd in höherem Maße durch Industrieemissionen freigesetzt wird, als durch Autoabgaskatalysatoren. Nach Zereini et al. (1997) lag die Konzentration von Pd in Bodenproben aus dem Stadtwald Frankfurt, die weder vom Straßenverkehr noch von derartigen Betrieben betroffen waren, bei < 0. 5 µg/kg.

PGE-Konzentrationen der verschiedenen Lokalitäten im Vergleich

Typisch für die Böden entlang der Autobahnen ist der überwiegende Pt-Anteil, der 80 % (A 3) bzw. 64 % (A 45) der Gesamtmenge der PGE ausmacht. Die mittleren Rh- und Pd-Konzentrationen liegen an den Autobahnen weit darunter. An der A 45 ist der Pd-Mittelwert größer als der Rh-Mittelwert, in den Proben der A 3 ist es umgekehrt. Ru und Ir sind in Böden an der A 3 praktisch nicht vorhanden, in den Böden an der A 45 sind sie nur innerhalb eines industrienahen Teilabschnitts vertreten (Abb. 3).

Die Bodenproben aus dem Industriegebiet weisen die bei weitem höchsten PGE-Konzentrationen auf und übersteigen die Werte der anderen Probengruppen deutlich. In diesen Proben treten alle Platinmetalle auf, wobei Platin, gefolgt von Pd und Rh mengenmäßig dominiert. In den Waldproben ist besonders auffällig, daß der Mittelwert der Pd-Konzentrationen (15 µg/kg) den der Pt-Konzentrationen (14 µg/kg) sogar übersteigt. Während in Bodenproben aus dem Randstreifen von Autobahnen Pt den mit Abstand größten Anteil an der Gesamtheit der PGE ausmacht, enthält der untersuchte Waldboden also mehr Pd als Pt. Der Pd-Mittelwert (15 µg/kg) der Waldproben ist sogar höher als der Pd-Mittelwert an den Autobahnen (4 µg/kg an der A 3, 9 µg/kg an der A 45). Ru folgt mit geringen Gehalten an dritter Stelle, während Rh und Ir nur in sehr niedriger Konzentration vorliegen und in den meisten Proben nicht nachweisbar sind. Die deutlich voneinander abweichenden Verteilungen der Platinmetalle im Boden deuten darauf hin, daß sich auch die Emissionsquellen voneinander unterscheiden. Weiterhin unterscheiden sich die Emissionen der Industrie und aus Autoabgas-Katalysatoren in bezug auf Transportmechanismen und die räumliche Ausdehnung der PGE-Emissionen. Platinmetall-Emissionen aus Autoabgas-Katalysatoren erfolgen in geringer Höhe oberhalb der Fahrbahnoberfläche und sinken relativ schnell in unmittelbarer Umgebung der Fahrbahn ab, so daß die höchsten PGE- Konzentrationen direkt am Straßenrand auftreten (Cubelic et al. 1997; Zereini 1997).

Die Industrieemissionen erfolgen dagegen in großer Höhe aus Schornsteinen. Dadurch können sie über weite Strecken transportiert werden. Dieser Tatbestand erklärt die erhöhten PGE-Konzentrationen in den Bodenproben des industrienahen Waldes. Bei den Industrieemissionen spielt der Windtransport die Hauptrolle, bei Kfz-Katalysatoremissionen erfolgt der Transport durch Wind, Spritzwasser und Niederschlagsabfluß.

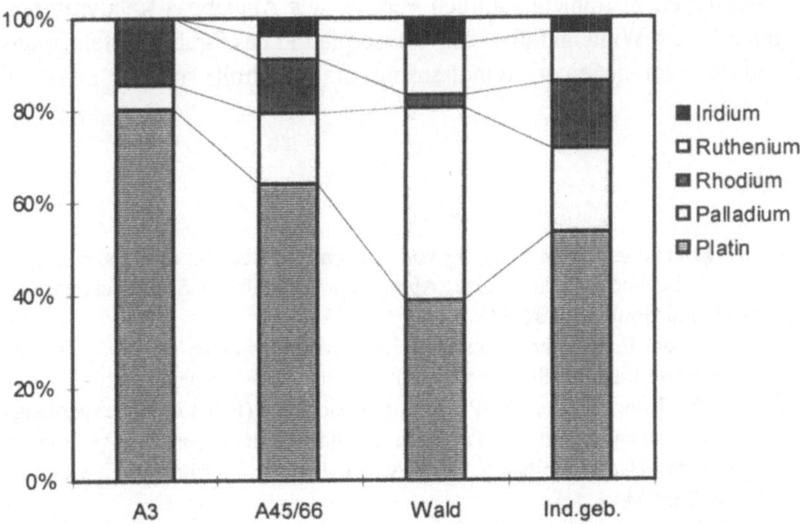

Abb. 3. PGE-Verhältnisse der an der A3, A45, im Waldgebiet und im Industriegebiet entnommenen Proben im Vergleich

Während vielbefahrene Straßen eine linienförmige Emissionsquelle darstellen, die senkrecht zu ihrer Erstreckung die Emissionen verteilt (Golwer 1995), bilden Industrieanlagen punktförmige (einzelne Schornsteine) bzw. flächenhafte (Industriegebiet) Emissionsquellen. Der Transport erfolgt in radialer Richtung, wobei die Hauptwindrichtung entscheidend für den quantitativen Anteil des Transports in die verschiedenen Himmelsrichtungen ist.

Fazit

- Die Untersuchungsergebnisse zeigen, daß die Emissionen auf zwei unterschiedliche Emissionensquellen zurückzuführen sind, deren PGE-Emissionen sich qualitativ und quantitativ voneinander unterscheiden. Bei den Emissionensquellen handelt es sich im untersuchten Gebiet um Kfz mit Abgaskatalysator und edelmetallverarbeitende Betriebe.
- In den Böden entlang der Autobahnen A 3 und A 45 sind nur die Elemente Pt, Pd und Rh nachweisbar, die den aktiven Teil des Autoabgas-Katalysators bilden, während in der Umgebung des Industriekomplexes alle Platinmetalle im Boden vertreten sind.
- Die PGE-Verhältnisse - insbesondere das Pt/Rh-Verhältnis - in den Bodenproben aus dem Industriegebiet unterscheiden sich deutlich von denen der neben den Autobahnen entnommenen Proben.
- Die Platinmetall-Emissionen aus Abgaskatalysatoren sind in der Regel auf die unmittelbare Umgebung von Straßen begrenzt, während die Emissionen aus edelmetallverarbeitenden Industrien eine weitaus großflächigere Verbreitung aufweisen.
- Die emittierten platinmetallhaltigen Partikel aus Autoabgas-Katalysatoren gelangen mit dem Wind und über den Wasserpfad in das Straßenumfeld, während bei Industrieemissionen der Windtransport die Hauptrolle spielt.

Literatur

Artel S (1997) Suche und Identifizierung von gasförmigen katalysatorbürtigen Edelmetallemissionen. Edelmetall-Emissionen. Abschlußpräsentation, GSF-Forschungszentrum für Umwelt und Gesundheit 31-37

Cubelic M, Pecoroni R, Schäfer J, Eckhardt JD, Berner Z, Stüben D (1997) Verteilung verkehrsbedingter Edelmetallimmissionen in Böden. Z Umweltchem Ökotox 9: 249-258

Dirksen F (1998) Konzentration der Platingruppenelemente (PGE) in Böden entlang ausgewählter Autobahnabschnitte im Vergleich zu Böden in der näheren Umgebung des Industriestandortes Hanau-Wolfgang. Dipl.-Arbeit, Institut für Mineralogie.Goethe-Universität Frankfurt/M.

Golwer A (1995) Verkehrswege und ihr Grundwasserrisiko. Eclogae geol Helv 88: 403-419

Helmers E, Mergel N (1997) Platin in belasteten Gräsern. Z Umweltchem.Ökotox 9:147-148

König HP, Hertel RF, Koch W, Rosner G (1992) Determination of Platinum Emissions from a Three-Way Catalyst-Equipped Gasoline Engine. Atmospheric Environment 26A: 741-745

Kümmerer K, Helmers E (1997) Hospital effluents as asource for platinum enviroment. Sci Total Environ 193: 179-184

Laschka D, Striebel T, Daub J, Nachtwey M (1996) Platinum in rainwater discharges from roads. Z Umweltchem Ökotox 8: 124-129

Merget R, Schultze-Werninghaus G (1997) Untersuchungen über toxische und allergische Reaktionen bei Exposition gegen Platinverbindungen. Edelmetall-Emissionen. Abschlußpräsentation, GSF-Forschungszentrum für Umwelt und Gesundheit 95- 102

Rankenburg K (1997) Verteilung von Platingruppenelementen (PGE) in Böden entlang der Autobahn Frankfurt-Mannheim. Dipl.-Arbeit, Institut für Mineralogie, Goethe-Universität Frankfurt/M.

Wedepohl KH (1995) The composition of the continental crust. Geochimica et Cosmochimica Acta 59: 1217-1232

Zereini F (1997) Zur Analytik der Platingruppenelemente (PGE) und ihren geochemischen Verteilungsprozessen in ausgewählten Sedimentgesteinen und anthropogen beeinflußten Umweltkompartimenten Westdeutschlands. Shaker Verlag Aachen

Zereini F, Alt F, Rankenburg K, Beyer J, Artelt S (1997a) Verteilung von Platingruppenelementen (PGE) in den Umweltkompartimenten Boden, Schlamm, Straßenstaub, Straßenkehrgut und Wasser. Z Umweltchem Ökotox 9: 193-200

Zereini F, Skerstupp B, Alt F, Helmers E, Urban H (1997b) Geochemical behaviour of platinum-group elements (PGE) in particulate emissions by automobile exhaust catalysts: experimental results and environmental investigations. Sci Total Environ 206: 137-146

Zereini F, Urban H, Lüschow HM (1994) Zur Bestimmung von Platingruppenelementen (PGE) in geologischen Proben mittels Graphitrohr-AAS nach der Nickelsulfid-Dokimasie. Erzmetall 47: 45-52

Zereini F, Zientek C, Urban H (1993) Konzentration und Verteilung von Platingruppenelementen (PGE) in Böden: Platinmetall-Emission durch Abrieb des Abgaskatalysatormaterials. Z Umweltchem Ökotox 5: 130-134

Zientek C (1992) Zur Verteilung der Platingruppenelemente (PGE) in Böden entlang der Autobahn A66 Frankfurt-Wiesbaden. Diplomarbeit, Universität Frankfurt

3.4 Platin in kommunalen Kläranlagen

D. Laschka, M. Nachtwey
Bayerisches Landesamt für Wasserwirtschaft, München

Einleitung

Seit der Einführung der Katalysatoren im Kfz-Verkehr nehmen die Platinkonzentrationen in den Böden entlang der Autobahnen (Zereini et al. 1993, Cubelic et al. 1997, Zereini el al. 1997) und frequentierten Straßen in den Städten (Farago et al. 1996) zu.

Das freigesetzte Platin lagert sich auch auf den Fahrbahnen ab, wird durch Niederschläge von den Straßen abgewaschen und gelangt schließlich über die Kanalsysteme in die Kläranlagen und Gewässer. In Regenabfluß von einer mit 16.000 Kfz/Tag befahrenen Straße 1991 in Bayreuth wurden Platinkonzentrationen bis 1,1 µg/l gemessen, mit einem Medianwert von 15 ng/l (Laschka et al. 1996). In Straßen-Gullies in Göteborg erreichten die Platinkonzentrationen Werte bis 13,6 ng/l (Morrison u. Wei 1993). Wässer aus mehreren Regensammelbecken entlang der Autobahn A5 wiesen Platinkonzentrationen von 15 - 78 ng/l auf (Zereini et al. 1997).

Platin wird wie andere Schwermetalle im Klärschlamm angereichert. In Untersuchungen der Klärschlammasche aus der Klärschlammverbrennungsanlage der Stadt Stuttgart aus dem Zeitraum von 1972 bis 1993 konnte gezeigt werden, daß die Platingehalte bis 1987 bei geringen Schwankungen um 80 µg/kg lagen (Helmers et al. 1994). Nach 1987 nahmen sie um etwa 100 µg/kg pro Jahr zu, entsprechend einem Anstieg der Jahresfracht um 1,3 kg Pt/Jahr. Dies wird als Beitrag des Kfz-Katalysators gewertet.

Neben dem Kfz-Katalysator findet Platin Verwendung als Katalysator in verschiedenen chemischen Produktionen, in der Elektrotechnik, als Werkstoff in der Meßtechnik, Textilindustrie, Juwelen-Produktion und Medizin. Die Platinverbindungen, insbesondere das s.g. Cisplatin und Carboplatin werden in der Krebstherapie erfolgreich eingesetzt. Einträge aus diesen Bereichen verursachen möglicherweise eine höhere Platinbelastung in Kläranlagen aus Industriezentren, wie dies Edelmetallanalysen in Klärschlamm aus 28 deutschen Kläranlagen zeigen (Lottermoser 1994).

Zur Abschätzung des Platineintrages aus dem Kfz-Verkehr in die Kläranlagen wurden vergleichende Untersuchungen der Platinfrachten bei Trockenwetter und Regenwetter in zwei großen Kläranlagen der Stadt München durchgeführt. Die Platinkonzentrationen bzw. -frachten in den Kläranlagenabläufen bei Regenwetter sollten dabei ein Bild über die zusätzliche Belastung der Gewässer durch das Platin aus dem Kfz-Verkehr geben.

Probenahme und Meßmethoden

Die Abwasserproben in den Kläranlagen wurden mengenproportial als 24-Std-Mischproben in den Kläranlagenzu- bzw. -abläufen entnommen. Die Proben wurden in PE-Flaschen abgefüllt und mit 1 ml HCl (Suprapur) pro 100 ml Probe stabilisiert.

Die Klärschlammproben wurden als Sammelproben genommen und in PE-Flaschen abgefüllt. Der Klärschlamm wurde bei 105° C getrocknet und in einer Kugelmühle durch Mahlen homogenisiert.

Da die Platinkonzentrationen in den Wasserproben in der Regel sehr niedrig liegen, ist die nachweisstarke und zeitaufwendige Bestimmungsmethode der inversen Voltamperometrie erforderlich (Messerschmidt et al. 1992). Die Nachweisgrenze berechnet als Aufschlußblindwert + seine 3-fache Standardabweichung lag bei 4 pg. Dies entspricht bei 30 ml flüssiger Probe ca. 0,1 ng/l.

Stark belastete Proben, insbesondere Klärschlämme wurden mit Königswasser in einer Mikrowellenaufschlußapparatur aufgeschlossen. Die Platinbestimmung erfolgte dann mit der Massenspektrometrie mit induktiv gekoppeltem Plasma. Die HfO-Interferenzen auf den Massen 194 und 195 wurden korrigiert.

Ergebnisse und Diskussion

Platinuntersuchungen in Münchener Kläranlagen

Stadt München ist ein Industriezentrum, in dem neben den Platineinträgen aus dem Kfz-Verkehr Einleitungen aus dem Gewerbe und den Krankenhäusern möglicherweise von Bedeutung sind. Die Abwässer der Stadt werden in zwei Kläranlagen im Verbundbetrieb gereinigt.

Zur Abschätzung des Kfz-bedingten Platineintrages in die Kläranlagen wurden in beiden Kläranlagen Platinkonzentrationen in zwei Untersuchungsserien gemessen. In der Untersuchungsserie im Oktober 1994 wurden Abwasserproben an 7 Tagen vor dem Einsetzen des Niederschlages und an 5 Tagen nach dem Regenbeginn entnommen. Die zweite Untersuchungsserie wurde Ende Juni Anfang Juli 1995 durchgeführt. Hier wurden Abwasserproben drei Tage vor dem Einsetzen des Regens und fünf Tage danach untersucht. Ergänzende Untersuchungen zur Absicherung der Platineinträge wurden an 9 ausgewählten Arbeits- und Feiertagen im Dezember 1995 bis Februar 1996 vorgenommen.

Platinkonzentrationen in den Zu- und Abläufen Münchener Kläranlagen

Die Straßenabwässer bei Niederschlag werden über das Kanalsystem den Kläranlagen zugeführt. Bei starken Regenfällen wird das Mischabwasser in mehreren

Regenrückhaltebecken vorübergehend zurückgehalten und bei nachlassendem Regen langsam den Kläranlagen zugeleitet. Aus diesem Grund werden zu den regenbeeinflußten Platingehalten auch die Werte gerechnet, die nach dem Ende der Niederschlagsperiode, jedoch bei erhöhtem Abfluß der Anlage, gemessen werden.

Die mittleren Platinkonzentrationen sowie deren Standardabweichungen (Tab. 1) liegen bei Regenwetter in der Regel höher als bei Trockenwetter. Nicht in allen Zulaufkanälen steigen jedoch die Platinkonzentrationen bei Regenwetter an. Die Platinkonzentrationen und -frachten in den einzelnen Abwasserkanälen hängen jeweils von der räumlichen Ausbreitung der Niederschläge im Stadtgebiet ab. So waren in der Untersuchung im Oktober 1994 die östlichen Stadtteile stärker durch Niederschlag betroffen als die westlichen (Deutscher Wetterdienst). In der Sommeruntersuchung 1995 erfaßte der Niederschlag überwiegend westliche Stadtgebiete. Dem entsprechend wurden höhere Platinkonzentration im Zulauf Ost bzw. West des Klärwerkes München I gemessen. Im Klärwerk München II, das überwiegend Abwässer aus westlichen Stadtteilen erfaßt, war wegen einer höheren Platin-Grundbelastung bei Trockenwetter der Regeneinfluß nicht signifikant.

Tabelle 1. Platinkonzentrationen im kommunalen Abwasser bei Trocken- und Regenwetter

	Klärwerk München I			Klärwerk München II	
	Zulauf Ost [ng/l]	Zulauf West [ng/l]	Ablauf [ng/l]	Zulauf [ng/l]	Ablauf [ng/l]
Oktober1994					
Trockenwetter	10 ± 2,4	8,1 ± 3,8	4,4 ± 1,1	23,3 ± 7,0	7,6±2,2
Regenwetter	25,9 ± 32,1	10,3 ± 3,1	8,2 ± 8,0	17,3 ± 4,9	10,7±5,4
Juni/Juli1995					
Trockenwetter	29,6 ± 9,1	41 ± 4,6	6,4 ± 2,6	41,8 ± 15,2	9,2±1,4
Regenwetter	26,6 ± 17	91,7± 61,4	12,4 ± 14,4	45,3 ± 24,2	11,7±5,4
Dez.1995-Febr.96					
Trockenwetter	16,9 ± 13	18,6 ± 15,9	8,3 ± 5,1	53,2 ± 28,9	8,8±3,9
Regenwetter	10,8 ± 2,2	7,8 ± 2,3	3,2 ± 1,2	14,4 ± 11,4	10,4±6,7

Platinfrachten in Münchener Kläranlagen

Die Tagesfrachten im Zu- bzw. Ablauf und die Abwassermengen der Klärwerke I und II sind am Beispiel der Sommeruntersuchung 1995 in Abbildung 1 dargestellt. Die Niederschlagsmengen in der Abbildung stellen die mittleren täglichen Niederschlagsmengen von 6 Niederschlagsmeßstellen im Stadtgebiet (Deutscher *Wetterdienst) dar.

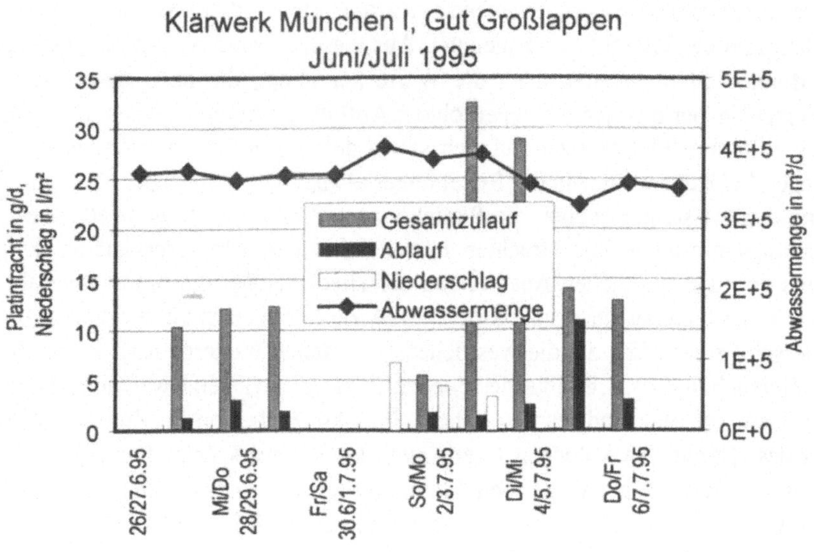

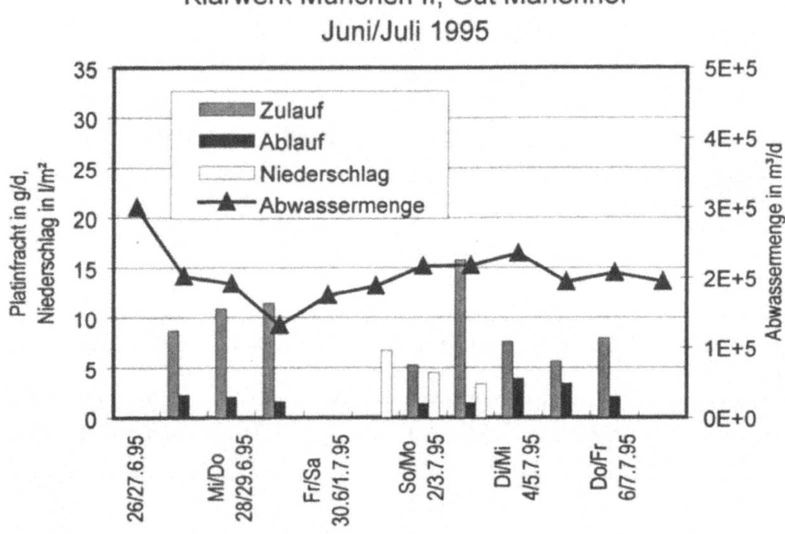

Abb. 1. Platinfrachten in den Zu- und Abläufen der Kläranlagen München I und II, Abwasser- und Niederschlagsmengen, Sommeruntersuchung 1995

Wird der Verlauf der Platinfrachten über die Wochenperiode betrachtet, so fällt auf, daß in allen Untersuchungen die Frachtenminima in den Zuläufen der Kläranlagen stets auf Sonntag/Montag fallen. In den Abläufen treten sie in der Regel Montag/Dienstag auf. Dies ist ein Hinweis auf beträchtliche industrielle Einleitungen. Niederschlagsbedingte Erhöhungen der Platinfrachten treten oft verzögert auf.

Die mittleren Platinfrachten in den Zu- und Abläufen Münchener Klärwerke bei Trockenwetter und Niederschlag sind in Tabelle 2 aufgeführt. Der Platineintrag mit dem Niederschlag läßt sich im Oktober 1994 im Klärwerk München I mit 4,3 g/d beziffern. Im Klärwerk München II ist keine signifikante Erhöhung der Platinfracht bei Regenwetter erkennbar. Beim Regenwetter Ende Juni/Anfang Juli 1995 nahm die Platinfracht im Klärwerk München I gegenüber der Trockenperiode um 10,2 g/d zu. Im Klärwerk München II kann der geringe Anstieg der Platinfracht bei Regenwetter als unbedeutend eingestuft werden.

Ergänzende Untersuchungen von Dezember 1995 bis Februar 1996 zeigten, daß die niedrigsten Tagesfrachten mit 4,0 und 2,4 g (Schneeregen am 25./26.12.95) bzw. 2g (Trockenwetter am 31.12.95/1.1.96, keine Probe Klärwerk II) an Tagen mit niedrigen gewerblichen Einträgen gemessen wurden. Damit lassen sich auch die niedrigen mittleren Tagesfrachten bei Regenwetter erklären. Von den drei regenbeeinflußten Tagen waren zwei Tage Feiertage.

Der durchschnittliche Anstieg der Platinfrachten bei Niederschlag kann aufgrund der hier durchgeführten Messungen mit 6,5 g/d angegeben werden.

Tabelle 2. Platinfrachten in den Münchener Kläranlagen bei Trocken- und Regenwetter

	Klärwerk München I		Klärwerk München II	
	Gesamtzulauf [g/d]	Ablauf [g/d]	Zulauf [g/d]	Ablauf [g/d]
Oktober 1994				
Trockenwetter	2,3 ± 0,6	1,2 ± 0,4	3,0 ± 0,9	1,0 ± 0,3
Regenwetter	6,6 ± 7,6	2,5 ± 2,1	3,0 ± 1,4	1,8 ± 0,9
Juni/Juli 1995				
Trockenwetter	12,1± 1,2	2,1 ± 0,9	8,9 ± 2,4	2,0 ± 0,3
Regenwetter	22,3± 14,6	3,9 ± 3,9	9,6 ± 5,5	2,5 ± 1,3
Dez.1995 - Febr.1996				
Trockenwetter	10,1 ± 8,3	0,4 ± 0,05	7,1 ± 3,9	1,2 ± 0,5
Regenwetter	5,8 ± 1,4	1,0 ± 0,5	3,0 ± 1,8	2,0 ± 1,1

Platin im Klärschlamm

Wegen der langen Verweilzeit vom Schlamm im Nachklärbecken bzw. im Faulturm ist bei Faulschlamm keine zeitliche Zuordnung zu bestimmten Ereignissen möglich. Aus diesem Grund wurden neben dem Faulschlamm Primärschlammproben (Rohschlamm) bei Trocken- und Regenwetter auf ihren Platingehalt hin untersucht. Die Platingehalte in Primärschlamm müßten bei Regenwetter im Vergleich zu Trockenwetter ansteigen, wenn der Kfz-Verkehr die dominierende Pt-Quelle imAbwasser sein sollte. Untersuchungen in der Kläranlage Bayreuth zeigten einen Anstieg der Platingehalte von Trockenwetter- zu Regenwetterperioden um den Faktor 4 (Horstmann et al. 1992). Allerdings lag die Grundbelastung dieses Roh schlammes mit ca. 15 µg/kg deutlich unterhalb der des Münchener Rohschlammes.

Die durchgeführten Untersuchungen zeigten, daß der mittlere Platingehalt im Primärschlamm bei Trockenwetter (152 ± 125 µg/kg m_T) in der gleichen Größenordnung liegt wie bei Regenwetter (127 ± 47 µg/kg m_T). Es konnte kein Anstieg infolge eines Kfz-bedingten Eintrages nachgewiesen werden.

Ein Hinweis auf mögliche Platinquellen im kommunalen Abwasser lieferten ergänzende Untersuchungen im Primärschlamm, der an unterschiedlichen Wochentagen entnommen wurde. Dabei wurden neben Platin andere Edelmetalle und Antimon, das aus dem Kfz-Verkehr auf die Straßen gelangt (Peichl et al. 1994), bestimmt. Signifikant höhere Platingehalte bei Regenwetter gegenüber Trockenwetterverhältnissen wurden nur im Primärschlamm, der am Wochenende, also an Tagen mit einem geringen gewerblichen Eintrag entnommen wurde, gemessen. Die Antimongehalte in diesen Proben verhielten sich entsprechend. Hohe Platin- und Goldgehalte im Primärschlamm wurden in der Wochenmitte bei Trockenwetter gemessen. Aus der inhomogenen Verteilung der Edelmetalle und dem Platin/Gold-Verhältnis in den Proben kann angenommen werden, daß als mögliche Gold- und Platinquelle die Zahnarztpraxen (Goldinlays) in Betracht kommen.

Der mittlere Platingehalt im Faulschlamm Münchener Kläranlagen betrug 161 ± 72 µg/kg m_T. Als Vergleich können die von Lottermoser (1994) durchgeführten Untersuchungen in 28 deutschen Kläranlagen unterschiedlicher Größe herangezogen werden. In Klärschlämmen aus größeren Städten und Industriezentren wurden Platingehalte zwischen 10 und 130 µg/kg gemessen. In einer Kläranlage (Pforzheim) lag der Platingehalt mit 1070 µg/kg extrem hoch. Er ist durch die hier angesiedelte Juwelenindustrie bedingt. In kleineren ländlichen Kläranlagen enthielten die Klärschlämme zwischen <10 bis 50 µg/kg Platin. Eine signifikante positive Korrelation der Platingehalte zu Gold- und Palladiumgehalten wurde festgestellt.

Zur Beurteilung der Platinbelastung Münchener Klärschlämme wurden Platingehalte in Klärschlammproben (Faulschlamm) aus 23 mittleren und kleinen bayerischen Kläranlagen bestimmt. Im Klärschlamm von 20 der untersuchten Kläranlagen wurden Platingehalte zwischen 2 und 58 µg/kg m_T gemessen, in 3 Kläranlagen lagen sie über 100 µg/kg m_T. Diese haben in ihrem Einzugsgebiet Betriebe der Elektronik und Leiterplattenherstellung.

Platinbilanzen in den Kläranlagen

Aus den durchgeführten Untersuchungen ergibt sich für beide Münchener Kläranlagen insgesamt eine Jahreseintragsfracht von 5,3 kg Platin. Davon werden 1,3 kg/a in die Vorfluter eingeleitet. Die durchschnittliche Eliminationsrate durch Abwasserreinigung liegt hier mit 75 %, etwas niedriger als bei anderen Schwermetallen wie Blei und Cadmium. Dies ist möglicherweise auf die stabilisierende Wirkung von Chlorid, das im kommunalen Abwasser in höheren Konzentrationen vorhanden ist und die niedrigen Platingehalte im Rohabwasser (<0,1 µg/l) zurückzuführen.

Aus dem jährlichen Klärschlammanfall und den mittleren Platinkonzentrationen im Klärschlamm geht hervor, daß 6,5 kg Platin/a mit dem Klärschlamm aus den Kläranlagen eliminiert wird. Wird die Platinelimination aus der Differenz der Platinfrachten in den Zu- und Abläufen der Kläranlagen errechnet, so liegt sie mit

4 kg/a in der gleichen Größenordnung.

Platinbelastung durch den Kfz-Verkehr

Der Platineintrag in die Kläranlagen infolge der Emissionen aus dem Kfz-Verkehr (Laschka u. Nachtwey 1997) wurde berechnet aus dem durchschnittlichen Anstieg der Platinfrachten durch den Regen von 6,5 g/d und 139 Tagen im Jahr mit Niederschlägen >1 mm (Durchschnitt aus den Jahren 1994 und 1995). Hieraus ergibt sich ein jährlicher Platineintrag in die Münchener Kläranlagen verursacht durch den Verkehr von 0,9 kg/a. Dies ist ca. 17 % des gesamten Platineintrages in die Kläranlagen.

Eine neue Abschätzung wird vorgenommen anhand der Platinemissionen aus dem Kfz-Verkehr von 270 ng/km, die aus der Platinbelastung der Böden entlang der A67 von Zereini et al. (1997) errechnet wurden. Daraus resultiert bei einer Kfz-Fahrleistung im Stadtgebiet von 20 Millionen km pro Tag (Statistisches Amt 1996) und einem Anteil von 51 % an Kraftfahrzeugen mit Katalysator (ADAC 1996) eine jährliche Platinemission aus dem Kfz-Verkehr von 1 kg/a.

Die dritte Abschätzung basiert auf den Platindepositionsdaten im Stadtgebiet München, die in früheren eigenen Untersuchungen ermittelt wurden. Die Platindeposition lag in 10 m Entfernung von stark befahrenen Straßen bei 20 ng/m²d, sie dürfte an der Fahrbahn jedoch, gemessen an der Reichweite des Platins (Helmers et al. 1994) um den Faktor 3 - 4, also bei 60 - 80 ng/m²d liegen. Wird das abgelagerte Platin von den 31,4 Millionen m² an befestigten Flächen (Fahrbahnen, Fahrwege, Gehwege, Parkplätze) im Stadtgebiet (Statistisches Amt 1996) abgewaschen, entspricht dies einem möglichen jährlichen Platineintrag von 0,6 - 0,8 kg/a.

Andere Platinquellen im kommunalen Abwasser

Zur Aufklärung von anderen Platinquellen im kommunalen Abwasser wurden Einzelproben aus ausgewählten indirekt einleitenden Betrieben untersucht. In Abwässern eines Mikroelektronikherstellers wurden Platingehalte von 11 - 33 ng/l gemessen. Auch in Stichproben aus den Abwasserkanälen zweier Krankenhäuser mit onkologischen Stationen lagen die Platingehalte mit 5,6 und 31 ng/l niedrig. In Abwässern von zwei Krankenhäusern in Stuttgart wurden von Kümmerer und Helmers (1996) Platinkonzentrationen von ca. 110 - 176 ng/l tagsüber und 38 ng/l nachts ermittelt. Die Aufstockung der Platinkonzentrationen im kommunalen Abwasser schätzen die Autoren auf 1 - 2 ng/l. Der mögliche Platineintrag aus der medizinischen Anwendung kann in München aufgrund der durchgeführten Umfrage in allen wichtigen Kliniken und Krankenhäusern aus dem Verbrauch von Platincytostatika 1994 und 1995 mit rund 500 g Platin angegeben werden. Dies entspricht einer Aufstockung der Platinkonzentrationen im Münchener Abwasser von 3 ng/l.

Das gleichzeitige Auftreten hoher Platin und Goldgehalte im Primärschlamm gab den Anlaß zur Untersuchung des Inhaltes eines Amalgamabscheiders in einer Zaharztpraxis. Im Überstand vom Amalgamabscheider wurden 6,2 µg/l Platin und

42 µg/l Gold, im Schlamm 2,7 g/kg m_T Platin und 77 g/kg m_T Gold gemessen.

Zusammenfassung

Zur Abschätzung des Kfz-bezogenen Eintrages von Platin in die kommunalen Kläranlagen wurden Platinuntersuchungen in Abwasser und Klärschlamm in zwei großen Kläranlagen der Stadt München bei Trockenwetter und Niederschlag durchgeführt. Der durchschnittliche Anstieg der Platinfrachten von 6,5 g/d, an Tagen mit regenbedingt erhöhten Zuflüssen zu den Kläranlagen, wird als Eintrag aus dem Kfz-Verkehr gewertet. Der mittlere Platineintrag in die Kläranlagen wurde 1994/95 mit 5,3 kg/a ermittelt. Davon werden 1,3 kg Platin/a in die Vorfluter eingeleitet. Das Platin wird durch Abwasserreinigung im Schnitt zu 75 % eliminiert.

Der mittlere Platingehalt im Klärschlamm lag mit 161 µg/kg m_T hoch, im Vergleich mit vielen kleineren Kläranlagen in Bayern und im Bundesgebiet.

Aus den ermittelten Tagesfrachten an Tagen mit regenbedingt erhöhten Abflüssen der Kläranlagen wurde der Jahreseintrag von Platin aus dem Kfz-Verkehr mit 0,9 kg abgeschätzt.

Der Verlauf der Platinfrachten in der Wochenperiode und die anhand der Messungen durchgeführte Abschätzung zeigen, daß in einer Industriestadt, wie München der Automobilverkehr nicht die dominierende Platinquelle im kommunalen Abwasser darstellt.

Literatur

ADAC (1996): persönliche Mitteilung

Cubelic M, Pecoroni R, Schäfer J, Echardt JD, Berner Z, Stüben D (1997) Verteilung verkehrsbedingter Edelmetallimmissionen in Böden. UWSF - Z Umweltchem Ökotox 9 : 249-258

Deutscher Wetterdienst Klimadaten, Mitteilung 1994,1995, 19996

Helmers E, Mergel N, Barchet R (1994) Platin in Klärschlammasche und an Gräsern. UWSF - Z Umweltchem Ökotox 6: 130-134

Kümmerer K, Helmers E (1997) Hospital effluents as a source for platinum in the environment. The Science of the Total Environment 193: 179-184

Laschka D, Nachtwey M (1997) Platinum in municipal sewage treatment plants. Chemosphere 34: 1803-1812

Laschka, D, Striebel T, Daub J, Nachtwey M (1996) Platin in Regenabflu8 einer Straße. UWSF - Z Umweltchem Ökotox 8: 124-129

Lottermoser BG (1994) Gold and Platinoids in sewage sludges. Intern J Environmental Studies 46: 167-171

Messerschmidt J, Alt F, Angerer J, Schaller H (1992) Adsorptiv voltametric procedure of platinum baseline levels in human body fluids. Fresenius J Anal Chem 343: 391-394

Morrison GM, Wei Ch (1993) Urban Platinum, In: Marselek J., Temo K.C. [Hersg.] Proc. 6th Int. Conf. on Urban Storm Drainage Vol 1: 652-657

Peichl L, Wäber M, Reifenhäuser W (1994) Schwermetallmonitoring mit der Standardisierten Graskultur im Untersuchungsgebiet München - Kfz-Verkehr als Antimonquelle? UWSZ - Z Umweltchem Ökotox 6: 63-69

Planungsreferat (1996): persönliche Mitteilung

Statistisches Amt der Landeshauptstadt München (1996) persönliche Mitteilung

Zereini F, Zientek C, Urban H (1993) Konzentration von Platingruppenelementen (PGE) in Böden. UWSF - Z Umweltchem Ökotox 5: 130-134

Zereini F, Alt F, Rankenburg K, Beyer J-M, Artelt S (1997) Verteilung der Platingruppenelemente (PGE) in den Umweltkompartimenten Boden, Schlamm, Straßenstaub, Straßenkehrgut und Wasser. UWSF - Z Umweltchem Ökotox 9: 193-200

3.5 Biomonitoring verkehrsbedingter Platin-Immissionen

D. Laschka[1], M. Nachtwey[1], M. Wäber[2], C. Dietl[2], L. Peichl[2]
[1] Bayerisches Landesamt für Wasserwirtschaft, München
[2] Bayerisches Landesamt für Umweltschutz, München

Einleitung

Ständig steigendes Verkehrsaufkommen führt in den Ballungsgebieten zu Kontaminationen der Umwelt, insbesondere der Vegetation, Böden und Gewässer, durch verkehrsbedingte Schadstoffe. Mit der Einführung des geregelten Drei-Wege-Katalysators wurden die Kfz-Emissionen gasförmiger Schadstoffe wie Kohlenmonoxid, Kohlenwasserstoffe und Stickstoffoxide erheblich reduziert, die Abgase aus diesen Kfz enthalten jedoch Edelmetalle und bewirken eine starke Aufstokkung der ursprünglich sehr niedrigen Konzentrationen der Platingruppenelemente in den entsprechenden Umweltkompartimenten.

Das vom Kfz-Verkehr freigesetzte Platin lagert sich auf der Fahrbahn und in deren Nähe ab (Cubelic et al. 1997; Farago et al. 1996; Zereini et al. 1997). Die Platinkonzentrationen hängen dabei von der Verkehrsbelastung und der Entfernung von der Fahrbahn ab. In Zusammenarbeit mit dem Bayerischen Landesamt für Umweltschutz (LfU) führte die ehemalige Bayerische Landesanstalt für Wasserforschung (heute Bayer. Landesamt für Wasserwirtschaft, Institut für Wasserforschung) für das LfU-Forschungsvorhaben „Pilotprojekt Wirkungsmessung - Aktives Biomonitoring von Immissionswirkungen im Untersuchungsgebiet München“ und für ein eigenes Forschungsvorhaben „Eintrag von Platin aus den Kfz-Katalysatoren in die Umwelt" die ersten Platin-Untersuchungen an standardisierter Graskultur, einem Akkumulationsindikator für Luftschadstoffe, an unterschiedlich stark vom Verkehr belasteten Standorten durch. Ziel dieser Untersuchungen war es, einerseits die Eignung der standardisierten Graskultur (VDI-Richtlinie 3792 1978) zum Aufzeigen von Platin-Immissionswirkungen darzulegen, andererseits die verkehrsbezogene Herkunft von Platin im Straßenstaub im Stadtgebiet abzusichern.

Ergänzend und als Vergleich zur Weidelgrasmethode wurde zur Ermittlung der flächenbezogenen Platin-Immissionen die Bergerhoff-Depositionssammlung nach VDI-Richtlinie 2119 (1972) eingesetzt. Das Datenmaterial sollte dabei zur groben Abschätzung der Platineinträge aus dem Kfz-Verkehr durch Abschwemmungen aus den Straßen in Kläranlagen und Gewässer herangezogen werden.

Methoden

Die angewandte Methode der standardisierten Graskultur ist in Peichl et al. (1994) ausführlich beschrieben. Von Mitte Mai bis Anfang Oktober 1992 und 93 wurden 14-tätig kleine Kulturen (14 cm Durchmesser) von Welschem Weidelgras, *Lolium multiflorum* Sorte Lema, exponiert. Die Exponate wurden geringfügig abweichend von der VDI Richtlinie in einer Höhe von 1,8 m, in einem Fall standortbedingt in 3,5 m angebracht.

Die Gesamtdeposition gemäß VDI 1972 wurde an den Standorten, an denen das Weidelgras exponiert wurde, in offenen Polypropylengefäßen mit 9 cm Durchmesser gesammelt. Die Expositionszeit betrug 28 Tage.

Aufgrund der zu erwartenden sehr niedrigen Platingehalte in den Proben wurde die nachweisstarke Methode der inversen Voltamperometrie eingesetzt (Messerschmidt et al. 1992). Die Nachweisgrenze, berechnet als Aufschlußblind-wert plus seine 3-fache Standardabweichung betrug 3 pg. Dies entspricht bei einer Einwaage von 100 mg einer Nachweisgrenze von 0,03 µg/kg Trockensubstanz (TS). Bei der Gesamtdeposition wurden die Proben nach dem gemäß VDI 1972 durchgeführten HNO_3-Aufschluß einem weiteren für die voltamperometrische Bestimmung erforderlichen Mineralisierungsschritt im Hochdruckverascher (Messerschmidt et al. 1992) unterzogen.

Es wurden Weidelgras-Einzelproben (je Standort und Expositionsserie) und Mischproben (aus mehreren Einzelproben je Standort und Expositionsjahr) auf ihren Platingehalt hin analysiert. Leider waren zur Herstellung von Mischproben für das Jahr 1992 Proben von nur 6, für das Jahr 1993 von nur 9 aus insgesamt 10 Expositionsserien für die 9 untersuchten Standorte vorhanden. Für 4 Exposionsserien 1992 und eine 1993 stand nach vorangegangenen Analysen der Weidelgras-Einzelproben auf Aluminium, Antimon, Arsen, Blei, Chrom, Mangan und Titan kein Probenmaterial für die Platinanalysen zur Verfügung. Die Bestimmung der genannten Elemente ist in Peichl et al. (1994) beschrieben.

Für die ergänzenden Untersuchungen der Gesamtdeposition wurden zwei Expositionsserien ausgewählt, bei denen für 8 von den 1993 untersuchten Standorten, die Proben noch vorhanden waren.

Ergebnisse und Diskussion

Platin-Immisionsmessungen an Weidelgras

Die untersuchten Standorte wurden entsprechend Verkehrseinfluß in Belastungsklassen eingeteilt: Standorte unter unmittelbarem Verkehrseinfluß in max. 10 m Abstand zu Hauptverkehrsstraßen und ampelgeregelten Kreuzungen (I), Standorte unter indirektem Verkehrseinfluß bei 20 - 50 m Abstand zu Hauptverkehrsstraßen (II), im innerstädtischen Wohngebiet in verkehrsberuhigten Zonen bzw. an Nebenstraßen (III) und ländlich geprägte bzw. Randlagenstandorte (IV), die eine Hintergrundbelastung repräsentieren. Durch die Klassifizierung wird der Einfluß der Verkehrsbelastung und der Schadstoffreichweite auf die gemessenen Expositionswerte ersichtlich. Die Klassifizierung der Standorte ist in Tabelle 1 dargestellt.

Tabelle 1. Klassifizierung der Standorte

Nr.	Standorte	Typ	Verkehrszahlen Kfz/d	Abstand von der Fahrbahn in m
101	Effnerplatz	I	70.000	10
102	Stachus/Karlsplatz	I	87.000	<10
103	Luise-Kiesselbachplatz	I	110.000	<10
104	Pasing	I	47.000	10
105	Moosach, Dachauerstraße	I	34.000	10
109	Petuelring	II	87.000	50
106	Referenz Luise-K.-Platz	III		
112	Martinsried	IV		
113	Oberschleißheim	IV		

Zum Nachweis der verkehrsbezogenen Herkunft von Platin wurden zunächst die Platinkonzentrationen von exponiertem Weidelgras an einem mit 87.000 Kfz/Tag belasteten Standort (München, Stachus) mit denen an einem unbelasteten Referenzort (Flugplatz Oberschleißheim) 1992 verglichen. Dabei zeigte sich, daß der Mittelwert der Platingehalte in Weidelgras am Standort Nr. 102 (0,94 µg/kg TS), in weniger als 10 m Abstand vom Straßenrand, um den Faktor 4,7 höher liegt als der Mittelwert am Standort 113 Oberschleißheim (Wäber et al. 1996). Um den Faktor 2,7 unterscheiden sich die mittleren Bleigehalte und um den Faktor 15 die mittleren Antimongehalte im Weidelgras beider Standorte. Antimon ist nach Untersuchungen des LfU ein Kfz-typischer Schadstoff (Peichl et al. 1994; Dietl et al. 1997). Eine bedeutende Quelle für Antimon im Straßenstaub dürfte der Abrieb von Bremsbelägen sein. Die Platin-Immissionen, die in Weidelgras-Mischproben von unterschiedlich stark durch den Verkehr belasteten Standorten im Untersuchungsgebiet München 1992/1993 gemessen wurden, zeigt Abb. 1. Die Platinbelastung von Weidelgras nimmt mit den steigenden Verkehrszahlen zu. Unerwartet hoch liegt die Konzentration in der Weidelgras-Mischprobe am Standort Stachus 1992 im Vergleich mit dem Mittelwert der Einzelmessungen (0,94 µg/kg TS). Die Platinkonzentrationen 1992 beruhen auf einmaligen Messungen. 1993 wurden die Konzentrationen in den Weidelgrasmischproben durch Doppel- bzw. Dreifachanalysen ermittelt. Die relative Standardabweichungen der Mittelwerte (RSD) lagen dabei zwischen 8 -39 %. Die hohen RSD sind möglicherweise auf die Inhomogenität der Proben zurückzuführen. Somit beruht der Unterschied am Standort 102 entweder auf den unterschiedlichen Expositionsserien, die zur Herstellung der Mischprobe bzw. zur Bildung der Mittelwertes verwendet wurden, oder auf der Inhomogenität der Proben.

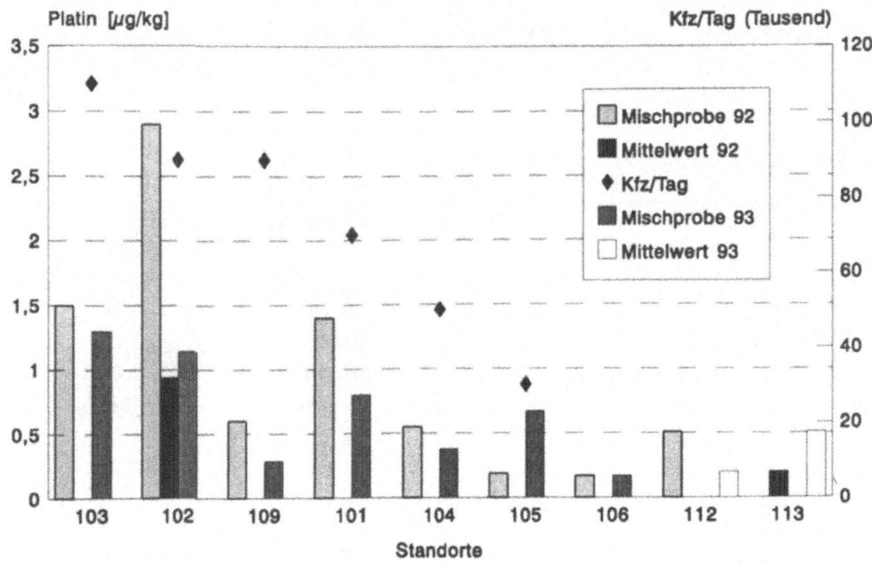

1992 - Mischproben aus 6 Serien, Mittelwerte aus 6 (Nr.102) bzw. 7 (Nr.113) Einzelproben
1993 - Mischproben aus 9 Serien, Mittelwerte aus 8 (Nr.112) bzw. 9 (Nr.113) Einzelproben

Abb. 1. Platinkonzentrationen in Weidelgras an unterschiedlich stark vom Verkehr belasteten Standorten

Die für den verkehrsbelasteten Standort 109 (Petuelring) auffallend niedrige Platinkonzentration läßt sich mit der Entfernung der exponierten Gräser zur Fahrbahn (50m) erklären. Unerklärlich ist dagegen die 1992 für einen unbelasteten Referenzort unerwartet hohe Platinkonzentration am Standort Nr. 112 sowie der 1993 ermittelte Mittelwert am Standort Nr. 113. Beide Werte können nicht als Hintergrundwerte „unbelasteter" Referenzorte eingestuft werden.

Zur Ermittlung der Hintergrundbelastung wurde Weidelgras von einem unbelasteten ländlichen Standort (Chiemsee) untersucht. Die mittlere Platinkonzentration im Weidelgras lag mit 0,04 µg/kg TS um den Faktor 25 niedriger als an fre-quentierten Straßen im Stadtgebiet München.

Platinuntersuchungen am Gras in unterschiedlicher Entfernung zu einer stark befahrenen Autobahn (60.000 Kfz/Tag, 1992) in der Nähe von Stuttgart ergaben-Konzentrationen von 2,9 µg/kg am Autobahnrand (in 0,2 m Entfernung zum Straßenbelag), die mit steigender Entfernung abnahmen (Helmers et al. 1994).

Aus den Immissionswirkungsuntersuchungen mit Graskulturen geht hervor, daß die Antimon-, Blei- und Chromgehalte erhöht sind und mit dem Kfz-Verkehr zusammenhängen (Peichl et al. 1996). Platin in den Weidelgras-Mischproben zeigt eine signifikante lineare Korrelation zu diesen Elementen (Wäber et al. 1996).

Aus der Korrelationsanalyse der Beziehung Platin/Blei und Platin/Antimon (8 Mischproben, 13 Einzelproben, 1992) resultiert, daß sich beide Abhängigkeiten besser über eine exponentielle Funktion beschreiben lassen.

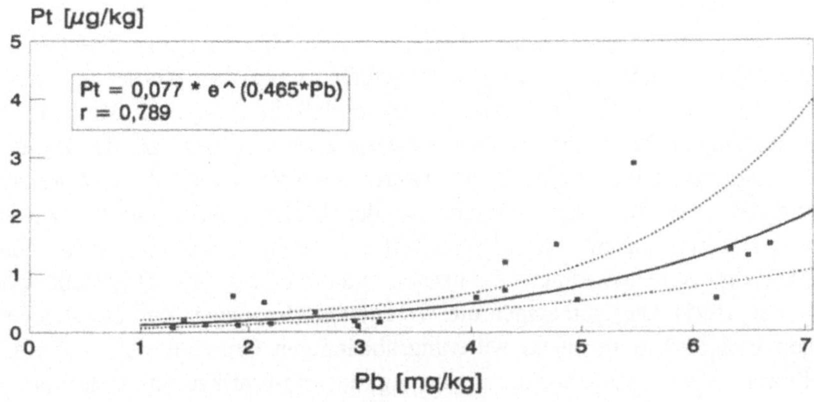

Abb. 2. Korrelation Platin/Blei in Weidelgras, Untersuchungsgebiet München, 1992; volle Linie: Kurvenverlauf, gepunktete Linie: Vertrauensbereich

In Abb. 2 ist diese funktionelle Abhängigkeit am Beispiel von Blei dargestellt. Wenn man davon ausgeht, daß das Blei in der Stadt nahezu ubiquitär verteilt ist, ist einer im Vergleich zu den Blei-Immissionswirkungen sehr viel stärkerer Anstieg der Platin-Immissionswirkungen direkt am Verkehr auch plausibel.

Das molare Verhältnis von Blei/Platin in Weidelgras-Mischproben variiert 1992/1993 in Abhängigkeit von der Verkehrsbelastung zwischen 2000 (Standort Nr. 102, Typ I) und 24000 (Standort Nr. 106, Typ III). Diese Werte sind gut vergleichbar mit den Blei/Platin-Verhältnissen, die von Schierl u. Fruhmann (1996) 1993 und 1994 in der Luft in öffentlichen Verkehrsmitteln in München gemessen wurden (5730 - 17530).

An verkehrsbelasteten Grasproben (Standort 103) führte das LfU 1994 Waschversuche durch mit dem Ziel, Informationen über die Aufnahme bzw. Anlagerung vom Platin in Weidelgras zu gewinnen. Die Ergebnisse ($\text{Median}_{\text{ungewaschen}}$: 3,2 µg/kg TS, $\text{Median}_{\text{gewaschen}}$: 1,2 µg/kg TS) ergeben, daß die Platinkonzentrationen um mehr als die Hälfte durch das Waschen reduziert werden. Somit kann angenommen werden, daß der Großteil der Pt-Emissionen auf der Pflanzenoberfläche abgelagert wird. Ferner bestätigen die Untersuchungen aus den Jahren 1995 und 1996, daß die Platin-Immissionswirkungen in verkehrsbelasteten und -nahen Standorten um etwa eine Größenordnung höher liegen als in verkehrsfernen Randlagen:

Median	Standort Typ I	Standort Typ IV
1995	5,4 µg/kg TS	0,4 µg/kg TS
1996	4,6 µg/kg TS	0,2 µg/kg TS

Platindeposition im Stadtgebiet München

Die Gesamtdeposition von Platin (VDI 1972) wurde 1993 für zwei Expositionsserien an gleichen Standorten, an denen das Weidelgras exponiert wurde, untersucht. Die Ergebnisse der Abb. 1 und Abb. 3 zeigen, daß die Bergerhoff-Methode die verkehrsbedingten Platin-Immissionen teilweise anders aufzeigt als der Bioindikator Weidelgras. Dies hängt möglicherweise mit unterschiedlichen Anreicherungsmechanismen zusammen. Ergebnisse der Bleimessungen führten zu der Erkenntnis, daß anhand der Bergerhoff-Einträge (Trockendeposition und Washout) die verkehrsbedingte Immissionssituation sehr gut dargestellt wird (Dietl et al. 1996). Dagegen zeigen die Weidelgras-Messungen, daß die allgegenwärtigen Bleieinträge zu einem witterungsabhängigen Grundniveau im Weidelgras führen. Ein verkehrsbedingter Anstieg der Pb-Einträge führt nur eingeschränkt zu einem Bleianstieg in der standardisierten Graskultur. Antimon wird dagegen im Weidelgras verhältnismäßig stärker angereichert als im Bergerhoff-Sammler aufgefangen wird.

Zur Aufklärung der Transportmechanismen bei Pt-Immissionswirkungs-messungen wurden 1995/1996 an einem verkerhrsbelasteten Standort Schwebstaub-gebundene Pt-Immissionen gemessen. Es zeigte sich, daß die Platinkonzentrationen in Schwebstaub zwischen 4,42 und 42,4 pg/m^3 (Median 13,6 pg/m^3) liegen, dabei in Grobstaub (2,5 - 10 µm) etwa doppelt so hoch (Median: 8 pg/m^3) wie in Feinstaub (<2,5 µm; Median: 3,9 pg/m^3). Pt-Konzentrationen in gleicher Größenordnung sind auch aus Schwebstaubmessungen in Bussen der Münchener Verkehrsbetriebe bekannt (Schierl u. Fruhmann 1996). Bereits frühere Untersuchungen des LfU (Dietl et al. 1997) ergaben, daß auch das Antimon im Schwebstaub auf den verkehrsnahen Standorten der grobkörnigen Fraktion verstärkt angereichert ist (Feinstaub - Median: 2,4 ng/m^3; Grobstaub - Median: 11,3 ng/m^3).

Offensichtlich wird der partikuläre Eintrag, der für Antimon und Platin in verkehrsnahen Gebieten überwiegen dürfte, durch den Bergerhoff-Sammler nicht im gleichen Maße widerspiegelt wie durch die Weidelgras-Methode. Dies ist möglicherweise auf eine gute Anlagerung der überwiegend im Straßenstaub (verstärkt im Grobstaub) vorhandenen und durch Aufwirbelung verfrachteten Elemente an die Grasoberfläche zurückzuführen. Für einen ähnlichen Transportmechanismus von Platin und Antimon spricht auch eine signifikante lineare Korrelation der Depositionswerte (15 Wertepaare; $r = 0,8$). Zwischen Blei- und Platindeposition konnte dagegen kein funktioneller Zusammenhang festgestellt werden.

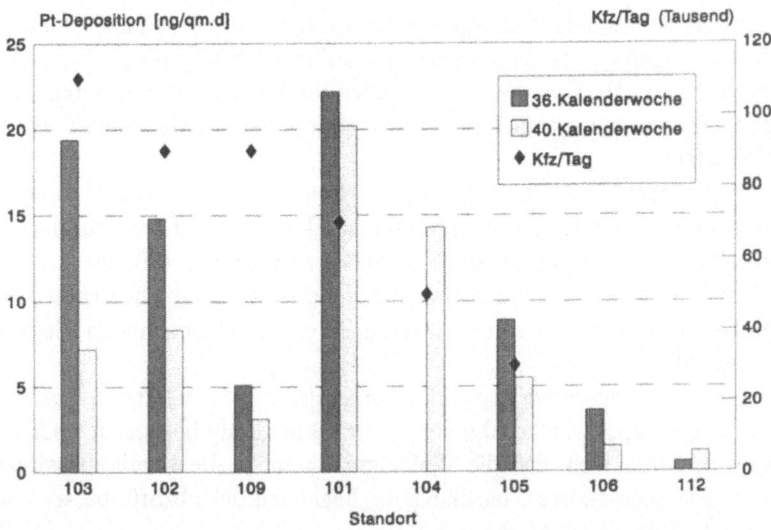

Abb. 3. Platindeposition nach Bergerhoff an unterschiedlich stark vom Verkehr belasteten Standorten 1993

Die maximal mögliche Platinmenge, die mit dem Niederschlag von den Straßen abgeschwemmt werden kann und später in die Kläranlagen bzw. Gewässer gelangt, hängt von der Platindeposition ab. Die höchsten Werte (20 ng/m^{2}d) wurden an stark verkehrsbelasteten Standorten mit 70.000 bzw. 110.000 Kfz/Tag, die niedrigsten (0,6 - 1,2 ng/m^{2}d) in den städtischen Randlagen gemessen. Die niedrige Platindeposition am stark frequentierten Standort 109 (Typ II) hängt, wie die Platinkonzentration im Weidelgras, wahrscheinlich mit der größeren Entfernung der Probenahmestelle vom Straßenrand (50 m statt 10 m) zusammen. Man muß davon ausgehen, daß die Platindeposition auf der Fahrbahn, die für den möglichen Platineintrag in das aquatische Ökosystem von Bedeutung ist, noch höher ausfällt. So nahm nach Untersuchungen von Helmers et al. (1994) die Platinkonzentration in den Gräsern entlang der Autobahn von 2,94 µg/kg in 0,2 m von der Fahrbahn auf 0,9 µg/kg in 10 m Entfernung und auf 0,23 µg/kg in 50 m Entfernung ab. Ähnlich nehmen auch die Platinkonzentrationen im Boden entlang der Autobahnen ab, soweit die Windrichtung und die Morphologie die räumliche Platinverteilung nicht beeinflussen (Zereini et al. 1993).

Aus den Untersuchungen zur Platinbelastung von Staubablagerungen am Straßenrand in Göteborg 1991 (Wei u. Morisson 1993) können Jahresdepositionswerte von 239 ng/m^2 in der Fraktion <63 µm, 215 ng/m^2 in der Fraktion 63-125 µm und 830 ng/m^2 in der Fraktion 125 - 1000 µm errechnet werden. Daraus ergibt sich eine tägliche Platindeposition von 3,5 ng/m^{2}d.

Zusammenfassung

Zum Nachweis der verkehrsbedingten Herkunft von Platin im Straßenstaub wurden Untersuchungen an standardisierter Graskultur (Weidelgras) an unterschiedlich stark durch den Verkehr belasteten Stellen im Raum München durchgeführt. Ergänzend dazu wurde die Immisionssituation mit der Depositionssammlung nach Bergerhoff erfaßt.

Die Platinkonzentrationen im Weidelgras nehmen entsprechend dem steigenden Verkehrseinfluß zu, der sich aus dem Verkehrsaufkommen und der Entfernung zur Fahrbahn ableitet. Sie liegen an stark frequentierten Straßen (70.000 – 110.000 Kfz/Tag) um den Faktor von 25 höher als am unbelasteten ländlichen Hintergrund. Eine signifikante Korrelation von Platin zu anderen verkehrsbedingten Elementen wurde festgestellt.

Die Höchstwerte der Platindeposition an stark verkehrsbelasteten Standorten lagen bei 20 ng/m²d, gegenüber 0,6 – 1,2 ng/m²d in gering belasteten städtischen Randlagen. Es zeigte sich, daß die Weidelgras-Methode die Immissionssituation des Platins, wie auch anderer partikulär verfrachteten Schadstoffe besser widerspiegelt, als die Bergerhoff-Methode.

Literatur

Cubelic M, Pecoroni R, Schäfer J, Echardt JD, Berner Z, Stüben D (1997) Verteilung verkehrsbedingter Edelmetallimmissionen in Böden. UWSF - Z Umweltchem Ökotox 9: 249-258

Dietl C, Wäber M, Peichl L, Vierle O (1996) Monitoring of airborne metals in grass and depositions. Chemosphere 33: 2101-2111

Dietl C, Reifenhäuser W, Peichl L (1997) Association of antimony with traffic - occurence in airborne dust, deposition and accumulation in standardized grass cultures. Sci Tot Environ 205: 235-244

Helmers E, Mergel N, Barchet R (1994) Platin in Klärschlammasche und an Gräsern. UWSF - Z Umweltchem Ökotox 6: 130-134

Messerschmidt J, Alt F, Angerer J, Schaller H (1992) Adsorptiv voltametric procedure of platinum baseline levels in human body fluids. Fresenius J Anal Chem 343: 391-394

Morrison GM, Wei Ch (1993) Urban Platinum, In: Marselek J., Temo K.C. [Hersg.] Proc. 6th Int. Conf. on Urban Storm Drainage Vol 1: 652-657

Peichl L, Wäber M, Reifenhäuser W (1994) Schwermetallmonitoring mit der Standardisierten Graskultur im Untersuchungsgebiet München - Kfz-Verkehr als Antimonquelle? UWSZ - Z Umweltchem Ökotox 6: 63-69

Peichl L, Dietl C, Wäber M (1996) Aktives Biomonitoring von Immissionswirkungen im Untersuchungsgebiet München. Pilotprojekt Wirkungsmessungen. In: Bayerisches Landesamt für Umweltschutz [Hersg.]:Schriftenreihe Heft 136

Schierl R, Fruhmann G (1996) Airborne platinum concentrations in Munich city buses. Sci Total Environ 182: 21-23

VDI-Richtlinie 2119, Blatt 2 (1972) Messen des partikelförmigen Niederschlags mit dem Bergerhoff-Gerät. Verein Deutscher Ingenieure, Düsseldorf

VDI-Richtlinie 3792, Bl.1 (1978) Messen der Wirkdosis; Verfahren der standardisierten Graskultur, Deutsche Norm, Verein Deutscher Ingenieure, Düsseldorf

Zereini F, Zientek C, Urban H (1993) Konzentration von Platingruppenelementen (PGE) in Böden. UWSF - Z Umweltchem Ökotox 5: 130-134

Zereini F, Alt F, Rankenburg K, Beyer J-M, Artelt S (1997) Verteilung der Platingruppenelemente (PGE) in den Umweltkompartimenten Boden, Schlamm, Straßenstaub, Straßenkehrgut und Wasser. UWSF - Z Umweltchem Ökotox 9: 193 - 200

3.6 Relevanz von Platinemissionen durch Krankenhäuser

K. Kümmerer
Institut für Umweltmedizin und Krankenhaushygiene, Albert-Ludwigs-Universität Freiburg

Platinemissionen in die aquatische Umwelt - mögliche Quellen

Industriell-gewerbliche Produktion und katalytische Prozesse

Platin kann aus unterschiedlichen Quellen in die verschiedenen Umweltkompartimente eingetragen werden (Lustig et al. 1997). Die Tatsache, daß aus Katalysatoren von Kfz Platin in die Umwelt emittiert wird und sich zum Teil in Abwasser und Klärschlamm und an Straßenrändern wiederfindet, ist zwischenzeitlich wohl bekannt (z.B. König et al. 1992; Zereini et al. 1994; Helmers et al. 1994, Helmers und Mergel 1997). Weitere Quellen wie Reifenabrieb oder auch Kunstdünger wurden in der Vergangenheit in Betracht gezogen. An industrielle katalytische Prozesse, die mit platinhaltigen Katalysatoren arbeiten, wie z.B. Rauchgasreinigung nach dem SCR-Verfahren, die Benzinraffination (Johnson Matthey 1996) oder das Ostwaldverfahren zur Ammoniakoxidation (WHO 1991), ist ebenfalls zu denken wie auch an die Elektronik-, Glas- und Schmuckindustrie (Lottermoser 1994, Johnson Matthey 1996). Zur Einschätzung der Bedeutung dieser Bereiche im Hinblick auf den Platineintrag liegen bisher kaum Daten vor. Die im Klärschlamm und kommunalem Abwasser nachgewiesenen Konzentrationen an Platin (Laschka et al.1996; Laschka u. Nachtwey 1997) können jedoch durch die Emissionen von mit Katalysatoren ausgerüsteten Kfz nicht vollständig erklärt werden.

Spezifische Inhaltsstoffe von Krankenhausabwasser

Als weitere mögliche Platinemittenten kommen Krankenhäuser in Frage. Wie beim Gewerbe und der Industrie ist auch im Dienstleistungssektor wie z.B. Krankenhäusern und Arztpraxen die wirtschaftliche Aktivität mit der Emission von Stoffen in die Umwelt verbunden. Seit kurzem erst werden aber systematische Untersuchungen zur Erfassung und Minimierung der Umweltbelastung durch Krankenhäuser in Anlehnung an ein entsprechendes Vorgehen in der Industrie durchgeführt (Daschner et al. 1996; Dettenkofer et al. 1997). Die Umweltauswirkungen von Krankenhäusern und Arztpraxen wurden in der Vergangenheit vor allem hinsichtlich der Abfälle untersucht. Nicht metabolisierte Wirkstoffe wie auch Metabolite werden ausgeschieden und finden sich im Abwasser wieder. Desinfektionsmittel gelangen nach ihrer Anwendung und z.T. als Restmengen ins Abwasser. Welche Rolle Krankenhäuser beim Eintrag von Pharmaka, Diagnostika und Desinfektionsmittel in die aquatische Umwelt spielen, war bisher nicht bekannt. Emissionen von Pharmaka ins Abwasser wurden in der Vergangenheit nur vereinzelt und wenig systematisch untersucht. Die durchgeführten Untersuchungen beschränkten sich auf die Emission einzelner Desinfektionswirkstoffe wie beispielsweise Formaldehyd (Jobst u. Botzenhardt 1984; Jordan 1987; Buttstedt 1986). In jüngerer Zeit rücken Krankenhausabwässer und ihre Inhaltsstoffe aber vermehrt ins Blickfeld des Interesses (Kümmerer et al. 1998a; Gartiser et al. 1994, 1996; Kümmerer et al. 1997a, b).

Zur biologischen Abbaubarkeit und zum Umweltverhalten von Pharmaka, Diagnostika und Desinfektionsmitteln lagen bisher kaum Untersuchungen vor, u. a., da es für die Substanzen keine oder nur unzureichende analytische Verfahren zur Bestimmung im Abwasser, Belebtschlamm und Oberfächenwasser gab. Darüber hinaus wurde eine Prüfung der Umwelteigenschaften der Wirkstoffe bisher vom Gesetzgeber nicht gefordert (s.o.). Die vorhandenen Erkenntnisse beruhten deshalb zumeist eher auf Vermutungen als auf Ergebnissen von Untersuchungen. Es wurde beispielsweise für Zytostatika ein schneller Abbau vermutet (Schaaf 1991; Daschner u. Schaaf 1992; Paul et al. 1993). Viele Untersuchungen zur chemisch-physikalischen und mikrobiologischen Stabilität von Pharmaka deuten jedoch darauf hin, daß diese Substanzen relativ inert gegenüber Hydrolyse und biologischen Abbauvorgängen sind (Lunn et al. 1989; Krämer 1990; Krämer u. Wendel 1987; Hansel et al. 1997, Al-Ahmad et al. 1997; Kümmerer u. Al-Ahmad 1997).

Vielen Zytostatika wird ein karzinogenes, mutagenes, teratogenes und/oder embryotoxisches Potential zugeschrieben (Allwood u. Wright 1993; Sauer 1995). Insbesondere, wenn es sich um Tumor auslösende Stoffe handelt, ist ihr Eintrag in die Umwelt auch bei kleiner Verwendungsmenge von großem Interesse. Die Toxizität vieler Zytostatika gegenüber dem Menschen ist durch die zum großen Teil erheblichen Nebenwirkungen der Chemotherapie bekannt (Lähdetie et al. 1990). Obwohl Zytostatika bei weitem nicht die Mengenrelevanz anderer Medikamente erreichen, sind sie zunächst durch ihre häufig nachgewiesene Kanzerogenität, Mutagenität sowie ihre fötotoxischen Eigenschaften unter dem Aspekt eines möglichen Eintrags in die Umwelt als eine der wichtigsten Medikamentengruppen bezüglich des Gefährdungspotentials von Mensch und Umwelt anzusehen.

Krankenhäuser als Platinemittenten - platinhaltige Zytostatika

Krankenhausabwässer enthalten Platin (Kümmerer u. Helmers 1997) aus Ausscheidungen von Patienten, die mit platinhaltigen Zytostatika cis-Platin und Carboplatin (Allwood u. Wright 1993) behandelt wurden. Platinhaltige Zytostatika sind die Verbindungen cis-Platin (cis-Diaminodichloroplatin [II]) und Carboplatin (Diamino(1,1-cyclobutandicarboxylatoplatin [II] (Abb. 1). Seit der Entdeckung der zytostatischen Aktivität von Platinverbindungen vor etwa 30 Jahren durch Rosenberg et al. (1965, 1967) wurden sie immer wichtiger, beispielsweise für die

Behandlung von Blasenkrebs, Krebs der Ovarien und in letzter Zeit für die Behandlung von Krebs an Hals und Kopf. Andere Platin- und Titanverbindungen werden derzeit auf ihre Verwendungsmöglichkeiten geprüft, haben bisher aber kaum praktische Bedeutung erlangt (Keppeler et al. 1993; Kizu et al. 1995). Nach der Verabreichung der Zytostatika wird das Platin von den Patienten wieder ausgeschieden und gelangt so ins kommunale Abwasser.

Die Platinkonzentration im Abwasser von drei deutschen Krankenhäusern (Universitätsklinikum Freiburg als Haus der Maximalversorgung sowie zwei Häuser der Zentralversorgung) wurden für 1994 bilanziert sowie ihr Beitrag zum Gesamtgehalt von Platin in kommunalem Abwasser und Klärschlamm abgeschätzt. Ergänzt wurden diese Untersuchungen durch die Berechnung der zu erwartenden Konzentrationen von Platin im Abwasser von fünf europäischen Krankenhäusern, darunter wiederum das Unversitätsklinikum Freiburg. Mit diesen Daten wurde über die Anzahl der Betten und die Verbrauchsdaten die Größenordnung der jährlichen Platinemission durch Krankenhäuser in den einzelnen Ländern abgeschätzt und mit den verkehrsbedingten Emissionen verglichen, soweit entsprechende Daten verfügbar waren. Da die Toxizität des Platins von seiner Bindungsform und Oxidationsstufe abhängt, die angewandte Analytik eine Speziation aber nicht erlaubte, wurde keine über den Mengenvergleich hinausgehende Bewertung vorgenommen.

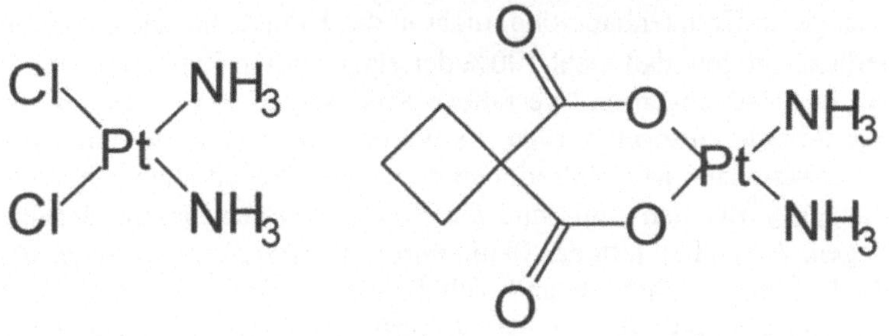

Abb. 1. Strukturformeln von cis-Platin (links) und Carboplatin (rechts)

Platinemissionen ins Abwasser durch Krankenhäuser unterschiedlichen Versorgungsgrades

Konzentrationen in Krankenhausabwasser

Die im Abwasser von drei deutschen Krankenhäusern (zwei Häuser der Zentralversorgung, ein Haus der Maximalversorgung, Universitätsklinikum) im Jahr 1994 (Einzelstichproben während eines Zeitraums von 6 Monaten) gemessenen Konzentrationen lagen zwischen <3 ng/l (Blindwert) und 276 ng/l. Erwartungsgemäß war der Gehalt in den Proben, die tagsüber genommen wurden, höher (110- 276 ng/l) als in den nachts genommenen Proben (38 ng/l). Die höchste Konzentration wurde 1994 im Abwasser des Bereichs Innere Medizin des Hauses der Maximalversorgung gemessen. Wie zu erwarten, war im Wäschereiabwasser die Platinkonzentration unterhalb der Nachweisgrenze. Die stichprobenartigen Untersuchungen am Beispiel von drei deutschen Krankenhäusern im Jahr 1994 zeigten, daß die Emissionen ausschließlich aus den medizinischen Bereichen stammten. Die im Abwasser europäischer Krankenhäuser unterschiedlichen Versorgungsgrades gemessenen Platinkonzentrationen sind in Tabelle 1 dargestellt. Die in 2h Mischproben gemessenen Konzentrationen betrugen zwischen 20 und 3580 ng/l. Dabei ist jedoch zu beachten, daß beide verwendeten platinhaltigen Zytostatika zu etwa einem Anteil von 20-30% erst nach mehreren Wochen, z.T. erst nach Jahren, wieder ausgeschieden werden: Von Carboplatin werden 10-20% der verabreichten Menge an Protein gebunden. 50-75% werden innerhalb der ersten 24 Stunden mit dem Urin wieder ausgeschieden (Heim 1993).Von cis-Platin werden zwischen 31% und 85 % innerhalb von 51 Tagen wieder ausgeschieden. Der Rest von 30% cis-Platin wird erst nach längerer Zeit ausgeschieden. Die biologischen Halbwertszeiten der zweiphasigen renalen Langzeitausscheidung betragen 160 und 720 Tage (Schierl et al. 1995). Die Platinkonzentrationen im Urin sind sogar acht Jahre nach einer Therapie noch um den Faktor 40 erhöht (Schierl et al. 1995). Die Langzeitausscheidungen gelangen, da die Patienten meistens zur Behandlung nicht so lange im Krankenhaus sind, nicht in das Krankenhausabwasser. Weiterhin ist zu berücksichtigen, daß nicht 100% der eingekauften Zytostatika ins Abwasser gelangen, da Restmengen und verfallene Produkte als besonders überwachungsbedürftige Abfälle entsorgt werden. Es wurden daher auch die um 30% verminderten zu erwartenden Konzentrationen berechnet. Soweit auch zahnmedizinische Einrichtungen vorhanden sind, sind die Emissionen aus diesem Bereich zu vernachlässigen. Zum einen fällt das Platin dort in Form makroskopischer Partikel an, deren Rückhaltung einfach ist und sich finanziell lohnt. Zum anderen zeigt der Vergleich von auf Basis des Zytostatikaverbrauchs berechneten und der im Abwasser gemessenen Platinkonzentrationen, daß keine wesentlichen weiteren Emittenten vorhanden sein können, zumal partikuläres Platin tagsüber sehr hohe, atypische Konzentrationsspitzen verursachen würde.

Ein typischer Tagesgang für ein Krankenhaus der Maximalversorgung ist in Abb. 2 dargestellt. Die mit dem Abwasser von Krankenhäusern emittierten Konzentrationen können stark schwanken. Vor allem Krankenhäuser der Maximalversorgung tragen zu den gesamten Platinemissionen aus Krankenhäusern bei. Die im Gesamtabwasser des Universitätsklinikum Freiburg gemessenen Konzentrationen lagen zwischen 20 ng/l und 3000 ng/l. Der Tagesgang zeigt die typischen Maxima am Vormittag. Für eine relativ hohe Konzentration bei den in der Nacht genommenen Proben reicht schon eine geringe Immission, d.h. der Toilettengang weniger Patienten aus, da während der Nacht die Wassermenge z.T. nur 10% der tagsüber gemessenen Werte entspricht. Das absolute Minimum der Wassermenge ist in der Zeit zwischen 2 und 4 Uhr. Dies gilt auch für die gemessenen Konzentrationen und die damit errechneten Frachten des Platins. Die Frachten wurden aus den in den 2h-Mischproben gemessenen Konzentrationen errechnet, indem über den gleichzeitig in diesem Zeitraum erhobenen Wasserverbrauch die Zweistundenfracht und damit die Tagesfracht berechnet wurde.

Tabelle 1. Berechnete und gemessene Platinkonzentrationen im Abwasser europäischer Krankenhäuser (Angaben in ng/l)

	Berechnet als Jahresdurchschnitt[a]	gemessen als Tagesgang, angegeben als 24 h Mittelwert
Abwässer von Krankenhäusern		
Zentralversorgung (Deutschland)	170	110
Maximalversorgung (Deutschland)	1012	660[b]
Maximalversorgung (Österreich)	261	267[b]
Maximalversorgung (Niederlande)	127	94,2[b]
Zentralversorgung (Italien)	2,6	< 10[b]
Grundversorgung (Belgien)	-	< 10[b]
Kommunales Abwasser		
Jahresdurchschnitt Kläranlage Forchheim[c]	10,1	
Zulauf untersuchte Kläranlage Forchheim: 3 verschiedene Tage	2,4-2,6	< 10[b]
Oberflächenwasser[d]: Verdünnung des Ablaufs 1:10	0,24	

[a] Langzeitausscheidung (ca. 30%), die nicht ins Klinikabwasser gelangt, berücksichtigt (s. Text).

[b] Bestimmungsgrenze 10 ng/l, Nachweisgrenze 3ng/l

[c] berechnet aus den Verbräuchen der Universitätsklinik Freiburg, weitere mögliche Emittenten vernachlässigt

[d] PEC gemäß European Union (1995) aus Oberflächenwasser

Die aus den gemessenen Werten errechneten Jahresdurchschnittswerte („gemessene“ Werte in Abb. 3) sind etwas niedriger als die aus dem Jahresverbrauch errechneten („berechnete“ Werte in Abb. 3). Dies liegt daran, daß die Messungen an Werktagen mit typischem Betrieb durchgeführt wurden. Der Wasserverbrauch ist an diesen Tagen höher als im Jahresdurchschnitt, da an den Wochenenden der Wasserverbrauch bis zu 30% niedriger ist. Im Fall des Krankenhauses in den Niederlanden fehlten aufgrund technischer Probleme vom wichtigsten der drei Abwasserkanäle einige Proben, unglücklicherweise zu Zeitpunkten, an denen die höchsten Konzentrationen und Wassermengen zu erwarten sind, und die zugehörigen Wassermengen.

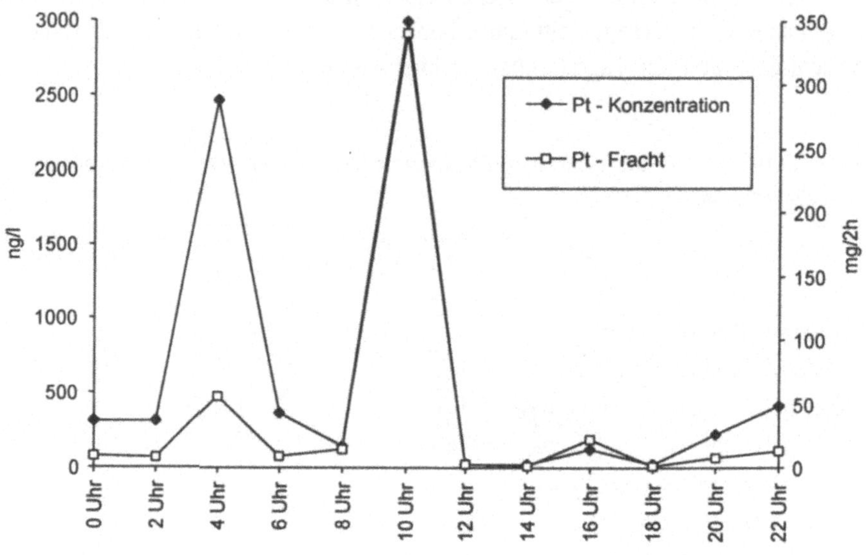

Abb. 2. Tagesgang Platinkonzentration im Gesamtabwasser (Universitätsklinikum)

Insofern sind die für das Krankenhaus in Utrecht bestimmten Tagesdurchschnittskonzentrationen für ein Krankenhaus dieser Größe und dieses Versorgungsgrades sicher zu niedrig. Für das Krankenhaus in Brüssel ist durch platinhaltige Zytostatika kein Eintrag ins Abwasser zu erwarten, da in diesem Haus keine platinhaltigen Zytostatika verwendet werden. Dies wurde durch die Messungen bestätigt, die Platinkonzentrationen lagen mit 3 ng/l in der Größenordnung des Blindwerts. Die beiden großen Häuser der Maximalversorgung (Österreich, Deutschland) lassen trotz ihres hohen Wasserverbrauchs höhere Platinkonzentrationen erwarten als Häuser niedrigen Versorgungsgrades (Italien) oder kleinere Häuser der Maximalversorgung. (Niederlande). In den festgestellten Größenordnungen der Konzentrationen bestätigen sich damit im europäischen Vergleich die Verhältnisse, wie sie in ersten orientierenden Untersuchungen für deutsche Kliniken festgestellt werden konnten (Kümmerer u. Helmers 1997).

Zusammenfassend läßt sich festhalten, daß die berechneten und gemessenen Konzentrationen gut übereinstimmen und außer platinhaltigen Zytostatika keine weiteren wesentlichen Quellen für die Emission von Platin mit dem Abwasser aus Krankenhäusern zu erwarten sind.

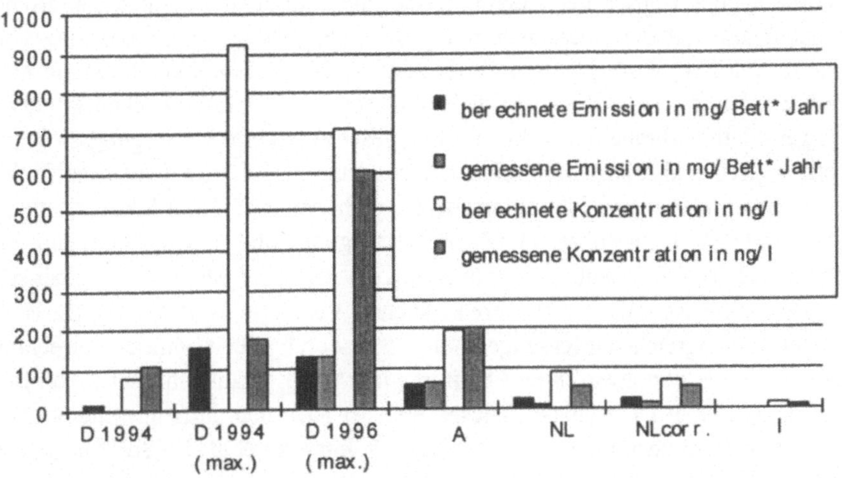

Abb. 3. Emission von Platin über Abwasser europäischer Krankenhäuser (max.: Maximalversorgung, z: Zentralversorgung; NLcorr.: Werte über Jahreswasserverbrauch aufgrund fehlender Proben korrigiert) im Jahresmittel

Mit dem Krankenhausabwasser emittierte Frachten

Grundlage für die Berechnung der aus Krankenhäusern emittierten Mengen sind für Deutschland die Anzahl der Betten in der Maximalversorgung (ca. 45.000 in Universitätsklinika) und der anderen Versorgungsgrade (ca. 600.000 Betten; SBA 1995). Für Krankenhäuser der Maximalversorgung wurden für Deutschland die spezifischen Emissionen des Universitätsklinikums Freiburg als typisch angenommen, für die anderen die Daten des Hauses der Zentralversorgung. Da aber von den 600 000 Betten in Deutschland auch ein größerer Teil niedrigeren Versorgungsgraden angehört, sind die berechneten Emissionen und ihr prozentualer Anteil an den Gesamtemissionen als obere Abschätzung anzusehen. Die Daten für Österreich wurden gewonnen, indem die spezifischen Emissionen der dort untersuchten Häuser der Maximalversorgung für alle Krankenhausbetten dieser Länder zugrunde gelegt wurden, was eine obere Abschätzung darstellt. Die im Fall des Universitätsklinikum Freiburg aus den Meßwerten berechnete Fracht (ca. 485 mg Platin pro Tag) stimmt gut mit der aus den Jahresverbrauchswerten errechneten Fracht von 690 mg Platin pro Tag überein. Die an den Meßtagen ermittelten Tageswasserverbräuche entsprechen denen, die als Durchschnittswert aus dem Jahreswasserverbrauch errechnet wurden (106-118%). Damit ist eine gute Übereinstimmung zwischen den gemessenen Tagesdurchschnittswerten und den bilanzierten Jahresdurchschnittswerten gegeben. Dabei ist insbesondere zu berücksichtigen, daß nicht 100% des eingekauften Platins auch tatsächlich ins Abwasser gelangt, sondern lediglich ca. 70% (nicht verwendete Reste, Langzeitausscheidung durch Patienten außerhalb des Krankenhauses, s.o.). Ähnliche Relationen ergeben sich für andere Häuser der Maximalversorgung. Im Fall des niederländischen Krankenhauses ist die Übereinstimmung deutlich geringer, was daran liegt, daß etwa 30% des Abwassers aufgrund der Abwasserverläufe bei der Messung nicht erfaßt wurden (s.o.) Die Werte für das italienische Krankenhaus sind aufgrund des geringen Platinverbrauchs sehr klein. Für Häuser geringerer Versorgungsstufe und Größe sind die absoluten Emissionen also deutlich geringer. Die spezifischen Emissionen pro Bett und Jahr unterscheiden sich weniger als die Konzentrationen und bewegen sich zwischen 14 (Zentralversorgung) und 150 mg/Jahr und Bett (Maximalversorgung), wobei die größeren Krankenhäuser eine höhere spezifische Emission aufweisen als die kleineren gleichen Versorgungsgrads. Auf Basis der weniger umfangreichen Messungen, die 1994 durchgeführt wurden, errechnete sich ein Eintrag von etwa 28 kg Platin pro Jahr durch Krankenhäuser in kommunales Abwasser in Deutschland. Dieser Wert ist nach den umfangreicheren Messungen von 1996 nach unten zu korrigieren (Kümmerer et al. 1998b). Die gesamten Emissionen an Platin über Krankenhausabwasser ins kommunale Abwasser betrugen 1996 zwischen 1,3 und 14,3 kg/a. Der letzte Wert gibt die Verhältnisse in Deutschland wieder.

Emissionen aus dem Verkehr

Die Hauptemissionen durch den Verkehr finden innerhalb der ersten 5 m vom Fahrbahnrand statt. (Zereini et al. 1997, Cubelic et al. 1996, Schäfer et al. 1996). Zereini et al. (1997) berechneten aus entlang einer deutschen Autobahn gemessenen Konzentrationen und des Verkehrsaufkommens eine Emissionsrate von 0,27 µg/km. Allerdings haben sie den Mittelstreifen nicht berücksichtigt. Eine mittlere Emissionsrate von 0,5 µg/km erscheint daher angemessen (Helmers 1997). Da es in Deutschland auf Autobahnen keine allgemeine Geschwindigkeitsbegrenzung gibt und die Emissionsrate mit der gefahrenen Geschwindigkeit stark ansteigt (WHO 1991), wurde für Deutschland eine Emissionsrate von 0,65 µg/km benutzt (Kümmerer et al. 1998b). Der Anteil der mit Katalysator ausgerüsteten Pkw und ihre durchschnittliche Jahreskilometerleistung wurde den statistischen Ämtern der einzelnen Länder zur Verfügung gestellt. Die jährlichen Emissionen an Platin durch den Verkehr betrugen demnach 1996 für Österreich 11,6 kg, für die Niederlande 22,5 kg und für Deutschland 1994 124,8 kg sowie 1996 187,2 kg.

Vergleich Verkehr - Krankenhäuser

Der Anteil der Krankenhäuser an Platinemissionen in die Umwelt beträgt demnach 1996 in Deutschland 12,6 % (Abb. 4) des von mit Katalysator ausgerüsteten Pkw, in Österreich sind es 7,3 % und in den Niederlanden 3,3 % (Annahme: alle Krankenhausbetten in den Niederlanden gehören der Stufe der Maximalversorgung an). Auch in den Fällen, in denen die höheren spezifischen Emissionen der

Häuser der Maximalversorgung für alle Krankenhausbetten eines Landes zugrunde gelegt werden, sind Krankenhäuser zwar eine nicht zu vernachlässigende Quelle für den Eintrag von Platin in die Umwelt, aber die Emissionen von Kfz sind jedoch immer noch deutlich höher. Durch Krankenhäuser würden in diesem Fall zwischen 6% (Niederlande) und 44% (Deutschland) der vom Verkehr emittierten Platins in die Umwelt abgegeben.

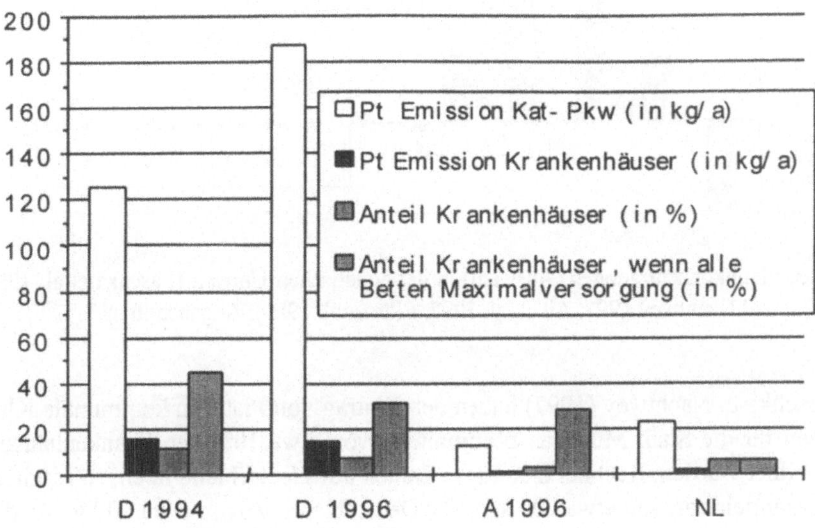

Abb. 4. Platinemissionen durch Krankenhäuser und mit Katalysator ausgerüsteten Pkw

Der Haupteintrag von Platin in kommunales Abwasser resultiert nicht aus den Emissionen der Krankenhäuser auch wenn ein Teil der verkehrsbedingten Platinemission nicht ins Abwasser gelangt: Nach der Verdünnung von Krankenhausabwasser durch kommunales Abwasser (nach eigenen Erhebungen ist ein Verdünnungsfaktor von etwa 1:100 die Regel) beträgt der Anteil an der Gesamtkonzentration im kommunalen Abwasser weniger als 25% im Falle der Häuser der Maximalversorgung, bei anderen Häusern noch weniger (s. Abb. 5). Daß die Emissionen aus dem Verkehr eine der wichtigen Quellen sind, zeigt sich daran, daß bei Regen und in den Tauperioden nach der kalten Jahreszeit die Konzentration von Platin in Kläranlagen durch den run-off ansteigt (Laschka u. Nachtwey 1997), zu Beginn von Regenereignissen beträgt die Konzentration im run-off, der ins Abwasser gelangt, bis zu 1000 ng/l (Laschka et al. 1996). Im Falle der Krankenhäuser als Hauptemittenten müßte die Konzentration durch die Verdünnung mit dem Regenwasser jedoch abnehmen.

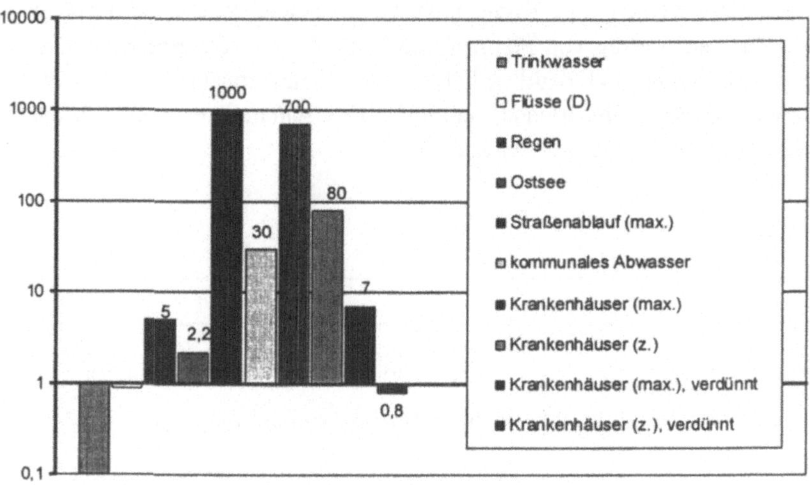

Abb. 5. Platinkonzentrationen (Auswahl) in der aquatischen Umwelt (Laschka et al. 1996, Laschka und Nachtwey 1997, Alt et. al. 1997, Eller et al. 1989); Angaben in ng/l

Laschka u. Nachtwey (1997) haben den Eintrag von Platin in kommunale Kläranlagen für die Stadt München bestimmt, wovon etwa 10% den Krankenhäusern zugeordnet wurden. Rechnet man diese Zahlen auf Deutschland hoch, so resultiert ein Gesamteintrag von etwa 200 kg/a für Deutschland, wovon etwa 10 kg von den Krankenhausabwässern herrühren. Dies stellt eine gute Übereinstimmung mit den hier präsentierten Emissionsdaten dar. Krankenhäuser sind demnach eine eher geringe Quelle für das in Klärschlämmen und kommunalem Abwasser gefundene Platin. Aber auch wenn die Emissionen durch den Verkehr berücksichtigt werden, lassen sich die gemessenen Konzentrationen und berechneten Frachten im kommunalen Abwasser bzw. Klärschlamm nicht vollständig erklären. Weitere Quellen sind in Betracht zu ziehen.

Weitere Quellen

Neben dem Verkehr sind industrielle katalytische Prozesse wie das Platforming oder die katalytische Ammoniakoxidation sowie die katalytische Rauchgasreinigung, die Elektronik-, Glas und Schmuckindustrie (Lottermoser 1994) als weitere mögliche Quellen zu betrachten, deren Anteil am Eintrag in kommunales Abwasser ist aber nicht bekannt. Im Fall der Ammoniakoxidation werden in Deutschland jährlich etwa 92 kg Platin emittiert (Beck et al. 1995), von denen höchstens 11%, dies entspricht dem Anteil der Siedlungs- und Verkehrsflächen an der Gesamtfläche von Deutschland (Losch 1997), also etwa ca. 10 kg, mit Regenwasser ins Abwasser gelangen können. Für die Kraftstoffraffination wurden 1994 in Europa 708 kg Platin benötigt, ob davon ein Teil ins Abwasser gelangte, ist unklar (Johnson Matthey 1996).

Schlußfolgerung

Platin gelangt durch die Verwendung platinhaltiger Zytostatika aus Krankenhäusern in kommunales Abwasser. Im Vergleich zu Emissionen aus dem Verkehr durch Pkw, die mit Katalysatoren ausgerüstet sind, sind Krankenhäuser eher von untergeordneter Bedeutung. Zur Platinfracht im kommunalen Abwasser tragen Krankenhäuser z.T. erheblich bei, allerdings sind noch nicht alle möglichen Quellen für den Eintrag von Platin in kommunales Abwasser bekannt. Dieser Frage gilt es noch nach zugehen, ebenso der Frage, in welcher Spezies Platin in unterschiedlichen Umweltkompartimenten vorliegt und wie dies jeweils zu bewerten ist.

Literatur

Al-Ahmad A, Kümmerer K Schön G (1997) Biodegradation and toxicity of the antineoplastics mitoxantron hydrochloride and treosulfane in the closed bottle test. Bull Env Cont Toxicol 58: 704-711

Allwood M, Wright P (1993) The Cytotoxics Handbook, Radcliffe Medical Press, Oxford

Alt F, Eschnauer HR., Mergler B, Messerschnidt J, Tölg G (1997) A contribution to the ecology and enology of platinum. Fresenius J Anal Chem 357: 1013-1019

Beck G, Beyer H-H, Gerhartz W, Haußelt J, Zweiner U (1995) Edelmatalltaschenbuch. Hrsg. Degussa AG. Hüthig, Heidelberg

Buttstedt R (1986) Beschaffenheit der Abwässer aus dem Campus und dem Klinikum der Universität Mainz. Wasser und Boden 5: 233-238

Cubelic M, Pecoroni R, Schäfer J, Eckardt JD, Berner Z, Stüben D (1997) Verteilung verkehrsbedingter Edelmetallimmissionen in Böden. UWSF - Z Umweltchem Ökotox 9: 249-258

Daschner F, Schaaf D (1992) Derzeitige Praxis der Zytostatika-Entsorgung - zu teuer, aufwendig und übertrieben. f & w 6: 466-467

Daschner F, Dettenkofer M, Kümmerer K, Mühlich M, Müller W, Scherrer M, Schuster A.(1996) Umweltmanagment für Krankenhäuser. Ein Leitfaden zur Anwendung der EG-Öko-Audit-Verordnung. Landesanstalt für Umweltschutz (LfU) des Landes Baden-Württemberg (Hrsg.), Karlsruhe

Dettenkofer M, Kümmerer K, Schuster A, Mühlich M, Scherrer M, Daschner FD (1997) Environmental auditing in hospitals. I. Approach and implementation in a university hospital. J Hosp Inf 36: 17-22

Eller R, Alt F, Tölg G,. Tobschall HJ (1989) An efficient combined procedure for the extreme trace analysis of gold, platinum, palladium and rhodium with the aid of graphite furnace atomic absorption spectrometry and total-reflection X-ray fluorescence analysis. Fresenius Z Anal Chem 334: 723-739

EU (1995) Assessment of potential risks to the environment posed by medical products for human use (excluding products containing live genetically modified organisms. Direction General III, No. 5504/94 Draft 6, version 4, 5. Januar, Brüssel

Gartiser S, Brinker L, Erbe T, Kümmerer K, Willmund R (1996) Belastung von Krankenhausabwasser mit gefährlichen Stoffen im Sinne § 7a WHG. Acta hydrochim. hydrobiol. 24: 90-97

Gartiser S., Brinker L., Uhl A., Willmund R., Kümmerer K. und Daschner F. (1994) Untersuchung von Krankenhausabwasser am Beispiel des Universitätsklinikums Freiburg. Korresp Abw 49: 1618-1624

Hansel S, Castegnaro M, Sportouch MH, De Meo M, Milhavet JC, Laget M, Dumenil G (1997) Chemical degradation of wastes of antineoplastic agents: cyclophosphamide, ifosfamide and melphalan. Int Arch Occup Environ Health 69: 109-114

Heim ME.(1993) Platinum and non-platinum complexes in clinical trials. Current status and new developments. In: Keppler BE (Hrsg.) Metal Complexes in Cancer Chemotherapy. VCH, Weinheim New York Basel Cambridge Tokyo 1993, 9-24

Helmers E (1997) Platinum emission rate of automobiles with catalytic converters. Comparison and Assessment of results from various approaches. ESPR- Environ Sci & Poll Res 4: 100-103

Helmers E, Mergel N (1997) Platin in belasteten Gräsern. Anstieg der Emissionen aus Pkw-Abgaskatalysatoren. UWSF - Z Umweltchem Ökotox 9: 147-148

Helmers E, Mergel N, Barchet R (1994) Platinum in sewage sludge ash and grass. UWSF - Z Umweltchem Ökotox 6: 130-134.

Hodge V, Stallard M (1986) Platinum and palladium in road side dust. Environ Sci Technol 20: 1058-1060

Jobst D, Botzenhart K (1984) Untersuchung über Desinfektionsmittelrückstände in Krankenhausabwasser. Zb Bakt Hyg I Abt Orig B: 21-37

Johnson-Matthey (1996) Platinum 1996. Johnson Matthey, London

Jordan B (1987) Nachweis mikrobizider Wirkstoffe im Abwasser der Stadt Gießen vom Einleitungsort bis zum Klärwerk. Krankenhaushygiene und Infektionsverhinderung 6: 168-176

Keppler BK (Hrsg.) (1993) Metal complexes in cancer chemotherapy. VCH, Weinheim New York Basel Cambridge Tokyo

Kizu R, Takeshi Y, Tohru Y, Makiko T, Motoichi M (1995) A sensitive postcolumn derivatization/UV detection system for HPLC determination of antitumor divalent and quadrivalent platinum complexes. Chem Pharm Bull 43: 108-114

König H P, Hertel RF, Koch W, Rosner G (1992) Determination of platinum emissions from a three-way catalyst-equipped gasoline engine. Atmosph Environ 26 A: 741-745

Krämer I, Wenchel H (1987) Physikalisch-chemische und mikrobiologische Stabilität applikationsfertiger Zytostatikazubereitungen. Krankenhauspharmazie 8: 325-331

Kümmerer K, Al-Ahmad A (1997) Biodegradability of the anti-tumour agents 5-fluorouracil, cytarabine and gemcitabine: impact of the chemical structure and synergistic toxicity with hospital effluents. Acta hydrochim hydrobiol 25: 166-172

Kümmerer K, Helmers E (1997) Hospital effluents as a source for platinum in the environment. Sci Tot Environ 193, 179-184

Kümmerer K, Helmers E, Hubner P, Mascart G, Milandri M, Reinthaler F, Zwakenberg M (1998b) European hospitals as a source for platinum in the environment: emissions with effluents - concentrations, amounts and comparison with other sources. Sci tot Environ, in press

Kümmerer K, Eitel A, Braun U, Hubner P, Daschner F, Mascart G, Milandri M, Reinthaler F, Verhuef J (1997a) Analysis of benzalkoniumchloride in the effluent from European

hospitals by solid-phase extraction and HPLC with post-column ion-pairing for fluorescence detection. J Chromatogr A 774: 281-286
Kümmerer K, Erbe T, Gartiser S, Brinker L. (1998a) AOX-Emissions from hospitals into municipal waste water. Chemosphere 36: 2437-2435
Kümmerer K, Steger-Hartmann T, Meyer M (1997b) Biodegradability of the anti-tumour agent ifosfamide and its occurence in hospital effluents and sewage. Wat Res 31: 2705-2710
Lähdetie J, Räty R, Sorsa M (1990) Interaction of Mesna (2-mercaptoethene sulfonate) with the mutagenicity of cyclophosphamide in vitro and in vivo. Mutat Res 245, 27-32
Laschka D, Nachtwey M (1997) Platinum in municipal sewage treatment plants. Chemosphere 34: 1803-1812
Laschka D, Striebel T, Daub J, Nachtwey M (1996) Platinum in rainwater discharges from roads. UWSF - Z Umweltchem Ökotox 8: 124-129
Losch S (1997) Der große Hunger. Landschaftsverbrauch in Deutschland - Anspruch und Wirklichkeit. In: Kümmerer K, Held M, Schneider M (Hrsg.) Bodenlos. Zum nachhaltigen Umgang mit Böden. Politische Ökologie, München 1997, S. 27-32
Lottermoser B G (1994) Gold and platinoids in sewage sludges. Intern J Environmental Studies 46: 167-171.
Lunn G, Sansone E B, Andrews A W, Helwig L C (1989) Degradation and disposal of some antineoplastic drugs. J Pharm Sci 78: 652- 659
Lustig S, Schierl R, Alt F, Helmers E, Kümmerer K (1997) Statusbericht: Deposition und Verteilung anthropogen emittierten Platins in den Umweltkompartimenten in Bezug auf den Menschen und sein Nahrungsnetz. UWSF - Z Umweltchem Ökotox 9: 149-151
Paul H. Schulze M, Tassi J (1993) Umgang mit Zytostatika - was ist zu beachten? Krankenhauspharmazie 31: 139-144
Rosenberg B. Renshaw E, van Camp L, Hartwick J, Drobnik J. (1967) Platinum-induced filamentous growth in Escherichia coli. J Bacteriol 93: 716-721
Rosenberg B, van Camp L, Krigas T (1965) Inhibition of cell division in Escherichia coli by electrolysis products from a platinum electrode. Nature (Lond) 205: 698-699
Sauer H (1995) Zytostatika, Hormone, Zytokine. Thieme, Stuttgart
SBA: Statistisches Bundesamt (1995) Umweltschutz, Fachserie 19, Reihe 2.1 Öffentliche Wasserversorgung und Abwasserbeseitigung 1991. Metzler-Poeschel, Wiesbaden
Schaaf D (1991) Umweltschonende Entsorgung von Altarzneimitteln und Zytostatikaabfällen. Die Schwester/Der Pfleger 8: 740-741
Schäfer J, Puchlet H, Eckhardt J-E (1996) Traffic-related noble metal emissions in South-West Germany. Journal of Conference Abstracts V.M. Goldschmidt Conference Heidelberg 31.-3. - 4.4. 1996 Vol 1, 536.
Schierl R, Rohrer B, Hohnloser J (1995) Long-term platinum excretion in patients treated with cisplatin. Cancer Chemother Pharmacol 36: 75-78.
World Health Organisation (WHO) (1991) Platinum. Environmental Health Criteria Bd. 125, Geneva,
Zereini F, Alt F, Rankenburg K, Beyer J-M, Artelt S (1997) The distribution of platinum group elements (PGE) in the environmental compartments of soil, mud, roadside dust, road sweepings and water: emission of platinum group elements (PGE) from motor vehicle catalytic converters. UWSF - Z Umweltche. Ökoto. 9: 193-200
Zereini F, Alt F, Ye Y, Urban H (1994) Platinum group elements (PGE) in road dust and street sweepings. Europ J Mineralog 6: 318
Zereini F, Zientek C, Urban H (1993) Concentration and distribition of platinum group elements (PGE) in soil - platinum emission by abrasion of catalytic converter material. UWSF - Z Umweltchem Ökotox 5: 130-134

3.7 Verteilung und Konzentration von Platingruppenelementen (PGE) im Boden entlang der Autobahn Frankfurt – Mannheim

K. Rankenburg, F. Zereini
Institut für Mineralogie, J. W. Goethe-Universität, Frankfurt am Main

Einleitung

Technologische Anwendungen der Platingruppenelemente (PGE = Ru, Rh, Pd, Os, Ir, Pt) beinhalten die Verwendung als Katalysatoren. Platin, Palladium und Rhodium finden besondere Anwendung bei der Abgasreinigung von Kraftfahrzeugen mit Verbrennungsmotoren. Mechanischer Abrieb kann zu einer Emission dieser Elemente in die Biosphäre führen und eventuell eine Umweltbelastung darstellen, da die natürlichen geochemischen Konzentrationen in der kontinentalen Erdkruste nur bei etwa 1 ng/g liegen (Wedepohl 1995).

Erste Hinweise auf das Vorhandensein von Pt, Rh und Pd im Boden in der Umgebung stark befahrener Straßen in der BRD liefern die Untersuchungen von Zientek (1992) und Zereini et al. (1993). Ebenso lassen Untersungen von Böden entlang verschiedener Autobahnen einen Anstieg der Platinmetall-Gehalte erkennen (Heinrich et al. 1996; Farago et al. 1996; Cubelic et al. 1997; Rankenburg 1997; Zereini et al. 1997a; Dirksen 1998).

Ziel der vorliegenden Arbeit war vor allem die Gewinnung einer statistisch gesicherten Datenbasis von Platinkonzentrationen in einem belasteten Boden entlang der Autobahn Frankfurt – Mannheim (BAB A5, A67, A6). Mit den Daten aus den Querprofilen und Bodenprofilen war es möglich, die Gesamtmasse von Platin in einem der Autobahn angrenzenden Geländevolumen zu bestimmen. Anhand der Gesamtanzahl der katalysatorbestückten Pkw, welche den betrachteten Abschnitt passierten, läßt sich abschließend eine durchschnittliche Emissionsrate des Katalysators über den Zeitraum von seiner Einführung im Jahre 1986 bis zum Zeitpunkt der Probenahme (1994/5) berechnen.

Probennahme

Die untersuchte Autobahnstrecke hat eine Länge von ca. 62 km. Der durchschnittliche tägliche Verkehr (DTV) beträgt zwischen 152.000 Pkw am Frankfurter Kreuz und 59.000 Pkw auf dem Teilstück Gernsheim-Lorsch (Autobahnamt Frankfurt 1983-94). Beprobt wurde durchgehend nur die Ostseite der Autobahn, da hier aufgrund vorherrschender Windrichtung West größere Anreicherungen der PGE zu erwarten waren. Zum Vergleich diente ein 7 km langes Teilstück der

Westseite. Die einzelnen Sammelproben konstituieren sich je aus etwa 20 Einzelentnahmen (30 - 60 g aus den obersten 2 cm des Bodens) und repräsentieren je einen Kilometer der Wegstrecke.

Die Bodenproben wurden mit einem Plastiklöffel ausgehoben und in PE-Tüten gesammelt, wobei je nach Konsistenz bzw. Bewuchs ca. 1 - 1,5 kg Bodenmasse anfiel. Die Entnahme erfolgte unmittelbar neben dem Standstreifen, d.h. 20 - 30 cm im angrenzenden Bankettbereich.

Querprofile wurden parallel zur Fahrbahn in einer Entfernung von 0, 10, 20, 50 und 100 m angelegt. Beprobt wurden drei verschiedene Vegetationszonen: Wald, Wiese und Ackerboden. Die Profillängen richteten sich hier nach der Ausdehnung der Vegetationszonen.

Insgesamt wurden 107 Bodenproben entnommen und auf ihre Gehalte an Pt, Rh, Pd, Ir und Ru analysiert.

Probenvorbereitung und Analytik

Zunächst wurden die Proben bei Raumtemperatur getrocknet und anschließend gesiebt, wobei die Fraktion >2 mm verworfen wurde. Von dieser Menge wurde nun mittels Kreuzteilung ca. 50 g für die Nickelsulfid-Dokimasie abgetrennt und in Quarztiegeln eingewogen, der Rest für eventuelle Nachproben eingelagert. Danach erfolgte die Trocknung im Trockenschrank bei 105 °C bis zur Gewichtskonstanz (Bestimmung des Wassergehaltes) und anschließendem Glühen der Probe bei 640 °C im Muffelofen. Nach Abkühlen wurde die Probe erneut gewogen und der Glühverlust (Anteil der organischen Komponenten) in % errechnet.

Die PGE-Bestimmung erfolgte in den Bodenproben innerhalb der Kornfraktion ≤ 2 mm mittels Graphitrohr-AAS (5100 PC der Fa. Perkin-Elmer) nach Voranreicherung mit der Nickelsulfid-Dokimasie (Zereini et al. 1994; Zereini 1997). Die Nachweisgrenze der Nickelsulfid-Dokimasie, bezogen auf die dreifache Standardabweichung des Blindwertes, liegen bei Einwaage von 50 g Probenmaterial wie folgt: Pt: 2.8 ng/g , Pd: 1.0 ng/g und Rh: 0.8 ng/g (Rankenburg 1997).

Ergebnisse der Einzelmessungen

Die Untersuchungen an insgesamt 107 Bodenproben der Autobahn Frankfurt-Mannheim ergaben für die Platingruppenelemente Platin, Palladium und Rhodium durchweg deutlich erhöhte Konzentrationen gegenüber dem geogenen Hintergrund. Erhöhte Konzentrationen von Iridium und Ruthenium konnten mit dem angewandten Analyseverfahren nicht nachgewiesen werden. Osmium wurde nicht berücksichtigt, da es während des Schmelzprozesses leichtflüchtige Oxide bildet.

Die größten Anreicherungen gegenüber dem geogenen Hintergrund wurden bei Platin festgestellt (Abb. 1). Die Konzentrationen des Metalls bewegen sich zwischen 7 und 168 ng/g Bodenmasse, während für Rhodium Gehalte zwischen 3 und 26 ng/g und für Palladium Gehalte zwischen <NWG und 13 ng/g gemessen wur-

den. Der durchschnittliche relative Meßfehler beträgt für Platin 4,1%, für Rhodium 12,1% bzw. 3,7% für Palladium (alle Angaben beziehen sich auf die Trokkensubstanz).

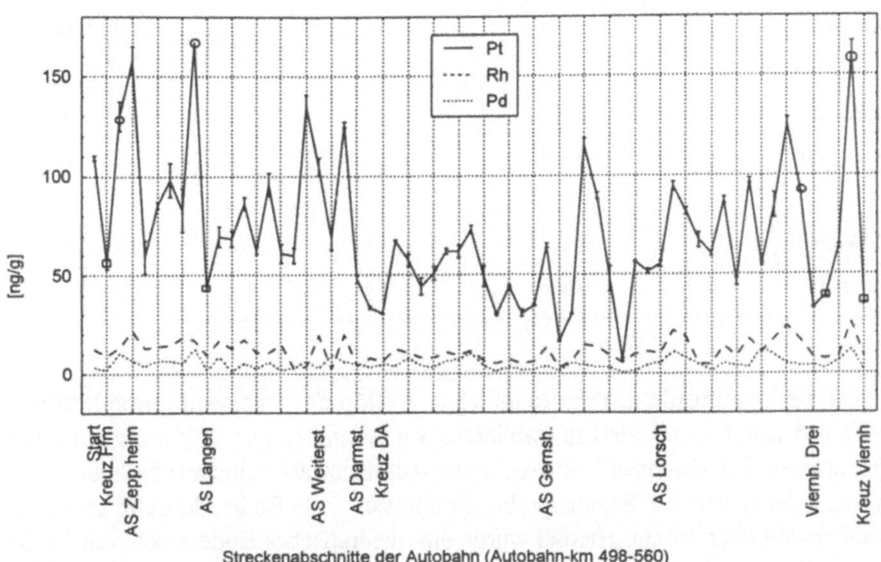

Abb. 1. Pt-, Rh-, und Pd-Gehalte der Bodenproben entlang der Autobahn Frankfurt-Mannheim (Zereini et al. 1997). Die x-Achse gibt zur Orientierung die Anschlußstellen der Autobahn an. Jede Probe repräsentiert einen Kilometer der Wegstrecke. Autobahn-Abfahrten sind als Quadrate markiert, Auffahrten als Kreise.

Ferner wurde ein 7 km langes Teilstück der Autobahn beidseitig beprobt (7 Bodenproben je Seite). Da die Autobahn in Nord-Süd-Richtung verläuft, wären bei Transport über den Luftpfad aufgrund der vorherrschenden Westwinde höhere PGE-Konzentrationen an der Ostseite im Boden zu erwarten. Ein statistischer Vergleich der PGE-Gehalte von Ost- und Westseite der Autobahn ergab auf dem 95%-Signifikanzniveau keinen Unterschied der beiden Stichproben. Das deutet darauf hin, daß bei der Verteilung der Platinmetalle im Umfeld der Autobahn der Transport über Spritzwasser entscheidend ist.

Aufschluß über die laterale Ausbreitung der PGE geben die Querprofile. Die Ergebnisse in Tabelle 1 zeigen einen starken Konzentrationsgradienten zur Fahrbahn, wobei die PGE-Gehalte schon nach 10 m Entfernung von der Fahrbahn so gering sind, daß sie nicht mehr vom geogenen Hintergrund unterschieden werden können. Allein beim Wiesenquerprofil liegen die PGE-Konzentrationen nach 10 m noch über den jeweiligen Nachweisgrenzen. Ähnliche Verteilungsmuster wurden auch an anderen Autobahnen in der BRD beobachtet (Eckhardt u. Schäfer 1997; Cubelic et al. 1997).

Tabelle 1. Ergebnisse der Querprofile 1-3. Alle Meßwerte sind in ng/g angegeben.

	Entf. zur Fahrbahn	Platin	Rhodium	Palladium
1. Wald	0 m	32	7	3
Km 24-25	10 m	< NWG	< NWG	< NWG
2. Acker	0 m	59	11	3
Km 13-15	10 m	< NWG	< NWG	< NWG
3. Wiese	0 m	87	16	6
Km 8-9	10 m	4	1	1

Da die Querprofile in ihrer räumlichen Auflösung unpassend gewählt waren, um ein Ausbreitungsmodell zu etablieren, wurden im August 1995 weitere Proben genommen: Ein Querprofil senkrecht zur Autobahn als Schlitzprobe über 10 m, wobei jeder Meter eine Sammelprobe der obersten 2 cm Boden darstellt; sowie ein Tiefenprofil über 16 cm. Hierbei wurde ein quadratisches Bodenstück von 10 cm Kantenlänge ausgestochen und in 4 Scheiben zu je 4 cm geteilt. Die Entnahmestrecken wurden so angelegt, daß sie das Konzentrationsgefälle der Metalle im Boden möglichst bis zur Nachweisgrenze abdecken.

Das angefertigte Quer- und Tiefenprofil ermöglicht die modellhafte Berechnung des Gesamtplatingehaltes im betrachteten Bodenvolumen. Um das Problem der Nachweisgrenze am Profilende zu umgehen, wurde versucht, der Konzentrationsabnahme per nichtlinearer Regression eine mathematische Funktion anzupassen. Üblicherweise ist dies eine Exponentialfunktion der Form $[c]=a+e^{b-cx}$.

Der Funktionsparameter a gibt die Höhe des natürlichen (Untergrund-) Pegels an, e^b die Konzentration direkt am Straßenrand und c die Steigung der Kurve. Das Ergebnis der Regression ist in den Grafiken der Analysenergebnisse des Quer- bzw. Tiefenprofiles (Abb. 2 und 3) als gestrichelte Kurve eingezeichnet.

Nach dem Exponentialmodell geht die Konzentration schon nach etwa 8 m in den geogenen Hintergrund über, während real in 10 m Entfernung noch deutlich erhöhte Konzentrationen festzustellen sind. Eine Erklärung dafür wäre der Übergang der Ablagerung emittierter Partikel aus turbulentem zu laminarem Transport und den damit verbundenen kleineren Sinkgeschwindigkeiten der transportierten Partikel.

Berechnung der Emissionsrate

Voraussetzung für die weiteren Berechnungen soll die räumliche Übertragbarkeit des gefundenen Ausbreitungsmodelles sein. Da es sich um 1-km-Mischproben handelt, ist die Konzentration in Richtung z konstant.

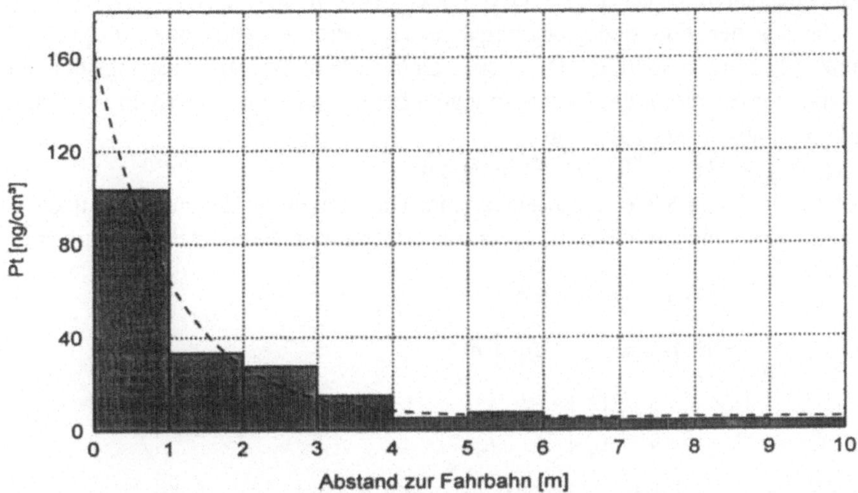

Abb. 2. Platingehalte im Querprofil 4 (km 516-517) in Abhängigkeit vom Abstand zur Fahrbahn. Jede Probe repräsentiert einen Meter der Schlitzprobe und stellt damit die mittlere Platinkonzentration in diesem Meter dar. Die Regressionsfunktion y=5,4+exp(5,06-0,981*x) ist als gestrichelte Linie dargestellt. Die erklärte Varianz (r^2) dieser Regression beträgt 98%.

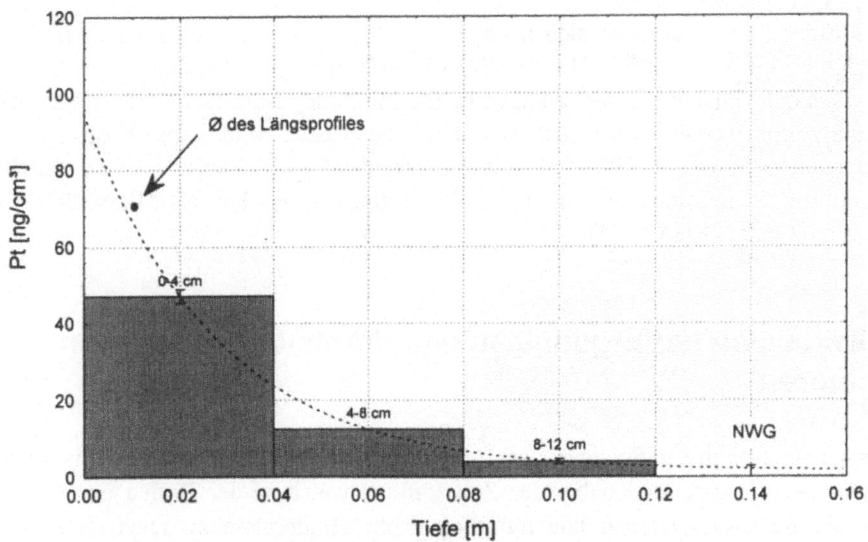

Abb. 3. Platingehalte im Tiefenprofil in Abhängigkeit zur Entnahmetiefe. Die Balken repräsentieren wiederum den mittleren Platingehalt in der Bodenprobe. Die Probe 12-16 cm lag unterhalb der Nachweisgrenze und wurde durch diese ersetzt. Der Fehlerbalken gibt den 3-Sigma-Fehler der Einzelmessungen wieder. Die Regressionsfunktion y=1,49+exp(4,54-35,94*x) ist wiederum als gestrichelte Linie dargestellt.

Die Konzentration c an einem beliebigen Punkt x,y,z innerhalb des Volumens ist dann gegeben durch $c(Pt)_{x,y,z} = f(x,y) = f(x) \cdot f(y) = a \cdot e^{-bx} \cdot e^{-cy}$.

Die aus den Funktionsgleichungen extrapolierte Anfangskonzentration a am Punkt (0;0) ergab sich zu 231 ng/cm³. Damit ergibt sich als Ausgangsgleichung für die Konzentration des Platins in einem beliebigen Punkt innerhalb des Bodenvolumens abseits der Fahrbahn

$$c(Pt)_{x,y,z} = 231 \cdot e^{-0{,}981x} \cdot e^{-35{,}94y} \text{ in ng/cm}^3,$$

wobei x und y in Meter einzusetzen sind. Die Integration der Funktion nach den drei Raumrichtungen liefert die Gesamtmasse Platin im betrachteten Volumen:

$$\iiint a \cdot e^{-bx} \cdot e^{-cy}\, dx\,dy\,dz$$

$$= a \cdot \int e^{-bx} dx \cdot \int e^{-cy} dy \cdot \int dz$$

$$= a \cdot \left| -\frac{1}{b} e^{-bx} \right|_{x_0}^{x_1} \cdot \left| -\frac{1}{c} e^{-cy} \right|_{y_0}^{y_1} \cdot \left| z \right|_{z_0}^{z_1}$$

$$= a \cdot \frac{1}{b}\left(e^{-bx_0} - e^{-bx_1}\right) \cdot \frac{1}{c}\left(e^{-cy_0} - e^{-cy_1}\right) \cdot \left(z_1 - z_0\right)$$

Da es sich anbietet, das Integral in x- und y-Richtung von 0 bis unendlich zu errechnen, vereinfacht sich der obige Ausdruck zu $m_{Pt} = a \times 1/b \times 1/c \times z_1$.

Der Vorteil des mathematischen Modells besteht in der Tatsache, daß theoretisch auch Teilchen erfaßt werden, die sehr weit abseits der Autobahn abgelagert werden. Des weiteren werden nur Werte erfaßt, die sich über den natürlichen Untergrund erheben.

In der Summe ergeben sich nach obiger Berechnung im betrachteten Bodenvolumen $230{,}9 \times 10^{-3}$ g/m³ · (1,02 · $2{,}78 \times 10^{-2}$ · 1000) m³ = 6,55 g Platin.

Den betrachteten Kilometer haben in einer Richtung rund 32 Millionen Kfz mit Katalysator passiert (errechnet aus den statistischen Mitteilungen des Autobahnamtes Frankfurt 1983-94). Daraus errechnet sich wiederum eine durchschnittliche Emissionsrate von 204 ng Platin pro Kat und km, als Mittel über die letzten 9 Jahre (1986-1994).

Diskussion der Ergebnisse und Vergleich mit anderen Autoren

Zunächst soll die gefundene starke Streuung der Analysen diskutiert werden. Wichtigste Punkte sind dabei der Zeitraum, in welchem der Boden der Platinimmission ausgesetzt war und morphologische Hindernisse zwischen Fahrbahn und Bankettbereich. Die statistischen Tests konnten keinen signifikanten Einfluß der Straßenseite oder der Gegenwart einer Leitplanke auf die Platinkonzentrationen aufzeigen.

Laut Aussage des Autobahnamtes Frankfurt wird der Boden im Bankettbereich der Fahrbahn von Zeit zu Zeit abgetragen, da der Fremdstoffeintrag den Boden kontaminiert und undurchlässig macht. Es war allerdings nicht festzustellen, ob oder vor wie langer Zeit dies das letzte Mal geschah, so daß man keine Aussage über den Zeitraum der Platin-Immission treffen kann. Alle gemessenen Konzentrationen sind folglich Mindestkonzentrationen.

Überdies ist nicht von konstanten Emissionsraten des Katalysators bei unterschiedlicher Belastung auszugehen. Insbesondere wird sich das Fahrverhalten, die Durchschnittsgeschwindigkeit der Fahrzeuge und damit die Temperatur des Katalysators auf dessen Emissionsrate auswirken. Auch unterschiedliche Katalysatormodelle weisen unterschiedliche Emissionsraten auf (Knobloch 1993). So fanden z.B. König et al. (1992) eine um den Faktor 100 geringere Emissionsrate des monolithischen Drei-Wege-Kats gegenüber dem amerikanischen Schüttgutkatalysator. Eine Bestimmung von Platin in katalysiertem Autoabgas von Artelt u. Kock (1995) im statischen Motorstandversuch ergab eine Emissionsrate des Drei-Wege-Katalysators von max. 56 ng Platin pro km auf Partikeln >10 µm. Hierbei waren die mechanischen und thermischen Belastungen des Probekatalyastors aber nicht mit denen im Alltagsbetrieb zu vergleichen.

Einen Hinweis auf die Lastabhängigkeit der Emissionsrate liefern die markierten Punkte in Abb. 1. Mit einem Quadrat markiert sind hier die Analysenergebnisse, die eindeutig Autobahnauffahrten zugeordnet werden können und mit einem Kreis solche die Abfahrten repräsentieren. Die Auffahrten zeigen dabei deutlich höhere Werte. Analog dazu war an einer Autobahnraststätte der Platingehalt im Boden des folgenden Beschleunigungsstreifens ebenfalls um etwa 50 % höher als an dessen Zufahrt, bei sonst identischen Verhältnissen. Offensichtlich emittiert der Katalysator bei Beschleunigung und der damit verbundenen Belastung durch steigende Temperatur, höheren Gasfluß, mechanische Belastung, etc. auch relativ erhöhte Mengen an Platin. Nach Inacker u. Malessa (1997) nehmen bei Motorprüfstandversuchen die Platinmetall-Emissionen mit der Motorlast zu. Auch liegen die Gesamtemissionen von Platin bei Stadtzyklusbetrieb um den Faktor 2-3 höher als bei Betrieb mit konstanter Geschwindigkeit (Knobloch 1993).

Unsere Untersuchungsergebnisse lassen eine deutliche Abhängigkeit der PGE-Emissionen von der Verkehrsmenge erkennen.

Ein weiterer möglicher Grund für Schwankungen im Platingehalt der Bodenproben könnten unterschiedliche Durchschnittsgeschwindigkeit der Fahrzeuge sein, da die Geschwindigkeit direkt mit der Emissionsrate korreliert (Knobloch 1993). Nach eigener Erfahrung sind diese Schwankungen aber gering und eher statistisch über die gesamte Strecke verteilt. Im übrigen besteht auf der Strecke keine Geschwindigkeitsbeschränkung.

Manche Abschnitte der Autobahn sind mit Entwässerungsrinnen versehen, so daß ein Teil des emittierten und auf der Fahrbahn deponierten Platins mit dem Regenwasser abgespült wird. So finden die erhöhten Platinkonzentrationen im Autobahnentwässerungsabsatzbecken ihren Ursprung in diesen abgespülten Platinmengen. Gully-Proben an der Autobahn zeigen ebenfalls erhöhte PGE-Konzentrationen (Claus 1997). An Stellen der Autobahn mit Entwässerungssystem muß demnach mit verminderten PGE-Konzentrationen im Bankettbereich gerechnet werden.

Einen möglichen Einfluß auf die PGE-Gehalte in den Proben hat die Mobilität der Partikel im Boden. Die höchsten Gehalte waren in trockenen, sandigen Böden zu finden. Beim gelegentlichen Mähen des Grases auf dem Seitenstraßen wurde ein gewisser Teil der deponierten PGE entfernt. Nach Rosner et al. (1991) fand sich in mit katalysierten Abgasen beaufschlagten Grasproben zwar kein Platin, allerdings war die Nachweisgrenze mit 2 µg/kg relativ hoch. Auch eine Korrelation der PGE-Gehalte in den Bodenproben mit dem Glühverlust ergibt keine signifikanten Trends. Daraus kann geschlossen werden, daß die Adsorption der PGE durch Pflanzen gering ist bzw. daß die PGE im Boden stark fixiert vorliegen und sich damit der Aufnahme durch Pflanzen entziehen (Zereini et al. 1997b; Lustig et al. 1998).

Nach Angaben eines Katalysator-Herstellers liegt das Verhältnis Platin/Rhodium in der heutigen Produktion bei 5 : 1. Palladium wird dagegen erst seit 1993 in steigendem Maße in der Produktion eingesetzt. Möglicherweise sind palladiumhaltige Katalysatoren von amerikanischen Fahrzeugen für die beobachteten erhöhten Umweltkonzentrationen verantwortlich.

Betrachtet man den Katalysator als PGE-Quelle, so müßte sich das Massenverhältnis der Elemente Platin zu Rhodium bei vorausgesetzter gleicher Emissionswahrscheinlichkeit in den Umweltproben wiederfinden lassen. Zum Nachweis dient die Korrelation der Elemente Platin und Rhodium in den untersuchten Proben (Abb. 4).

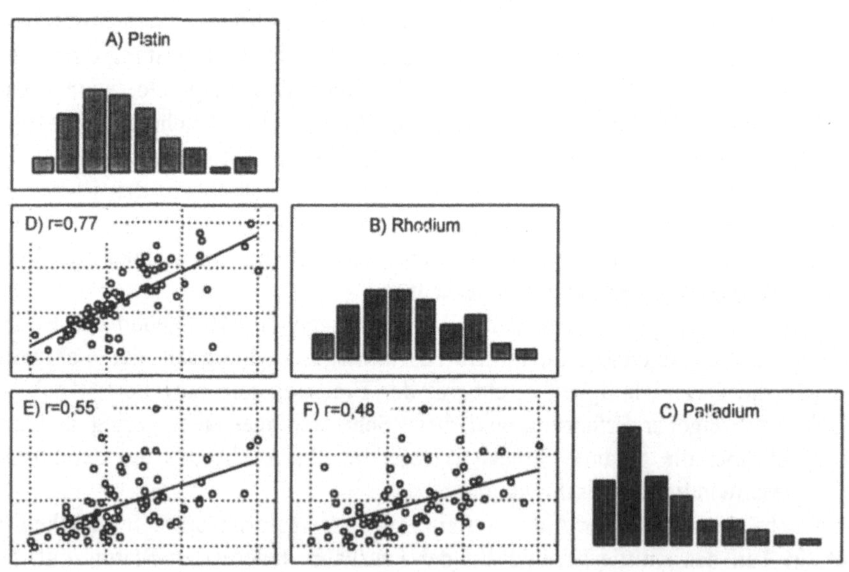

Abb. 4. Korrelationen zwischen den PGE. Alle Korrelationen sind signifikant auf dem 95 %-Niveau, wobei Platin und Rhodium die beste Korrelation liefern. Die Steigung der Regressionsgeraden entspricht dem Verhältnis der Elemente zueinander.

Aus 77 korrelierbaren Proben errechnt sich ein Pt/Rh-Verhältnis von 6 : 1, es liegt über dem von Hersteller veranschlagten Wert von 5 : 1. Da die gefundenen PGE-Gehalte in den Bodenproben Summenkonzentrationen der letzten 10 Jahre darstellen, wurde entweder ein Teil des Rhodiums durch Lösungsvorgänge abgeführt, oder der Platinanteil war in früheren Produktionsjahren höher. Die hochsignifikante Korrelation der beiden Elemente läßt dennoch auf eine gemeinsame Quelle schließen.

Schlußfolgerung

Die Untersuchungsergebnisse lassen keinen Zweifel, daß die erhöhten PGE-Gehalte im Boden in unmittelbarer Umgebung der Autobahn auf Kraftfahrzeuge mit Abgas-Katalysatoren als Emissionsquelle zurückführen sind. Anhaltspunkte dafür sind das Korrelationsverhalten und das Pt/Rh-Verhältnis sowie die signifikante Korrelation des Platingehaltes in den Bodenproben mit der Verkehrsdichte.

Die erhöhten PGE-Konzentrationen im Bereich von Autobahnauffahrten und Beschleunigungsspuren lassen darauf schließen, daß Platinmetall-Emissionen u. a. vom Fahrverhalten abhängig sind..

Die angegebene Emissionsrate von 204 ng/km Pt ist als Mittelwert der vergangenen 9 Jahre zu sehen. Er berücksichtigt nicht eine technologische Weiterentwicklung der Katalysatortechnik. Da bei der Berechnung aber eventuelle Platinverluste unberücksichtigt bleiben, ist die angegebene Emissionsrate in dieser Arbeit als unterer Grenzwert zu verstehen.

Literaturverzeichnis

Artelt S, Kock H (1995) Statistische Bewertung von Motorenstandversuchen zur Emission von Platin aus Dreiwegekatalysatoren. Abstract, Platinanwendertreffen 04.-05.10.1995, Hannover

Autobahnamt Frankfurt (1983-1993) DTV. interne Mitteilungen

Claus T (1997) Platingruppenelemente in Kehrgutproben. Diplomarbeit, Institut für Mineralogie, Universität, Frankfurt/Main

Cubelic M, Pecoroni R, Schäfer J, Eckhardt JD, Berner Z, Stüben D (1997) Verteilung verkehrsbedingter Edelmetallimmissionen in Böden. Z Umweltchem Ökotox 9: 249-258

Dirksen F (1998) Konzentration der Platingruppenelemente (PGE) in Böden entlang ausgewählter Autobahnabschnitte im Vergleich zu Böden in der näheren Umgebung des Industriestandortes Hanau-Wolfgang. Diplomarbeit, Institut für Mineralogie, Universität, Frankfurt/Main

Eckhardt JD, Schäfer J (1997) PGE-Emissionen aus Kfz-Abgaskatalysatoren.In: Matschullat J; Tobschall H, Voigt HJ (Hrsg) Geochemie und Umwelt. Springer, Heidelberg, S 181-188

Farago ME, Kavanagh P, Blanks R, Kelly J, Kazantzis G, Thornton I, Simpson PR, Cook J.M, Parry S, Hall GM (1996) Platinum metal concentrations in urban road dust and soil in the United Kingdom. Fresenius J Anal Chem 354: 660-663

Heinrich E, Schmidt G, Kratz KL (1996) Determination of Platinum-Group Elements from catalytic converters in soil by means of docimasy and INAA. Fresenius J Anal Chem 354: 883-885

Inacker O, Malessa R (1997) Experimentalstudie zum Austrag von Platin aus Automobilabgaskatalysatoren. Edelmetall-Emissionen. Abschlußpräsentation, GSF-Forschungszentrum für Umwelt und Gesundheit. 48-53

Knobloch S. (1993) Bestimmung von Platin in katalysiertem Autoabgas mittels ICP-MS. Dissertationsschrift, Fachbereich Chemie, Universität Hannover

König HP, Hertel RF, Koch W, Rosner G (1992) Determination of Platinum Emissions from a Three-Way Catalyst-Equipped Gasoline Engine. Atmospheric Environment 26A: 741-745

Kraftfahrt-Bundesamt Flensburg (1994) Stat. Mitteilungen, Reihe 2: Kraftfahrzeuge, Sonderhefte 1+2, 1-9e

Lustig S, Michalke B, Beck W, Schramel P (1998) Platinum speciation with hyphenated technigues: high performance liquid chromatography and capillary electrophoresis online coupled to an inductively coupled plasma-mass spectrometer – application to aqueous extracts from a platinum treated soil. Fresenius J Anal Chem360: 18-25

Rankenburg K (1997) Verteilung von Platingruppenelementen (PGE) in Böden entlang der Autobahn Frankfurt-Mannheim. Diplomarbeit, Institut für Mineralogie, Universität Frankfurt/Main

Rosner G, König HP, Koch W, Kock H, Hertel RF, Windt H (1991) Motorstandexperimente zur Untersuchung der Platin-Akkumulation durch Pflanzen. Angew Botanik 65:127-132

Wedepohl KH (1995) The Composition of the Continental Crust. Geochimica et Cosmochimica Acta 59: 1217-1232

Zereini F (1997) Zur Analytik der Platingruppenelemente (PGE) und ihren geochemischen Verteilungsprozessen in ausgewählten Sedimentgesteinen und anthropogen beeinflußten Umweltkompartimenten Westdeutschlands. Shaker Verlag Aachen

Zereini F, Alt F, Rankenburg K, Beyer J, Artelt S (1997a) Verteilung von Platingruppenelementen (PGE) in den Umweltkompartimenten Boden, Schlamm, Straßenstaub, Straßenkehrgut und Wasser. Z Umweltchem Ökotox 9:193-200

Zereini F, Urban H, Lüschow HM (1994) Zur Bestimmung von PGE in geologischen Proben mittels Graphitrohr-AAS nach der Nickelsulfid-Dokimasie. Erzmetall 47:45-52

Zereini F, Skerstuup B, Alt F, Helmers E, Urban H (1997b) Geochemical behaviour of platinum-group elements (PGE) in particulate emissions by automobile exhaust catalysts: experimental results and environmental investigations. Sci Total Environ 206: 137-146

Zientek C (1992) Zur Verteilung der Platingruppenelemente (PGE) in Böden entlang der Autobahn A66 Frankfurt-Wiesbaden. Diplomarbeit, Institut für Mineralogie, Universität, Frankfurt/Main

4 Bioverfügbarkeit von Platin(metallen)

Die Frage der Löslichkeit der Platinmetalle in Böden unter atmosphärischen Bedingungen, vor allem im Hinblick auf ihre Bioverfügbarkeit, ist für die Beurteilung des Gefährdungspotentials, das von Platinmetall-Emissionen ausgeht, insbesondere aus umweltmedizinischer Sicht bedeutsam.

Zereini u. Golwer (s. Abschnitt 4.5) untersuchten das geochemische Verhalten von Platinmetallen aus Autoabgaskatalysatoren in Sedimenten und im Wasser aus einem Versickerbecken der A 3. Ihre Untersuchungsergebnisse geben einen Hinweis auf die Immobilität der Platinmetalle (Pt und Rh) beim Transport durch Oberflächenwasser und bei ihrer Sedimentation im Versickerbecken. Da es sich bei der Löslichkeit zum jetzigen Zeitpunkt um keine "ökologisch relevanten Mengen" handelt, ist eine Gefahr für das Grundwasser durch gelöstes Platin nicht zu befürchten.

Nach Ballach (Abschnitt 4.1) trägt lösliches Platin, das unter kontrollierten Versuchsbedingungen den Wasserhaushalt stört, zur Zeit vermutlich kaum zum Auftreten von Wasserstreß bei Pflanzen in direkter Straßennähe bei.

Die Aufnahme der PGE durch verschiedene Wild- und Kulturpflanzen zeigt, daß die Edelmetalle unerwartet hohe Transferraten in die Pflanzen haben und Pd sogar im Bereich der moderat mobilen Elemente wie Zink liegt (s. Eckhardt u. Schäfer, 4.2).

Über Transformationsverhalten Kfz-emittierten Platins in einem Boden und Platinaufnahme durch Pflanzen berichten Lustig u. Schramel (Abschnitt 4.4). Ferner beschäftigen sich Skerstupp u. Urban (Abschnitt 4.3) mit der Löslichkeit und Speziestransformation von Platin aus Autoabgaskatalysatoren durch Huminsäure.

4.1 Automobilverkehr und Störungen im Wasserhaushalt von Pflanzen

H.-J. Ballach
Botanisches Institut, J. W. Goethe-Universität, Frankfurt/M

Einleitung

Großstädte sind Lebensräume, die besonders stark durch den Automobilverkehr beeinträchtigt werden. Auffällig oft findet man in der Literatur Berichte über Wasserstreß bei Stadtpflanzen. Beispielsweise hebt schon Kramer (1987) dieses Phänomen bei Stadtbäumen hervor, zum einen weil es sich hierbei um ein weit verbreitetes Symptom handelt, und zum anderen weil mit Störungen im Wasserhaushalt weitreichende Folgen für den Stoffwechsel von Pflanzen verbunden sind. An dieser Stelle soll der Frage nachgegangen werden, inwieweit es einen Zusammenhang gibt zwischen der in den vergangenen Jahrzehnten ständig angestiegenen Verkehrsdichte (verbunden mit zunehmenden Emissionen von gasförmigen und partikelförmigen Stoffen, sowie mit Beeinträchtigungen von Klima und Boden) und dem häufig auftretenden Wasserstreß bei Stadtpflanzen. In diesem Zusammenhang wird speziell auf neue Techniken - wie die Einführung des geregelten Drei-Wege-Katalysators - eingegangen, da zukünftig mit steigenden Akkumulationsraten von Platingruppenelementen (PGE) in der Biosphäre zu rechnen ist.

Material und Methoden

Wirkungsuntersuchungen zum Platin

Zur Beschreibung der Methoden s. Alt et al. (1997), Ballach (1995, 1997), sowie Ballach u. Wittig (1996).

Wachstumsuntersuchungen an Frankfurter Stadtbäumen

Die Verfahren zur Messung der Blattflächen, des Kronenzuwachses und der Jahrringweiten werden von Ballach et al. (1998) beschrieben.

Staubsammlung

Vergleichbare Luftvolumina von ca. 130 m^3 wurden mit Hilfe einer Membranpumpe (KNF Aeromat, Freiburg, N035AN18) durch Milliporefilter (Porenweite 0,45 µm) gesaugt. Die Probenahmestelle in Frankfurt/Main befindet sich in einer Höhe von 2,5 m und 14 m von der Miquelalle (mit einer durchschnittlichen Kfz-Dichte von ca. 64000/24 h) entfernt. Am Vergleichsstandort Kleiner Feldberg im Taunus befindet sich in der näheren Umgebung keine Straße.

Faktoren, die Wasserstreß bei Stadtbäumen auslösen

Durch Beeinträchtigung der ober- und unterirdischen Pflanzenorgane kann Wasserstreß bei Stadtbäumen ausgelöst werden, wobei Wechselwirkungen über das Ausmaß des Kohlenhydrattransports und der Photosyntheserate vorliegen (Abb.1). Direkte und indirekte Beiträge des Automobilverkehrs an Störungen des Wassershaushalts werden im folgenden kurz erläutert.

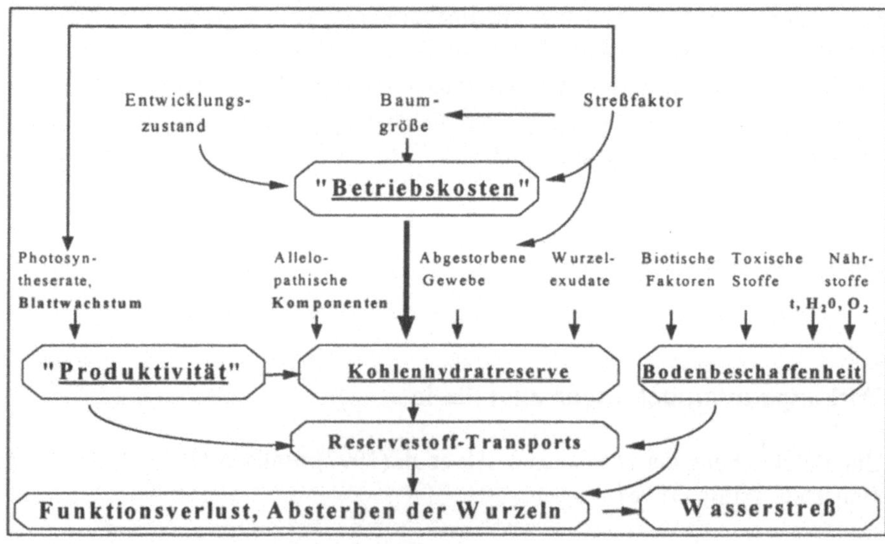

Abb. 1. Faktoren, die zur Entstehung von Wasserstreß bei Stadtbäumen beitragen. Darstellung verändert nach Bloomfield et al. (1996).

Kfz-Verkehr und Bodenbelastungen

Aus Abb. 1 geht hervor, daß Bodenverunreinigungen zu verminderter Wasseraufnahme führen, wenn hierbei Wurzeln absterben bzw. in ihrer Funktionsfähigkeit beeinträchtigt werden. Eine Vielzahl von Substanzen, die mit dem Kfz-Verkehr in Verbindung stehen, gelangen in Böden, z.B. Schwermetalle, Streusalz, Stäube, Ruß und organische Verbindungen, wie polyzyklische aromatische Kohlenwasserstoffe. Insgesamt ist die Anzahl der emittierten Stoffe kaum noch zu überblicken, wobei mit sich ständig ändernden Techniken laufend neue Substanzen in die Biosphäre gelangen. Nach Heinrichs (1993) gelangen allein mit dem Reifenabrieb 39 Elemente in die Umwelt, darunter diverse Schwermetalle. In Westdeutschland wurden im Jahr 1993 bereits 150000 t Reifenabrieb emittiert. Schwermetalle, so wurde häufig in der Literatur berichtet, können den Wasserhaushalt von Pflanzen nachhaltig beeinflussen. Barceló et al. (1988) führen am Beispiel des Cadmiums aus, daß sowohl die Wasseraufnahme als auch die Wasserabgabe belasteter Pflanzen beeinträchtigt wird.

Zu einer erst seit relativ wenigen Jahren emittierten Stoffgruppe gehören die in den Drei-Wege-Katalysatoren verwendeten *Platingruppenelemente*, die von Natur aus zu den seltensten Elementen der Erdkruste zählen. Tabelle 1 zeigt am Beispiel der Stadt Frankfurt/Main, daß die Bodenbelastung seit Einführung des Katalysators in den letzten zehn Jahren unerwartet schnell zunahm. Über die phytotoxische Potenz des Platins - speziell über Störungen des Wasserhaushalts von Pappelstecklingen - liegen bislang folgende Ergebnisse vor: Wasserlösliches Pt^{4+} hat eine enorm hohe Affinität zu Pflanzenwurzeln, die sogar noch diejenige von Blei übertrifft (Ballach u. Wittig 1996). Starke Wurzelanreicherungen verursachten moderaten Wasserstreß bei den Versuchspflanzen, die 6 Wochen lang mit 34,8 ppb Pt^{4+} belastet wurden. Bei verschiedenen Versuchsansätzen wurde wiederholt festgestellt, daß die Bodenaffinität von wasserlöslichem Pt^{4+} sogar noch über derjenigen der Pflanzenwurzeln liegt und für den Wurzelraum folgende Reihenfolge abnehmender Affinität vorliegt:

Bodenpartikel > Feinwurzeln > Grobwurzeln

Aufgrund der starken Bodenanreicherung zeigte sich in Übereinstimmung mit Nobel (1990), daß wasserlösliches Platin in Bodenkulturen eine geringere Streßwirkung als bei Pflanzen aus Nährlösung aufweist (Ballach 1997). Zusätzlich ist zu bedenken, daß es sich bei dem Katalysatorabrieb um eine nur unzulänglich bekannte Mischung von kolloidalen Partikeln in löslicher und unlöslicher Form handelt (Skerstupp u. Urban 1995). Allgemein nimmt man an, daß über 90% des emittierten Platins elementar vorliegt, daneben auch 2- und 4-wertiges oxidisches Pt. Zur Ermittlung der Bioverfügbarkeit von metallischem Platin wurde daher ein Langzeitexperiment durchgeführt. Die pulverisierte aktive Schicht eines Katalysators wurde hierzu auf das Bodensubstrat von Pappeln aufgetragen. Die Untersuchungen ergaben, daß sogar aus diesem Material Platin in die Wurzeln gelangte und, daß weiterhin wieder die oben beschriebene Reihenfolge abnehmender Affinität vom Boden bis zur Grobwurzel vorlag (Abb. 2). Zusätzlich stimmten die Ergebnisse dieses Experiments mit Bodenuntersuchungen an hessischen Straßen dahingehend überein, daß die Platingehalte mit der Bodentiefe sehr schnell abnehmen.

Tabelle 1. Anreicherung von Platin aus den seit 1984 in Betrieb genommenen Drei-Wege-Katalysatoren, dargestellt am Beispiel der Stadt Frankfurt/Main (nach Angaben von Zereini 1997)

Matrix/ Entnahmeort	Probenahme (Datum)	Proben (Anzahl)	Konzentration (ppb)	Anreicherungs-faktor[1]
Bodenproben (0-4 cm)				
Stadtgebiet	6. 1991	5	6 (3 - 13)	15 x
Stadtgebiet	5. 1994	10	46 (12 - 82)	115 x
Stadtwald	6. 1991	5	< 1	-
Stadtwald	5. 1994	5	< 1	-
Kehrgut				
Lyoner Str. (15000 Kfz/24h)	3. 1993	3	63 (35 - 82)	157,5 x
Uferstr. (30000 Kfz/24h)	3. 1993	6	67 (27 - 117)	167,5 x
Straßenstaub				
Stadtgebiet	9. 1994	11	259 (21 - 714)	647,5 x
Parkhaus	10. 1994	8	189 (106 - 271)	472,5 x

[1] Gemäß Wedepohl (1995) beträgt die natürliche Hintergrundkonzentration der Erdkruste an Platin nur 0,4 ppb.

Die Wurzelaufnahme von elementarem Platin könnte u.a. darauf zurückzuführen sein, daß die chemische Beschaffenheit der Rhizosphäre (direkter Kontaktbereich von Wurzel/Bodenpartikeln) durch Protonen- und Chelatorenabgabe aus den Pflanzenwurzeln beeinflußt wird. Die Wissenslücken bzgl. der Bioverfügbarkeit von Platingruppenelementen (Pt, Rh, Pd) aus Katalsyatoren sind zur Zeit allerdings noch sehr groß. Gegenwärtig kann man nicht davon ausgehen, daß der Wasserhaushalt von Stadtpflanzen durch Abrieb von Platin negativ beeinträchtigt wird. Zudem ist zu bedenken, daß eine Anreicherung in der obersten Bodenschicht stattfindet, so daß langfristig insbesondere flachwurzelnde Arten belastet werden. In Zukunft tritt die Platinemission quantitativ hinter die des Palladiums zurück, da letzteres verstärkt in der aktiven Schicht der Drei-Wege- Katalysatoren eingestzt wird (Domesle 1997). Inwiefern Palladium zukünftig den Wasserhaushalt von Stadtpflanzen zusätzlich zu den hier aufgeführten Kfz-bedingten Faktoren beeinträchtigen wird, ist zur Zeit völlig unklar.

Außer durch Schadstoffeinträge werden Böden durch Versiegelung und Verdichtung (asphaltierte Straßen, Fahrwege mit Verbundsteinpflaster, mechanische Verdichtung unversiegelter Böden durch parkende Automobile) sehr nachhaltig beeinflußt (Abb. 3).

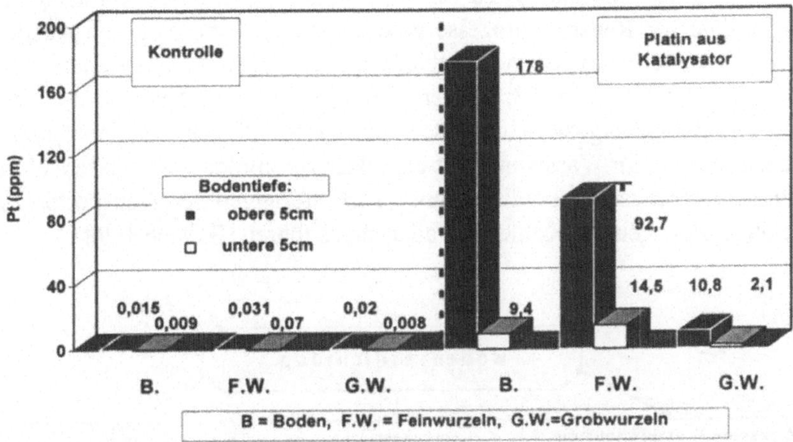

Abb. 2. Anreicherung von Platin aus der pulverisierten aktiven Schicht eines Katalysators im Boden und in Pappelwurzeln (*P. nigra* L. cv. Loenen). Das platinhaltige Material (12 g / Pflanze mit 0,205 Gew.% Pt) wurde auf die Bodenoberfläche aufgetragen. Versuchsdauer: 1 Jahr im Botanischen Garten der Universität Frankfurt/Main. Angegeben sind die Mittelwerte von je 8 Proben. Substrat: Fruhstorfer Erde T. Die Platinmessungen erfolgten voltammetrisch gemäß (Alt et al. 1997).

Im Boden kommt es zu einer Erhöhung der Temperatur, sowie zu einer Abnahme des Sauerstoff- und des Wassergehalts, wodurch Wurzelschäden auftreten, was zusätzlich die Wasseraufnahme beeinflußt. Aber auch oberirdische Pflanzenteile werden durch Bodenversiegelungen nachhaltig beeinflußt. Kjelgren u. Montague (1997) fanden in den Nachmittagstunden um 20–25° C höhere Asphalttemperaturen als über einer Rasenfläche. Die Reaktion von Stadtbäumen auf die hiermit verbundene Zunahme der Wärmestrahlung im Bereich asphaltierter Straßen hängt von der jeweiligen Baumart selbst ab, wobei es entweder zu steigenden Wasserverlusten infolge der erhöhten Transpiration kommt, oder zu erhöhtem Stomatschluß, wodurch zwar die Wasserverluste abnehmen, aber gleichzeitig die Blattemperatur steigt, was ebenfalls zu einer Streßbelastung, verbunden mit einer Abnahme des Baumwachstums, führt (Kjelgren u. Montague 1997).

Kfz-Verkehr und Belastung oberirdischer Pflanzenorgane

Zu den gasförmigen Luftverunreinigungen aus dem Kfz-Verkehr gehören Treibhausgase (Kohlenmonoxid) sowie Stickstoffoxide und organische Kohlenwasserstoffe (Benzol und polyzyklische aromatische Kohlenwasserstoffe). Stickstoffoxide und Kohlenwasserstoffe sind wichtige Vorläufersubstanzen des Ozons (Sommersmog). Zur Reduzierung der Ozongehalte wurde der Drei-Wege-Katalysator entwickelt, wobei jedoch Zweifel angebracht sind, ob bei der gegenwärtigen hohen Kfz-Dichte in Deutschland hierdurch allein ein sicherer Schutz vor dem Sommersmog gewährleistet ist (Ballach 1997). Daß komplexe Schadstoffgemische bestehend aus NO_x und O_3 zu verringerten Blattgehalten an Kohlenhydraten führen (infolge der Reparaturprozesse geschädigter Gewebe und zum Ausgleich vorzeitiger Blattverluste) haben verschiedene Autoren nachweisen können (z.B. Koziol 1984; Koziol et al. 1988; Bücker u. Ballach 1992). In Abb. 1 wurde bereits auf den Zusammenhang zwischen einer verringerten Photosyntheserate und der möglichen Störung im Wasserhaushalt einer Pflanze infolge verringerten Wurzelwachstums hingewiesen. Überdies können auch Störungen der Transportprozesse zu Beeinträchtigungen des Kohlenhydrathaushalts führen (Ballach 1998).

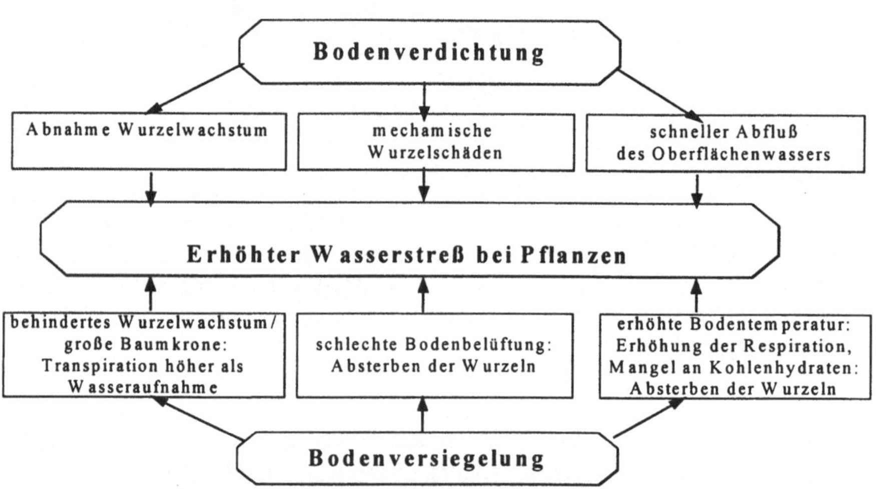

Abb. 3. Bodenbelastungen, die im Zusammenhang mit dem Kfz-Verkehr stehen und maßgeblich zum Wasserstreß bei Stadtpflanzen beitragen.

Neben der mit der Asphaltierung einhergehenden Temperaturerhöhung der Blätter wird letztere auch durch Emission vor allem dunkler Stäube ausgelöst. Heinrich (1993) ermittelte, daß im Reifenabrieb 73% organischer und anorganischer Kohlenstoff vorkommen, hiermit ist also eine wichtige Quelle dunkler Stäube neben dem Ruß und Straßenabrieb gegeben. Flückiger et al. führten bereits 1977 aus, daß dunkle Stäube zu einer temperaturbedingten Abnahme der Photosyntheserate (Erhöhung der Blattemperatur) und einem Anstieg der Atmungsaktivität führt. Zusätzlich können durch Staubbelastung die Stomata in ihrer Regulationsfähigkeit (Wasserdampf- und Wärmeregulation) beeinträchtigt werden. Flükkiger et al. (1977) berichten über Abnahmen der stomatären Widerstände verschiedener Baumarten in Straßennähe. Zur Demonstration der Staubbelastung in der Nähe einer stark befahrenen Straße in Frakfurt/Main (ca. 64000 Kfz/24 h) s. Abb. 4.

Abb. 4. Staubbelastung der Luft an der Miquelallee in Frankfurt/Main (Schwarze Filterhälfte) und zum Vergleich auf dem Kleinen Feldberg im Taunus (graue Filterhälfte). Luftdurchsatzrate je ca. 130 m^3.

Symptome von Wasserstreß bei Frankfurter Stadtbäumen

Kramer (1987) führt aus, daß zu den wichtigsten direkten Symptomen von Wasserstreß bei Stadtbäumen eine Abnahme des Zellwachstums zählt, die sich in einer Reduzierung des Blattwachstums, einer Abnahme der Jahrringweite und einer Reduzierung des Höhenwachstums niederschlägt. Aus Abb. 5a-c geht hervor, daß diese Merkmale vollständig bei Frankfurter Stadtbäumen mit zunehmender Verkehrsbelastung auftreten.

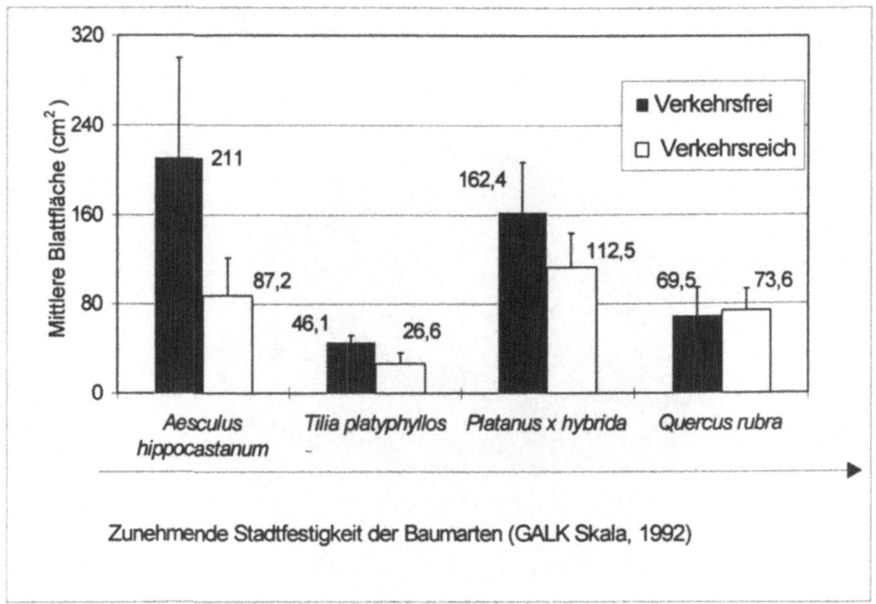

Abb. 5a. Abnahme des Blattwachstums bei Baumarten unterschiedlicher Eignung für die Stadtbepflanzung an verkehrsreichen Straßen in Frankfurt/Main (Verkehrsfrei: Parklage, verkehrsreich: ca. 40000 Kfz/24 h.

Zusammenfassung und Schlußfolgerungen

Phytotoxisch relevante Merkmale des Kfz-Verkehrs sind folgendendermaßen zu beschreiben: Es handelt sich zum einen um heterogene und komplexe Emissionsquellen, die sehr variabel sind und vom augenblicklichen Stand der Technik geprägt werden. Mit technischen Neuerungen gelangen oft neue Substanzen in die Umwelt, die z.T. von Natur aus hier in sehr niedrigen Konzentrationen vorkommen oder sogar ganz fehlen. Zu den Emissionen kommen zum anderen noch direkte Beeinflussungen des Bodens und Klimas, z.B. durch den Straßenbau, hinzu. Als weit verbreitetes Streßmerkmal von Bäumen, die - wie in Großstädten - in der direkten Kontaktzone zum Straßenverkehr wachsen, werden Beeinträchtigungen des Wasserhaushalts und ein vorzeitiges Absterben diskutiert.

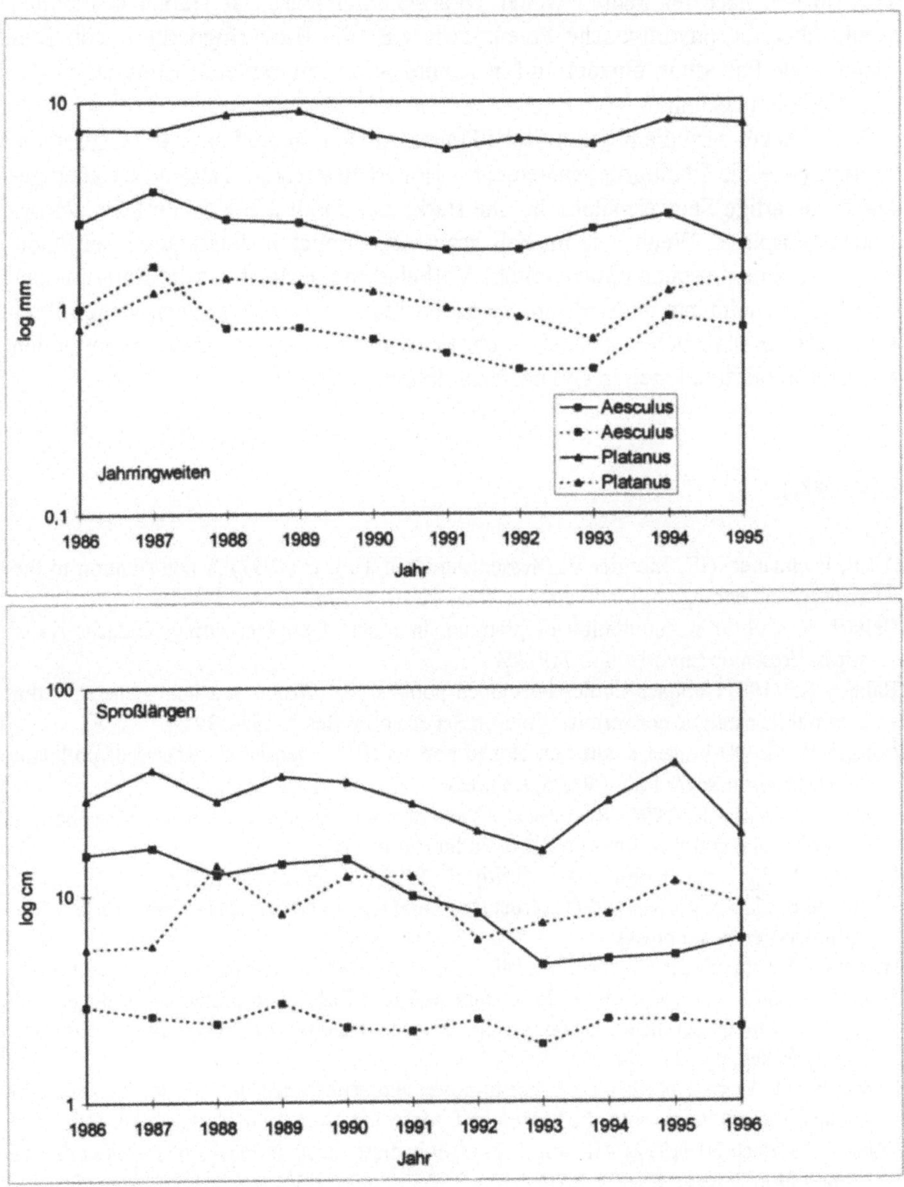

Abb. 5b-c. Weitere Wachstumsverluste (Dickenwachstum des Stamms, obere Abbildung) und der Sproßlängen der Baumkronen (untere Abbildung) bei Frankfurter Stadtbäumen mit zunehmender Verkehrsbelastung. Die durchgezogenen Linien beziehen sich auf Bäume in Parklage und die gestrichelten Linien auf Bäume verkehrsreicher Wuchsorte mit ca.40000 Kfz/24h (aus Wittig et al. 1998).

Lösliches Platin, das unter kontrollierten Versuchsbedingungen auch den Wasserhaushalt stört, trägt zur Zeit vermutlich kaum zum Auftreten von Wasserstreß bei Pflanzen in direkter Straßennähe bei. Dafür, daß die großflächige Freisetzung von

PGE in den nächsten Jahren weiter voranschreiten wird, ist jedoch erstaunlich wenig über die phytotoxische Potenz (wie z.B. die Bioverfügbarkeit) von Elementen wie Palladium einzeln und in Kombination mit weiteren Emissionen des Kfz-Verkehrs bekannt.

In der Regel wird die phytotoxische Potenz von neu in die Umwelt freigesetzten Stoffen (wie die Platingruppenelemente) isoliert betrachtet. Tatsächlich aber gelangen derartige Schwermetalle in eine stark, u.a. durch den Kfz-Verkehr, vorbelastete Biosphäre. Wenn, wie im Fall des weitverbreiteten Wasserstreß bei Stadtpflanzen, ohnehin schon eine deutliche Vorbelastung vorliegt, ist die Emission der Platingruppenelmente aufmerksam zu beobachten, nicht zuletzt auch wegen ihrer sehr geringen natürlichen Gehalte in der Erdkruste und wegen der zu erwartenden Konzentrationszunahmen in den nächsten Jahren.

Literatur

Alt F, Eschnauer, HR, Mergler B, Messerschmidt J, Tölg G (1997) A contribution to the ecology and enology of platinum. Fresenius J Anal Chem 357: 1013-1019

Ballach HJ (1995) Accumulation of platinum in roots of poplar cuttings induces water stress. Fresenius Envir Bull 4: 719-724

Ballach HJ (1997) Impact studies on cloned poplars (II): Ozone and heavy metals from automobile catalytic converters. Environ Sci & Pollut Res 4: 131-139

Ballach HJ (1998) Impact studies on cloned poplars (III): Theoretical aspects of pollutant stress. Environ Sci & Pollut Res 5: (in press)

Ballach HJ, Wittig R (1996) Reciprocal effects of platinum and lead on the water household of poplar cuttings. Environ Sci & Pollut Res 3: 3-9

Ballach HJ, Goevert J, Kohlmann S, Wittig R (1998): Comparative studies on the size of annual rings, leaf growth and the structure of tree tops of urban trees in Frankfurt/Main - Springer-Verlag (in press)

Barceló J, Poschenrieder Ch, Vázquez MD, Gunsé B (1988) Synergism between cadmium-induced ion stress and drought. In: Öztürk MA (ed) Plants and pollutants in developed and developing countries. Botany Dep, Science Faculty, Ege University, Bornova, Izmir, Turkey, pp 529-544

Bloomfield J, Vogt K (1996) Tree root turnover and senescence. In: Waisel Y, Eshel A, Kafkafi U (eds) Plant roots, the hidden half. Marcel Dekker, New York, pp 363-381

Bücker J, Ballach HJ (1992) Alterations in carbohydrate levels in leaves of *Populus* due to air pollution. Physiol Plant 86: 512-517

Domesle R (1997) Katalysatortechnik. In: Bundesministerium für Bildung, Wissenschaft, Forschung und Technologie, gsf Forschungszentrum (Hrsg) Forschungsverbund "Edelmetallemissionen", S 8-16

Flückiger W, Flückiger-Keller H, Oertli JJ, Guggenheim R (1977) Autobahn und deren Einfluß auf den stomatären Diffusionswiderstand. Eur J For Path 7: 358-364

GALK, Ständige Konferenz der Gartenamtsleiter beim deutschen Städtetag (1992) Empfehlungen zur Schadstufenbestimmung für Bäume an Straßen und in der Stadt. Schriftenr. FLL, Troisdorf, 2S.

Heinrichs H (1993) Die Wirkung von Aerosolkomponenten auf Böden und Gewässer industrieferner Standorte: eine geochemische Bilanzierung. Habilitationsschrift Georg-August-Universität Göttingen

Kjelgren R, Montague T (1997) Urban tree transpiration over turf and asphalt surfaces. Atmos Environ 32: 35-41

Koziol, M.J. (1984) Interactions of gaseous pollutants with carbohydrate metabolism. In: Koziol, M.J., Whatley, F.R. (eds.) Gaseous air pollutants and plant metabolism. Butterworths, London, 251-273

Koziol MJ, Whatley FR, Shelvey JD (1988) An integrated view of the effects of gaseous air pollutants on plant carbohydrate metabolism. In: Schulte-Hostedde S, Darrall NM, Blank LW, Wellburn AR (eds.) Air pollution and plant metabolism. Elsevier, London, pp 148-168

Kramer PJ (1987) The role of water stress in tree growth. J Arboric 13: 33-38

Nobel W (1990) Wirkungsmessungen von Platin aus katalysatorbetriebenen Kraftfahrzeugen mit pflanzlichen Bioindikatoren (Nahrungs- und Futterpflanzen), Abschlußbericht Technischer Überwachungsverein Südwestdeutschland e.V., VdTÜV FV, 299

Skerstupp B, Urban H (1995) Zur Adsorption von Platin und Palladium auf Ferrihydrit: Untersuchungen mit XPS und TXRF. Platin-Anwendertreffen, Fraunhofer-Institut, Hannover, 4.-5. 10. 1995

Wedepohl KH (1995) The composition of the continental crust. Geochim et Cosmochim Acta 59: 1217-1232

Wittig R, Ballach HJ, Goevert J, Kohlmann S, Kuhn A (1998) Stadtbäume im Dauerstreß. Forsch Frankfurt 1: 15-23

Zereini F (1997) Zur Analytik der Platingruppenelemente (PGE) und ihren geochemischen Verteilungsprozessen in ausgewählten Sedimentsteinen und anthropogen beeinflußten Umweltkompartimenten Westdeutschlands. Shaker Verlag Aachen, 175 S.

4.2 Pflanzenverfügbarkeit, Boden – Pflanze Transfer

J.-D. Eckhardt, J. Schäfer
Institut für Petrographie und Geochemie, Universität Karlsruhe

Einleitung

Für die ökotoxikologische Rolle der Kfz-emittierten Platingruppenelemente ist die Untersuchung der Kontamination entlang stark befahrener Straßen und der Weg in die Nahrungskette über die Aufnahme durch Pflanzen von großer Bedeutung (z.B.: Cubelic et al. 1997; Eckhardt et al. 1997; Zereini et al. 1997).

Die Entnahmen von kontaminierten Pflanzen an stark befahrenen Straßen (auch zum Bio-monitoring) haben teilweise erhebliche Konzentrationen der PGE aufgezeigt (Rosner et al. 1991; Helmers et al. 1994; Wäber et al. 1996). Es muß allerdings in Betracht gezogen werden, daß hierbei nicht nur der von den Pflanzen aufgenommene Anteil der Schwermetalle, sondern vor allem auch das auf den Pflanzenoberflächen deponierte Material zu den gemessenen hohen Konzentrationen führt. Aus diesem Grund sind die auf diese Weise ermittelten Gehalte stark witterungsabhängig.

Verschiedene Arbeitsgruppen haben die Pflanzenaufnahme von in Nährlösungen gelösten Platinsalzen gezeigt (Pallas u. Jones 1978; Nobel u. Michenfelder 1988; Farago u. Parsons 1994, Ballach u. Wittich 1996) und deutliche Wirkungen auf die Pflanzenphysiologie nachweisen können. Lustig et al. haben 1996 erstmalig Versuche auf natürlichem Boden gemacht, dem hoch kontaminierter Tunnelstaub zugemischt wurde. Sie haben ebenfalls die Platinaufnahme durch verschiedene Pflanzen nachgewiesen.

In diesem Kapitel soll ein möglichst naturnaher Versuchsaufbau vorgestellt werden, der in Gewächshausversuchen auf authentischem Boden alle drei Katalysator-emittierten PGE zusammen mit anderen Kfz-bürtigen Schwermetallen untersucht. Hiermit ist es möglich, die Edelmetalle mit den anderen Schwermetallen aus den untersuchten Böden und von daher bekannten Ergebnissen zu vergleichen. Ein brauchbares Werkzeug hierfür sind sogenannte Transferkoeffizienten, wie sie Sauerbeck (1989) definiert hat. Sie stellen die Relation zwischen den Gehalten in der Pflanze und der angebotenen Konzentration im Boden dar und liefern damit eine direkte Aussage über die Pflanzenaufnahme des betrachteten Elements. Der Transferkoeffizient kann sich in Abhängigkeit von Pflanzenart und auch von der Bodenkonzentration für ein Element deutlich unterscheiden. Die Klassifikation erfolgt nach der Verfügbarkeit der Elemente in „extrem immobile“, „moderat mobile“ und „mobile“ Elemente (Sauerbeck 1989).

Lustig (Lustig 1997; Lustig et al. 1996) hat in verschiedenen Versuchsreihen sowohl an Pflanzen in kontaminierten Nährlösungen als auch auf mit Tunnelstaub kontaminierten Böden die Aufnahme von Pt durch Pflanzen im Labor nachweisen können. In einer ähnlichen Versuchsanordnung zeigen Ballach u. Wittig (1996), daß hohe Gehalte an Pt zu eingeschränkter Wasseraufnahme bei den untersuchten Pappelschößlingen geführt haben. Andere Arbeitsgruppen zeigen an Vegetationsproben hohe Konzentrationen die sowohl den Pflanzenoberflächen anhaften als auch teilweise über die Oberflächen (Spaltöffnungen, Mikroporen) oder die Wurzeln aufgenommen wurden (Helmers 1996; Schäfer 1998).

Der hier vorgestellte Ansatz versucht diese Prozesse unter möglichst naturidentischen Bedingungen nachzuzeichnen.

Zur Klärung des Boden-Pflanze Transfers von Kfz-emittierten Platingruppenelementen (PGE) werden hier straßennahe, stark kontaminierte Böden mit Referenzböden typischer Zusammensetzung verglichen. Weiterhin ist es für das Verständnis des Boden-Pflanze-Transfers der PGE notwendig, Vergleiche mit anderen Schwermetallen zu ziehen. Hierfür eignen sich besonders die ebenfalls Kfz-emittierten Elemente Blei (Pb), Zink (Zn) und Kupfer (Cu). Die Daten lassen sich an anerkannten Skalierungen (wie z.B. nach Sauerbeck 1989) verifizieren und einordnen.

Beschreibung des Versuchsaufbaus, Boden und Pflanzen

Für eine sinnvolle Versuchsdurchführung ist es notwendig, einen homogenen, hoch kontaminierten Boden einzusetzen (>100 µg/kg Pt, Pd, Rh entsprechend im gesamten Bodenkörper). Die Simulation realer Verhältnisse setzt ebenfalls voraus, daß ein originaler straßennaher Boden abgegraben wird. Hierfür wurde der Standort Vaihingen (BAB 8) ausgewählt, der die Voraussetzungen erfüllt und zudem ein typisches Verteilungsmuster der PGE sowohl in Abhängigkeit von der lateralen Entfernung zur Straße als auch vertikal in der Bodensäule aufweist. Entsprechende Muster wurden an mehreren Standorten Baden-Württembergs nachgewiesen (Cubelic et al. 1997) und haben folgenden beispielhaften Verlauf, der noch von standortspezifischen Parametern wie Hauptwindrichtung und -geschwindigkeit, Bewuchs und Morphologie modifiziert wird (Abb. 1).

Für eine abgesicherte Versuchsdurchführung wurden dem kontaminierten Straßenboden zwei Referenzböden sandiger respektive toniger Zusammensetzung im Experiment gegenübergestellt und mit den gleichen Arten bepflanzt. Das kontaminierte Material wurde direkt neben einer Autobahn entnommen und enthielt nach der Homogenisierung immer noch etwa 150 µg/kg Pt, 25 µg/kg Rh und 6 µg/kg Pd und entsprechend hohe Schwermetallgehalte (Schäfer et al. 1998). Der Elementgehalt der Referenzböden entspricht weitgehend dem geogenen Hintergrund, die leichte Erhöhung einiger Elemente kann auf die Düngung mit Klärschlamm zurückgeführt werden.

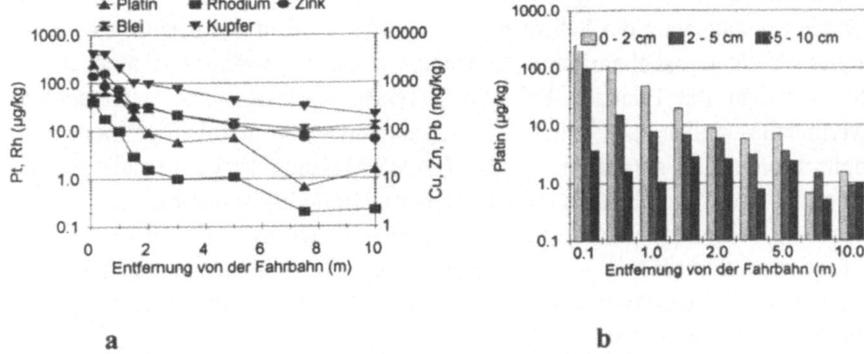

Abb. 1: Entfernungsabhängige Verteilung Kfz-emittierter PGE und Schwermetalle (a) und Tiefenverteilung von Platin (b)

Alle Bodenproben wurden sorgfältig aufbereitet und für die Pflanzversuche präpariert (Schäfer et al. 1998). Eine zusätzliche Schwierigkeit bei Pflanzversuchen auf stark kontaminierten Böden besteht in der direkten Kontamination der Pflanzen durch aufgewirbeltes oder beim Gießen aufgespritztes Bodenmaterial sowie durch den direkten Kontakt der oberflächlichen Pflanzenteile. Diese Gefahr wurde vermieden, indem die Erdoberfläche in den Töpfen mit Quarzsand abgedeckt wurde.

Die eingesetzten Pflanzen sollten typische Kultur- und Wildpflanzen repräsentieren und die für die Untersuchungen notwendige Menge an Biomasse produzieren. Ein weiteres Kriterium war in Anbetracht des hochkontaminierten Bodens eine gute Schwermetalltoleranz der eingesetzten Pflanzen. Es wurden Kresse, Spinat, Brennessel und Phacelia ausgesucht. Spinat und Brennsessel wurden extern angezogen und dann in die Versuchstöpfe umgesetzt, während Phacelia und Kresse direkt eingesät werden mußten. Aufgrund des Lichtbedürfnisses konnten die Kressesamen nicht mit Sand abgedeckt werden. Die Ergebnisse zeigen jedoch, daß keine fehlerhaften Gehalte entstanden. Die absolute Isolation von externen Kontaminationen wurde nicht nur durch die oben beschriebene Versuchsdurchführung im Gewächshaus garantiert, sondern es wurde auch keine Düngung durchgeführt, mit deionisiertem Wasser gegossen sowie jegliche Kontamination bei der Ernte der Pflanzenteile vermieden.

Analytik

Die Bodenansprache wurde nach DIN durchgeführt (DIN 19683, DIN 19684 Teil 1 bis 5, 1977). Die Haupt- und Spurenelementanalytik an den Böden erfolgte mit energie- und winkeldispersiver Röntgenfluoreszenzanalytik. Für die Bestimmung der PGE mittels ICP-MS wurden die Böden mittels Nickelsulfid-Dokimasie (Robert et al. 1971) aufgeschlossen, der exakte Verfahrensgang ist in Cubelic et al. (1997) beschrieben.

Für die Untersuchung der Schwermetalle und der PGE in den Pflanzen wurden zwei verschiedene naßchemische Aufschlußmethoden gewählt (Schäfer et al. 1998), nachdem die Pflanzen bei 450°C verascht wurden. Die untersuchten Schwermetalle wurden nach einem Salpetersäureaufschluß mittels Flammen- und Graphitrohrofen-AAS gemessen. Für die ICP-MS Messung der Edelmetalle wurde eine modifizierte Aufschlußtechnik nach Rencz u. Hall (1992) durchgeführt. Hierbei wird die Pflanzenasche in einem HNO_3-HCl-HF Druckaufschluß gelöst und nach Eindampfen mit Königswasser aufgenommen. Die PGE können nach Tellur-Mitfällung im Niederschlag abfiltriert und anschließend wieder in Lösung gebracht werden (Schäfer et al. 1998).

Die Messung der Edelmetalle erfolgt mittels ICP-MS. Diese Methode erlaubt eine Multielementmessung bei Nachweisgrenzen, die deutlich unter anderen Methoden liegen. Bei der hier vorgeschalteten naßchemischen Aufbereitung bzw. NiS-Dokimasie werden diese gerätetechnischen Vorteile jedoch relativiert, die Nachweisgrenzen verschlechtern sich etwas, so daß für die Pflanzenuntersuchungen bezogen auf 1 g Pflanzenasche folgende Nachweisgrenzen gelten: Rh 1,7 µg/kg, Pd 4,3 µg/kg, Pt 2,9 µg/kg. Hierbei ist zu berücksichtigen, daß die Pflanzenasche die bis zu 50-fache Menge bezogen auf Trockengewicht repräsentiert. Damit liegen die in der Trockensubstanz bestimmbaren Gehalte um den entsprechenden Faktor niedriger (Schäfer et al. 1998).

Ergebnisse

Böden vom Straßenrand stellen ein mit Schwermetallen hochbelastetes Substrat dar (Tabelle 1), deren Konzentrationen die gesetzlichen Grenzwerte deutlich überschreiten (Kloke 1984). Eine Bewertung der Edelmetall-Gehalte ist jedoch nicht möglich, da Richt- oder Grenzwerte für diese Elemente nicht vorliegen. Die PGE-Gehalte an Pt, Rh und Pd sind jedoch eindeutig auf den Straßenverkehr zurückzuführen, da ihr Pt/Rh-Verhältnis von 6:1 das langjährige Mittel der in den Katalysatoren eingebauten Mengenverhältnisse widerspiegelt (Schäfer et al. 1996).

Demgegenüber liegen die Schwermetallkonzentrationen der beiden Referenzböden im Bereich normaler landwirtschaftlich genutzter Böden.

Tabelle 1. PGE- und Schwermetallgehalte in den verwendeten Pflanzsubstraten

	Kontaminierter Straßenrandboden	Sandboden	Lößboden
Pb [mg/kg]	800	43	30
Zn [mg/kg]	1780	76	152
Cd [mg/kg]	4,5	3,0	2,0
Cu [mg/kg]	595	16	27
Pt [µg/kg]	160	3	4
Rh [µg/kg]	25	0,4	0,6
Pd [µg/kg]	6	<0,4	<0,4

Schwermetallgehalte in den Pflanzen

Das Transferverhalten verschiedener Schwermetalle in Pflanzen ist gut bekannt und klassifiziert (Sauerbeck 1989, Bergmann 1993). Für PGE unter natürlichen Bedingungen liegen noch keine entsprechenden Aussagen vor. Der Boden-Pflanze-Transfer der Edelmetalle liegt jedoch, wie hier gezeigt wird, durchaus in der gleichen Größenordnung.

Weiterhin muß generell betont werden, daß die Transferkoeffizienten der einzelnen Schwermetalle in Abhängigkeit zur Konzentration im Boden stehen, dies jedoch wiederum mit deutlichen Unterschieden oder sogar gegensätzlichem Verhalten bei den verschiedenen untersuchten Pflanzenarten.

Die Cd-Gehalte unterscheiden sich nicht wesentlich zwischen den untersuchten Böden, sind aber relativ hoch. Auffällig ist jedoch, daß auf dem sandigen Boden mit Ausnahme der Kresse, alle Pflanzen mit Abstand den höchsten Gehalt und Transferkoeffizienten aufweisen (Tabelle 2). Als Hauptursache ist sicherlich der saure pH-Wert des Bodens anzusehen, der zu einer höheren Mobilität von Cd führt. Weiterhin ist zu beobachten, daß Kresse auf dem stark kontaminierten Boden extrem hohe Transferfaktoren zwischen 1,2 und 1,95 zeigt. Eine mögliche Erklärung liegt in synergistischen Effekten zur Aufnahme von Zn, das in Kresse ebenfalls die höchsten Gehalte unter den untersuchten Pflanzen hat.

Tabelle 2. Schwermetallgehalte der Pflanzen auf dem Straßenrandboden (A), Sandboden (B) und Lößboden (C)

Pflanze	Boden	Cu	Zn	Cd	Pb
Brennessel	A	62.9	56	0.0	2.9
	B	7.5	62	0.6	0.6
	C	6.2	29	n.n.	0.3
Phacelia	A	17.3	184	1.1	2.1
	B	9.9	111	2.0	0.4
	C	9.3	53	0.5	1.0
Spinat	A	18.1	730	3.4	1.9
	B	9.9	475	5.0	0.3
	C	6.6	305	1.7	n.n.
Kresse	A	31.9	864	6.5	2.5
	B	6.3	256	2.1	0.3
	C	5.1	178	1.2	0.4

Phacelia und Brennessel zeigen auf allen Böden, Kresse nur auf den unkontaminierten Böden, sowie Spinat lediglich in einem Fall Werte unterhalb des unbedenklichen Cd-Gehalts von 2 µg/kg.

Zink ist ein essentielles Spurenelement und wird von vielen Pflanzen in hohen Konzentrationen toleriert. Kresse und Spinat zeigen wie bei Cd eine sehr hohe Aufnahme, die als kritisch für das Pflanzenwachstum anzusehen ist. Insbesondere Brennessel, aber auch Phacelia zeigen selbst auf dem kontaminierten Boden, der immerhin fast 2000 mg/kg Zn enthält, Konzentrationen, die fast normal sind (Tabelle 2) und annehmen lassen, daß diese Pflanzen in der Lage sind, die übermäßige Aufnahme zu verhindern (Exkluderpflanzen).

Bei Blei wirkt sich das immobile Verhalten dieses Elementes bei normalen Umweltbedingungen eindeutig auf die Pflanzenverfügbarkeit aus. Alle Pflanzen auf allen Böden enthalten nur sehr geringe Gehalte (Tabelle 2), im „normalen Bereich" nach Sauerbeck (1989). Diese Rolle von Blei wird zudem dadurch bestätigt, daß die Pflanzen auf den hochkontaminierten Böden mit Abstand die geringsten Transferfaktoren haben. Der hohe Kalkgehalt dieser Böden führt zu einer zusätzlichen Fixierung des Schwermetalls möglicherweise als Bleikarbonat.

Wie Zink ist auch Kupfer als essentielles Spurenelement bekannt. Hier ist ebenfalls auffallend, daß die Gehalte in den Pflanzen auf den kontaminierten Böden zwar höher sind, aber die Transferkoeffizienten durchschnittlich um den Faktor 5 unter den Pflanzen der Referenzböden liegen. Trotzdem sind die Gehalte in den Pflanzen auf den Straßenrandböden so hoch, daß sie als möglicherweise toxisch anzusehen sind, was sich in einer Beeinträchtigung des Pflanzenwachstums äußern würde (Tabelle 2). Zumindest für die Brennessel kann der hohe Gehalt als ein Grund für den beobachteten Minderwuchs angenommen werden.

PGE-Gehalte in Pflanzen

In den Pflanzen, die auf den Referenzböden gezogen wurden, konnten keine PGE-Gehalte oberhalb der Nachweisgrenzen detektiert werden. Dies war aufgrund der außerordentlich geringen Konzentrationen in den Böden zu erwarten.

Die Gehalte in den Pflanzen auf den kontaminierten Straßenrandböden liegen teilweise nahe der Nachweisgrenzen, erreichen aber Maximalwerte von 8,6 µg/kg Pt, 1 µg/kg Rh und 2 µg/kg Pd bezogen auf die Trockensubstanz. Dies entspricht Transferkoeffizienten von 0,05 für Pt, 0,04 für Rh und 0,3 für Pd (Abb. 2).

Somit sind in allen, auf kontaminiertem Boden gewachsenen Pflanzen die Transferkoeffizienten ähnlich denen von Cu, einem essentiellen Spurenelement und eine Größenordnung über den Transferkoeffizienten von Pb. Die Transferkoeffizienten von Pd liegen bei den einzelnen Pflanzenarten eine Größenordnung über denen von Pt und Rh und bei Phacelia sogar in dem Bereich von Zn und Cd, den mobilsten der hier untersuchten Schwermetalle.

Die Versuchspflanzen auf dem Autobahnboden zeigten (im Gegensatz zu den Referenzkulturen) Blattverfärbungen und Minderwuchs, die auf eine Behinderung der Wasseraufnahme deuten könnten; der Grad der Schädigung unterschied sich zwischen den einzelnen Arten. Zusätzliche Wassergaben erzielten teilweise eine verbesserte Vitalität. Es ist bekannt, daß extrem hohe PGE-Konzentrationen (Ballach u. Wittig 1996) oder Schwermetallgehalte (Barcelo u. Poschenrieder 1990) die beschriebenen Pflanzenschädigungen hervorrufen können.

Die Abfolge der Transferkoeffizienten verläuft bei allen Pflanzen gleich: Pd>Pt≥Rh (Schäfer 1998). Diese Reihenfolge der Pflanzenverfügbarkeit konnte auch Brooks (1992) in Pflanzen über Edelmetallagerstätten nachweisen.

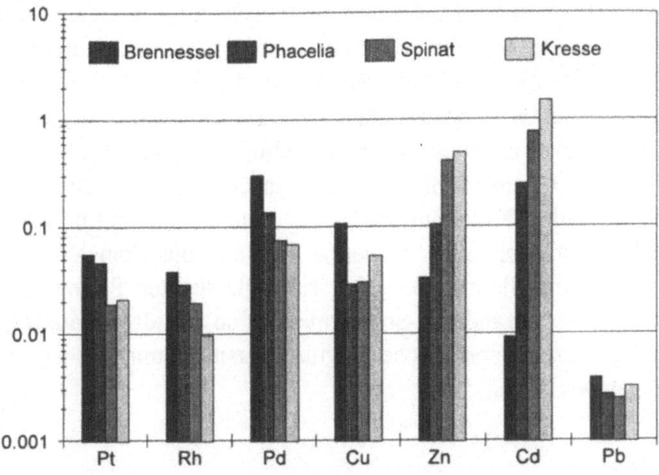

Abb. 2. Transferkoeffizienten der PGE und Schwermetalle für die im Versuch auf dem kontaminierten Straßenrandboden eingesetzten Pflanzenarten

Generell zeigen bei den Edelmetallen Phacelia und Brennessel die höchsten Transferkoeffizienten, was im Gegensatz zu den Daten der anderen Schwermetalle steht, wo für Kresse und Spinat auf dem kontaminierten Boden die höchsten Gehalte und Raten festgestellt wurden.

Ein Hinweis für die relativ hohe Mobilität der Katalysator-emittierten Edelmetalle bzw. ihrer im Boden vorliegenden Bindungsform (Spezies) ergibt sich daraus, daß die in diesem Gewächshausversuch bestimmten Transferkoeffizienten z. T. deutlich die von Brooks (1992) angegebenen Werte von Pt (0,05), Rh (0,01) und Pd (0.001) überschritten. Diese Werte wurden an Pflanzen auf Böden über Erzlagerstätten bestimmt, wo davon ausgegangen werden kann, daß die Edelmetalle hauptsächlich in ihrer primären genetischen Form (Erzminerale), relativ stabil gebunden, vorliegen. Wie aus Laborstudien bekannt ist, können die PGE-Cluster, die mit dem Katalysator-Trägermaterial emittiert werden, in extrem kleinen Korngrößen vorliegen, so daß die Löslichkeit der metallisch oder oxidisch vorliegenden Edelmetalle vor allem eine Funktion der Partikelgröße wird (Nachtigall et al. 1996).

Fazit

Der in den hier beschriebenen naturnahen Gewächshausversuchen eingesetzte Boden vom stark kontaminierten Straßenrand enthält typische Konzentrationen von PGE und anderen Kfz-emittierten Schwermetallen, wie sie an stark befahrenenen Straßen Deutschlands anzutreffen sind. Die Aufnahme der PGE durch verschiedene Wild- und Kulturpflanzen zeigt, daß die Edelmetalle unerwartet hohe Transferraten in die Pflanzen haben und Pd sogar im Bereich der moderat mobilen Elemente wie Zn liegt. Auch Pt und Rh werden in deutlichem Maße aufgenommen, in der gleichen Größenordnung wie das essentielle Spurenelement Kupfer und deutlich stärker als Blei. Aus dieser Abfolge ergibt sich, daß die Verhältnisse der Edelmetalle untereinander in den Pflanzen klar unterschiedlich von den im Boden vorliegenden, Kfz-emmittierten Raten sind (Eckhardt u. Schäfer 1997).

Schließlich ist auch noch zu vermerken, daß die Transferraten für die Aufnahme der Edelmetalle zwischen den vier untersuchten Pflanzenarten viel ähnlicher sind, als die der anderen Schwermetalle, so daß davon ausgegangen werden kann, daß pflanzenartspezifische Regulierungsmechanismen für die PGE kaum oder nicht entwickelt sind.

Literatur

Ballach HJ, Wittig GR (1996) Reciprocal effects of platinum and Pb on the water household of poplar cuttings. ESPR-Environ Sci Pollut Res 3: 1-10

Barcelo J, Poschenrieder C (1990) Plant water reactions as affected by heavy metal stress: A review. J Plant Nutr 13: 1-37

Bergmann W (1993) Ernährungsstörungen bei Kulturpflanzen. Gustav Fischer Verlag

Brooks RR, editor (1992) Noble Metals and Biological Systems. Their Role in Medicine, Mineral Exploration, and the Environment. CRC Press, Boca Raton

Cubelic M, Pecoroni R, Schäfer J, Eckhardt JD, Berner Z, Stüben D (1997) Verteilung verkehrsbedingter Edelmetallemissionen in Böden. UWSF - Z Umweltchem Ökotox 9: 249-258

DIN 19683 Teil 2 (1977) Physikalische Laboruntersuchungen, Bestimmung der Korngrößenzusammensetzung nach Vorbehandlung mit Natriumpyrophosphat. Berlin, Köln

DIN 19684 Teil 1 (1977) Chemische Laboruntersuchungen, Bestimmung des pH-Wertes des Bodens und Ermittlung des Kalkbedarfs. Berlin, Köln

DIN 19684 Teil 2 (1977) Chemische Laboruntersuchungen, Bestimmung des Humusgehaltes im Boden. Berlin, Köln

DIN 19684 Teil 3 (1977) Chemische Laboruntersuchungen, Bestimmung des Glühverlustes und des Glührückstandes. Berlin, Köln

DIN 19684 Teil 4 (1977) Chemische Laboruntersuchungen, Bestimmung des Gehaltes an Gesamt-Stickstoff im Boden. Berlin, Köln

DIN 19684 Teil 5 (1977) Chemische Laboruntersuchungen, Bestimmung des Carbonatgehaltes im Boden. Berlin, Köln

Eckhardt JD, Schäfer J (1997) PGE-Emissionen aus Kfz-Abgas-Katalysatoren. In: Matschullat J, Tobschall HJ, Voigt HJ, editors. Geochemie und Umwelt Springer (Heidelberg): 181-188

Farago ME, Parsons PJ (1994) The effects of various platinum metal species on the water plant Eichhornia crassipes (MART.) Solms. Chem Spec Bioavail 6: 1-12

Helmers E, Mergel N. (1997) Platin in belasteten Gräsern. UWSF-Z Umweltchem Ökotox 9: 147-148

Helmers E, Mergel N, Barchet R. (1994) Platin in Klärschlammasche und an Gräsern. UWSF-Z Umweltchem Ökotox 6: 130-134

Kloke A (1984) Problematik von Orientierungs-, Richt- und Grenzwerten für Schwermetalle in biologischen Substanzen. Loccumer Prot 2: 61-119

Lustig, S. (1997): Platinum in the environment.- Dissertation zur Erlangung des Doktorgrades, Fakultät f. Chemie und Pharmazie der Ludwig-Maximilians-Universität München, 143 S

Lustig S, Zang S, Michalke B, Schramel P, Beck W. (1996) Transformation behavior of different platinum compounds in a clay-like humic soil: speciation investigations. Sci Tot Environment 188: 195-204

Nachtigall D. (1997) Verfahren zur Bestimmung der Platinspezies in anorganischen und biologischen Systemen. Cuvillier Verlag, Göttingen

Nachtigall D, Kock H, Artelt S, Levsen K, Wünsch G, Rühle T, Schlögl R (1996) Platinum solubility of a substance designed as a model for emissions of automobile catalytic converters. Fresenius J Anal Chem 354: 742-746

Nobel W, Michenfelder K. (1988) Wirkungen von Platin auf Pflanzen. Bundesministerium für Forschung und Technologie, editor. Abschlußbericht des TÜV Südwest e.V.

Pallas JE, Jones JB. (1978) Platinum uptake by horticultural crops. Plant and Soil 50: 207-212

Rencz AN, Hall GEM (1992) Platinum group elements and Au in arctic vegetation growing on gossans, Keewatin District, Canad. J Geochem Explor; 43: 265-279

Robert RVD, van Wyk E, Palmer R (1971) Concentration of noble metals by a fire-assay technique using nickel-sulfide as the collector. NIM-Report; 1371: 1-16

Rosner G, König HP, Hertel RF, Windt H. (1991) Motorstandexperimente zur Untersuchung der Platin-Akkumulation durch Pflanzen. Angew Botanik 65: 127-132

Sauerbeck D. (1989) Der Transfer von Schwermetallen in die Pflanze.- In: Behrens D, Wiesner J, editors. Beurteilung von Schwermetallkontaminationen im Boden. Dechema-Fachgespräche, Frankfurt/Main, 281-316

Schäfer J (1998) Einträge und Kontaminationspfade Kfz-emittierter Platingruppenelemente (PGE) in verschiedenen Umweltkompartimenten. Dissertation Fakultät Bio- Geowissenschaften, Universität Karlsruhe

Schäfer J, Eckhardt JD, Puchelt H (1996) Traffic-related Noble Metal Emissions in South-West Germany. 6th V.M. Goldschmidt Conference, Heidelberg; J. Conference Abstracts; 1: 536, Cambridge Publications

Schäfer J, Hannker D, Eckhardt JD, Stüben D (1998) Uptake of traffic-related heavy metals and Platinum Group Elements (PGE) by plants. Sci Total Environment 215: 59-67

Wäber M, Laschka D, Peichl L (1996) Biomonitoring verkehrsbedingter Platin-Immissionen - Verfahren der standardisierten Graskultur im Untersuchungsgebiet München. UWSF - Z Umweltchem Ökotox 8: 3-7

Zereini F, Alt F, Rankenburg K, Beyer JM, Artelt S. (1997) Verteilung von Platingruppenelementen (PGE) in den Umweltkompartimenten Boden, Schlamm, Straßenstaub, Straßenkehrgut und Wasser: Emission von Platingruppenelementen (PGE) aus Kfz-Abgaskatalysatoren. UWSF - Z Umweltchem Ökotox 9: 193-200

4.3 Zum Transformationsverhalten Kfz-emittierten Platins in einem Boden und Platinaufnahme durch Pflanzen

S. Lustig [1,2], P. Schramel[1]
[1] GSF-Forschungszentrum für Umwelt und Gesundheit, Institut für Ökologische Chemie, Neuherberg
[2] z. Zt. Universiteit Gent, Instituut voor Nucleaire Wetenschappen, Laboratorium voor Analytische Scheikunde, Gent, België

Einleitung

Ziel des hier Beschriebenen war a) eine realistische Abschätzung der Bioverfügbarkeit und b) soweit als möglich, eine Pt-Speziation, um Transformations- und Transportwege von Pt in der Umwelt besser beschreiben zu können. Im folgenden wird ein Überblick über die dazu durchgeführten Arbeiten gegeben:

➊ Platin aus Kraftfahrzeugen: Straßentunnelstaub als Realprobe

- ⇨ Methodenentwicklung zur Analytik von Gesamtplatin und zur Platinspeziation
- ⇨ Charakterisierung von Pt-Spezies im wässrigen Tunnelstaubeluat mit SEC, HPLC-ICP-MS und CE-ICP-MS

➋ Platin im Boden

- ⇨ Batch-Versuch: Transformationsverhalten elementaren, sowie zwei- und vierwertigen Platins in einem Boden
- ⇨ Freiland-Versuch: Elutionstests in Bodenproben zur Kontrolle der Laborexperimente

➌ Platin in der Pflanze: Aufnahme löslicher Platinspezies über die Wurzel

- ⇨ Freilandversuch mit Nutzpflanzen
- ⇨ Lokalisierung von Pt in der Pflanze

Ein Straßentunnelstaub als Realprobe für Platinemissionen aus Kfz-Abgaskatalysatoren

Als Realprobe wurde ein Tunnelstaub aus einem Autobahntunnel in Österreich verwendet, in dem Platin in der Form vorliegt, in der es aus dem Katalysator emittiert wird und zwar zu 95 % als Pt (0) (Schlögl et al. 1987; Nachtigall et al. 1996). Da der Staub von der Tunneldecke entnommen wurde, ist er weitgehend frei von „abgasfremden" Bestandteilen und erwies sich somit als ideal, um die Bioverfügbarkeit Kfz-emittierten Platins zu untersuchen. Der verwendete Tunnelstaub wies eine Platinkonzentration von 60 µg kg^{-1} auf. Dieser Wert wurde ermittelt nach Königswasser-Auszug, sowie Totalaufschluß mit HNO_3 / HF / $HClO_4$ / H_3BO_3, die gut miteinander übereinstimmten (Schramel et al. 1995). Die Pt-Bestimmung mit Q-ICP-MS (unter Berücksichtigung der Störungen[2]) wurde bestätigt durch Kontrollmessungen mit HR-ICP-MS, ETV-ICP-MS und DPCSV (Lustig 1997).

Transformationsverhalten von Kfz-emittiertem Platin in einem Boden

Nach Emission mit den Abgasen gelangt das partikuläre Platin zunächst in Kontakt mit dem Boden entlang der Verkehrsstraßen. Der Boden hat nun maßgeblichen Einfluß auf die Bioverfügbarkeit: So könnte das metallische Platin oxidiert und zu bioverfügbaren, leicht löslichen Spezies transformiert werden. Immobilisierung als schwerlösliche Huminstoffkomplexe erschien ebenso möglich. Generell war zunächst erwartet worden, daß Platin als Edelmetall keinerlei Transformationen im Boden unterliegt. Zumindest im Laborversuch und unter drastischen Bedingungen (O_2-Atmosphäre) konnte dies jedoch für partikuläres Platin widerlegt werden (Ehrenstorfer-Schäfers et al. 1988; Freiesleben et al. 1993).

Als erstes wurde der unmittelbare Einfluß des Boden- und Regen-pH-Wertes auf die Löslichkeit von Platin untersucht. Es stellte sich heraus, daß aufgrund der hohen Pufferkapazität des Tunnelstaubes, hervorgerufen durch hohe Gehalte an z. B. Sulfiden, Phosphaten und Carbonaten der lösliche Anteil von Pt über einen weiten pH-Bereich konstant bleibt. Somit war der primäre Einfluß des sauren Regens bzw. des Boden-pH-Wertes auf die Löslichkeit von Platin zumindest kurzfristig als gering anzusehen (Schramel u. Lustig 1997).

Weitaus größerer Einfluß wurde nun von den Bodenbestandteilen selbst erwartet. In verschiedenen Elutionsexperimenten wurden die zeitabhängigen Transformationen des Kfz-emittierten Platins, sowie der Grad der Oxidation (95 % liegen ja zunächst als Pt (0) vor) und Immobilisierung im Boden untersucht.

Zusätzlich zu der Realprobe Tunnelstaub wurden Pt-Mohr, PtO_2, K_2PtCl_4 und $Na_2PtCl_6 * 6 H_2O$ in Kontakt mit einem Boden gebracht. Diese Modellverbindungen sollten einerseits die Beschreibung des Transformationsverhaltens der komplizierten Realprobe unterstützen (Pt-Mohr, PtO_2), andererseits das Verhalten von Platinspezies, wie sie in Pflanzennährlösungsversuchen eingesetzt werden (K_2PtCl_4, $Na_2PtCl_6 * 6 H_2O$), aufzeigen.

Diese wasserlöslichen Platinsalze (Nährlösungsversuche!) zeigten eine starke Immobilisierung im Boden und waren selbst mit platinophilen Komplexbildnern wie EDTA oder Thioharnstoff nicht mehr nennenswert eluierbar (Lustig et al. 1996 B). Pt(0), das im Tunnelstaub sehr fein verteilt in nanokristalliner Form vorliegt und daher reaktiver als die Modellverbindung Pt-Mohr ist, wird im Boden

[2] Störungen können vor allem durch „polyatomic interferences", beispielsweise HfO auftreten und müssen von Fall zu Fall überprüft werden. Eine mögliche Kontaminationsquelle ist das Zerkleinern von Proben in ZrO_2 -Mahlbechern (Hf immer als Begleitelement).

zu ca. 50 % oxidiert[3] und immobilisiert. Eine Extraktion mit EDTA war in diesem Fall jedoch möglich.

Maxima bei den zeitabhängigen Wasserlöslichkeiten, die sich nach ein bis zwei Wochen für alle Verbindungen ausbildeten, könnten auf chemische Gleichgewichte im Boden oder aber auf den Einfluß von Mikroorganismen zurückzuführen sein (Wei u. Morrison 1994). Um dies zu untersuchen, wurde der beschriebene Versuch unter sterilen Bedingungen (γ-Strahlung) wiederholt. Sowohl was die Auflösung elementaren Platins, als auch die Immobilisierung von Pt-Spezies betrifft, wurden die Ergebnisse aus dem „Nicht-steril-Versuch" bestätigt, womit für den verwendeten Boden innerhalb von 60 Tagen keinerlei Einfluß von Mikroorganismen zu beobachten war (Lustig et al. 1997).

Um mehr über die Substanzklasse der im Boden gebildeten Pt-Spezies zu erfahren, wurden auch Lösungsversuche an Pt(0) mit in der Natur vorkommenden Komplexbildnern (Aminosäuren, Huminstoffe) unternommen und dabei zwischen Pt-Mohr und Tunnelstaub-Pt verglichen (Tabelle 1a, b) (Lustig et al. 1998).

Wie aus den Tabellen 1a, b, ersichtlich, zeigte sich, daß in Luftatmosphäre und Anwesenheit von Komplexbildnern mit N-, P-, und/oder S-Donorfunktion, metallisches Platin in nennenswerter Menge aufgelöst wird. Platin in der Realprobe Tunnelstaub wurde dabei zu einem wesentlich höheren Prozentsatz aufgelöst als die Modellsubstanz Platinmohr, was durch die stark unterschiedlichen Partikelgrößen zu begründen ist (Pt-Mohr: ca. 20 µm: Tunnelstaub-Pt: 5 – 20 nm auf der Oberfläche von 0.1 – 20 µm Al_2O_3-Partikeln) (Nachtigall et al. 1996). Noch deutlicher fiel der Unterschied nach 60 Tagen Wechselwirkung aus, wobei in beiden Fällen L-Methionin am meisten Platin löste (Pt-Mohr: 0,9 %; Tunnelstaub-Pt: 27,6 %) (Lustig et al. 1998).

Generell ist zu sagen, daß eine präzise Charakterisierung der im Boden entstehenden Platinverbindungen nur sehr schwer zu treffen ist, da eine Vielzahl von Komplexbildnern dort zur Verfügung stehen, ständig Umkomplexierungen stattfinden und Gleichgewichte sich oft erst nach langer Zeit einstellen. Nach den bisherigen Untersuchungen scheint jedoch festzustehen, daß Kfz-emittiertes, metallisches Platin zunächst durch verschiedene natürliche Komplexbildner in Gegenwart von Luftsauerstoff gelöst wird und schließlich – je nach Bodentyp – als schwerlösliche Huminstoffkomplexe oder absorbiert an Tonmineralien und Ferrite (Skerstupp u. Urban 1995) immobilisiert wird. Wie gezeigt werden konnte, lassen sich diese zunächst wasserunlöslichen Komplexe von platinophilen Komplexbildnern wie EDTA oder Thioharnstoff jedoch wieder mobilisieren.

[3] Dieser Wert schwankt erheblich, je nach dem Alter der verwendeten Staubprobe. Während ein frisch abgeschiedener Staub bei Kontakt mit einem Boden eine Platinextrahierbarkeit von 50 % aufwies (Lustig et al. 1996 B), waren es bei einem zwei Jahre alten Staub, aufgrund verschiedener Alterungsprozesse, nur mehr 15 % (Lustig et al. 1997).

Tabelle 1a. Auflösung von Platinmohr (a) and Tunnelstaub-Pt (b) durch natürlich vorkommende Komplexbildner nach 30 d (pH = 6)

Komplexbildner	relevante funktionelle Gruppen	Menge aufgelösten Platins [in % der Gesamtmenge]
Blindwert pH = 6	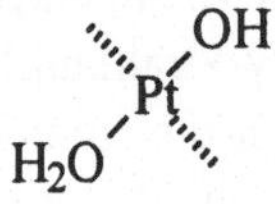 OH, Pt, H_2O	a, 0,05 ±< 0,01 % *O_2: ~0,08 %* b, 1,7 ± 0,22 %
Pyrophosphat (pH = 6)	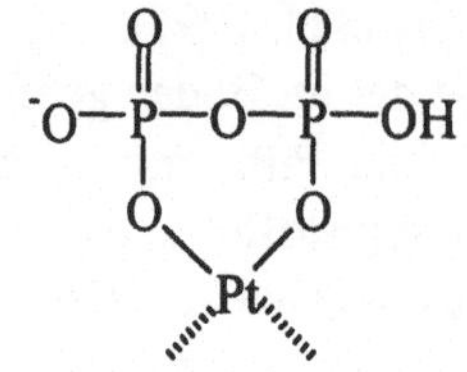 $^-$O–P(=O)(–O–Pt)–O–P(=O)(–O–Pt)–OH	a, 0,01 ± < 0,01 % b, 7,7 ± 0,38 %
Triphosphat (pH = 6)	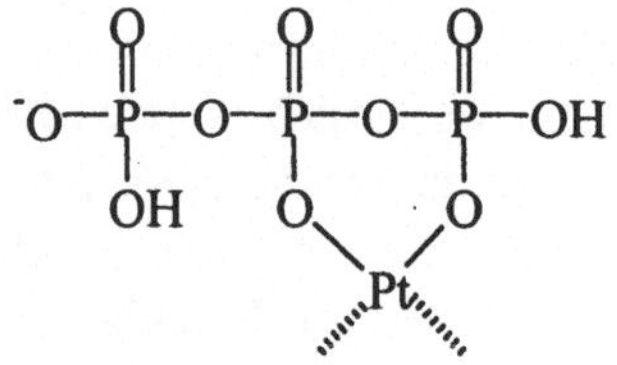 $^-$O–P(=O)(OH)–O–P(=O)(–O–Pt)–O–P(=O)(–O–Pt)–OH	a, 0,02 ± < 0,01 % b, 13 ± 4,2 %
Adenosin (pH = 6)	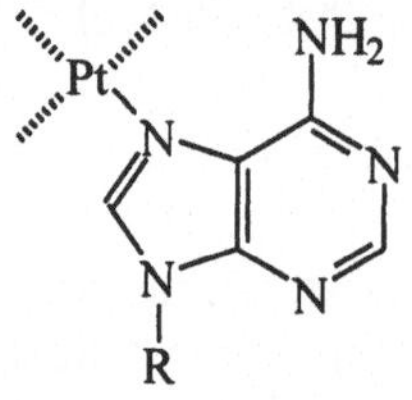 Pt–N; NH_2; N; N; N; R	a, 0,06 ± 0,01 % b, 1,8 ± 0,11 %
Huminsäurefraktion Na-Salz (pH = 6)	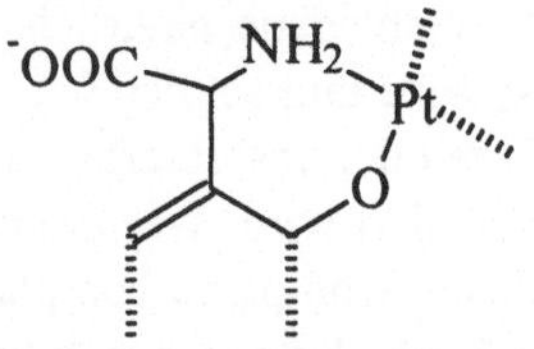 $^-$OOC; NH_2; Pt; O	a, 0,12 ± 0,01 % b, 4,2 ± 2,0 %

O_2: Löslichkeit von Pt (0) nach 21 d in O_2-Atmosphäre

Tabelle 1b. Auflösung von Platinmohr (a) and Tunnelstaub-Pt (b) durch natürlich vorkommende Komplexbildner nach 30 d (pH = 9)

Komplexbildner	relevante funktionelle Gruppen	Menge aufgelösten Platins [in % der Gesamtmenge]
Blindwert pH = 9	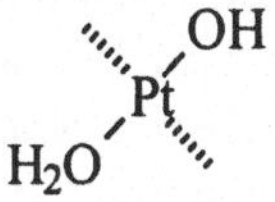 OH, Pt, H_2O	a, 0,14 ± 0,04 % *O_2: ~ 0,08 %* b, 2,3 ± 0,09 %
L-Histidin (pH = 9)	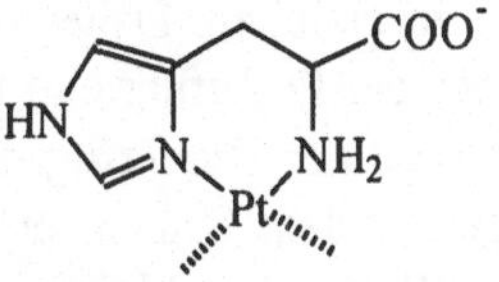 COO^-, HN, N, NH_2, Pt	a, 0,06 ± 0,01 % *O_2: ~ 1,0 %* b, 1,8 ± 0,23 %
L-Methionin (pH = 9)	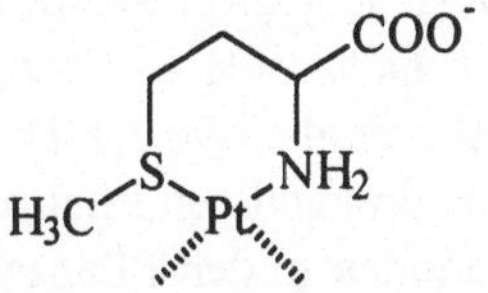 COO^-, S, NH_2, H_3C, Pt	a, 0,79 ± 0,21 % b, 2,7 ± 0,52 %

O_2: Löslichkeit von Pt (0) nach 21 d in O_2-Atmosphäre

Aufnahme von Kfz-emittiertem Platin durch Nutzpflanzen

Pflanzen verfügen ebenfalls über Komplexbildner, sogenannte Pflanzenexsudate, die sie in ihren Wurzelbereich ausscheiden, um damit immobilisierte Spurenelemente aufnehmen zu können (Huheey 1983). Daher stellte sich die Frage, inwieweit dies auch für Pt möglich ist. Zudem ist die Pflanze ein Glied in der Nahrungskette des Menschen und neben der direkten Inhalation von Pt(0) der zweite Weg über den Platin den Menschen gefährden könnte. Bisher sind in der Literatur fast ausschließlich Nährlösungsversuche beschrieben, bei denen von vornherein mit wasserlöslichen Pt-Spezies gearbeitet wurde (Messerschmidt et al. 1994; Pallas u. Benton 1978; Farago u. Parsons 1994), was eine Beurteilung realer Umweltprozesse ausschließt. Ein relativ realistisches Experiment mit Pappeln wurde kürzlich von Ballach (1997) beschrieben, in dem Platin aus pulverisiertem Katalysatormaterial eingesetzt wurde. Hierbei zeigte sich eine Anreicherung von Platin in der obersten Bodenschicht und abnehmende Gehalte in der Reihenfolge: Boden > Feinwurzel > Grobwurzel.

Unsere Absicht war es nun, das Pflanzenakkumulationsexperiment unter möglichst realen Bedingungen (Pflanzen in der Erde, „unter freiem Himmel") durchzuführen. Verwendet wurden Mais (*Zea mays* L.; C4-Pflanze) und Pferdebohne (*Vicia faba* L.; Leguminose mit Knöllchenbakterien an den Wurzeln, die Platin methylieren könnten) als „oberirdische" Nutzpflanzen, sowie Kartoffel (*Solanum tuberosum* L.), Radieschen (*Raphanus sativus* L.) und Zwiebel (*Allium cepa* L.) als „unterirdische" Pflanzen.

Pro Pflanzensorte wurde in je 3 Pflanztöpfen der Boden (30 kg bezogen auf Trockengewicht) mit Tunnelstaub (0,5 - 1,0 kg) beaufschlagt, in je 2 Töpfen wuchsen die Pflanzen unbelastet. Bei Mais und Pferdebohne wurde der Staub erst aufgebracht, nachdem die Pflanzen schon ca. 15 cm hoch waren, um eine Kontamination zu vermeiden. Zum gleichen Zweck wurden Windschutz-Ringe angebracht, und das System immer feucht gehalten. Um sinnvolle Aussagen über die Bioverfügbarkeit von aus Kfz-Katalysatoren emittiertem Platin machen zu können war es unerläßlich Massenbilanzen zu erstellen. Daher wurden über die gesamte Vegetationsperiode hinweg alle Wege der Pt-Zufuhr und Pt-Abgabe in das System untersucht. Wesentlich für die Aussage der Bioverfügbarkeit ist, daß der Anteil von Platin, der durch Sickerwasser aus dem System entfernt wird, minimal ist, somit das Platin im System (Boden, Pflanzen) verbleibt.

Abbildung 1 gibt einen Überblick, über die Pt-Konzentrationen in den Pflanzen. Exemplarisch wurden *Solanum tuberosum* L. (Kartoffel) und *Vicia faba* L. (Pferdebohne) herausgegriffen (Lustig et al. 1996 A). Die hier gezeigten Größenordnungen gelten jedoch auch für die drei anderen Pflanzensorten. Auffallend sind die relativ geringen Platinkonzentrationen in den Pflanzenproben, die in Kontrast zu den Aussagen der Nährlösungsversuche liegen. Weitere wichtige Ergebnisse zur Abschätzung der Bioverfügbarkeit von Kfz-Katalysator-emittiertem Platin sind in Tabelle 2 dargestellt.

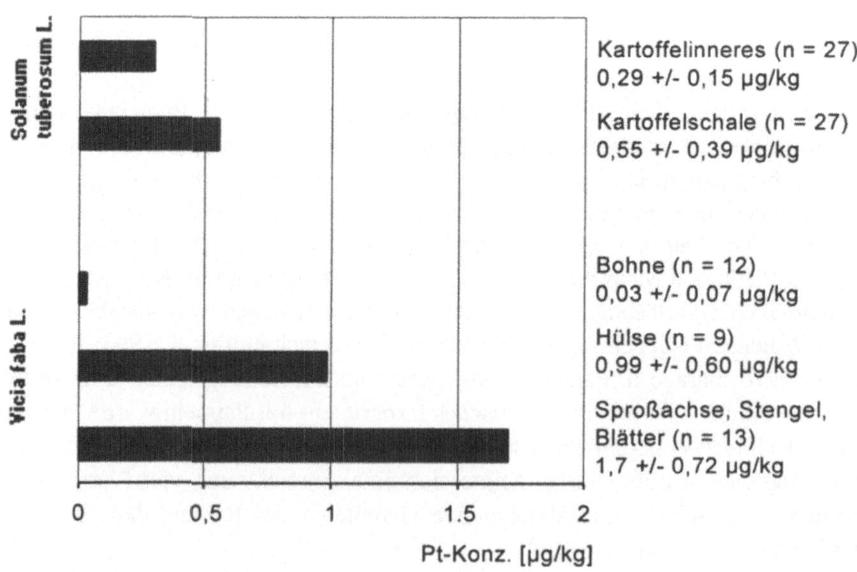

Abb.1. Platinkonzentrationen in Pflanzen (Tunnelstaub + Boden)

Tabelle 2. Prozentsatz des pro Topf innerhalb einer Vegetationsperiode aufgenommenen Platins

Pflanze	Tunnelstaub + Boden Pt [% von Gesamtmenge] Σ (Pt): 65,9 µg = 100 %	Boden[a] Pt [% von Gesamtmenge] Σ (Pt): 5,9 µg = 100 %
Allium cepa (Weiß, Frühling)	0,04 ± 0,02 %	0,19 ± 0,08 %
Raphanus sativus (Riesenbutter)	0,02 ± 0,01 %	0,04 ± 0,01 %
Solanum tuberosum (Selma)	0,09 ± 0,02 %	1,4 %
Vicia faba (Herzfreya, Hedin)	0,63 ± 0,26 %	5,1 ± 2,7 %
Zea mays (Delis)	0,21 ± 0,07 %	< NWG

[a] Natürliche Pt-Konzentration im Boden: ca. 0,15 µg kg^{-1}

Der Anteil der prozentual aufgenommenen Platinmenge ist für alle fünf untersuchten Pflanzen sehr gering. Vergleicht man nun die Absolutmengen aufgenommenen Platins von belasteten und unbelasteten Pflanzen miteinander, so nahmen die Kontrollpflanzen fast ebenso viel Platin auf. Das bedeutet, daß die Bioverfügbarkeit von Platin aus der Realprobe Tunnelstaub innerhalb einer Vegetationsperiode sehr gering ist. Ob diese exemplarisch für 5 Pflanzenarten und einen Bodentyp gefundenen Aussagen auch generell zutreffen, bedarf weiterer Untersuchungen.

Ausblick

Keinerlei Informationen liegen jedoch darüber vor, welchen Transformationsprozessen das emittierte Platin über einen Zeitraum von mehreren Jahren unterliegt. Es erscheint wahrscheinlich, daß es immobilisiert im Boden verbleibt, jedoch sind Transformationsprozesse, die im Zeitraum mehrerer Jahre zu bioverfügbaren Verbindungen führen, ebenfalls nicht auszuschließen. Zudem werden die Platinkonzentrationen in verkehrsnahen Umweltproben weiter ansteigen. Platin ist als Katalysatormetall bei der Abgasentgiftung von Ottomotoren zwar weitgehend durch Palladium ersetzt worden, bei der Bestückung von Dieselfahrzeugen, die erst jetzt verstärkt beginnt, sind Platinkatalysatoren jedoch nach wie vor Stand der Technik, da nur sie zufriedenstellend mit dem relativ fetten Abgasgemisch arbeiten können.

Danksagung

Die Autoren danken Herrn Dipl.-Phys. Paul Walch für Korrekturen und die Formatierung des Manuskripts.

Abkürzungen

CE-ICP-MS	*engl.* Capillary electrophoresis-inductively coupled plasma-mass spectrometry
DPCSV	*engl.* Differential pulsed cathodic stripping voltammetry
EDTA	Ethylendiamintetraessigsäure
ETV	Elektrothermale Verdampfung
HPLC-ICP-MS	*engl.* High performance liquid chromatography-inductively coupled plasma-mass spectrometry
HR-ICP-MS	*engl.* High resolution ICP-MS
NWG	Nachweisgrenze
Q-ICP-MS	Quadrupol-ICP-MS
SEC	*engl.* Size exclusion chromatography

Literatur

Ballach H-J (1997) Ozone and heavy metals from automobile catalytic converters. ESPR-Env Sci Poll Res 4/3: 131-139

Ehrenstorfer-Schäfers E, Hartl H, Beck W (1988) Bildung wasserlöslicher Histidin-Platin-Komplexe aus metallischem Platin und Histidin. Z Naturforsch 43b: 499-500

Farago ME, Parsons PJ (1994) The effects of various platinum metal species on the water plant Eichhornia crassipes (MART.). Chem Speciation Bioavail 6/1: 1-12

Freiesleben D, Wagner B, Hartl H, Beck W, Hollstein M, Lux F (1993) Auflösung von Palladium- und Platinpulver durch biogene Stoffe. Z Naturforsch 48b: 847-848

Huheey JE (1983) Inorganic Chemistry, 3rd Ed. Harper & Row New York

Lustig S, Zang S, Michalke B, Schramel P, Beck W (1996 A) Platinum determination in nutrient plants by inductively coupled plasma mass spectrometry with special respect to the hafnium oxide interference. Fresenius J Anal Chem 357: 1157-1163

Lustig S, Zang S, Michalke B, Schramel P, Beck W (1996 B) Transformation behaviour of different platinum compounds in a clay-like humic soil: speciation investigations. Sci Tot Environment 188: 195-204

Lustig S (1997) Platinum in the Environment: Car-catalyst emitted platinum -Transformation behaviour in soil and platinum accumulation in plants (speciation investigations). UTZ-Wissenschaftsverlag München ISBN 3-89675-235-9

Lustig S, Zang S, Beck W, Schramel P (1997) Influence of micro-organisms on the dissolution of metallic platinum emitted by automobile catalytic converters. ESPR-Env. Sci Poll Res 4/3: 146-153

Lustig S, Zang S, Beck W, Schramel P (1998) Dissolution of metallic platinum as water soluble species by naturally occurring complexing agents. Microchim Acta 129:189-194

Nachtigall D, Kock H, Artelt S, Levsen K, Wünsch G, Rühle T, Schlögl R (1996) Platinum solubility of a substance designed as a model for emissions of automobile catalytic converters. Fresenius J Anal Chem 354: 742-746

Messerschmidt J, Alt F, Tölg G (1994) Platinum species analysis in plant material by gel permeation chromatography. Anal Chim Acta 291: 161-167

Pallas JE, Benton JE (1978) Platinum uptake by horticultural crops. Plant Soil 50/1: 207-212

Schlögl R, Indlekofer G, Oelhafen P (1987) Mikropartikelemissionen von Verbrennungsmotoren mit Abgasreinigung-Röntgen-Photoelektronenspektroskopie in der Umweltanalytik. Angew Chem 99: 312-322

Schramel P, Wendler I, Lustig S (1995) Capability of ICP-MS (pneumatic nebulization and ETV) for Pt-analysis in different matrices at ecologically relevant concentrations. Fresenius J Anal Chem 353: 115-118

Schramel P, Lustig S (1997) Imissions-Situation für Platin (Vorkommen von Platin in Luft, Boden, Wasser, Futtermitteln, Lebensmitteln). Abschlußpräsentation Forschungsverbund Edelmetallemissionen BMBF, GSF München

Skerstupp B, Urban H (1995) Zur Adsorption von Platin und Palladium auf Ferrihydrit: Untersuchungen mit XPS und TXRF Platin-Anwendertreffen, Fraunhofer-Institut, Hannover, 04.-05.10.1995

Wei C, Morrison GM (1994) Platinum analysis and speciation in urban gullypots. Anal Chim Acta 284/3: 587-592

4.4 Zur Löslichkeit und Speziestransformation von Platin aus Autoabgaskatalysatoren durch Huminsäure

B. Skerstupp, H. Urban
Institut für Mineralogie, J. W. Goethe-Universität Frankfurt am Main

Einführung

Die Emission der Platingruppenelemente (PGE) Platin, Palladium und Rhodium aus Autoabgaskatalysatoren hat nachgewiesenermaßen zu einer signifikanten Erhöhung der Umweltkonzentrationen dieser Elemente entlang von Autoverkehrswegen geführt (Barefoot 1997; Zereini 1997). Die Konsequenzen dieser anthropogenen Kontamination können derzeit nur spekulativ diskutiert werden. Dies liegt auch darin begründet, daß gesicherte Erkenntnisse zur emittierten und im Boden deponierten PGE-Spezies bislang nur in ungenügendem Maße vorliegen. Verantwortlich für dieses Wissensdefizit sind die im Spurenelementbereich liegenden Konzentrationen der PGE, welche für eine direkte Speziesbestimmung zu niedrig sind. Die Realisierung experimenteller Modellsysteme bietet eine Möglichkeit zur Umgehung dieser Problematik.

Schlögl et al. (1987) wandten im Rahmen eines Motorstandversuches als erste eine oberflächenanalytische Methode (XPS = X-ray Photoelectron Spectroscopy) zum direkten Speziesnachweis der emittierten PGE an. Sie konnten zeigen, daß Platin auf dem Trägermaterial („washcoat" = γ-/δ-Al2O3) sitzend emittiert wird. Weiterhin gelang der Nachweis, daß in der Emission die ursprüngliche Spezies Pt(0) dominierte und im Abgasstrom nur eine kleine Fraktion zu einer Pt(IV)-Spezies oxidiert worden war. Mit der gleichen Methode konnten Zereini et al. (1997) in einem Tunnelstaub keinen Nachweis der PGE führen, da die Konzentrationen der PGE unterhalb der methodischen Nachweisgrenze (ca. 0,01 Atom-%) lagen. Dies zeigt, daß XPS bislang nur innerhalb experimenteller Untersuchungen einsetzbar ist, in denen genügend hohe Konzentrationen der PGE verwendet werden. Gleiches gilt für die Speziesanalytik mittels Kombinationen aus Hochdruck-Flüssigkeitschromatographie (HPLC) / Kapillarelektrophorese (CE) (Lustig 1998) oder Ionenchromatographie / UV/Vis-Spektroskopie (Nachtigall et al. 1997), verbunden mit einer Quantifizierung über ICP-MS.

Der mittlere aerodynamische Durchmesser emittierter Katalysatorpartikel liegt im Größenintervall 5 - 10 µm (König et al. 1992). Dies ist als deutlicher Hinweis auf die Emission des Trägermaterials zu werten, da der Durchmesser der kolloidalen und formal 0-wertigen PGE-Cluster wesentlich kleiner ist (1 - 5 nm). Vermutlich führen mechanische und in geringerem Maße chemische Prozesse zu einer Ablösung des Trägermaterials. Wird dieses nach der Emission in einem Bodenmilieu deponiert, so kann es dort chemischen Reaktionen unterliegen. Hierbei ist von Bedeutung, daß sowohl das γ/δ-Al2O3 als auch die kolloidalen PGE chemisch metastabil sind. Letztere liegen nicht als kompakte Edelmetalle vor, welche unter Oberflächenbedingungen chemisch äußerst stabil sind, sondern in hochdisperser, deutlich reaktiverer Form. So konnten Nachtigall et al. (1996) eine wenn auch geringe, so doch signifikante Löslichkeit des kolloidalen Platins selbst in physiologischer Kochsalzlösung beobachten.

In scheinbarem Widerspruch steht dies mit den bislang vorliegenden Beobachtungen an Böden entlang von Autoverkehrswegen. So fanden Zereini et al. (1997) bereits in einer Entfernung von 1 m neben der Fahrbahn die Hauptmenge der PGE, während in 10 m Entfernung die Konzentrationen unterhalb der Nachweisgrenze (ca. 1 ppb) lagen. Daraus wurde geschlossen, daß keine wesentliche Mobilisierung der PGE stattfindet. Daß diese räumliche Restriktion nicht mit dem Unterbleiben von Speziestransformationen gleichzusetzen ist, zeigen die Resultate von Lustig et al. (1998). Diese ließen einen Pt-haltigen Tunnelstaub mit einem tonigen, humosen Oberboden über einen längeren Zeitraum reagieren. Das Reaktionsprodukt enthielt eine große Anzahl polarer Pt-Spezies. Wie Vergleichsexperimente von Pt0 (Platinschwarz) mit Huminsäure zeigten, schienen diese jenen sehr ähnlich zu sein, so daß die Vermutung geäußert wurde, es könnten sich Pt-Huminsäure-Komplexe gebildet haben. In jedem Falle kommt es zu einer Fixierung des Platins und vermutlich auch der übrigen PGE aus dem Katalysator.

Im supergenen Bereich werden der Transport und die Deposition vieler Spurenelemente über die Sorption aus wäßriger Lösung an Partikeloberflächen kontrolliert (Stumm 1992). Aufgrund ihrer Häufigkeit in der Erdkruste und ihrer niedrigen Löslichkeit im normalen Boden-pH-Bereich bilden Aluminium, Eisen und Mangan die wichtigsten Oxide, Hydroxide und Oxohydroxide in der anorganischen Tonfraktion in Böden (Sposito 1984). Bedingt durch ihre geringe Korngröße und der daraus resultierenden großen spezifischen Oberfläche, stellen sie neben den Tonmineralen einen wichtigen reaktiven Bestandteil des Bodens dar.

Experimentelle Untersuchungen zum Verhalten umweltrelevanter PGE (lösliche Chlorokomplexe und kolloidale Lösungen) gegenüber Tonmineralen (Montmorillonit) und Fe-/Mn-Oxiden (Ferrihydrit, Vernadit) liegen vor (Skerstupp et al. 1995; Skerstupp et al. 1996; Skerstupp et al. 1998). Sie zeigen auf, daß es zu einer Adsorption der PGE auf den Mineraloberflächen kommt. In deren Verlauf sind Redoxreaktionen und im Falle der Chlorokomplexe ein Austausch der Chloridliganden gegen Oxoliganden zu beobachten.

In der organischen Bodenfraktion dominieren Huminstoffe (Gaffney et al. 1996). Diese aus der Zersetzung von pflanzlichem Material entstandenen Makromoleküle enthalten eine große Anzahl unterschiedlicher funktioneller Gruppen (z.B. Carboxyl-, Phenol-, N- und S-Gruppen), welche als Liganden für eine Bindung mit Schwermetallionen dienen können. Huminsäuren sind die bei pH = 1 unlösliche Fraktion der Huminstoffe. Die Bestimmung der exakten Struktur ist durch ihre Komplexität stark erschwert. Genaue Speziesbestimmungen zur Wechselwirkung von Huminsäuren mit PGE fehlen noch. Es existieren aber einige Untersuchungen an Böden über PGE-Lagerstätten (z.B. Wood u. Vlassopoulos 1990), in denen deutlich erhöhte Pt- und Pd-Konzentrationen geogener Natur gefunden wurden. Eine gewisse Affinität der PGE gegenüber Huminstoffen wurde vermutet.

Im Nachfolgenden soll ein Beitrag zur Speziesbestimmung auf dem Trägermaterial unter Bodenverhältnissen geleistet werden. Die vorliegende experimentelle Arbeit betrachtet das Modellsysteme Autoabgaskatalysator - Huminsäure, um die chemischen Prozesse im Boden nachzuzeichnen. Die jeweils beteiligten Spezies wurden - soweit möglich - oberflächenanalytisch mittels XPS bestimmt.

Experimenteller und analytischer Teil

10 g eines ungebrauchten Pt-Pd-Rh-Schüttgutkatalysators (Trägermaterial γ-/δ-Al_2O_3) mit bekannter Zusammensetzung wurden in einer Scheibenschwingmühle kleingemahlen (Partikelgröße < 20 µm) und im Ofen bei 70°C 24 h getrocknet. Hiervon wurde 1 g in einer PE-Flasche in 100 ml einer wäßrigen Huminsäure-Lösung (c . 100 ppm; pH = 4,7) suspendiert. Die Suspension wurde auf einem Rütteltisch 24 h geschüttelt und anschließend 7 Tage lang in einem abgedunkelten Raum bei 20°C stehengelassen. Nach Ablauf dieser Zeit wurde das Gemisch filtriert, der Rückstand mehrfach mit H_2O gewaschen, bei 50°C 24 h getrocknet und bis zur Messung in einem Exsikkator aufbewahrt. Der Gesamtchemismus wurde mittels GFAAS bestimmt.

Die XPS-Messungen wurden mit einem Gerät des Typs ESCA PHI 5500 von Perkin Elmer durchgeführt. Das Probenpulver (ca. 50 mg) wurde in Indium-Folie gepreßt, auf einen 8-fach Probenhalter montiert und im Hochvakuum (10^{-9} Torr) untersucht. Es wurde jeweils eine Probenfläche mit einem Durchmesser von 800 µm mittels nichtmonochromatisierter Mg Kα-Strahlung (1253,6 eV) bei 300 W analysiert. Wegen inhomogener Aufladungen (2 - 3 eV) und resultierender Linienformveränderungen unterblieb der Einsatz eines Monochromators. Die Passenergie am Analysator betrug für das Übersichtsspektrum 117,4 eV und für die Detailspektren einzelner Elemente 29,35 eV (Energieauflösung 0,9 eV). Zur Ermittlung der Bindungszustände der Hauptelemente diente das aliphatische C-Signal (285,0 eV) als Referenz. Es fand mittels eines rechnerischen Peakfits eine Komponentenzerlegung statt. Zur Normierung der PGE-Bindungsenergien wurden folgende Signale verwendet: C 1s, O 1s, Si 2p und Al 2p. Die Empfindlichkeitsfaktoren entstammen der Rechnerbibliothek von Perkin Elmer. Der experimentelle Meßfehler wird bei den PGE aufgrund ihrer geringen Gehalte mit ± 0,2 eV angegeben; bei den Hauptelementen liegt er < 0,1 eV. Für Platin wurden sowohl die Pt 4f- als auch die Pt 4d-Dubletts benutzt. Letztere dienten zur Absicherung, da die Pt 4f-Linien mit der Al 2p-Linie überlappen.

Resultate

Charakterisierung des Ausgangsmaterials

Tabelle 1. Gesamtchemismus des Autoabgaskatalysators vor und nach Kontakt mit der Huminsäurelösung (GFAAS-Messung; Al2O3 titrimetrisch)

	[Gew.-%]			[ppm]		
	Al_2O_3	CeO_2	ZrO_2	Pt	Pd	Rh
vorher	93,1	6,1	0,5	940	380	120
nachher	94,0	5,6	0,4	920	360	110

Der Gesamtchemismus vor und nach dem Kontakt mit der Huminsäurelösung ist in der Tabelle 1 dargestellt. Mit Ausnahme des Al_2O_3 zeigten alle analysierten Elemente eine geringe Abnahme der Gesamtkonzentrationen nach dem Huminsäurekontakt. Am deutlichsten trat dieser Trend beim CeO_2 auf.

Ein ESCA-Übersichtsspektrum des Autoabgaskatalysators ist in Abb. 1 dargestellt, welches die Photo- und Augerelektronenpeaks der Elemente enthält. Al und O gehören zum Trägermaterial, während Ce und Zr ihre Ursache in Promotersubstanzen haben, die u.a. zur Verbesserung der Oberflächen-eigenschaften dienen. Die C-Linien stellen ubiquitäre Kontaminationen dar, wie sie jede an der Luft gelagerte Oberfläche aufweist. Die PGE-Linien sind aufgrund ihrer niedrigen Konzentrationen und ihrer teilweisen Überlagerung mit anderen Linien nur in Detailspektren aufzulösen. Die Tabelle 2 enthält die aus der Messung erhaltenen Daten zur Oxidationsstufe und Bindungsart der nachgewiesenen Elemente an der Oberfläche, einschließlich ihrer Konzentrationen.

Die aus den Detailspektren bestimmten Bindungsenergien erlauben die Zuordnung der jeweiligen Oxidationsstufen und Bindungspartner. Platin liegt erwartungsgemäß nur in der Spezies Pt^0 vor. Die Oberflächenkonzentration ist deutlich höher (Faktor 16) als die Gesamtkonzentration. Nach einem Sputtern der Oberfläche (Abtrag ca. 20 Atomlagen) erhöhte sich die Platinkonzentration auf 3,0 Atom-%. Dies zeigt, daß eine Zonierung im Oberflächenbereich vorliegt. Gleiches gilt wahrscheinlich für Palladium und Rhodium, welche nicht detektiert werden konnten. Somit sollten deren Oberflächenkonzentrationen $< 0{,}01$ Atom-% sein.

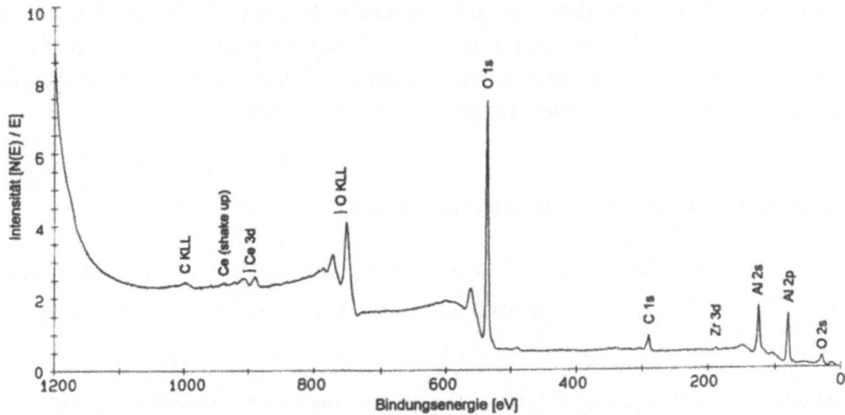

Abb. 1. Übersichtsspektrum des Autoabgaskatalysators vor Behandlung

Aluminium ist als Al^{3+} oxidisch gebunden, ebenso wie Ce^{4+}/Ce^{3+} und Zr^{4+}. Das Verhältnis Al/O ist mit 0,59 etwas geringer als der theoretisch geforderte Wert (0,67). Dies weist daraufhin, daß ein Teil des Sauerstoffs von Cer, Zirkonium und Kohlenstoff gebunden ist. Die Feststellung zweier Cer-Spezies, von denen Ce^{4+} dominiert, gelang über die Quantifizierung des „shake-up"-Satelliten bei 919,0 eV.

Tabelle 2. Oberflächenanalyse des Autoabgaskatalysators (ESCA-Messung)

Linie	BE [eV]	C [Atom-%]	Oxidationsstufe	Bindung
Pt $4d_{5/2}$	315,9	1,5	Pt^0	metallisch
Al 2p	75,0	31,3	Al^{3+}	oxidisch
Ce $3d_{5/2}$	885,3	1,7	Ce^{4+}, Ce^{3+}	oxidisch
Zr $3d_{5/2}$	182,8	0,3	Zr^{4+}	oxidisch
O 1s	531,2	52,8	O^{2-}	
C 1s	284,5 289,4 285,0	12,4	C^0 C^{4+} C^{4-}	graphitisch, carbonatisch, aliphatisch

BE = Bindungsenergie; letzte Dezimale bei Konzentrationen nur zur Rundung

Die Oberflächenkontamination durch Kohlenstoff beinhaltet mindest drei verschiedene Spezies, von denen die aliphatische überwiegt (ca. 70 %), während der graphitisch (ca. 23 %) und carbonatisch (ca. 7 %) vorliegende Kohlenstoff geringer konzentriert ist. Die Spezies sind wahrscheinlich sowohl auf eine Luftkontamination als auch auf Imprägnationsreste zurückzuführen.

Charakterisierung des Reaktionsproduktes

In der Tabelle 3 finden sich die Resultate der oberflächenanalytischen Untersuchung des Reaktionsproduktes nach dem Kontakt mit der Huminsäurelösung.

Tabelle 3. Oberflächenanalyse des Autoabgaskatalysators nach Huminsäurekontakt

Linie	BE [eV]	c [Atom-%]	Oxidationsstufe	Bindung
Pt $4f_{7/2}$	74,1	0,2	Pt^{2+}	oxidisch
Pd $3d_{5/2}$	333,8	0,1	Pd^{0}	metallisch
Al 2p	75,1	27,2	Al^{3+}	oxidisch
	72,8	3,0		oxidisch
Ce $3d_{5/2}$	885,2	0,6	Ce^{4+}, Ce^{3+}	oxidisch
Zr $3d_{5/2}$	183,0	0,2	Zr^{4+}	oxidisch
Mg 2p	50,4	1,0	Mg^{2+}	oxidisch
Si 2p	103,4	1,6	Si^{4+}	oxidisch
O 1s	531,2	57,0	O^{2-}	
C 1s	284,4	9,1	C^{0}	graphitisch,
	289,3		C^{4+}	carbonatisch,
	285,0		C^{4-}	aliphatisch

BE = Bindungsenergie

Die Ergebnisse zeigen, daß die Oberflächenkonzentrationen Veränderungen unterlegen sind. Deutlich wird dies beim Platin, welches mit 0,2 Atom-% nur noch ca. 13 % der Ausgangskonzentration aufweist (aufgrund der Konzentrations-verringerung wurde hier das intensivere 4f-Signal quantifiziert). Nach einem erneuten Sputtern der Oberfläche wurde ein Anstieg auf 0,5 Atom-% festgestellt. Die vorliegende Spezies war nicht mehr Pt^{0}, sondern Pt^{4+}, was durch den positiven Shift des Pt $4d_{5/2}$-Dubletts nach 317,4 eV bestätigt wurde. Die 4f-Dublettdifferenz betrug Δ = 3,35 eV, die Halbhöhenbreite (FWHM) für Pt $4f_{7/2}$ 2,7 eV. Es dominiert ein oxidischer Bindungstyp. Die Abb. 2 und Abb. 3 zeigen die Detailspektren der Platin- und Palladiumspezies. Im Gegensatz zum Edukt konnte Palladium hier nachgewiesen werden. Seine Oberflächenkonzentration liegt mit 0,1 Atom-%

knapp über der Nachweisgrenze. Der Bindungswert liegt niedriger als derjenige von Pd^0, eventuell hervorgerufen durch die kleine Clustergröße.

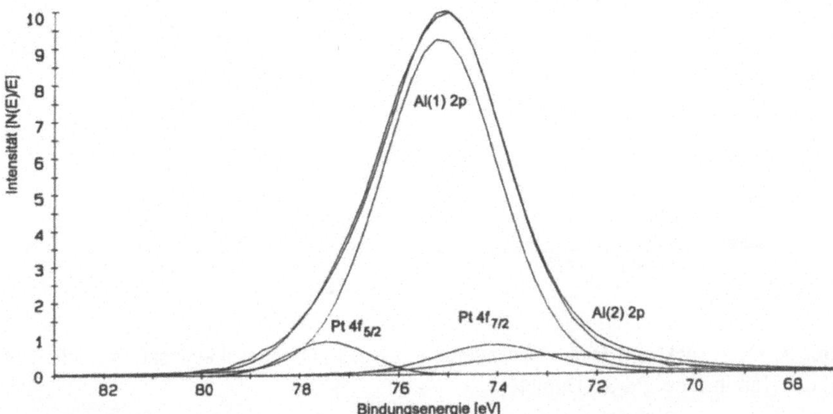

Abb. 2. Detailspektrum (mit Kurvenzerlegung) des Autoabgaskatalysators nach dem Kontakt mit der Huminsäure: Al 2p-Linien (Spezies 1 und 2) und Pt 4f-Dublett

Es liegt mit großer Wahrscheinlichkeit Pd^0 vor, wofür auch die 3d-Dublettseparierung (ⴔ= 4,75 eV) und die Halbhöhenbreite von Pd $3d_{5/2}$ sprechen (FWHM = 4,3 eV). Rhodium war wiederum nicht detektierbar.

Die übrigen Elemente zeigen nur Abweichungen ihrer Bindungsenergien im Rahmen des Messfehlers und verbleiben somit in der gleichen Spezies. Neu hinzu kommen sowohl eine zweite Aluminiumspezies, als auch Magnesium und Silicium. Die niedrigere Bindungsenergie der ca. 10 % betragenden zweiten Al-Spezies weist auf einen reduzierteren Zustand hin. Vermutlich handelt es sich um ein Hydrolyseprodukt aus dem Kontakt mit der sauren Lösung. Ähnliche Beobachtungen wurden von Skerstupp et al. (1996) beschrieben.

Die Gegenwart von Magnesium und Silicium ist auf die Adsorption dieser Elemente aus der Huminsäurelösung zurückzuführen. Weitere Anzeichen einer Adsorption werden aus der Verteilung der Kohlenstoffspezies evident. So hat zwar deren Oberflächenkonzentration leicht abgenommen, aber die aliphatischen Spezies bilden nun fast 95 % aller C-Spezies, begleitet von ca. 5 % Carbonat. Der graphitische Anteil ist hingegen fast vollständig verschwunden. Eine signifikante Abnahme ist für das Cer zu beobachten, welche sich in etwa in der gleichen Größenordnung wie für Platin bewegt. Gleichzeitig war eine relative Zunahme des Ce^{4+} gegenüber Ce^{3+} zu beobachten.

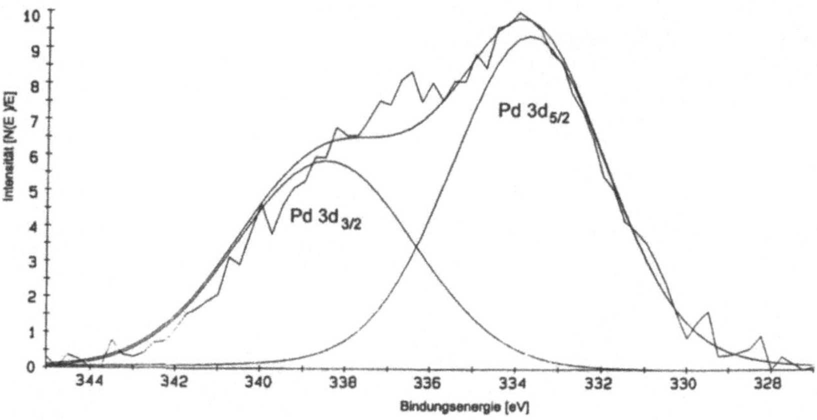

Abb. 3. Detailspektrum (mit Kurvenzerlegung) des Autoabgaskatalysators nach Kontakt mit der Huminsäure: Pd-3d-Dublett

Diskussion

Die Reaktion von γ-/δ-Al_2O_3 mit Huminsäure sollte zu einer Adsorption führen. In deren Rahmen erfolgt ein Ligandenaustausch, der zu einer direkten Bindung über einen innersphärischen Komplex zwischen den Carboxylgruppen der Huminsäure und den Al(III)-Ionen des Substrates führt. Da diese Reaktion von der Protonierung der ursprünglichen Hydroxylgruppen der Oxidoberfläche abhängt, nimmt die Adsorption von Huminsäuren mit steigendem pH-Wert ab (Schlautman u. Morgan 1994). Im untersuchten pH-Bereich dürfte die maximale Adsorptionskapazität zu mindestens 80 - 90 % erreicht sein.

Folgendes Modell kann schematisch den Ablauf der Vorgänge während des Kontaktes mit der Huminsäure beschreiben:

1. Die saure Huminsäurelösung bewirkt eine oberflächliche Anlösung des γ-/δ-Al_2O_3. Dies wird bestätigt durch die Bildung einer hydrolysierten Al-Oberflächenspezies. Die Promotersubstanzen (Ce- und Zr-Oxide) werden gleichfalls gelöst, wie die Abnahme ihrer Konzentrationen zeigt.
2. Es findet eine Adsorption der Huminsäure über eine Bindung funktioneller Gruppen auf der γ-/δ-Al_2O_3-Oberfläche statt, was aus der veränderten Zusammensetzung der Kohlenstoffspezies hervorgeht.
3. Platin wird von Pt^0 zu Pt^{4+} oxidiert Die neue Spezies ist oxidisch gebunden.
4. Die Palladiumspezies ist unverändert Pd^0.

Die scheinbar höhere Stabilität des Palladiums kann durch die sofortige Lösung einer oxidierten Spezies auf der Oberfläche erklärt werden. Messungen der Pd-Konzentration in der Huminsäurelösung nach dem Kontakt ergaben höhere Pd- als Pt-Gehalte. Die scheinbar stärkere Fixierung des Platins kann auf die Komplexierung der entstandenen Spezies mit der Huminsäure oder dem Trägermaterial zurückgeführt werden, welche im Falle des Palladiums nur in geringerem Maße gegeben zu sein scheint. Dies kann eine Ursache für die unter geogenen Bedingungen häufig beobachtete höhere Mobilität des Palladiums gegenüber Platin sein. Die deutliche Löslichkeit des Cers bestätigt Messungen von Helmers (1996), welcher signifikante Erhöhungen der Umweltkonzentrationen von Promotersubstanzen aus Autoabgaskatalysatoren entlang von Autostraßen feststellen konnte.

Für die Zukunft scheint beachtenswert, daß eine mögliche Reaktionsfähigkeit von PGE-haltigen Emissionen aus Autoabgaskatalysatoren in ihrem zeitlichen Verlauf nicht nur von der absolut freigesetzten Menge bestimmt wird, sondern auch von der Homogenität der PGE-Dispersion in diesen abhängt. Sollten Autoabgaskatalysatoren zonierte PGE-Gehalte aufweisen, so könnte dies zu einer scheinbaren Fraktionierung führen. Weiterhin ist zu klären, inwieweit die möglicherweise gebildeten Platin-Huminsäure-Spezies zeitlich stabil sind und ob ihre Fixierung von Dauer ist.

Danksagung

Folgenden Damen und Herren gilt der Dank der Autoren: Herrn Dr. G. Frank (Hoechst AG) für die ESCA-Messungen; Frau V. Krapp (Institut für Mineralogie, Univ. Frankfurt/M.) für die GFAAS-Messungen.

Literatur

Barefoot RR (1997) Determination of platinum at trace levels in environmental and biological materials. Environ Sci Technol 31: 309-314

Gaffney JS, Marley NA, Clark SB (1996) Humic and fulvid acids: isolation, structure and environmental role. ACS Symp. Ser., No. 651, Washington

Helmers E (1996) Elements accompanying platinum emitted from automobile catalysts. Chemosphere 33: 405-419

König HP, Hertel RF, Koch W, Rosner G (1992) Determination of platinum emissions from a three-way catalyst-equipped gasoline engine. Atmos Environ 26A: 741-745

Lustig S (1998) Platinum in the environment. Utz, München

Lustig S, Michalke B, Beck W, Schramel P (1998) Platinum speciation with hyphenated techniques: high performance liquid chromatography and capillary electrophoresis online coupled to an inductively coupled plasma-mass spectrometer - application to aqueous extracts from a platinum treated soil.- Fresenius J Anal Chem 360: 18-25

Nachtigall D, Kock H, Artelt S, Levsen K, Wünsch G, Rühle T, Schlögl R (1996) Platinum solubility of a substance designed as a model for emissions of automobile catalytic converters.- Fresenius J Anal Chem 354: 742-746

Nachtigall D, Artelt S, Wünsch, G (1997) Speciation of platinum-chloro complexes and their hydrolysis products by ion chromatography. Determination of platinum oxidation states. J. Chromatogr A 775: 197-210

Schlautman MA, Morgan JJ (1994) Adsorption of aquatic humic substances on colloidal-size aluminium oxide particles: influence of solution chemistry. Geochim Cosmochim Acta 58: 4293-4303

Schlögl R, Indlekofer G, Oelhafen P (1987) Mikropartikelemissionen von Verbrennungsmotoren mit Abgasreinigung - Röntgen-Photoelektronenspektroskopie in der Umweltanalytik. Angew Chem 99: 312-322

Skerstupp B, Frank G, Urban H (1996) Experimentelle Untersuchungen zur Adsorption von Chlorokomplexen und Kolloiden der Platingruppenelemente (PGE) auf Montmorilloniten, mit besonderer Berücksichtigung der Bestimmung der adsorbierten Spezies.- In: Kohler E.E. (Hrsg) Beiträge zur Jahrestagung, Regensburg, 13. und 14. Oktober 1994. Ber. Deutsche Ton- und Tonmineralgruppe, S 201-213

Skerstupp B, Zereini F, Urban H (1995) Adsorption of platinum and palladium on hydrous ferric oxide (HFO) - an investigation by TXRF and XPS. Beih. z. Eur. J. Mineral., 7, No.1: 234

Skerstupp B, Albers P, Urban H (1998) Adsorption of platinum and palladium on vernadite (δ-MnO_2): implications for environmental and marine geochemistry. (in Vorbereitung)

Sposito G (1984) The surface chemistry of soils. Oxford University Press, Oxford

Stumm W (1992) Chemistry of the solid-water interface. Wiley, New York

Wood SA, Vlassopoulos D (1990) The dispersion of Pt, Pd and Au in surficial media about two PGE-Cu-Ni prospects in Quebec. Can Mineral 28: 649-663

Zereini F (1997) Zur Analytik der Platingruppenelemente (PGE) und ihren geochemischen Verteilungsprozessen in ausgewählten Sedimentgesteinen und anthropogen beeinflußten Umweltkompartimenten Westdeutschlands. Mineral. Habil.-Schrift, Universität Frankfurt/M.

Zereini F, Skerstupp B, Alt F, Helmers E, Urban H (1997) Geochemical behaviour of platinum-group elements (PGE) in particulate emissions by automobile exhaust catalysts: experimental results and environmental investigations. Sci Total Environ. 206: 137-146

4.5 Geochemisches Verhalten von Platinmetallen aus Autoabgaskatalysatoren in Sedimenten und im Wasser aus einem Versickerbecken

F. Zereini[1], A. Golwer[2]
[1]Institut für Mineralogie der J. W. Goethe-Universität, Frankfurt am Main
[2]Dresdener Ring 39, 65191 Wiesbaden

Einleitung

Die Analyse verschiedener Umweltkompartimente hat zweifelsfrei ergeben, daß durch mechanischen Abrieb des Katalysatormaterials die Platinmetalle Platin, Rhodium und Palladium in geringen Mengen in die Atmosphäre entweichen (u. a. Laschka et al. 1996; Cubelic et al. 1997; Schierl u. Fruhmann 1996; Helmers u. Mergel 1997; Rankenburg 1997; Beyer 1997; Dirksen 1998; Zereini 1997). Von bedeutendem Interesse ist deshalb die Frage der Löslichkeit dieser Metalle unter atmosphärischen Bedingungen, vor allem im Hinblick auf ihre Bioverfügbarkeit. Aus arbeitsmedizinischen Untersuchungen ist allgemein bekannt, daß eine Reihe von Platinverbindungen (z. B. lösliche Platinsalze) in hohem Maße toxisch sind (Merget u. Schultze-Werninghaus 1997).

In der vorliegenden Arbeit wurde das geochemische Verhalten von emittierten Platinmetallen (Pt, Rh, Pd) in bezug auf die Löslichkeit und Mobilität – unter natürlichen Bedingungen – in 23 Jahre alten Sedimenten eines Versickerbeckens und dem Beckenwasser untersucht.

Probennahme und Analytik

Aus einem Versickerbecken der A 3 ca. 400 m südlich von Autobahn-km 173.5 in der Nähe des Frankfurter Kreuzes wurden 1995 an drei Stellen Sedimente mit einem vollwandigen Kunststoffrohr von 10 cm Durchmesser entnommen. Die Sedimentkerne (Mächtigkeit: 45, 53 und 62 cm) wurden umgehend eingefroren und danach vom Liegenden zum Hangenden in ca. 3 bzw. 5 cm dicke Scheiben zersägt.

Das Versickerbecken hat eine Sohlfläche von 3260 m^2 und ein Tiefe von 7 bis 8 m. Das Becken ist seit 1973 an einen Autobahnabschnitt von ca. 3 km Länge angeschlossen. Seit dieser Zeit ist die Beckensohle ständig mit Wasser bedeckt und bisher nicht gereinigt worden. Die Sedimente in diesem Becken sind also datierbar. Sie bestehen aus Schluff mit unterschiedlichen Ton- und Feinsandanteilen und organischen Substanzen. Weitere Einzelheiten über den Bau und die Entwicklung des Versickerbeckens befinden sich in den Arbeiten von Golwer u.

Schneider (1983); Golwer u. Zereini (1998).

Die PGE-Bestimmung erfolgte in den Sedimentproben mittels Graphitrohr-AAS (5100 PC der Fa. Perkin-Elmer) nach Voranreicherung mit der Nickelsulfid-Dokimasie (Zereini et al. 1994). Um die löslichen Platinanteile zu bestimmen, wurden die Wasserproben aus dem Versickerbecken vor der Analyse zentrifugiert und über einen Teflonfilter (Porendurchmesser 0.2 µm) abfiltriert. In den Wasserproben wurde Platin mittels adsorptiver Voltammetrie nach dem Verfahren von Messerschmidt et al. 1992 im Chemischen Labor des Amtes für Umweltschutz in Stuttgart und in der Bayerischen Landesanstalt für Wasserforschung in München bestimmt. Neben der Voltammetrie wurden auch andere Verfahren wie ICP-MS in der Bundesanstallt für Geowissenschaften und Rohstoffe in Hannover eingesetzt.

Diskussion der Ergebnisse

Verteilung der PGE in den Sedimentkernen

Die Untersuchungsergebnisse zeigen, daß im oberen Teil der Sedimente Platin, Palladium und Rhodium in meßbaren Konzentrationen vorhanden sind (Tabelle 1). Ruthenium und Iridium konnten mit dem angewandten Analysenverfahren nicht nachgewiesen werden. Ähnliche Befunde wurden in Böden in unmittelbarer Nähe von stark befahrenen Straßen festgestellt (Wei u. Morrison 1994; Cubelic et al. 1997; Laschka et al. 1996; Zereini 1997; Rankenburg 1997; Dirksen 1998).

Da Platin, Palladium und Rhodium die aktive Schicht des Abgaskatalysators (Drei-Wege-Katalysator) bilden, zeigt die Anwesenheit dieser Elemente in den Sedimenten, daß die emittierten platinmetallhaltigen Partikel nicht nur in unmittelbarer Nähe der Straßen sedimentiert werden, sondern ein beträchtlicher Teil vom Regenwasser in die Kanalisation bzw. in die Absetzbecken oder Versickerbecken gespült wird.

Seit etwa 1989 liegen die Konzentrationen (obere 15 cm) im Durchschnitt für Platin bei 99 µg/kg, für Rhodium bei 20 µg/kg und für Palladium 13 µg/kg (Tabelle 1). Wedepohl (1995) gibt für die kontinentale Erdkruste Gehalte von 0.4 ppb für Pt und Pd, für Ru 0.1 ppb, für Rh 0.06 ppb und 0.05 ppb für Os und Ir an. Im Vergleich zur Verteilung dieser Elemente in der Erdkruste errechnet sich im Durchschnitt ein Anreicherungsfaktor von ca. 248 für Platin, ca. 33 für Palladium und von ca. 333 für Rhodium.

Die PGE-Konzentrationen weichen innerhalb der Sedimentkerne stark voneinander ab. Die höchsten Gehalte wurden in Proben aus Sedimentkern 1 mit einem Durchschnittswert von 147 µg/kg Pt, 16 µg/kg Pd und 32 µg/kg Rh (bis etwa 15 cm unter der Sedimentoberfläche) ermittelt.

Dieses Sedimentkernprofil liegt in der unmittelbaren Nähe des Beckenzulaufs.

Tabelle 1. Konzentrationen (in µg/kg TS) von Pt, Rh und Pd im Beckensediment und in der *Schutzschicht* (Golwer u. Zereini 1998)

Tiefe cm	Sedimentkern 1			Tiefe cm	Sedimentkern 2			Sedimentkern 3		
	Pt	Rh	Pd		Pt	Rh	Pd	Pt	Rh	Pd
0-3	208	44	24	0-5	32	4	1	75	9	5
3-6	250	49	18	5-10	93	25	35	62	12	8
6-9	121	33	18	10-15	70	13	9	19	3	5
9-12	86	19	13	15-20	9	1	3	2	<0.7	3
12-15	70	14	5	20-25	10	2	4	1	<0.7	3
15-18	13	5	3	25-30	7	0.8	3	1	<0.7	1
18-21	3	5	2	30-35	10	<0.7	5	<1	<0.7	<0.5
21-24	6	3	<0.5	35.40	3	<0.7	8	*<1*	*<0.7*	*<0.5*
24-27	3	1	<0.5	40-45	4	<0.7	4	*<1*	*<0.7*	*<0.5*
27-30	3	1	<0.5	45-50	2	<0.7	1	*<1*	*<0.7*	*<0.5*
30-33	4	<0.7	<0.5	*50-55*	*<1*	*<0.7*	*<0.5*			
33-36	2	<0.7	<0.5	*55-60*	*<1*	*<0.7*	*<0.5*			
36-39	3	<0.7	<0.5							
39-42	1	<0.7	<0.5							
42-45	1	<0.7	<0.5							

Das deutet daraufhin, daß ein Teil der Platingruppenelemente in großen Partikeln mit dem Wasser transportiert und nach Eintritt in das Becken durch Abnahme der Fließgeschwindigkeit mit dem Sand und Schluff sedimentiert wird. Knobloch (1993) ermittelte in Motorstandversuchen, daß ca. 70 % der Platinemission an Partikel >10 µm gebunden ist.

Unter der Annahme, daß die gelieferte Fracht seit Inbetriebnahme des Beckens bis heute mit der gleichen Geschwindigkeit sedimentiert wurde, ergibt sich für jede Probe (Mächtigkeit 3 bzw. 5 cm) ein Sedimentationszeitraum von ca. 2 Jahren. Die Analysen der Sedimentkerne 1, 2 und 3 ergeben niedrige Konzentrationen an Platin, Rhodium und Palladium im Beckensediment aus den Jahren 1973 bis 1989, die von den PGE-Konzentrationen in der Schutzschicht geringfügig abweichen. Die unter den Beckensedimenten liegende, etwa 1 m mächtige Schutzschicht besteht aus mittelkörnigem Sand. Nach 1989 steigen die Gehalte und erreichen ein Maximum in den Jahren 1992 bis 1995 (Abb. 1). Auffallend ist die Konzentrationsabnahme ab 1993 in den Sedimentkernen 2 (Abb. 2) und 1. Die Verteilung der Platin-, Rhodium-, und Palladiumgehalte deutet daraufhin, daß es sich bei Sedimentkern 3 um ein ungestörtes Sedimentprofil handelt. Dagegen ist bei Sedimentkern 2 mit einer geringen Umlagerung, wahrscheinlich mechanischer Art, zu rechnen, die zu einer Verschleppung der Edelmetallgehalte in tiefere Sedimente geführt hat. Dennoch setzt in beiden Kernen eine deutliche Konzentrationserhöhung von Pt, Rh und Pd etwa ab dem Jahr 1989 ein. Dieser Anstieg fällt zeitlich etwa mit der Einführung des Abgaskatalysators zusammen. Die Sedimente aus dem Zeitraum von 1973 bis 1987 sind noch nahezu platinmetallfrei. Ohne Zweifel sind die Autoabgaskatalysatoren für diesen Anstieg verantwortlich.

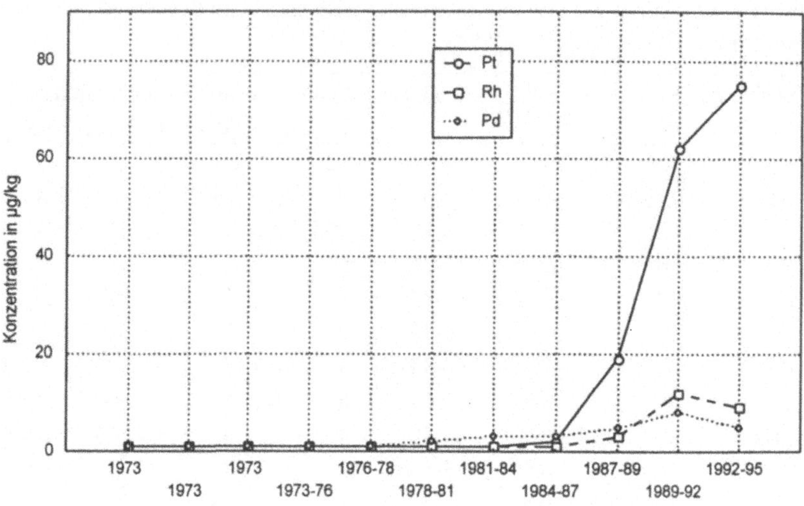

Abb. 1. Konzentration und Verteilung von Platin und Rhodium im Sedimentkern 3 aus dem Versickerbecken der A 3

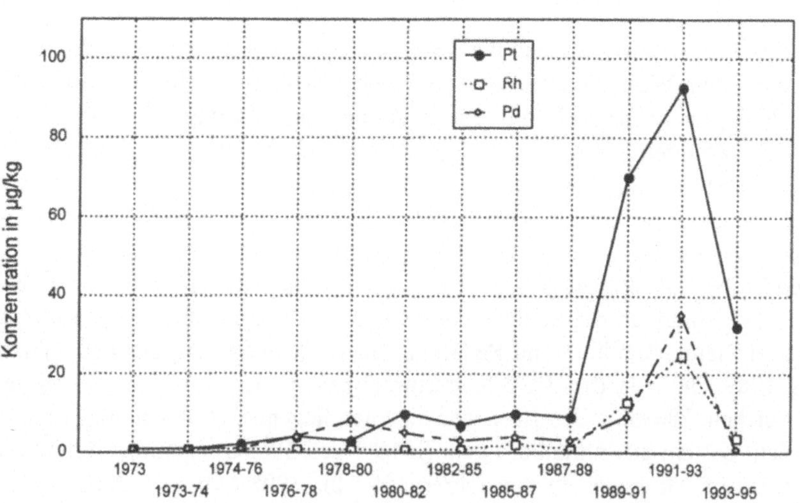

Abb. 2. Konzentration und Verteilung von Platin und Rhodium im Sedimentkern 1 aus dem Versickerbecken der A 3

Die Ergebnisse geben auch einen Hinweis auf die Immobilität der Platinmetalle (Pt und Rh) beim Transport durch Oberflächenwasser und bei ihrer Sedimentation im Versickerbecken. Die deutliche Erhöhung der PGE-Gehalte ab dem Jahr 1989 ist lediglich auf die Zunahme von Kraftfahrzeugen mit Abgaskatalysator zurückzuführen, da die Verkehrsmenge des an dieses Erdbecken angeschlossenen 3 km langen Autobahnabschnitts von rd. 63000 Kfz/d (1975) kontinuierlich auf 125560 Kfz/d (1995) gestiegen ist. Ferner belegen die Meßergebnisse auch hier die Dominanz von Platin gegenüber Rhodium und Palladium und bestätigen wiederum die Annahme, daß der Abgaskatalysator die Quelle für die erhöhten PGE-Gehalte in der Umwelt darstellt.

Korrelationsverhalten und Verhältnisse der PGE

Von Interesse für das Verhalten der emittierten platinmetallhaltigen Partikel unter atmosphärischen Bedingungen ist das Pt/Rh-Verhältnis. Analog zu den Bodenproben (Eckhardt u. Schäfer 1997; Rankenburg 1997; Cubelic et al. 1997; Zereini 1997; Claus 1998) gilt auch hier, daß mit steigendem Platin-Gehalt der Rhodium-Gehalt zunimmt. Platin korreliert mit Rhodium (r = 0.98) mit einer Aussagekraft von 99 %, (Abb. 3). Dieses Korrelationsverhalten steht wiederum in Beziehung zu dem Tatbestand, daß der Abgaskatalysator beide Elemente enthält. Aus den Analysendaten errechnet sich ein Pt/Rh-Verhältnis im Durchschnitt von ca. 5.4 : 1, wobei in der Mehrheit der Proben eine Variationsbreite von ca. 4 : 1 und ca. 5 : 1 besteht. Das gilt für alle Proben, die den Zeitraum von 1989 bis 1995 repräsentieren (Tiefe 0–15 cm in Sedimentkernen 1, 2 u. 3). Das Pt/Rh-Verhältnis in den heutigen Abgaskatalysatoren liegt bei 5 : 1. Eine Ausnahme bilden zwei Proben mit einem Pt/Rh-Verhältnis von ca. 8 : 1. Diese Proben stammen von der Oberfläche der Sedimentkerne 2 und 3. Dieses Verhältnis findet sich wieder in einer Probe von den oberen 5 cm des Beckensediments, die im August 1997 entnommen wurde. Diese Abweichung könnte bereits den Einfluß der neuen Abgaskatalysatoren wiederspiegeln.

Im Vergleich zu Platin und Rhodium nimmt Palladium in den untersuchten Sedimenten eine gesonderte Rolle ein. Während das Pt/Rh-Verhältnis im größten Teil der untersuchten Proben eine relativ geringe Schwankung aufweist, zeigt das Pt/Pd-Verhältnis eine große Variationsbreite. Das Pt/Pd-Verhältnis variiert zwischen 2.7 : 1 und 32 : 1 mit einem durchschnittlichen Wert von 11.6 : 1. Ursache dafür könnte die höhere Löslichkeit von Palladium gegenüber Platin sein. Auch die Korrelationen zwischen Platin und Palladium (r = 0.57) und zwischen Rhodium und Palladium (r = 0.71) sind vergleichsweise schwach positiv.

Seit 1993 bietet die Industrie als Alternative zum klassischen Pt-Rh-Katalysator einen Drei-Wege-Katalysator auf der Basis von Palladium und Rhodium an (Domesle 1997), so daß durch die Einführung dieser neuen Technologie eine Verschiebung des Pt/Rh-Verhältnisses in straßennahen Böden zugunsten von Palladium und Rhodium zu erwarten ist.

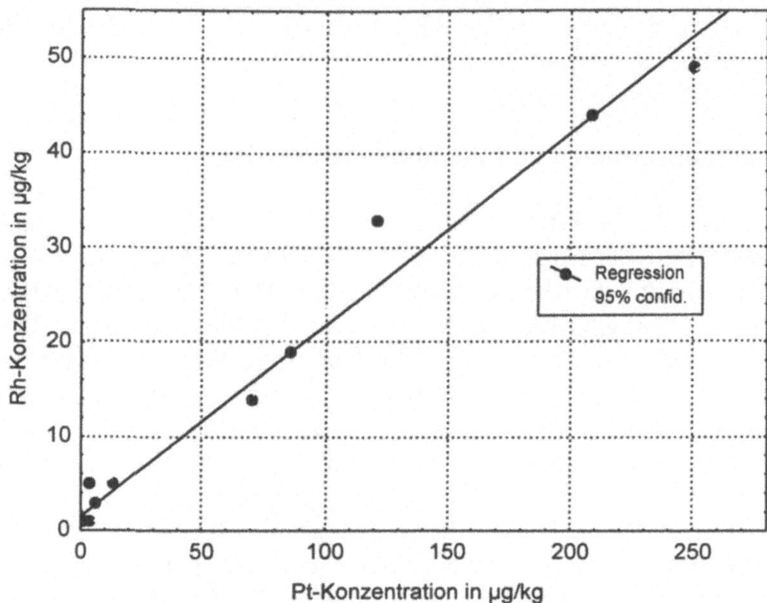

Abb. 3. Korrelation zwischen Platin und Rhodium in Beckensedimenten (Zereini et al. 1997)

Platin-Konzentration in Wasser

Für die geringe Löslichkeit von Platin unter atmosphärischen Bedingungen in Gewässern sprechen die Analysenergebnisse der Wasserproben aus dem Versickerbecken der A 3. Hier wurden Pt-Konzentrationen von < 2 ng/l mittels ICP-MS sowohl im Oberflächenwasser des Versickerbeckens als auch im Grundwasser in verschiedenen Tiefen (8-15 und 15-20 m u. GOK) aus zwei Kontrollbrunnen im Bereich des Versickerbeckens ermittelt. Die voltammetrische Bestimmung von Platin im Wasser des Versickerbeckens ergab einen Gehalt von 10 ng/l. Im Vergleich zum durchschnittlichen Pt-Gehalt von 99 µg/kg in den oberen 15 cm der Beckensedimente ist der im Wasser gelöste Anteil sehr gering. Bezogen auf die durchschnittlichen Platin-Gehalte in den Beckensedimenten errechnet sich eine Löslichkeit von 0.02 % für Platin, so daß mehr als 99,98 % des eingetragenen Platins im Sediment des Versickerbeckens verbleiben. Eine Gefahr für das Grundwasser durch gelöstes Platin ist deshalb nicht zu befürchten. Die Untersuchungen von Fuchs u. Rose (1974) über das geochemische Verhalten von Platin in Böden des Stillwater Komplexes, Montana, USA, ergaben, daß Platin lediglich in extrem sauren oder chloridreichen Böden als $[Pt(II)Cl_4]^{2-}$ mobil ist. Dies steht im Einklang mit den Untersuchungsergebnisen von Zereini et al. (1997), die die Mobilität von Platin und Rhodium aus dem Katalysatormaterial in Böden am stärksten im extrem sauren Bereich belegen (pH-Wert 1). Der Einfluß von Regenwasser im pH-Bereich zwischen 6 und 7 auf die Löslichkeit von Platin ist sehr gering. Sie liegt für Platin zwischen 0.01 % und 0.03 % und für Rhodium bei 0.05 %. Die pH-Werte des Beckenwassers variieren seit Mai 1973 überwiegend im neutralen bis schwach sauren Bereich (5.9–8.2, Mittelwert 6.7) und spielen daher für die Mobilisierung von Platin im Beckensediment nur zeitweilig eine geringe Rolle.

Ferner belegt auch die PGE-Verteilung in den Sedimentkernen, daß die Mobilität bzw. die Löslichkeit von Pt und Rh sehr gering ist, weil diese Metalle sich im oberen Bereich der Sedimentkerne (bis etwa 15 cm) konzentrieren.

Schlußfolgerungen

Die Untersuchungsergebnisse befinden sich in Übereinstimmung mit den Analysendaten der verschiedenen Umweltkompartimente, denen zufolge die emittierten Platinmetalle (Pt und Rh) nach ihrer Deposition eine sehr geringe Löslichkeit aufweisen.

Das Korrelationsverhalten von Platin und Rhodium, sowie das Verhältnis beider Metalle in den untersuchten Proben deuten daraufhin, daß durch mechanischen Abrieb des Katalysatormaterials Platinmetalle gebunden an Partikel unterschiedlicher Größe des Trägermaterials in die Atmosphäre ausgestoßen werden. Da das Mengenverhältnis der in den Umweltkompartimenten auftretenden Metalle demjenigen im Drei-Wege-Katalysator entspricht, erfahren die emittierten Partikel nach ihrer Ablagerung offensichtlich keine nennenswerte Umwandlung. Für diese Annahme sprechen die Ergebnisse der Wasserproben, die auf eine sehr geringe Löslichkeit von Platin im Wasser unter atmosphärischen Bedingungen hinweisen.

Der Transport der emittierten Platinmetalle im Regenwasser erfolgt in Form suspendierter Partikel. Durch diesen Mechanismus läßt sich das geochemische Verhalten der Elemente Platin und Rhodium in bezug auf ihre Konzentration, Verteilung und Korrelation sowie ihr Verhältnis zueinander erklären. Die erzielten Ergebnisse sind für die Beurteilung des Gefährdungspotentials, das von Platinmetall-Emissionen ausgeht, insbesondere aus umweltmedizinischer Sicht bedeutsam. Da es sich bei der Löslichkeit zum jetzigen Zeitpunkt um keine "ökologisch relevanten Mengen" handelt, ist eine Gefahr für das Grundwasser durch gelöstes Platin nicht zu befürchten.

Literatur

Beyer J M (1997) Platinkonzentrationen in Staubproben unterschiedlicher Lokalitäten in Hessen. Diplomarbeit, Institut für Mineralogie, J. W. Goethe-Universität Frankfurt/M.

Claus T (1998) Platingruppenelemente in Kehrgutproben. Diplomarbeit, Institut für Mineralogie, Universität, Frankfurt/Main

Cubelic M, Pecoroni R, Schäfer J, Eckhardt JD, Berner Z, Stüben D (1997) Verteilung verkehrsbedingter Edelmetallimmissionen in Böden. Z Umweltchem Ökotox 9(5): 249-258

Dirksen F (1998) Konzentration der Platingruppenelemente (PGE) in Böden entlang ausgewählter Autobahnabschnitte im Vergleich zu Böden in der näheren Umgebung des Industriestandortes Hanau-Wolfgang. Diplomarbeit, Institut für Mineralogie, Universität, Frankfurt/Main

Domesle R (1997) Katalysatortechnik.In Edelmetall-Emissionen, GSF-Forschungszentrum für Umwelt und Gesundheit GmbH, S 8-17

Eckhardt JD, Schäfer J (1997) PGE-Emissionen aus Kfz-Abgaskatalysatoren.In: Matschullat J; Tobschall H, Voigt HJ (Hrsg) Geochemie und Umwelt. Springer, Heidelberg, S 181-188

Fuchs WA, Rose AW (1974) The geochemical behavior of platinum and palladium in the weathering cycle in the Stillwater Complex, Montana. Econ Geol 69: 332-346

Golwer A, Schneider W (1983) Untersuchungen über die Belastung des unterirdischen Wassers mit anorganischen toxischen Spurstoffen im Gebiet von Straßen. Forschung Straßenbau und Straßenverkehrstechnik 391:1-47

Golwer A, Zereini F (1998) Anreicherung anorganischer Stoffe in Sedimenten eines Versickerbeckens der Bundesautobahn A3 bei Frankfurt am Main. Straße + Autobahn 4: 189-199

Helmers E, Mergel N (1997) Platin in belasteten Gräsern. Z Umweltchem.Ökotox 9(3):147-148

Knobloch S (1993) Bestimmung von Platin in katalysiertem Autoabgas mittels ICP-MS. Dissertationsschrift, Fachbereich Chemie, Universität Hannover

Laschka D, Striebel T, Daub J, Nachtwey M (1996) Platinum in rainwater discharges from roads. Z Umweltchem Ökotox 8(1):124-129

Merget R, Schultze-Werninghaus G (1997) Untersuchungen über toxische und allergische Reaktionen bei Exposition gegen Platinverbindungen. Edelmetall-Emissionen. Abschlußpräsentation, GSF-Forschungszentrum für Umwelt und Gesundheit 95- 102

Messerschmidt J, Alt F, Tölg G, Angerer J, Schaller KH (1992) Adsorptive voltammetric procedure for the determination of platinum baseline levels in human body fluids. Fresenius J Anal Chem 343: 391-394

Rankenburg K (1997) Verteilung von Platingruppenelementen (PGE) in Böden entlang der Autobahn Frankfurt-Mannheim. Dipl.-Arbeit, Institut für Mineralogie, Goethe-Universität Frankfurt/M.

Schierl R, Fruhmann G (1996) Airborne platinum concentrations in Munich city buses. Sci Total Environ 192:21-23

Wedepohl KH (1995) The composition of the continental crust. Geochimica et Cosmochimica Acta 59(7):1217-1232

Wei C, Morrison GM (1994) Platinum in road dusts and urban river sediments. Sci Total Environ 146/147: 169-174

Zereini F (1997) Zur Analytik der Platingruppenelemente (PGE) und ihren geochemischen Verteilungsprozessen in ausgewählten Sedimentgesteinen und anthropogen beeinflußten Umweltkompartimenten Westdeutschlands. Shaker Verlag Aachen

Zereini F, Skerstupp B, Alt F, Helmers E, Urban H (1997) Geochemical behaviour of platinum-group elements (PGE) in particulate emissions by automobile exhaust catalysts: experimental results and environmental investigations. Sci Total Environ 206:137-146

Zereini F, Urban H, Lüschow HM (1994) Zur Bestimmung von Platingruppenelementen (PGE) in geologischen Proben mittels Graphitrohr-AAS nach der Nickelsulfid-Dokimasie. Erzmetall 47:45-52;

5 Toxikologisches und allergologisches Gefährdungspotential von Platin und anderen Platinmetallen (Arbeitsmedizin)

In diesem Kapitel diskutiert Gebel (Abschnitt 5.1) das toxikologische Gefährdungspotential der Platingruppenelemente Platin, Palladium und Rhodium. Nach ihm reichen die in der Umwelt vorliegenden PGE-Konzentrationen nach dem derzeitigen Wissen nicht aus, um Sensibilisierungen zu induzieren. Eine umweltbedingte Exposition mit PGE findet sich im Bereich sehr niedriger chronischer Dosen.

Rosner u. Merget (Abschnitt 5.3) führen in diesem Abschnitt die Abschätzung des Gesundheitsrisikos von Platinemissionen aus Automobilabgaskatalysatoren durch. Schwerpunkte wie Charakterisierung der Platinemissionen, Expositionsabschschätzung und Charakterisierung des toxikologischen Wirkungspotentials sowie Risikoabschätzung werden in dieser Arbeit diskutiert.

In der Arbeit von Merget (Abschnitt 5.2) werden die arbeitsmedizinischen Aspekte der Platinsalzallergie:– Krankheitsbild, Diagnostik, Prognose, Prävention und Therapie– dargestellt. Nach ihm ist durch den zunehmenden Einsatz von platinhaltigen Automobilkatalysatoren vermutlich künftig auch in der Katalysatorproduktion mit einer erhöhten Zahl von Platinsalzallergien zu rechnen.

Über Biomonitoring von Platin im Urin in der Arbeitsmedizin berichtet Schierl (Abschnitt 5.4). Neben dem analytischen Verfahren zu Platinbestimmung im Urin führte er Untersuchungen beim Umgang mit platinhaltigen Zytostatika durch.

5.1 Toxikologisches Gefährdungspotential der Platingruppenelemente Platin, Palladium und Rhodium

T. Gebel
Institut für Allgemeine Hygiene und Umweltmedizin der Universität Göttingen

Einleitung

Eine umweltbedingte Exposition mit den Platingruppenelementen (PGE) Platin, Palladium, Rhodium liegt im Bereich sehr niedriger, chronischer Dosen. Platin, Palladium und Rhodium werden aus KFZ-Abgaskatalysatoren in metallischer oder oxidischer Form in die Umwelt freigesetzt. Der Hauptpfad der Aufnahme dürfte für den nicht am Arbeitsplatz besonders exponierten Menschen eine Ingestion von Staub, der Spuren dieser PGE enthält, sein. Daneben kann auch die Inhalation von Staubpartikeln eine gewisse Rolle spielen. Als mögliche Folgewirkungen einer chronischen Exposition im Niedrigdosisbereich sind für die PGE vornehmlich kanzerogene und sensibilisierende Wirkungen zu diskutieren.

Kinetik und innere Exposition

Aus Tierversuchsstudien nach Gabe von $PdCl_2$ oder $PtCl_4$ (Moore et al. 1975a,b,c) kann abgeschätzt werden, daß nach oraler Gabe von Platin oder Palladium die Resorption im Darm nicht höher als 1% liegen dürfte. Die Autoren vermuteten aus ihren Experimenten, daß die Resorptionsraten bei Jungtieren etwas höher lagen. Nach Inhalation wurde ein größerer Anteil als auf dem oralen Pfad in den Körper aufgenommen, genauere Angaben wurden jedoch nicht gemacht. Bezüglich Rhodium liegen keine Daten zum Resorptionsausmaß nach Ingestion oder Inhalation vor. Weitere Daten zur Resorption stehen nicht zur Verfügung.

Nach Ingestion fanden sich Platin (nach Gabe von $PtCl_4$, $Pt(SO_4)_2$, PtO oder als Metall), Palladium (Gabe als $PdCl_2$) und Rhodium (Gabe als $RhCl_3$) vor allem vermehrt in Leber und Niere wieder. Nach Inhalation sind außer der Lunge Niere und Knochen als Organe der Akkumulation zu nennen (Durbin 1960; Moore et al. 1975a,b,c).

Nach intravenöser Applikation war die Verteilung weniger organspezifisch, es fanden sich Platin und Palladium außer in Leber und Niere auch in Milz, Lunge, Nebenniere und im Knochen; Rhodium wurde vermehrt in Muskel und Knochen gefunden. Bei mit platinhaltigen Chemotherapeutika behandelten Tumorpatienten waren die Platinlebergehalte noch mehrere Monate nach Ende der Behandlung stark akkumuliert (Tothill et al. 1992).

Zum Metabolismus von Platin, Palladium und Rhodium liegen ebenfalls nur sehr wenige Studien vor. Für das Chemotherapeutikum Cisplatin gibt es Hinweise, daß gewisse Anteile durch Konjugation an Glutathion metabolisiert werden. Die akut nephrotoxische Wirkung von Cisplatin, cis-$Pt(NH_3)_2Cl_2$, könnte durch diesen Befund erklärt werden: ein in der Leber generiertes Cisplatin-Glutathion-Konjugat könnte in den Zellen des proximalen Tubulus durch γ-Glutamyltranspeptidase gespalten und somit toxifiziert werden (Hanigan et al. 1994). Diese Vermutung wird bestätigt dadurch, daß Cisplatin beim Menschen vorwiegend metabolisch unverändert wieder ausgeschieden zu werden scheint (Safirstein et al. 1983). Rhodium(II)acetat zerfiel nach intraperitonealer Gabe an Mäuse binnen 2 h rasch in Rhodium und als $^{14}CO_2$ abgeatmetes Acetat (Erck et al. 1976).

Platin, Palladium und Rhodium werden mit zweiphasiger Kinetik aus dem Organismus eliminiert: generell fand sich im Tierversuch eine erste kurze Halbwertzeit von etwa einem Tag gefolgt von einer längeren Halbwertzeit von etwa zehn Tagen (Durbin 1960; Moore et al. 1975a,b,c). Bei mit Cis- oder Carboplatin behandelten Tumorpatienten ließen sich noch zwei Jahre nach Therapie erhöhte Platingehalte in Urin nachweisen (Tothill et al. 1992). Hauptpfad der Exkretion von Platin, Palladium und Rhodium bei Ratten war die Niere, die Exkretion über die Fäzes jedoch schien von nahezu gleicher Bedeutung zu sein (Durbin 1960; Moore et al. 1975a,b,c). Für Rhodium liegt eine weitere Studie an Mäusen vor, welche im Widerspruch zu den obigen Daten angibt, daß nur 5% der applizierten Dosis im Urin wiedergefunden wurde (Erck et al. 1976).

Beim Menschen überwiegt, zumindest für Cisplatin, die Exkretion über den Urin den Weg der Exkretion über die Fäzes (Casper et al. 1979).

Wirkungen

Wirkungen auf Mensch und Tier

Akute und chronische Toxizität

Zur akut toxischen Wirkung der PGE nach Inhalation liegen keine Studien vor. Aufgrund der relativ niedrigen oralen Resorptionsraten der PGE erzeugen erst vergleichsweise hohe Dosen Akuteffekte. Die Toxizität scheint abhängig von der Wasserlöslichkeit der jeweiligen Substanz zu sein. Die giftigsten Vertreter der Platinverbindungen sind die Komplexverbindungen (Chloroplatinate und Amine) (LD_{50} im Bereich von 20-200 mg/kg Körpergewicht per os bei Ratten), welche nephrotoxische Wirkungen (Schädigung der Tubuli) haben. PtO_2 und $PtCl_2$ haben sehr geringe Akuttoxizitäten (LD_{50} >2 g/kg KG per os bei Ratten) (Übersicht in DFG 1980; WHO 1991). Platinelementarstaub nach Ingestion ist ebenfalls akut wenig toxisch. Palladiumsalze sind von generell geringer oraler Akuttoxizität (LD_{50} >1 g/kg KG per os bei Ratten), die Versuchstiere zeigten nach Behandlung außer der nephrotoxischen Wirkung auch ausgeprägte kardiotoxische Wirkungen sowie Konvulsionen (Übersicht in DFG 1981; Wiesmüller et al. 1995).

Nach sechsmonatiger oraler Gabe von Platin- oder Palladiumstaub (Korngröße 1-5 µm) wurde bei Ratten eine verzögerte Gewichtszunahme, hepato- und nephrotoxische Wirkungen (Glomerulonephritis) sowie Schädigungen an der Darmschleimhaut festgestellt (Roshchin et al. 1984). Schroeder und Mitchener (1971) berichteten außerdem von Amyloidosen an inneren Organen. Im Tierversuch konnte für Platin und Palladium eine modulative Wirkung der hepatischen fremdstoffmetabolisierenden Enzymsysteme (CYP-Monooxigenasen) gezeigt werden (Holbrook et al. 1976). Weitere Daten liegen nicht vor.

Kanzerogenität

Cisplatin gilt als karzinogen im Tierexperiment (IARC 1987). Cisplatin scheint in einem gewissen Ausmaß plazentagängig zu sein und selbst transplazentar ein Krebsrisiko zu besitzen: eine einmalige Gabe von 7,5 mg/kg Körpergewicht Cisplatin intraperitoneal an trächtige Mäuse induzierte nach Behandlung mit dem Tumorpromotor TPA (12-O-tetradecanoylphorbol-13-acetat) Papillome in der Filialgeneration (Diwan et al. 1993). Für andere Platinverbindungen stehen keine ausreichenden Daten zur Beurteilung einer potentiellen krebserregenden Wirkung im Tierversuch zur Verfügung. Aufgrund der weiter unten genauer beschriebenen Wirkungsmechanismen ist im allgemeinen für die quadratisch planaren, zweiwertigen Platinkomplexverbindungen eine karzinogene Wirkung zu vermuten. Für Platin-Elementarstaub und die nicht-komplexen Verbindungen von Platin ist eine krebserregende Wirkung bisher nicht zu belegen.

Eine an Mäusen durchgeführte Lebenszeitstudie älteren Datums belegt zwar eine kanzerogene Wirkung von über das Trinkwasser appliziertem $PdCl_2$ und $RhCl_3$ in Konzentrationen von je 5 mg/l (Schroeder und Mitchener 1971). Zu bemängeln ist an dieser Studie jedoch, daß keine Dosis-Wirkungsbeziehung erstellt wurde, d.h. nur jeweils eine Dosis von Palladium und Rhodium untersucht wurde. Die Gabe von Palladiumchlorid wirkte sich in dieser Studie insbesondere bei den männlichen Mäusen lebenszeitverlängernd aus, so daß die Erhöhung der Tumorzahlen allein alters- und nicht palladiumbedingt erhöht gewesen sein könnte. Weitere Daten zur Untersuchung der Kanzerogenität von Rhodium- und Palladiumkomplexverbindungen liegen nicht vor. Aufgrund der weiter unten angestellten mechanististischen Überlegungen (siehe „Wirkungsmechanismen") ist eine kanzerogene Wirkung für Rhodiumkomplexe wahrscheinlicher als für Palladiumkomplexe, da Rhodium sich in vitro durchweg als genotoxisch zeigte (siehe „Wirkung in anderen biologischen Systemen").

Reproduktionstoxizität und Teratogenität

Zur Untersuchung der Reproduktionstoxizität und Teratogenität von Platin liegt nur eine Studie vor: $Pt(SO_4)_2$ (200 mg Pt/kg, Applikation per Schlundsonde) hatte bei trächtigen Mäusen eine verzögerte Gewichtszunahme von Tag 8-45 in der Filialgeneration zur Folge. Na_2PtCl_6 (20 mg Pt/kg s.c.) hingegen reduzierte die

Aktivität (z.B. Aufrichtefrequenz und Mobilität) der neugeborenen Mäuse (D'Agostini et al. 1984). Zur Reproduktionstoxizität und Teratogenität von Palladium und Rhodium liegen keine Daten vor.

Sensibilisierung

Bezüglich einer ausführlichen Information über das sensibilisierende Potential von Platinverbindungen sei auf Kapitel 5.2 verwiesen. Für di- und tetravalente Chloroplatinate ist ein sensibilisierendes Potential unumstritten (WHO 1991; DFG 1997). Das aus KFZ-Katalysatoren emittierte Platin liegt nicht als Chloroplatinat vor, daher dürfte kein nennenswertes Sensibilisierungspotential gegeben sein.

Für Palladium scheint die aktuelle Datenlage darauf hinzuweisen, daß eine Sensibilisierung auf Palladium in der Regel mit einer Sensibilisierung auf Nickel verknüpft ist. Eine endgültige Erklärung gibt es dazu bisher nicht. Möglich ist, daß eine Kreuzreaktion mit nach Nickel-Sensibilisierung aktivierten T-Lymphozyten auftritt (Moulon et al. 1995), was impliziert, daß die Palladiumallergie in den meisten Fällen eigentlich eine Nickelallergie wäre. Das Bundesgesundheitsamt empfahl 1992 als Vorsichtsmaßnahme, aufgrund vermuteter Unverträglichkeiten auf Palladium-Kupfer-haltige Dentallegierungen zu verzichten (Zinke 1992). Auch bei Rhodium gibt es Hinweise auf ein allergenes Potential (Bedello et al. 1987; de la Cuadra und Grau Massanes 1991), bisher liegen jedoch nur wenige Fallstudien vor.

Wirkungen in anderen biologischen Systemen

Zur Untersuchung der genotoxischen Wirkung der Platingruppenelemente Platin, Palladium und Rhodium in pro- und eukaryontischen Zellen liegt eine Reihe von Untersuchungen vor, von denen einige meist neuere, repräsentative Arbeiten aufgeführt werden.

Ergebnisse aus dem Salmonella-Test (Ames-Test) mit den Stämmen TA98 und 100 belegen, daß Platinverbindungen der Struktur $cisPtN_2X_2$ stark mutagene Wirkungen zu besitzen scheinen (Uno und Morita 1993). Sterische Eigenschaften der Seitenketten scheinen für die Antitumoraktivität von höherer Relevanz als deren Polarität zu sein (Mailliet et al. 1995). cis-$Pt(NH_3)_2Br_2$ erwies sich im Salmonella-Test als stärkeres Mutagen als Cisplatin, cis-$Pt(NH_3)_2Cl_2$ (Uno und Morita 1993). Von den vierwertigen Platinkomplexen zeigte nur $H_2[PtCl_6]$ eine sehr schwache Mutagenität, für weitere Platin(IV)-Komplexe zeigte sich keine mutagene Wirkung. Transplatin war im Gegensatz zu Cisplatin kaum mutagen (Beck und Fisch 1980). Auch im SOS-Chromotest mit E. coli PQ37 ließ sich mit Transplatin ein signifikantes, wenn auch vergleichsweise geringes genotoxisches Potential feststellen (Lantzsch und Gebel 1997).

Eine große Zahl von verschiedenen Palladiumverbindungen, darunter auch zweiwertige cis-Komplexe, zeigten weder im Salmonellatest noch im SOS-Chromotest Hinweise auf ein DNA-schädigendes Potential (Bünger et al. 1996; Gebel et al. 1997; Lantzsch und Gebel 1997).

Rhodiumverbindungen zeigten sich in verschiedenen bakteriellen Systemen meist genotoxisch: $RhCl_3$ war positiv im rec-Assay mit Bacillus subtilis und im Ames-Test an Salmonella TA98 (Kanematsu et al. 1980). Verschiedene Rhodium(III)komplexe zeigten mutagene Wirkungen mit Salmonella TA100 und 102 (LaVelle und Krause 1986). K_2RhCl_5 und $(NH_4)_3RhCl_6$ erwiesen sich als mutagen in TA97a, 98, 100 und 102 (Bünger et al. 1996) sowie im SOS-Chromotest (Lantzsch und Gebel 1997).

Die Untersuchungen auf eine genotoxische Wirkung in Säugerzellen gehen konform mit diesen Daten: im Mikrokerntest mit CHO-Zellen erwies sich Cisplatin(II) als stärkstes chromosomales Mutagen gefolgt von Cisplatin(IV) und schließlich Transplatin(II) (Bonatti et al. 1983). In menschlichen Lymphozyten erwiesen sich Cis- und Transplatin, $PtCl_4$(IV) und K_2PtCl_4 als chromosomale Mutagene (Gebel et al. 1997). Cisplatin wiederum hatte eine stärkere Wirkung als seine Transverbindung. Das nicht komplexe $PtCl_2$ sowie das vierwertige K_2PtCl_6 verursachten keine Chromosomenmutationen. Mechanistisch interessant ist die positive Genotoxizität von $PtCl_4$, obwohl es eine vierwertige Platinverbindung ist. Im biologischen Milieu scheint sich nach Lösung eine dem ultimalen Mutagen von Cisplatin $Pt(NH_3)_2^{2+}$ verwandte Struktur zu bilden. Für die Verbindungen $PdCl_2$, K_2PdCl_4, cis-$Pd(NH_3)_2I_2$, cis-$Pd(NH_3)_4Cl_2$ und Transpalladium konnte eine Induktion chromosomaler Mutationen in humanen Lymphozyten nicht festgestellt werden (Gebel et al. 1997). Studien zur Untersuchung der genotoxischen Wirkung von Rhodium in eukaryontischen Zellen liegen nicht vor.

Wirkungsmechanismen

Cisplatin wird in der Krebstherapie insbesondere zur Therapie von Hoden-, Ovarial-, Kopf- und Nackentumoren eingesetzt. Aufgrunddessen liegt ein Vielzahl mechanistischer Studien zur Antitumorwirkung dieser Verbindung vor. Auf der Suche nach neuen Chemotherapeutika wurde zudem eine ansehnliche Zahl von Cisplatin-Analoga sowie auch strukturanaloge Palladium- und Rhodiumverbindungen untersucht. Es stellte sich heraus, daß Wertigkeit, Struktur und Bindungstyp maßgeblich für die mutagene Wirkung von Platin zu sein scheinen. Ähnliches könnte mit Einschränkungen für Rhodium gelten. Für eine maximale Wirkung von Platin ist die Wertigkeitsstufe II, die Cisstruktur und die Komplexbindung essentiell. Platin(IV)-komplexe scheinen selbst keine mutagene Wirkung zu haben und binden auch nicht an DNA, können aber in biologischen Systemen partiell durch eine metabolische Reduktion zur zweiwertigen Form toxifiziert werden (van der Veer et al. 1986).

Bei Palladium zerfallen vermutlich aufgrund seines vergleichsweise geringen Atomradius die zweiwertigen Ciskomplexe in wässriger Lösung rasch zu Pd^{2+} und der entsprechenden Liganden. Dies könnte erklären, warum eine Mutagenität bisher für keine Palladiumverbindung zu belegen ist. Von Rhodium sind die dreiwertigen Komplexverbindungen die hoch mutagenen Spezies. Für das nicht komplexe $RhCl_3$ ergaben sich im Tierversuch Hinweise auf kanzerogene Wirkungen, die dadurch zu erklären sein könnten, daß sich im physiologischen

Milieu zu einem gewissen Ausmaß das komplexe $RhCl_6^{3-}$ aus $RhCl_3$ gebildet haben könnte (Durbin 1960).

Untersuchungen an bakteriellen Systemen zur strukturellen Mutagenität dreiwertiger Rhodiumkomplexe lieferten Hinweise, daß zwei labile Abgangsgruppen, vier stark gebundene Amingruppenliganden und eine einfach positive Ionenladung des Gesamtkomplexes mit einer hohen Mutagenität korreliert waren (Warren et al. 1981).

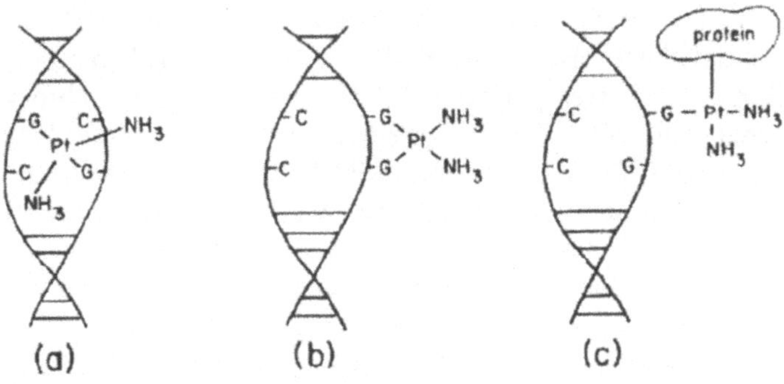

Abb. 1. Haupttypen der Cisplatin-DNA-Addukte: (a) 'Interstrang'-Vernetzung; (b) 'Intrastrang'-Vernetzung; (c) DNA-Protein-Vernetzung (aus Pinto und Lippard, 1985)

Die antitumorigene Wirkung von Cisplatin ist direkt mit seiner genotoxischen Wirkung verknüpft: durch die Ausbildung von DNA-Addukten wird die DNA-Replikation und somit die Zellteilung, d.h. auch die Vermehrung von im Wachstum befindlichen Tumorzellen, gehemmt. Die starke Genotoxizität von Cisplatin wird folgendermaßen erklärt: im physiologischen Milieu finden sich extrazellulär hohe Konzentrationen von etwa 100 mM Chlorid. Dies verhindert eine Abdissoziation des Chlorid vom Cisplatin-Molekül und ermöglicht eine leichte Permeation des ungeladenen Moleküls in die Zelle. Intrazellulär verliert Cisplatin aufgrund der dort vorliegenden sehr niedrigen Chloridkonzentrationen von 3 mM rasch zwei seiner Chloridliganden und bildet das DNA-reaktive Elektrophil cis-$Pt(NH_3)_2^{2+}$. Cis-$Pt(NH_3)_2^{2+}$ bildet in erster Linie ringförmige Chelatstrukturen zwischen zwei direkt benachbarten Guanosinen jeweils an der N7-Position innerhalb eines DNA-Stranges ('Intrastrang') aus (Lippard 1987; Maquet und Theophanides 1975; Millard et al. 1975). (Abb. 1 (b)). In einem etwas geringeren Ausmaß bildet sich ein analoges Addukt durch N7-Verknüpfungen eines Guanins zu einem Adenin aus. Analoge N7-Addukte zwischen zwei benachbarten DNA-Strängen ('Interstrang') (Abb. 1 (a)) sind wie auch DNA-Protein-Vernetzungen (Abb. 1 (c)) die selteneren Addukte. Folgen der Bildung von 'Intrastrang'-Addukten sind eine lokale Entwindung, strukturelle Verkürzung und 'Abknicken' der DNA (Übersicht in Lippard 1987; Lippert, 1996).

Transplatin, trans-$Pt(NH_3)_2Cl_2$, hydrolysiert schneller und reagiert in einem höheren Ausmaß unspezifisch schon mit extrazellulärem Protein als sein Cisanalogon ab. Transplatin bildet außerdem stärker DNA-Protein-Vernetzungen und 'Interstrang'-Addukte als Cisplatin. In bezug auf die 'Intrastrang'-Addukte verhält sich Transplatin weniger DNA-regiospezifisch als Cisplatin. Wie bei Cisplatin bildet sich als Hauptaddukt eine 'Intrastrang'-Vernetzung zwischen zwei Guanosinen bzw. einem Adenosin und einem Guanosin (Abb. 2). Wegen der Transkonformation werden jedoch eine bis mehrere Basen durch diese Quervernetzung überbrückt. Dieser Typ der DNA-Läsion scheint bezüglich seiner antitumorigenen Wirkung von untergeordneter Bedeutung zu sein und eher eine zelltoxische Wirkung zu provozieren. Dies kann darin begründet sein, daß sich dieses Addukt sehr negativ auf die Integrität der DNA auswirkt, da die überbrückten Nukleotide keine Wasserstoffbrückenbindungen zur Basenpaarung mehr eingehen können (Lippard, 1987).

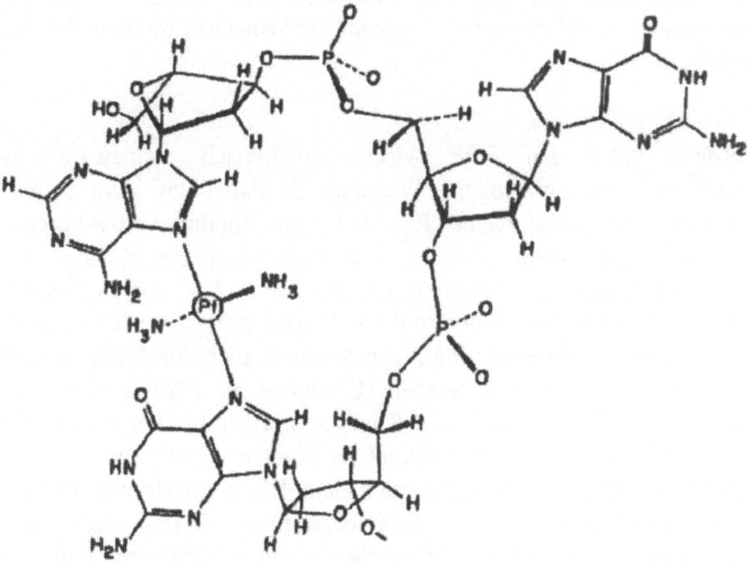

Abb. 2. Strukturformel des 'Intrastrang'-Guanin-Guanin-Hauptadduktes von Transplatin mit der DNA (aus Lippard 1987)

Bewertung des Gefährdungspotentials

Aus Gründen der Vollständigkeit sind im vorangegangenen auch Wirkungen referiert, die akut und chronisch erst bei umweltbedingt nicht vorkommenden sehr hohen Expositionsdosen auftreten. Eine umweltbedingte Exposition mit den PGE Platin, Palladium, Rhodium jedoch findet sich im Bereich sehr niedriger, chronischer Dosen. Zur Bewertung des toxikologischen Gefährdungspotentials dieser Elemente bezogen auf die Normalbevölkerung stehen daher mögliche kanzerogene und sensibilisierende Wirkungen im Vordergrund (Tabelle 1).

Tabelle 1. Übersicht über die umwelthygienisch relevanten Wirkungen der PGE

	Genotoxizität		Kanzerogenität		Sensibilisierung
	Bakterium	Säugerzelle	Tier	Mensch	
Platin					
Cisplatin(II)	+	+	+	(+)	
Chloroplatinate					+
Palladium[1]	-	-	(-)	(-)	(-)
Rhodium[1]	+	?	(+)	(+)?	(+)

[1]Die begrenzte Datenlage erlaubt bei Pd und Rh keine Spezifizierung der Wirkungen nach chemischer Struktur. + wirksam; - nicht wirksam; (+) vermutlich wirksam; (-) vermutlich nicht wirksam

Kanzerogen unter den PGE wirken quadratisch planare zweiwertige Platinkomplexe. Eine kanzerogene Wirkung für Palladium kann bisher nicht belegt werden. Das karzinogene Potential von Rhodiumverbindungen kann aufgrund der aktuell unzureichenden Datenlage nicht abschließend bewertet werden. Es ist zum jetzigen Zeitpunkt nicht klar, ob in Analogie zu Platin nur die dreiwertigen, hexagonalen Rhodiumkomplexverbindungen kanzerogen sein könnten, denn antitumorigene Wirkungen konnten auch für Rh(I)- und Rh(II)-Organokomplexe nachgewiesen werden (Giraldi et al. 1977; Reibscheid et al. 1994; Sava et al. 1983). Die aus KFZ-Katalysatoren emittierten PGE finden sich vornehmlich in Formen wie zum Beispiel als Elementarstaub und als Oxide, für welche keine Kanzerogenität belegt werden kann. Die in der Umwelt vorliegenden Mengen an PGE reichen nach dem derzeitigen Wissen nicht aus, um Sensibilisierungen zu induzieren, für welche um einige Größenordnungen höhere Expositionsdosen vonnöten sind als zur Provokation einer allergischen Antwort nach bereits vorliegender Sensibilisierung. Sowohl die Gehalte dieser Elemente in verschiedenen Umweltmedien und auch die Belastungen der Normalbevölkerung bewegen sich im ppt-Bereich und liegen damit generell sehr niedrig (siehe die entsprechenden Kapitel in diesem Buch). Die Belastung der Normalbevölkerung mit vielen anderen Stoffen, unter diesen auch Kanzerogene wie Arsen oder Benzol, liegt um Größenordnungen höher. Insgesamt aber scheint aus Gründen der Risikominimierung zu befürworten zu sein, daß Palladium aufgrund seiner im Vergleich geringen Toxizität für die Verwendung in KFZ-Katalysatoren bevorzugt verwendet werden sollte. Zur Untersuchung kanzerogener Wirkungen von Rhodiumverbindungen sind weitere Studien notwendig. In Tabelle 2 findet sich abschließend eine Übersicht über gängige Grenzwerte, Richtwerte und Empfehlungen zum Schutz des Menschen vor erhöhten Belastungen mit Platin,

Palladium oder Rhodium.

Tabelle 2. Grenzwerte, Richtwerte, Empfehlungen zum Schutz des Menschen vor Belastungen mit Platin, Palladium und Rhodium

Platin				
Arbeitsplatz				
USA	TWA (ACGIH 1990)		2 µg/m³	8h, time-weighted average
Deutschland	MAK-Wert (DFG 1997)	1997	2 µg/m³	Spitzenkonzentration
Palladium				
Umwelt				
Deutschland	TA Luft (TA Luft 1986)	1986	5 mg/m³	Emission
Sonstige				
Deutschland	BGA (Zinke 1992)	1992	Empfehlung: keine dentale Verwendung von Pd-Cu-Legierungen	
Rhodium				
Arbeitsplatz				
USA	PEL ($RhCl_3$) (US EPA 1985)	1984	0,1 mg/m³	
USA	TWA (ACGIH 1991)	1983 1983	1 mg/m³ 0,1 mg/m³	unlösliche Verbindungen lösliche Verbindungen

Literatur

ACGIH (1990) Threshold limit values for chemical substances and physical agents and biological exposure indices for 1990-1991, Cincinnatti, Ohio, American Conference of Governmental Industrial Hygienists. p 31

ACGIH (1991) Rhodium and compounds. Documentation of the threshold limit values and biological exposure indices, 6th edn, pp 1337-1339

Beck DJ, Fisch JE (1980) Mutagenicity of platinum coordination complexes in Salmonella typhimurium. Mutat Res 77: 45-54

Bedello PG, Goitre M, Roncarolo G, Bundino S, Cane D (1987) Contact dermatitis to rhodium. Contact Dermatitis 17: 111-112

Bonatti S, Lohman PH, Berends F (1983) Induction of micronuclei in Chinese-hamster ovary cells treated with Pt co-ordination compounds. Mutat Res 116: 149-154

Bünger J, Storck J, Stalder K (1996) Cyto- and genotoxic effects of coordination complexes of platinum, palladium and rhodium in vitro. Int Arch Occup Environ Health 69: 33-38

Casper ES, Kelsen DP, Alcock NW, Young CW (1979) Platinum concentrations in bile and plasma following rapid and 6-hour infusions of cis-dichlorodiammineplatinum(II). Cancer Treat Rep 63: 2023-2025

D'Agostini RB, Lown BA, Morganti JB, Chapin E, Massaro EJ (1984) Effects on the development of offspring of female mice exposed to platinum sulfate or sodium hexachloroplatinate during pregnancy or lactation. J Toxicol Environ Health 13: 879-891

de la Cuadra J, Grau Massanes M (1991) Occupational contact dermatitis from rhodium and cobalt. Contact Dermatitis 25: 182-184

DFG (1980) Deutsche Forschungsgemeinschaft, MAK-Werte. Toxikologisch-arbeitsmedizinische Begründungen. Platin und seine Verbindungen. VCH Verlagsgesellschaft, Weinheim

DFG (1981) Deutsche Forschungsgemeinschaft, MAK-Werte. Toxikologisch-arbeitsmedizinische Begründungen. Palladium und seine Verbindungen. VCH Verlagsgesellschaft, Weinheim

DFG (1997) Deutsche Forschungsgemeinschaft, MAK- und BAT-Wert-Liste. VCH Verlagsgesellschaft, Weinheim

Diwan BA, Anderson LM, Rehm S, Rice JM (1993) Transplacental carcinogenicity of cisplatin: initiation of skin tumors and induction of other preneoplastic and neoplastic lesions in SENCAR mice. Cancer Res 53: 3874-3876

Durbin P (1960) Metabolic characteristics within a chemical family. Health Phys 2: 225-238

Erck A, Sherwood E, Bear JL, Kimball AP (1976) The metabolism of rhodium(II) acetate in tumor-bearing mice. Cancer Res 36: 2404-2409

Gebel T, Lantzsch H, Pleßow K, Dunkelberg H (1997) Genotoxicity of platinum and palladium compounds in human and bacterial cells. Mutat Res 389: 183-190

Giraldi T, Sava G, Bertoli G, Mestroni G, Zassinovich G (1977) Antitumor action of two rhodium and ruthenium complexes in comparison with cis-diammine-dichloroplatinum(II). Cancer Res 37: 2662-2666

Hanigan MH, Gallagher BC, Taylor PT, Jr., Large MK (1994) Inhibition of gamma-glutamyl transpeptidase activity by acivicin in vivo protects the kidney from cisplatin-induced toxicity. Cancer Res 54: 5925-5929

Holbrook DJ, Washington ME, Leake HB (1976) Effects of platinum and palladium salts on parameters of drug metabolism in rat liver. J Toxicol Environ Health 1: 1067-1079

IARC (1987) Cisplatin. Overall evaluations of carcinogenicity: an updating of IARC Monographs Volumes 1 to 42. IARC Monographs on the Evaluation of Carcinogenic risks to humans, Suppl. 7. International Agency for Research on Cancer, Lyon

Kanematsu N, Hara M, Kada T (1980) Rec assay and mutagenicity studies on metal compounds. Mutat Res 77: 109-116

Lantzsch H, Gebel T (1997) Genotoxicity of selected metal compounds in the SOS chromotest. Mutat Res 389: 191-197

LaVelle JM, Krause RA (1986) Rhodium(III) complexes as genotoxic agents: photochemical effects and their implications. Mutat Res 172: 211-222

Lippard SJ (1987) Chemistry and molecular biology of platinum anticancer drugs. Pure Appl Chem 59: 731-742

Lippert B (1996) Struktur eines Cisplatin-DNA-Komplexes. Chemie in unserer Zeit 30: 49-50

Mailliet P, Segal Bendirdjian E, Kozelka J, Barreau M, Baudoin B, Bissery MC, Gontier S, Laoui A, Lavelle F, Le Pecq JB, Chottard JC (1995) Asymmetrically substituted ethylenediamine platinum(II) complexes as antitumor agents: synthesis and structure-activity relationships. Anticancer Drug Des 10: 51-73

Maquet JP, Theophanides T (1975) DNA-platinum interactions in vitro with trans- and cis-$Pt(NH_3)_2Cl_2$. Bioinorg Chem 5: 59-66

Millard MM, Macquet JP, Theophanides T (1975) X-ray photoelectron spectroscopy of DNA-Pt complexes. Evidence of O^6(Gua)-N^7(Gua) chelation of DNA with cis-dichlorodiamine platinum(II). Biochim Biophys Acta 402: 166-170

Moore W, Jr., Hysell D, Crocker W, Stara J (1975a) Biological fate of a single administration of 191Pt in rats following different routes of exposure. Environ Res 9: 152-158

Moore W, Jr., Hysell D, Hall L, Campbell K, Stara J (1975b) Preliminary studies on the toxicity and metabolism of palladium and platinum. Environ Health Perspect 10: 63-71

Moore W, Jr., Malanchuk M, Crocker W, Hysell D, Cohen A, Stara JF (1975c) Whole body retention in rats of different 191Pt compounds following inhalation exposure. Environ Health Perspect 12: 35-39

Moulon C, Vollmer J, Weltzien HU (1995) Characterization of processing requirements and metal cross-reactivities in T cell clones from patients with allergic contact dermatitis to nickel. Eur J Immunol 25: 3308-3315

Pinto AL, Lippard SJ (1985) Binding of the antitumor drug cis-diammine-dichloro-platinum(II) (cisplatin) to DNA. Biochem Biophys Acta 780: 167-180

Reibscheid EM, Zyngier S, Maria DA, Mistrone RJ, Sinisterra RD, Couto LG, Najjar R (1994) Antitumor effects of rhodium(II) complexes on mice bearing Ehrlich tumors. Braz J Med Biol Res 27: 91-94

Roshchin AV, Veselov VG, Panova AI (1984) Industrial toxicology of metals of the platinum group. J Hyg Epidemiol Microbiol Immunol 28: 17-24

TA Luft (1986) Erste allgemeine Verwaltungsvorschrift zum Bundes-Immisionsschutz-Gesetz vom 27.02.1986. GMBl.: 95-144

Safirstein R, Daye M, Guttenplan JB (1983) Mutagenic activity and identification of excreted platinum in human and rat urine and rat plasma after administration of cisplatin. Cancer Lett 18: 329-338

Sava G, Giraldi T, Mestroni G, Zassinovich G (1983) Antitumor effects of rhodium(I), iridium(I), and ruthenium(II) complexes in comparison with cis-dichlorodiammino platinum(II) in mice bearing Lweis lung carcinoma. Chem Biol Interact 45: 1-6

Schroeder HA, Mitchener M (1971) Scandium, chromium(VI), gallium, yttrium, rhodium, palladium, indium in mice: effects on gromth and life span. J Nutr 101: 1431-1438

Takahara PM, Rosenzweig AC, Frederick CA, Lippard SJ (1995) Crystal structure of double-stranded DNA containing the major adduct of the anticancer drug cisplatin Nature377: 649-652

Tothill P, Klys HS, Matheson LM, McKay K, Smyth JF (1992) The long-term retention of platinum in human tissues following the administration of cisplatin or carboplatin for cancer chemotherapy. Eur J Cancer 28a: 1358-1361

Uno Y, Morita M (1993) Mutagenic activity of some platinum and palladium complexes. Mutat Res 298: 269-275

US EPA (1985) Rhodium trichloride. In: US EPA Chemical Profiles, Washington DC

van der Veer JL, Peters AR, Reedijk J (1986) Reaction products from platinum(IV)amine compounds and 5'-GMP are mainly bis(5'-GMP)platinum(II)amine adducts. J Inorg Biochem 26: 137-142

Warren G, Abbott E, Schultz P, Bennett K, Rogers S (1981) Mutagenicity of a series of hexacoordinate rhodium(III) compounds. Mutat Res 88: 165-173

WHO (1991) Environmental Health Criteria - International programme on chemical safety. Platinum, vol 125, Geneva

Wiesmüller GA, Henne A, Leng G (1995) Metalle/Palladium. In: Wichmann HE, Schlipköter HW, Fülgraff G (Hrsg) Handbuch der Umweltmedizin, Kap VI-3, ecomed, Landsberg

Zinke T (1992) Palladium-Basis-Legierungen. Bundesgesundheitsblatt 11/92: 579-581

5.2 Arbeitsmedizinische Aspekte der Platinsalzallergie: Krankheitsbild, Diagnostik, Prognose, Prävention und Therapie

R. Merget
Berufsgenossenschaftliches Forschungsinstitut für Arbeitsmedizin, Bochum

Krankheitsbild

Die Platinsalzallergie wurde bisher mit Ausnahme der sehr seltenen cis-Platinallergie im Rahmen der Tumortherapie ausschließlich an Arbeitsplätzen beschrieben. Sieht man einmal von historischen Beschreibungen ab (Erstbeschreibung bei Arbeitern eines Fotolabors; Karasek und Karasek 1911), so sind aktuell ausschließlich Beschäftigte in Edelmetallscheidereien (einschließlich Laborpersonal) und in der Katalysatorproduktion betroffen. Grundsätzlich ist das allergene Potential auf halogenierte Platinverbindungen beschränkt und nimmt mit der Zahl der Halogenliganden zu (Cleare et al. 1976). Während diese Verbindungen in Edelmetallscheidereien im Rahmen der Gewinnung aus Minenerz (Südafrika) oder des Recycling (USA, Großbritannien, Deutschland) im Rahmen des Scheideprozesses anfallen, werden sie bei der Katalysatorherstellung gezielt auf den Katalysator aufgebracht (sogenannte Imprägnierung). Daraus ergeben sich aufgrund des Produktionsprozesses sowohl qualitativ als auch quantitativ differente Expositionsbedingungen in Scheidereien und Katalysatorfertigungen. Die ganz überwiegende Zahl der Quer- und Längsschnittstudien wurde in Scheidereien durchgeführt (Tabelle 1). Durch den zunehmenden Einsatz von Platin-haltigen Automobilkatalysatoren ist vermutlich künftig auch in der Katalysatorproduktion mit einer erhöhten Zahl von Platinsalzallergien zu rechnen.

Platinsalze verursachen bei Sensibilisierten Symptome, die typisch für eine IgE-vermittelte Soforttypallergie sind: Atemnot, Pfeifen in der Brust (Asthma), Fließschnupfen, Niesen (Rhinitis), Augenbrennen und -tränen (Konjunktivitis) und juckende Quaddeln an exponierten Hautarealen (Kontakturtikaria). In einer Kohortenstudie über fünf Jahre in einer Katalysatorproduktion fanden wir folgende Häufigkeit neu aufgetretener Symptome bei Neusensibilisierten (n=14): Ohne Symptome 28.6%, Rhinitis 42.9%, Asthma 28.6%, Konjunktivitis 21.4%, Kontakturtikaria 35.7% (Merget et al. 1998a). Wesentlich höhere Prozentzahlen fanden sich bei einem Kollektiv von 83 Platinscheiderei- und Katalysatorproduktionsarbeitern, die uns im Rahmen von Gutachten im Auftrag der Unfallversicherungsträger zugewiesen wurden, vor allem bezüglich Asthma und Rhinitis.

Tabelle 1. Betriebsepidemiologische Studien mit Angaben zur Exposition gegenüber Platinsalzen.

Querschnitt-Studien	N	Inzidenz Asthma-Symptome [%][1)]	Inzidenz Positiver Pricktest [%][1)]	Arbeitsplatzkonz. lösl. Pt [µg/m³]	Lit.
Großbritannien	16	57	25	0,9-1700	A
Deutschland	20	8	20	<0,08	b
Deutschland	64	23	19	<0,1	c
USA	107	44	14	>2 in 50-75%	d, e
Längsschnitt-Studien					
Südafrika	78	20,5/Jahr[2)]	11/Jahr[2)]	>2 in 27%	f
Deutschland	159	0,8/Jahr[3)]	1,8/ Jahr[3)]	0,005-3,7[4)]	g

[1)] Angaben in Prozent der untersuchten Personen. [2)] Studiendauer 2 Jahre. [3)] Studiendauer 5 Jahre; da nach Hauttestkonversion eine Versetzung erfolgte, ist die Zahl der Asthmasymptome nicht vergleichbar mit den Angaben von Calverley et al.. [4)] 6 % der Messungen lagen oberhalb 2 µg/m³ für lösliches Platin. Die Längsschnittstudie aus Deutschland wurde in der Katalysatorproduktion durchgeführt, alle anderen Studien in Scheidereien. Literatur: *a* (Hunter et al. 1945), *b* (Merget et al. 1988), *c* (Bolm-Audorff et al. 1992), *d* (Brooks et al. 1990), *e* (Baker et al. 1990), *f* (Calverley et al. 1995), *g* (Merget et al. 1998a)

Bei diesen Personen besteht die Allergie in der Regel schon einige Zeit, so daß diese Zahlen die Symptomatologie am besten beschreiben: Asthma 100%, Rhinitis 98%, Konjunktivitis 63%, Kontakturtikaria 51% (Merget et al. 1998b). Diese Zahlen verdeutlichen, auch wenn es sich im letzten Fall um ein selektioniertes Kollektiv handelt, daß die Platinsalzallergie fast ausnahmslos zu Asthma und Rhinitis zu führen scheint, während Konjunktivitis und Kontakturtikaria nicht in jedem Fall auftreten. Während als Begründung für das weniger häufige Auftreten der Kontakturtikaria fehlender oder geringerer Hautkontakt vermutet werden kann, ist die geringere Häufigkeit okulärer Symptome nicht ohne weiteres erklärbar. Eine „recall-bias" kann nicht ausgeschlossen werden, da die Augensymptome weniger belastend empfunden werden und in der Regel erst auf gezieltes Befragen angegeben werden. Es ist bekannt, daß eine saisonale Rhinokonjunktivitis mit Sensibilisierung gegenüber Gräserpollen in vielen Fällen ohne Asthma auftritt. Dies ist bei der Platinsalzallergie nicht der Fall, im Vergleich zu anderen Soforttypallergien präsentiert sich die Platinsalzallergie als sehr homogene Symptomatik. Die Symptome treten bevorzugt am Arbeitsplatz auf, gar nicht selten werden aber auch nächtliche asthmatische Beschwerden angegeben. Bei weiter fortgeschrittenen Erkrankungen kommt es dann nach interindividuell variabler symptomatischer Expositionsdauer zu einer „Verselbständigung" der Erkrankung mit Asthma auch unabhängig von der Exposition.

Trotz der langjährigen Verwendung von Schmuck auf Platinmetall-Basis wurde nur ein einziger Fall einer vermeintlichen Platin-Kontaktdermatitis in Folge des Tragens eines Platinringes in der Literatur referiert (Sheard 1955). Auch aus der Zahnmedizin sind nach Verwendung von Platin in Zahnlegierungen im Gegensatz zu Palladium kaum Sensibilisierungen bekannt. Lediglich in einem Fall gab es schwache Hinweise, daß neben einer eindeutig nachweisbaren Palladium- auch eine Platin-Kontaktstomatitis aufgrund von Zahnlegierungen bestand (Koch und Baum 1996). Wegen der schwachen Patch-Test-Reaktion und der Möglichkeit von Verunreinigungen der Testsubstanz (z.B. mit Palladium) kann aus diesen extrem seltenen Einzelfällen nicht abgeleitet werden, daß Platinverbindungen kontaktsensibilisierend wirken.

Charakteristisch für das Krankheitsbild der Platinsalzallergie ist eine sogenannte „Sensibilisierungsperiode", ein symptomfreies Intervall von meist wenigen Monaten zwischen Expositionsbeginn und ersten Beschwerden. Es existieren keine Hinweise dafür, daß Platinsalze bei der Erstexposition zu Beschwerden führen können. Die Erkrankung tritt meist innerhalb der ersten beiden Jahre nach Expositionsbeginn auf, kann aber auch bei schon viele Jahre asymptomatisch Exponierten auftreten, so daß im Einzelfall die Dauer der Exposition bis zum Autreten erster Symptome diagnostisch nicht verwertbar ist.

Die Häufigkeit der Platinsalzallergie ist aus den bisher publizierten Querschnittstudien nicht abzuschätzen, weil das Krankheitsbild den Betriebsärzten gut bekannt war und häufig Versetzungen ohne Diagnostik vorgenommen wurden. Insofern ist eine hohe Selektion durch den „healthy worker effect" offensichtlich. Es existieren nur 4 Längsschnittstudien, wobei nur zwei prospektive Studien darstellen. In diesen fand sich in einer Scheiderei eine Inzidenz von ca 10% Neusensibilisierungen pro Jahr (Calverley et al. 1995), vermutlich aufgrund geringerer Exposition ist die Sensibilisierungs-Inzidenz mit etwa 2% pro Jahr in der zweiten Studie in einer Katalysatorproduktion geringer (Merget et al. 1998a). Bei den beiden weiteren Studien handelt es sich um historische prospektive Studien in Scheidereien, die eine Sensibilisierungsinzidenz von 6% (Venables et al. 1989) bzw. 5% (Niezborala et al. 1996) pro Jahr zeigen.

Die absolute Zahl der Platinsalzallergiker ist gering. In Deutschland ist eine Platinsalzallergie bei wenig mehr als 100 Personen als Berufskrankheit anerkannt, die Dunkelziffer ist vermutlich in diesem Bereich gering. Eine Zahl von maximal 200 Sensibilisierten in Deutschland ist realistisch (asymptomatisch Sensibilisierte werden keiner weiteren Diagnostik unterzogen und wurden in der Vergangenheit nicht der Berufsgenossenschaft gemeldet). Dennoch stellt diese Zahl für einige wenige Betriebe ein erhebliches arbeitsmedizinisches Problem dar.

Diagnostik

Die Diagnostik einer Platinsalzallergie stützt sich wie die Diagnostik aller Immunglobulin E (IgE)-vermittelten beruflichen Erkrankungen auf arbeitsbezogene Symptome, einen Sensibilisierungsnachweis und den Nachweis der Erkrankung (Asthma, Rhinopathie, Konjunktivitis, Urticaria). Da die diagnostischen Tests nur bezüglich Asthma standardisiert sind, wird im Folgenden nicht auf die Methodik und die Validität von Nasentests oder Konjunktivaltests eingegangen. Unsere Erfahrung mit nasalen Tests zeigt eine geringere Spezifität im Vergleich zum bronchialen Provokationstest. Dies ist gegen die zweifelsohne geringere Belästigung und Gefährdung des Probanden abzuwägen. Bei der medizinischen Begutachtung hat unseres Erachtens die Spezifität einen hohen Stellenwert, so daß wir Nasentests mit Platinsalzen nur in Ausnahmefällen durchführen. Konjunktivale Tests gehen mit einer hohen Belästigung einher und werden deshalb von uns nicht durchgeführt. Für die Verlaufsbeobachtung sind Tests wie die Rhinomanometrie wenig geeignet, da alle Symptome bis auf das Asthma eine gute Prognose haben und sich bis auf wenige Einzelfälle wieder vollständig zurückbilden.

Der Sensibilisierungsnachweis ist mittels des Hautpricktests mit einer Spezifität von 1,0 einfach zu führen. Über die Sensitivität dieses Tests liegen kaum Daten vor, weil die meisten Untersucher auf den validen Goldstandard „bronchialer Provokationstest" verzichten und somit meist unklar bleibt, ob arbeitsbezogene Symptome bei negativem Hauttest tatsächlich auf eine Platinsalzallergie zurückzuführen sind. Unsere eigenen Beobachtungen zeigen, daß bei noch exponierten symptomatischen Personen die Sensitivität des Hautpricktests bei positiven bronchialen Provokationstests fast 1,0 beträgt, daß jedoch bei Personen mit längerer Expositionskarenz die Hauttestreaktivität im Zeitverlauf abnimmt und somit in diesem Kollektiv eine geringere Sensitivität des Hauttests resultiert. Der Hauttest sollte nach internationaler Konvention (International Platinum Association, nicht veröffentlicht) als Prickhauttest mit einer 1 g/L Natriumhexachloroplatinatlösung durchgeführt werden. Positivkriterium ist eine Quaddelgröße von 4 mm (in Großbritannien 3 mm). Die Testung ist sicher und kann am Arbeitsplatz durchgeführt werden.

Die Validität diagnostischer Tests wie serieller Lungenfunktionsmessungen oder Messungen der bronchialen Hyperreaktivität vor und nach Exposition ist beim Platinsalzasthma bisher nicht bekannt. Angesichts des hochspezifischen Hauttests werden diese Methoden nur selten eingesetzt. Es wurde beschrieben, daß ein positiver Hauttest im weiteren Verlauf in jedem Fall mit Symptomen assoziiert ist (Calverley et al. 1995). Die Rolle des bronchialen Provokationstests ist somit im wesentlichen auf die Fälle beschränkt, die bei negativem Hauttest über arbeitsbezogene Beschwerden klagen. Weiterhin kann eine Abschätzung über die quantitative bronchiale Reaktion und damit die Gefährdung am Arbeitsplatz erfolgen, diese ist weder nach Kenntnis des Hauttests noch der bronchialen Reaktivität auf unspezifische Stimuli vorherzusagen (Merget et al. 1994). Im bronchialen Provokationstest treten fast ausschließlich Sofortreaktionen auf, selten werden duale Reaktionen beschrieben (Merget et al. 1991). Isolierte verzögerte Reaktionen konnten wir in mehr als einhundert inhalativen Provokationstests in keinem Falle beobachten.

Obwohl das Symptommuster der Platinsalzallergie dem einer IgE-vermittelten Sofortreaktion entspricht, gelang ein IgE-Nachweis mittels RAST (Radio Allergo Sorbent Test) oder verwandter Verfahren nicht überzeugend. Zwar wurden in Sera Hauttest-positiver Probanden signifikant höhere „Platinsalz-spezifische" IgE-Antikörperkonzentrationen beschrieben (Cromwell et al. 1979, Biagini et al. 1985, Murdoch et al. 1986), aufgrund der hohen Affinität der Platinsalze zu IgE scheint es sich dabei jedoch um eine unspezifische Bindung des Platinsalzes an IgE zu handeln. Unsere Arbeitsgruppe konnte in wenigen Fällen zeigen, daß Platinsalzspezifisches IgE existiert, die Sensitivität unseres Verfahrens (Koppelung an

HSA-Zellulosescheiben) war jedoch inakzeptabel niedrig. Ähnlich geringe Validität hat die Histaminfreisetzung aus basophilen Leukozyten (Merget et al. 1988). Es besteht weitgehende internationale Übereinstimmung, daß in vitro-Tests zur Detektion einer Platinsalzsensibilisierung nicht geeignet sind (WHO 1991).

Prognose

Grundsätzlich ist beim Berufsasthma die Prognose schlecht, bei einmal manifestem Asthma tritt Beschwerdefreiheit nach Expositionskarenz bei maximal in der Hälfte der Fälle auf (Übersicht bei Chan-Yeung 1987). Hierbei ist zu berücksichtigen, daß die meisten Daten sich auf das Isocyanatasthma, also eine im Pathomechanismus differente Erkrankung beschränken und daß die meist älteren Studien meist nicht detailliert beschreiben, wie nach Symptomen gefragt wurde (es ist ein großer Unterschied ob die Frage z.B. lautet: „Haben sie noch asthmatische Beschwerden?“ oder „Haben Sie manchmal Pfeifen in der Brust bei körperlicher Belastung?“)

Beim Platinsalzasthma konnten wir zeigen, daß sich Symptome sowie unspezifische und spezifische bronchiale Reaktivität nach Expositionskarenz von im Mittel zwei Jahren nicht ändern (Merget et al. 1994). Jedoch zeigte eine kürzliche Studie, daß nach einer längeren Zeit von im Mittel fast fünf Jahren die Hauttestreaktivität abnimmt, jedoch die unspezifische bronchiale Hyperreaktivität bestehen bleibt. Symptome meist leichter Art (Atembeschwerden bei stärkerer körperlicher Belastung oder Einwirkung von Irritantien, bei Virusinfekten, nur selten ohne Anlaß) persistieren bei etwa der Hälfte der (ehemaligen) Platinsalzasthmatiker (Merget et al. 1998b). Insgesamt ist somit die Heilungschance bei einmal bestehender Platinsalzallergie eher schlecht.

Prävention und Therapie

Die Prävention berufsbedingter obstruktiver Atemwegserkrankungen kann in Primärprävention (Ausschaltung von Risikofaktoren), Sekundärprävention (Früherkennung von Erkrankungen durch Vorsorgeuntersuchungen) und Tertiärprävention (Begrenzung und Ausgleich von Krankheitsfolgen) unterteilt.

Primärprävention

Unter Primärprävention versteht man Maßnahmen, die potentiell krankheitsauslösende Faktoren (bereits vor Auftreten von Erkrankungen) beseitigen oder zumindest minimieren und damit Erkrankungen vermeiden. Wesentliche Maßnahme der Primärprävention ist die Reduktion von Exposition. Dies kann geschehen zum Beispiel durch Verbesserung der Ventilation, durch Verwendung persönlicher Schutzmaßnahmen, durch chemische oder physikalische Modifikation von Substanzen, oder im Idealfall Ersatz des Gefahrstoffes durch weniger gefährliche Substanzen.

Es wurde in verschiedenen Studien überzeugend belegt, daß durch eine Expositionsverminderung die Neuerkrankungsrate berufsbedingter Asthmaformen zu senken war (Übersicht bei Merget und Schultze-Werninghaus 1996). Die frühere Auffassung, Sensibilisierungen und allergische Organmanifestationen bei Sensibilisierten folgten einem „Alles-oder-Nichts-Prinzip" kann heute als widerlegt gelten. Bei der Platinsalzallergie existieren allerdings keine Interventionsstudien, die es erlauben, den Effekt primärpräventiver Maßnahmen einzuschätzen.

Bezüglich der Dosiswirkungsbeziehungen und der Schwellendosen sind beim Berufsasthma noch viele Fragen offen. Für eine Reihe von Allergenen konnten jedoch Schwellenkonzentrationen eingegrenzt werden, unterhalb derer es bei Exponierten seltener zu Erkrankungen kommt. Aufgrund der von Arbeitsplatz zu Arbeitsplatz und auch am gleichen Ort auftretenden großen Streuung der Exposition wird für viele Allergene eine exakt definierte Schwelle nicht zu ermitteln sein. Eine solche Schwellendosis/Konzentration ist insofern nur als Orientierung zu verstehen. Bezüglich der Maßnahmen zur Reduktion der Platinsalzexposition sei auf eine kürzlich zusammengestellte ausführliche Dokumentation hingewiesen (Health and Safety Executive 1997).

Bei der Platinsalzallergie ist aufgrund der Literaturangaben die Definition eines Schwellenwertes nicht möglich. Nur in wenigen Studien wurden Exposition und Gesundheitseffekte gleichzeitig erfaßt (Tab. 1). Auffällig ist die Überschreitung eines Grenzwertes von 2 $\mu g/m^3$ in vielen Studien. Die wesentlich geringere Expositionsquantität in den beiden deutschen Querschnittstudien ist nicht ohne weiteres erklärbar, jedoch basieren die Konzentrationsangaben auf wenigen Messungen und sind somit wenig valide. Unsere Studie in der Katalysatorfertigung (Merget et al. 1998a; Tab. 2) konnte trotz einer Zahl von 50 Messungen in Hochexpositionsbereichen nicht zu einer Grenzwertfindung an Arbeitsplätzen beitragen, weil die Streuung sehr groß war: drei Messwerte für lösliches Platin (6%, alle nach personengetragener Probenahme) lagen über 2 $\mu g/m^3$, die Mediane der Messungen nach personengetragener Probenahme betrugen 177 ng/m^3 (1993), nach stationärer Probenahme (1992 und 1993) 14 bzw. 37 ng/m^3 (die Messwerte für gesamtes Platin lagen um jeweils etwa eine Zehnerpotenz höher). Die in dieser Studie definierten „no effect"-Konzentrationen im Bereich von wenigen Nanogramm sind so gering, daß sie für die arbeitsmedizinische Vorsorge nicht relevant sind, wohl aber für die umweltmedizinische Risikoabschätzung (vgl. auch Kap. 5.3).

Ein Biomonitoring mittels Platinmessungen im Serum oder im Urin kann naturgemäß nicht unterscheiden ob die Exposition gegenüber metallischem Platin oder Platinsalzen erfolgte. Somit muß bei der Interpretation dieser Daten gleichzeitig eine qualitative Abschätzung der Exposition erfolgen. In der Katalysatorfertigung konnten wir zeigen, daß die Platinkonzentrationen im Serum in den Expositionsgruppen (trotz weiter Streuung) different waren, aber nicht mit der Sensibilisierung assoziiert waren. Daten über das Biomonitoring, die eine Abschätzung der Relevanz der internen Belastung bezüglich des Sensibilisierungspotentials in Scheidereien erlauben, existieren nicht. Wir schätzen den Nutzen des Biomonitorings bei der Platinsalzallergie aufgrund der oben dargelegten qualitativen Aspekte nicht hoch ein.

Tabelle 2. Platinmessungen am Arbeitsplatz (Luft) und im Serum, sowie Neuerkrankungen (nach Merget et al. 1998a)

Expositions Gruppe	Anzahl Prob. n	Luftkonzentrationen stationäre Probennahme lösliches Pt (ng/m³) (Bereich[1] Median Maximal) 1992	1993	Platin in Serum (Bereich[1] Median Maximal) ng/l	Neu-sensibi-lisierung n
Ohne Exposition	48	0,03-0,05 Median 0,05 Maximal 0,06	<0,13-<0,13 Median <0,13 Maximal <0,13	<5-22,7 Median 6,35 Maximal 42,1	0
Niedrige Exposition	112	4,2-7,5 Median 6,6 Maximal 8,6	0,3-1,3 Median 0,4 Maximal 1,5	<5-31,9[3] Median 13,6 Maximal 263	1[2]
Hohe Exposition	115	8-41 Median 14 Maximal 549	12-64 (93-394[4]) Median 37 (177[4]) Max. 102 (3697[4,5])	22,8-105[6] Median 38,15 Maximal 336	13

[1] Untere-obere Quartile, [2] dieser Proband war retrospektiv misklassifiziert, da intermittierend hohe Exposition, [3] Signifikanz $p<0{,}02$ zur hohen Expositionsgruppe, [4] personenbezogene Probenahmen, [5] Arbeitsschutzmaßnahmen vorgeschrieben, [6] $p<0{,}006$ zur Kontrollgruppe

Ebenfalls zur Primärprävention zu rechnen sind auch Beratungen im Rahmen eines „preemployment-screenings". Es gilt Risikofaktoren zu detektieren, die in der Person des Untersuchten begründet sind. Hier sind zu nennen (1) Atopie, (2) Rauchen und (3) Asthma.

1. Eine vorbestehende Atopie, d.h. die Reaktion auf bestimmte äußere Einwirkungen mit Bildung von IgE-Antikörpern, stellt einen Risikofaktor für Berufsasthma durch hochmolekulare Allergene dar. Bei den niedermolekularen Substanzen ist eine Atopie kein (Isocyanate: Mapp et al. 1988, Moscato et al. 1991; Rote Zeder: Chan-Yeung et al. 1982; Platinsalze: Merget et al. 1998a) oder nur ein geringer (Säureanhydride: Venables et al. 1985; Platinsalze: Venables et al. 1989) Risikofaktor.
2. Es konnte in zwei Längsschnittstudien nachgewiesen werden, daß rauchende Platinsalz-exponierte Personen in Scheidereien ein 5fach (Venables et al. 1989) bzw. 8fach (Calverley et al. 1995) erhöhtes Risiko für Berufsasthma gegenüber Nichtrauchern haben. Diese Daten konnten wir in der Katalysatorproduktion mit einem altersadjustierten relativen Risiko für Raucher mit Tätigkeit an den Produktionsstraßen von 3,9 (95% CI 1,6; 9,7) bestätigen. Der Grund hierfür ist nicht bekannt.
3. Es existiert keine publizierte Längsschnittkohortenstudie, die Asthma oder bronchiale Hyperreaktivität als prädiktive Faktoren untersucht. Unsere eigene

Studie zeigt (Merget et al. 1998a), daß Asthma kein prädiktiver Faktor für eine Platinsalzallergie zu sein scheint, einschränkend ist auf die geringe Zahl von Asthmatikern bzw. Personen mit bronchialer Hyperreaktivität im untersuchten Kollektiv hinzuweisen.

Die praktische Bedeutung des „preemployment screenings" ist gering, da der positive prädiktive Wert eines entsprechenden, vor Beschäftigungsbeginn festzulegenden Selektionskriteriums - das im übrigen sozialpolitisch nicht unproblematisch ist - unter anderem von der Häufigkeit der Erkrankung im Ausgangskollektiv abhängig ist. So ist die Berücksichtigung der Atopie und des Rauchens nur von geringem praktischem Nutzen, da vergleichsweise hohe Zahlen von Bewerbern abgewiesen werden müßten, um einige wenige neue Erkrankungsfälle zu verhindern.

Sekundärprävention

Sekundärprävention dient der möglichst frühzeitigen Erfassung von Krankheitszeichen (Symptome und/oder Befunde) im Rahmen von Vorsorgeuntersuchungen, um durch eine frühzeitige Intervention die Krankheit zu verhindern oder zumindest eine schwere Krankheit zu vermeiden.

In einigen Studien konnte eine Korrelation der Zeitdauer symptomatischer Exposition mit Krankheitsindikatoren gefunden werden. Dies erscheint banal, unterstützt aber die Forderung nach frühzeitiger Tätigkeitsaufgabe nach Auftreten eines Berufsasthmas. Bei einem einmal bestehenden Berufsasthma ist bei fortdauernder Exposition mit einer Verschlimmerung bei einem Teil der Betroffenen zu rechnen. Dies ist insbesondere bei allergischem Berufsasthma anzunehmen. Die Konsequenen einer Versetzung in Niedrigexpositionsbereiche wurde bisher nur selten untersucht (Grammer et al. 1993). Bei der Platinsalzallergie konnten wir in einer Querschnittuntersuchung zeigen, daß eine Versetzung an Niedrigexpositionsbereiche eine akzeptale Lösung darstellt (Merget et al. 1998b). Hier sollten jedoch Längsschnittdaten abgewartet werden bis die Versetzung in „Niedrigexpositionsbereiche" allgemein empfohlen werden kann.

Die Effektivität eines medizinischen Überwachungsprogrammes zur Vermeidung eines Berufsasthma durch Platinsalze konnten wir demonstrieren (Merget et al. 1995). In der Katalysatorfertigung konnte ein medizinisches Überwachungsprogramm mit jährlichen Untersuchungen und Tätigkeitswechsel bei Konversion des Hauttests mit Platinsalzen ein manifestes Asthma und auch eine bronchiale Hyperreaktivität verhindern. In Deutschland und Südafrika ist die Sekundärprävention Stütze der Prävention, während in Großbritannien große Anstrengungen unternommen werden, durch Expositionsmonitoring auf Expositionsquellen aufmerksam zu machen und diese gezielt zu eliminieren.

Tertiärprävention

Die Tertiärprävention beinhaltet die umfassende medizinische Rehabilitation bei bereits eingetretener Erkrankung. Eine frühzeitig begonnene Therapie mit inhalativen Steroiden ist bei bereits manifestem Berufsasthma von Nutzen (Maestrelli et al. 1993). Insofern gibt es keine Hinweise dafür, daß Berufsasthma anders zu behandeln wäre als Asthma im allgemeinen, dies gilt auch für die Platinsalzallergie. Eine Medikation bei anhaltender Exposition sollte die Ausnahme darstellen und nur als vorübergehende Maßnahme verstanden werden, z.B. bis zu einer innerbetrieblichen Versetzung. Bei Ausschöpfung primär- und sekundärpräventiver Maßnahmen ist eine medikamentöse Langzeittherapie nach Expositionskarenz selten erforderlich.

Zusammenfassung

Halogenierte Platinverbindungen können bei Scheiderei- und Katalysatorproduktionsarbeitern Asthma, Rhinokonjunktivitis und Kontakturtikaria induzieren. Gesicherte Risikofaktoren sind die Expositionsquantität und das Rauchen. Die Inzidenz der Erkrankung wurde zwischen 2% (Katalysatorproduktion) und 5-10% pro Jahr (Scheiderei) angegeben. Die Diagnostik stützt sich ganz wesentlich auf einen positiven Hauttest, der hoch spezifisch ist. Inhalative Provokationstests mit Platinsalzen gelten jedoch als der „Goldstandard", da -insbesondere nach Expositionskarenz- Fälle mit positivem bronchialem Provokationstest trotz negativem Hauttest beschrieben sind. Die Prognose des Platinsalz-induzierten Asthmas ist schlecht, etwa die Hälfte der Betroffenen bleibt auch nach Expositionsende symptomatisch. Die Prävention sollte eine Expositionsminderung beinhalten, auch wenn die Effekte primärpräventiver Maßnahmen bei der Platinsalzallergie bisher wenig belegt sind. Ein sicherer, für die arbeitsmedizinische Vorsorge relevanter Grenzwert ist bisher nicht zu definieren. Die Sekundärprävention mit regelmäßigen Hautpricktests ist wichtiger Bestandteil der Präventionsstrategie.

Literatur

Baker DB, Gann PH, Brooks SM, Gallagher J, Bernstein IL (1990) Cross-sectional study of platinum salts sensitization among precious metals refinery workers. Am J Indust Me 18: 653-664

Biagini RE, Bernstein IL, Gallagher JS, Moorman WJ, Brecks S, Gann PH (1985) The diversity of reaginic immune responses to platinum and palladium metallic salts. J Allergy Clin Immunol 76: 794-802

Bolm-Audorff U, Bienfait HG, Burkhard J, Bury AH, Merget R, Pressel G, Schultze-Werninghaus G (1992) Prevalence of respiratory allergy in a platinum refinery. Int Arch Occup Environ Health 64: 257-260

Brooks SM, Baker DB, Gann PH, Jarabek AM, Hertzberg V, Gallagher J, Biagini RE, Bernstein L (1990) Cold air challenge and platinum skin reactivity in platinum refinery workers. Chest 97: 1401-1407

Calverley AE, Rees D, Dowdeswell RJ, Linnett PJ, Kielkowski D (1995) Platinum salt sensitivity in refinery workers: incidence and effects of smoking exposure. Occup Environ Med 52: 661-666

Chan Yeung M, Lam S, Koerner S (1982) Clinical features and natural history of occupational asthma due to western red cedar (Thuja plicata). Am J Med 72:411-415

Chan-Yeung M (1987) Evaluation of impairment/disability in patients with occupational asthma. Am Rev Respir Dis 135: 950-951

Cleare MJ, Hughes EG, Jacoby B, Pepys J (1976) Immediate (type I) allergic responses to platinum compounds. Clin Allergy 6:183-195

Cromwell O, Pepys J, Parish WE, Hughes EG (1979) Specific IgE antibodies to platinum salts in sensitized workers. Clin Allergy 9: 109-117

Environmental Health Criteria 125 (1991) Platinum. WHO, International Programme on Chemical Safety, Genf

Grammer LC, Shaughnessy MA, Henderson J, Zeiss CR, Kavich DE, Collins MJ, Pecis KM, Kenamore BD (1993) A clinical and immunologic study of workers with trimellitic-anhydride-induced immunologic lung disease after transfer to low exposure jobs. Am Rev Respir Dis 148: 54-57

Health and Safety Executive (1997) Halogeno-platinum compounds: health and safety precautions. UK

Hunter D, Milton R, Perry, KMA (1945) Asthma caused by the complex salts of platinum. Br J Ind Med 2: 92-98

Karasek SR, Karasek M (1911) The use of platinum paper. Report of the Illinois State Commission of Occupational Diseases to His Excellency Governor Charles S. Deneen, Warner Printing Company, Chicago 1911: 97

Koch P, Baum HP (1996) Contact stomatitis due to palladium and platinum in dental alloys. Contact Dermatitis 34(4):253-257

Maestrelli P, De Marzo N, Saetta M, Boscaro M, Fabbri LM, Mapp CE (1993) Effects of inhaled beclomethasone on airway responsiveness in occupational asthma: placebo-controlled study of subjects sensitized to toluene diisocyanate. Am Rev Respir Dis 148: 407-412

Mapp CE, Corona PC, de Marzo N, Fabbri L (1988) Persistant asthma due to isocyanates. A follow-up study of subjects with occupational asthma due to toluene diisocyanate (TDI). Am Rev Respir Dis 137:1326-1329

Merget R, Schultze-Werninghaus G, Muthorst T, Friedrich W, Meier-Sydow J (1988) Asthma due to the complex salts of platinum - a cross sectional survey of workers in a platinum refinery. Clin Allergy 18: 569-580

Merget R, Schultze-Werninghaus G, Bode F, Bergmann EM, Zachgo W, Meier-Sydow J (1991) Quantitative skin prick and bronchial provocation tests with platinum salt. Br J Indust Med 48: 830-837

Merget R, Dierkes A, Rueckmann A, Bergmann EM, Schultze-Werninghaus G (1996) Absence of relation between degree of nonspecific and specific bronchial responsiveness in occupational asthma due to platinum salts. Eur Respir J 9:211-216

Merget R, Reineke M, Rückmann A, Bergmann EM, Schultze-Werninghaus G (1994) Nonspecific and specific bronchial responsiveness in occupational asthma due to platinum salts after allergen avoidance. Am J Respir Crit Care Med 150: 1146-1149

Merget R, Caspari C, Kulzer R, Breitstadt R, Rueckmann A, Schultze-Werninghaus G (1995) The sequence of symptoms, sensitization and bronchial hyperresponsiveness in beginning occupational asthma due to platinum salts. Int Arch Allergy Immunol 107: 406-407

Merget R, Schultze-Werninghaus G (1996) Berufsasthma: Definition - Epidemiologie - Ätiologische Substanzen - Prognose - Prävention - Diagnostik - Gutachterliche Aspekte. Pneumologie 50: 356-363

Merget R, Kulzer R, Dierkes-Globisch A, Breitstadt R, Gebler A, Kniffka A, Artelt S, König HP, Alt F, Vormberg R, Baur X, Schultze-Werninghaus G (1998a) Platinum from car catalysts - a new environmental allergen? - Conclusions from the exposure-effect relationship assessed in a five-years prospective cohort study in a catalyst production. In Vorbereitung

Merget R, Schulte A, Gebler A, Breitstadt R, Kulzer R, Berndt ED, Baur X, Schultze-Werninghaus G (1998b) Outcome of occupational asthma due to platinum salts after transferral to low exposure areas. Int Arch Occ Environ Health, eingereicht

Moscato G, Dellabianca A, Vinci G, Candura SM, Bossi MC (1991) Toluene diisocyanate-induced asthma: clinical findings and bronchial responsiveness studies in 113 exposed subjects with work-related respiratory symptoms. J Occup Med 33: 720-725

Murdoch RD, Pepys J, Hughes EG (1986) IgE antibody responses to platinum group metals: a large scale refinery survey. Br J Ind Med 43: 37-43

Niezborala M, Garnier R (1996) Allergy to complex platinum salts: a historical prospective cohort study. Occup Environ Med 53:252-257

Sheard C (1955) Contact dermatitis from platinum and related metals. Arch Dermatol Syphilol 71: 357-360

Venables KM, Topping MD, Howe W, Luczynska CM, Hawkins R, Newman Taylor AJ (1985) Interaction of smoking and atopy in producing specific IgE antibody against a hapten protein conjugate. Br Med J 290: 201-204

Venables KM (1989) Low molecular weight chemical hypersensitivity and direct toxicity: the acid anhydride. Br J Indust Med 46: 222-232

5.3 Abschätzung des Gesundheitsrisikos von Platinemissionen aus Automobilabgaskatalysatoren

G. Rosner[1] , R. Merget[2]
[1]Consulting-Büro Toxikologie & Umwelt, Merzhausen/Freiburg
[2]Berufsgenossenschaftliches Forschungsinstitut für Arbeitsmedizin, Bochum

Einleitung

Schadstoffemissionen aus Kraftfahrzeugen werden in ursächlichen Zusammenhang gebracht mit Gesundheitsschäden z.B. durch Stickoxide, Ozon, Kohlenmonoxid, Benzol oder Partikel. Dementsprechend erfolgte in den letzten Jahrzehnten eine zunehmende Verschärfung der Emissionsgrenzwerte. Für die Abgasreinigung von Ottomotoren hat sich der Katalysator als Methode der Wahl bewährt. Inzwischen lassen sich die Grenzwerte für die sogenannten limitierten Luftschadstoffe Kohlenmonoxid, Kohlenwasserstoffe und Stickoxide nur mit Hilfe des geregelten Drei-Wege-Katalysators einhalten. Mit dieser Technik wird deren Freisetzung unter optimalen Betriebsbedingungen um mehr als 90 % reduziert. Aber auch bei nicht-limitierten Abgaskomponenten kann der Katalysator einen entsprechend positiven Effekt ausüben. So wird die Emission des als krebserregend eingestuften Benzols bei Pkw mit geregelten Drei-Wege-Katalysatoren um mindestens 80 % herabgesetzt (Boehncke et al. 1997). Es ist zu erwarten, daß durch technische Weiterentwicklungen der Wirkungsgrad des Katalysators auch in kritischen Betriebsphasen (z.B. Kaltstart und Vollastbetrieb) optimiert wird, so daß zusätzliche Emissionsminderungen von 70 bis 80 % ermöglicht werden können. Solche Pkw würden im Vergleich zu Pkw ohne Katalysator nur noch etwa 2 % der obengenannten Schadstoffe emittieren (UBA 1995).

Trotz des unbestrittenen Nutzeffektes des Automobilabgaskatalysators wurde und wird diese Technik bezüglich nachteiliger Nebenwirkungen hinterfragt. In den USA warnten zu Beginn der 70er Jahre kritische Stimmen vor einem "tradeoff", d.h. vor einem schlechten Tausch der Reduzierung anerkannter Luftschadstoffe mit dafür eingehandelten neuen Emittenten wie den aus dem Katalysator freigesetzten Platingruppenmetallen. Während dort offenbar kein Handlungsbedarf mehr gesehen wurde, finden sich vor allem in Deutschland regelmäßig kritische Beiträge in den Medien und zum Teil auch in der Fachliteratur. So gehen z.B. Meyer et al. (1997) von "sensibilisierenden und /oder allergisierenden Wirkungen" von Platin, Palladium und Rhodium aus Automobilabgaskatalysatoren aus.

Rosner u. Hertel (1986) evaluierten mit Einführung des Automobilabgaskatalysators in Deutschland die bis dahin vorliegenden US-amerikanischen Emissionsdaten und prognostizierten anhand von Ausbreitungsmodellen Platinimmissionen im Bereich von 1 bis 70 ng/m^3. Die lösliche Fraktion, die sensibilisierend wirkende halogenierte Platinsalze enthalten könnte, wurde aufgrund der Untersuchungen von Hill u. Mayer (1977) mit 10 % angenommen. Wegen des großen Abstands der berechneten Immissionskonzentrationen zum damals geltenden MAK-Wert von 2 $\mu g/m^3$ für lösliche Platinsalze wurde jedoch das Gesundheitsgefährungspotential katalysatorbürtiger Platinemissionen als gering eingeschätzt. Dennoch wurde Forschungsbedarf insbesondere mit Bezug auf die Quantität und Speziation des aus modernen Monolithkatalysatoren emittierten Platins postuliert (Rosner u. Hertel 1986).

Der bisherige MAK-Wert wurde inzwischen aufgrund arbeitsmedizinischer Erfahrungen als zu hoch eingeschätzt und daher ausgesetzt. Auf der anderen Seite wurde die Datenbasis durch neue Forschungsergebnisse inzwischen erheblich erweitert, so daß eine bessere Expositions- und Wirkungscharakterisierung vorgenommen werden kann. Im folgenden wird ein Update der früheren Expositionsabschätzung anhand von aktuell in Motorstandversuchen ermittelten Emissionsfaktoren vorgenommen und mit gemessenen Umgebungskonzentrationen verglichen. Die Bewertungsrelevanz von Emissionsfaktoren, die aus Platinkonzentrationen in Umweltproben hochgerechnet wurden, wird diskutiert. Für die Gefährdungsabschätzung und Ableitung eines No Effect Level (NOEL) für katalysatorbürtige Platinimmissionen werden neue arbeitsmedizinische Untersuchungen von Merget u. Schulte-Werninghaus (1997) herangezogen. Die Risikoabschätzung basiert auf der atemwegssensibilisierenden Wirkung halogenhaltiger Platinsalze. Für andere Endpunkte liegen keine wissenschaftlichen Belege vor. Die hypothetische Frage, ob feinstverteilte metallische Platinpartikel biologische Effekte setzen können, wird diskutiert.

Zur Methodik der Risikoabschätzung

Die Abschätzung des Gesundheitsrisikos von Umweltchemikalien erfolgt heute weitgehend nach dem von der US National Academy of Sciences (NAS 1993; s. auch Wichmann 1998) entwickelten Konzept. Risikoabschätzung wird hier als "Charakterisierung potentiell schädlicher gesundheitlicher Auswirkungen bei der Exposition gegenüber Umweltchemikalien" verstanden und in einem vierstufigen Prozess vorgenommen. Die vorliegende Risikoabschätzung folgt nicht starr diesem Schema, basiert aber ebenfalls auf den folgenden vier Stufen:

1. Identifizierung von Gefahrenquellen
   In diesem Schritt wird geprüft, ob der Mensch überhaupt gegenüber dem Stoff exponiert ist und ob er aufgrund der stoffinhärenten physikalisch-chemischen und toxikologischen Eigenschaften gefährdet sein kann. Zur Beurteilung der Gefahrenquelle "Platin aus Katalysatoren" wird daher zunächst eine Charakterisierung der Platinemissionen vorgenommen. Hierbei ist nicht nur die Emissionshöhe relevant, sondern auch die Qualität des emittierten Platins, da gerade die Speziation, d.h. die chemische Form (Metall, lösliche/halogenhaltige Salze), die toxische Wirkung entscheidend bestimmt. Dieser Aspekt wird daher auch bei der Charakterisierung des toxikologischen Wirkungspotentials von Platin in besonderer Weise berücksichtigt.

2. Expositionsabschätzung
   Voraussetzung für eine Risikoabschätzung ist eine möglichst quantitative Vorstellung von der bestehenden oder zu erwartenden Exposition des Menschen. Beim katalysatorbürtigem Platin ist der Luftpfad der relevante Expositionsweg, auf den sich die vorgenommene Expositionsabschätzung beschränkt.
3. Dosis-Wirkungs-Abschätzung
   Bei der Charakterisierung des toxikologischen Wirkungspotentials sollten die empfindlichsten Endpunkte identifiziert werden. Für diese gilt es, Beziehungen zwischen der Dosis (bzw. Konzentration) und der adversen Wirkung abzuleiten. Mangels Erfahrungen am Menschen werden hier meist tierexperimentelle Ergebnisse herangezogen. Bei Platin stellt das sensibilisierende und allergene Potential einiger löslicher Platinsalze den nach derzeitigen Kenntnissen empfindlichsten Endpunkt dar. Zur Ableitung eines No Effect Level (NOEL) kann auf arbeitsmedizinische Befunde zurückgegriffen werden.
4. Risikocharakterisierung
   In der Risikocharakterisierung wird die Eintrittswahrscheinlichkeit von Gesundheitsschädigungen bei vorliegender Exposition eingeschätzt. Hierzu werden Expositions- und Dosis-Wirkungs-Abschätzung zueinander in Bezug gesetzt, um das Risiko quantifizieren zu können. Dieser Schritt beinhaltet auch die Beschreibung bestehender Unsicherheiten, die zu einer Unter- oder Überbewertung des Risikos führen können.

Charakterisierung der Platinemissionen

Automobilabgaskatalysatoren sind seit mehr als 20 Jahren in den USA, seit mehr als 10 Jahren in Europa zur Abgasreinigung bei Ottomotoren und inzwischen auch bei Dieselmotoren im Einsatz. Während früher vor allem in den USA und Japan Schüttgutkatalysatoren eingesetzt wurden, in denen das mit der aktiven Schicht belegte Trägermaterial in Form einzelner "pellets" vorliegt, werden heute fast ausschließlich monolithische Katalysatoren verwendet. Ein wabenförmiges Trägermaterial aus Kordierit, einem keramischen Material, oder aus hochtemperaturfesten Metalllegierungen wird mit hochoberflächigen Oxiden, meist gamma-Al_2O_3, überzogen. Dieser sog. Washcoat wird mit Edelmetallen imprägniert. Ein 1-Liter-Monolith eines herkömmlichen Dreiwegekatalysators enthält ca. 0,9 bis 2,0 g Platin und 0,1 bis 0,4 g Rhodium. Neu entwickelte Dreiwegekatalysatoren enthalten nur bis zu 0,3 g Platin, dafür aber 1,5 bis 5 g Palladium und ebenfalls 0,1 bis 0,4 g Rhodium (Domesle 1997).

Emissionsfaktoren[4]

Platinemissionen aus Schüttgutkatalysatoren

Trotz erfolgter Markteinführung der Katalysatortechnik in den USA wurden relativ wenige Emissionsdaten für den damals gebräuchlichen Schüttgutkatalysator zugänglich gemacht. Sieht man von nicht dokumentierten Angaben (1,2 bis 6,2 µg/km) von EHRC (1975) oder auf unrealistischen Schätzungen basierenden Emissionsdaten (12,4 µg/km, Brubaker et al., 1975) ab, bewegen sich die Emissionsfaktoren früher zwischen 400 (Malanchuk et al. 1974) und 1900 ng pro Kilometer und Fahrzeug (Hill u. Mayer 1977). Die von letzteren vorgelegten Daten stellen die bezüglich Versuchsaufbau und Dokumentation aussagekräftigsten Emissionswerte dar. Sie zeigen an, daß der Abrieb bei höheren Geschwindigkeiten (1900 ng/km bei 96 km/h) größer ist als bei niedrigen Geschwindigkeiten (maximal 48 km/h) mit Stop-and-go-Passagen (1000 ng/km). Diese Daten führen vermutlich, wie auch von den Autoren eingeräumt, selbst für den verwendeten Schüttgutkatalysatortyp zu einer Überschätzung der Emissionsrate, da sie nur während der ersten 250 Kilometer gewonnen wurden. Außerdem gibt es Hinweise, daß aus Schüttgutkatalysatoren ganze oder fragmentierte Pellets emittiert werden (Sigsby 1976) und auch die Untersuchungen von Hill u. Mayer (1977) zeigten, daß mehr als 80 % des emittierten Platins in der Partikelfraktion > 125 µm auftritt, die nicht aerosolfähig ist. Die Ergebnisse dieser Experimente wurden mangels anderer Daten lange Zeit als Basis für die Abschätzung des Gefährdungspotentials katalysatorbürtiger Platinemissionen herangezogen (z.B. Rosner u. Hertel 1986; Bärtsch u. Schlatter 1988).

Platinemissionen aus Monolithkatalysatoren

Bei den heute eingesetzten Monolithkatalysatoren ist von geringeren Verlusten an Platin auszugehen. Diese können inzwischen aufgrund der im Rahmen des BMBF-Forschungsverbundes "Edelmetallemissionen" ermittelten Daten quantifiziert werden. Eine ausführliche Beschreibung dieser Motorstandversuche findet sich in Artelt et al. (s. Kapitel in diesem Buch).

Für die Expositionsabschätzung werden die Emissionswerte aus den Versuchen mit neuen Katalysatoren herangezogen, da hier die umfangreichste Datenbasis besteht. Mittel gealterte Katalysatoren wiesen zum Teil höhere Platinemissionen auf, was aber auf die drastischen thermischen Belastungsbedingungen bei der künstlichen Alterung zurückgeführt werden kann. Im Realbetrieb sind höhere Platinemissionen etwa aufgrund stärkerer Lastwechsel nicht auszuschließen. Beschleunigungsvorgänge, die sich vermutlich emissionserhöhend auswirken, wurden in den eingesetzten Fahrzyklen berücksichtigt, nicht jedoch bei Konstantfahr-

[4] Emissionsfaktoren geben hier die von einem Pkw emittierte Platinmenge (in ng) pro gefahrener Entfernung (km) an. Häufig wird der Begriff Emissionsrate synonym verwendet.

bedingungen. Aus diesem Grunde werden hier für die Expositionsabschätzung nicht die mittleren Emissionswerte, sondern die oberen Quartile zugrundegelegt. Aus den von Artelt et al. (s. Kapitel in diesem Buch) ermittelten Emissionswerten ergeben sich für die neuen Katalysatoren die in Tabelle 1 zusammengestellten Emissionsfaktoren.

Tabelle 1. Emissionsfaktoren (ng Platin/km) von neuen Katalysatoren bei verschiedenen Betriebsbedingungen (abgeleitet aus Daten von Artelt et al. 1998a)[a]

Betriebszustand	Geom. Mittel	Arithm. Mittel	Unteres Quartil	Oberes Quartil
US72-Zyklus	29	37	14	**57**
80 km/h konstant	7	12	2	**20**
US72-EUDC-Zyklus	19	19	8	40
130 km/h konstant	75	90	41	**136**

[a] Basiswerte für die Expositionsabschätzung schattiert.

Berechnete versus gemessene Platinemissionen

In anderen Publikationen werden die in Motorstandversuchen ermittelten Emissionsfaktoren als Unterbewertung der Realsituation angesehen, was mit erhöhten Platinkonzentrationen in verkehrsnahen Böden oder Pflanzen in unmittelbarer Nähe von Autobahnen begründet wird (Helmers 1997; Zereini et al. 1997). Die von Rankenburg u. Zereini (s. Kapitel in diesem Buch) und Zereini et al. (1997) aus Bodenkonzentrationen und Verkehrszahlen hochgerechneten durchschnittlichen Emissionsfaktoren von 204 bzw. 270 ng/km sind größenordnungsmäßig nicht sehr weit von den höchsten in den Motorstandexperimenten gemessenen mittleren Emissionsfaktoren entfernt. Dagegen liegen die von Helmers (1997) berechneten Emissionsfaktoren mit 500 bis 9700 ng/km um bis zu drei Größenordnungen höher. Sieht man von den Unsicherheiten ab, die aufgrund verschiedener Annahmen in solche Hochrechnungen eingehen, ist zu hinterfragen, ob Motorstandversuche zu geringe Werte liefern, wie von Helmers (1997) eingewandt wird. Methodische Gründe scheiden offensichtlich aus (s. Artelt et al., in diesem Buch). Der Einwand, daß die in den Motorstandversuchen gefahrenen Höchstgeschwindigkeiten nicht typisch für deutsche Autobahnen sind, ist nicht zwingend gegeben. Zwar sind die von Helmers (1997) durch Extrapolation von Motorstanddaten ermittelten Emissionsfaktoren durchaus plausibel, unabhängig davon, ob eine Extrapolation auf leistungsstärkere Motoren mit anderem Abgastemperaturverhalten zulässig ist. Danach ergeben sich bei 200 km/h um den Faktor 2,5 (3,75 bei exponentieller Betrachtung) höhere Werte als bei 140 km/h. Die in den Motorstandversuchen simulierten Hochgeschwindigkeiten (130-140 km/h) entsprechen aber durchaus Durchschnittsgeschwindigkeiten auf deutschen Autobahnen. Da umgekehrt die Platinemission bei den Versuchen von König et al. (1992) und Artelt et al. (1998a) bei niedrigeren Geschwindigkeiten (60, 80 und 100 km/h) gegenüber höheren Geschwindigkeiten (130 km/h) erheblich reduziert (Faktor 15, 9 bzw. 4) waren, ist eine diesbezügliche Unterbewertung der durchschnittlichen Platinemission wenig wahrscheinlich. Dagegen dürfte der Einfluß von Beschleunigungsvorgängen zu teilweise höheren Platinemissionen führen, die aber nicht die obengenannten hohen Diskrepanzen ergeben dürften.

Vielmehr besteht Grund zu der Annahme, daß es sich hier um eine scheinbare Diskrepanz handelt. Es ist vorstellbar, daß auf Autobahnen über mehrere Jahre auch größere, nicht aerosolfähige platinhaltige Partikel freigesetzt wurden, die bei Rückrechnung entsprechend hohe Emissionsfaktoren ergeben. In der Tat gibt es Hinweise von Seiten der Industrie, daß aufgrund von Fehlfunktionen, Konstruktions- und Fertigungsmängeln bei katalytischen Konvertern größere Partikel oder gar ganze Washcoat-Bruchstücke freigesetzt wurden. Diese sind nicht aerosolfähig oder lungengängig und somit auch ohne toxikologische Relevanz, führen aber zu erhöhten Platinkonzentrationen in verkehrsbelasteten Böden. Nach Angaben von Hagelüken (1995) waren einige Altkat-Konverter – bedingt durch unsachgemäßen Betrieb – teilweise sogar leer. Angaben von Seiten der Recyclingindustrie bestätigen, daß selbst heute noch ein nicht quantifizierbarer Anteil an Katalysatoren größere Beschädigungen aufweist. Die relativ geringe Austauschquote (< 1 % in 1994) von Katalysatoren aufgrund der in Deutschland eingeführten Abgasuntersuchung (AU) verdecken diese Problematik. Denn die meisten getesteten Pkw waren erst drei Jahre alt. Außerdem läßt sich der Wirkungsgrad des Katalysators mit den derzeitigen Abgasprüfbedingungen nur unzureichend erfassen.

Zusammenfassend läßt sich folgern, daß die in den Motorstandversuchen ermittelten Emissionsfaktoren für die Abschätzung der Exposition in der Luft verkehrsnaher Bereiche derzeit die beste Datenbasis darstellen. Die vergleichsweise höheren, anhand von Platinkonzentrationen in Umweltproben berechneten Emissionsraten werden als Indiz für die Emission nicht-aerosolfähiger platinhaltiger Partikel im Realbetrieb gewertet. Insgesamt sollten aber auch die gemessenen Emissionsfaktoren angesichts der skizzierten Einflußgrößen nicht überinterpretiert werden. Nicht Einzelwerte, sondern Größenordnungen sind hier relevant.

Qualititative Charakterisierung der Platinemissionen

Das aus Automobilabgaskatalysatoren freigesetzte Platin liegt in partikulärer und überwiegend elementarer, d.h. metallischer Form vor. Die nanokristallinen Platinpartikel sind an µm-große Aluminiumoxid-Partikel gebunden. Der größte Teil dieser platinhaltigen Partikel ist > 10.2 µm. Der Anteil der alveolengängigen Fraktion (< 3,14 µm) liegt nach Artelt et al. (1998a) zwischen 11 und 36 %.

Aufgrund von röntgenphotoelektronischen Untersuchungen von Platinpartikeln lagen Hinweise vor, daß Platin zu einem geringen Teil auch in oberflächenoxidierter Form emittiert wird (Schlögl et al. 1987). Aufgrund neuerer Untersuchungen dürfte der Anteil an emittierten Platinoxiden < 5 % ausmachen (Rühle et al. 1997). Der Anteil "löslichen" Platins an der Gesamtplatinemission lag bei älteren Motorstandversuchen mit Schüttgutkatalysatoren bei ca. 10 %. Die Erhöhung der Löslichkeit des Platinabriebs nach Zusatz von Ethylbromid, das sonst nur bleihaltigen Benzinen als sog. Scavenger-Substanz zugefügt wird, wurde als Hinweis für das Vorhandensein chlorierter oder bromierter Platinverbindungen interpretiert (Hill u. Mayer 1977). Einschränkend muß angemerkt werden, daß die Versuche nicht mit einem Serienkatalysator durchgeführt wurden, sondern mit einem Testbehälter. Das eingefüllte Katalysatormaterial wurde im Labor durch Imprägnieren von Aluminium-Pellets mit einer Platinchlorid-Lösung hergestellt. Angaben über diesen Syntheseprozeß sowie über mögliche Restgehalte von Platinchlorid auf den Pellets liegen nicht vor. Ebenso fehlen Angaben zur Porengröße des für die Auftrennung des Waschflascheninhalts verwendeten Filters. Es ist daher nicht auszuschließen, daß entweder lösliche Platinsalze versuchsbedingt freigesetzt wurden oder feinstverteiltes elementares Platin im Filtrat als "lösliches" Platin erfaßt wurde.

Bei Monolithkatalysatoren kann der Anteil "löslicher" Platinverbindungen an der Gesamtplatinemission als sehr gering angenommen werden. In den Motorstandversuchen von Artelt et al. (1998a) lag der Anteil der "löslichen" Platinfraktion bei ca. 1 %. Wie von Artelt et al. (in diesem Buch) dargelegt, kann aus methodischen Gründen nicht unterschieden werden, ob es sich hierbei um tatsächlich emittierte oder um sekundär aus Platinpartikeln durch Ultraschallbehandlung gebildete Platinsalze handelt. In Laborversuchen mit einer von der Arbeitsgruppe Schlögl (Rühle et al. 1997) synthetisierten Modellsubstanz aus Aluminiumoxid-Partikeln, die mit Platin (Anteil: ca. 3 %) belegt wurden, zeigte sich, daß in Anwesenheit von Chlorid-Ionen Tetra- und Hexachloroplatinat gebildet werden können (Nachtigall 1997). Obwohl die Übertragbarkeit dieser Modellversuche auf katalysatorbürtige Platinemissionen nur eingeschränkt möglich ist, ist die Möglichkeit der sekundären Bildung von toxikologisch relevanten Platinsalzen nicht ausgeschlossen.

Expositionsabschätzung

Gemessene Immissionskonzentrationen

Während die Exposition gegenüber Platin bzw. Platinsalzen in Arbeitsplatzatmosphären ganz gut charakterisiert werden kann, liegen - aufgrund der extrem hohen Anforderungen an die Analytik von Platin im Ultraspurenbereich - nur sehr wenige Daten zu Platinkonzentrationen in der Umgebungsluft vor (Tabelle 2). Konzentrationen bis etwa 2 pg/m³ können in Deutschland als Hintergrundbelastungen angenommen werden. Insgesamt liegen beim derzeitigen Ausstattungsgrad mit Katalysatoren alle verkehrsbeeinflußten innerörtlichen Umgebungsluftanalysen im unteren bis mittleren pg/m³-Bereich (Maximalwerte: 9 – 106 pg/m³). Bei den in München untersuchten Schwebstaubproben (Dietl 1998; s. Tabelle 2) stimmt das Verhältnis der beiden Partikelfraktionen gut mit dem in Motorstandexperimenten gefundenen Verteilungsmuster überein.

Tabelle 2. Platinmessungen in der Umgebungsluft (Schwebstaubproben)

Standort (Jahr)	**Verkehrbezug**	**Platinkonzentration in pg/m³** Minimal	Maximal	Mittel	**Referenz**
San Diego, USA (1974)	Autobahnnähe (Freeway) vor Einführung des Katalysators	-	< 0,05	-	Johnson et al. (1975; 1976)
Deutschland (1989)	Ländlicher Bereich	≤ 0,6	1,8	keine Angabe	Tölg u. Alt (1990)
Frankfurt/ Main (1989)	An Innerortsstraßen kurz nach Einführung des Katalysators	≤ 1	13	keine Angabe	Tölg u. Alt (1990)
Dortmund (1991/92)	Innerorts, ohne direkte Verkehrsbelastung	0,02	5,1	keine Angabe	Alt et al. (1993)
München (1996)	In Stadtbussen und Straßenbahnen	0	43,1	7,3	Schierl u. Fruhmann (1996)
München (1995/96)	Verkehrsinsel, hohes Verkehrsaufkommen, guter Luftaustausch (Fraktionen a) <2,5 µm, b) >2,5 <10µm)	a) 4 b) 4 a+b) 8	a) 45 b) 61 a+b) 106	a) 13 b) 24 a+b) 37	Dietl (1998)

Berechnung von Immissionskonzentrationen

Rosner u. Hertel (1986) wandten erstmals die von Ingalls u. Garbe (1982) beschriebenen Ausbreitungsmodelle zur Berechnung von Platinkonzentrationen in der Umgebungsluft an. Aufgrund der nach wie vor geringen Datenbasis bezüglich Luftanalysen und wegen der inzwischen vorliegenden aktuellen Emissionsfaktoren ist eine Aktualisierung dieser Modellrechnungen sinnvoll.

Emissionsfaktoren der neuen Katalysatoren werden aus den Motorstanddaten von Artelt et al. (1998a) verwendet. Aus konservativen Gründen werden die oberen Quartile herangezogen (Tabelle 1). Für die Ausbreitungsrechnungen ergeben sich damit folgende gerundeten Emissionsfaktoren:

- Stadtverkehr: 60 ng/km (US 72 Zyklus)
- Straßentunnel: 20 ng/km (Konstant 80 km/h)
- Autobahn: 140 ng/km (Konstant 130 km/h)

Tabelle 3. Anhand von Ausbreitungsmodellen (nach Ingalls u. Garbe 1982) und Emissionsfaktoren berechnete Immissionskonzentrationen katalysatorbürtigen Platins in verschiedenen Szenarien

Szenario	Verkehrsfrequenz	Emissionsfaktor in ng/km	Immissionskonzentration in pg /m³
(1a) Straßenschlucht normal	800 Kfz/h bei 8 km/h	60	4
	1600 Kfz/h bei 32 km/h	60	9
(1b) Straßenschlucht ungünstig	1200 Kfz/h bei 8 km/h	60	14
	2400 Kfz/h bei 32 km/h	60	28
(2a) Straßentunnel normal	Gleichzeitig 25 Kfz bei 72 km/h	20	36
(2b) Straßentunnel ungünstig	Gleichzeitig 165 Kfz bei 40 km/h	20	92
(3a) Autobahn normal	28.000 Kfz/d	140	51
(3b) Autobahn ungünstig	200.000 Kfz/d	140	112

Zur Charakterisierung der wichtigsten Belastungsbereiche Stadtverkehr und Autobahnverkehr werden die Szenarien "Straßenschlucht" und "Auf Autobahn", jeweils unter normalen und ungünstigen Randbedingungen gewählt. Die in Tabelle 3 beschriebenen Szenarien basieren auf US-amerikanischen Angaben, können aber prinzipiell auch auf deutsche Verhältnisse übertragen werden. Bärtsch u. Schlatter (1988) zeigten exemplarisch anhand gemessener und berechneter Immissionskonzentrationen von Sulfat und Blei, daß die von uns verwendeten Ausbreitungsmodelle valide sind.

Die in Tabelle 3 abgeleiteten Imissionskonzentrationen in Straßenschluchten (4 bis 28 pg/m³) stimmen größenordnungsmäßig mit den innerorts gemessenen Platinkonzentrationen überein (Tabelle 2). Wegen der Zunahme der Emissionsfaktoren mit steigender Geschwindigkeit und Abgastemperatur sind die Immissionskonzentrationen auf Autobahnen am höchsten (bis 112 pg/m³). In Straßentunneln wird der angenommene niedrige Emissionsfaktor durch die ungünstigen meteorologischen Randbedingungen überdeckt. In Szenario (2b) ist der Emissionsfaktor bei der vorgegebenen Geschwindigkeit von 40 km/h zu hoch angesetzt, wodurch aber potentiell höhere Emissionsfaktoren bei Stop-and-Go-Verhältnissen wieder ausgeglichen werden. Für die Szenarien "Garage" und "Parkhaus" liegen keine Emissionsfaktoren vor. Es gibt jedoch Hinweise, daß diese unter Leerlauf- und Langsamfahrbedingungen noch niedriger sind als im Zyklusbetrieb oder bei höheren Geschwindigkeiten (König et al. 1992).

Insgesamt decken sich die Immissionsverhältnisse mit Analysen von Straßenstaubproben, in denen die höchsten Platingehalte an Autobahnen (308 µg/kg) gemessen wurden mit abnehmender Tendenz in Stadtgebieten (257 µg/kg), Parkhäusern (189 µg/kg) und Straßentunneln (141 µg/kg) (Zereini et al. 1997).

Bei der Bewertung der anhand von Ausbreitungsmodellen abgeschätzten Immissionskonzentrationen ist der zugrundeliegende Modellcharakter zu berücksichtigen. Insofern sind die angegebenen Werte nur größenordnungsmäßig zu betrachten.

Charakterisierung des toxikologischen Wirkungspotentials

Obwohl Platin aus Automobilabgaskatalysatoren überwiegend in partikulärer und metallischer Form emittiert wird, ist auch ein gewisser Anteil an löslichen Platinverbindungen zu verzeichnen. Hinzu kommt, daß nach inhalativer Aufnahme von Platinpartikeln, ähnlich wie in physiologischer Kochsalzlösung, eine sekundäre Bildung von Platinsalzen mit hoher sensibiliserender Potenz nicht gänzlich auszuschließen ist. Daher werden für die Charakterisierung des Wirkungspotentials und die anschließende Risikoabschätzung relevante Platinverbindungen mit einbezogen. Darüber hinaus liegen Untersuchungen mit sog. neutralen, planaren Platin-Komplexen vor, deren bekanntester Vertreter die Antitumorsubstanz Cisplatin (cis-Diamindichloroplatin(II), cis-$[PtCl_2(NH_3)_2]$) ist. Letztere bleiben hier unberücksichtigt, da deren toxikodynamische Wirkung aufgrund ihrer spezifischen planaren Struktur, die auch für die biologische Wirkung verantwortlich ist, nicht mit der anderer Platinverbindungen vergleichbar ist. Angaben zu einer sekundären Transformation von Pt(0) zu Cisplatin in biologischen Systemen liegen nicht vor, werden aber aufgrund von theoretischen Ableitungen für wenig wahrscheinlich gehalten (cf. Bärtsch u. Schlatter 1988).

Allgemeiner Wirkungscharakter

Bezüglich der Wirkung muß eindeutig unterschieden werden zwischen metallischem Platin und Platinsalzen. Platinmetall galt bisher auch in biologischem Sinne als mehr oder weniger inert, während bestimmte lösliche Platinsalze ein hohes Sensibilisierungspotential aufweisen.

Platinsalze

Die atemwegssensibilisierende Wirkung halogenierter Platinkomplexsalze stellt nach derzeitiger Kenntnis den relevanten Endpunkt für die Wirkung von Platin beim Menschen dar. Die Wirkung von Platin auf andere Endpunkte wird hier nur kurz skizziert. Bei den Platinsalzen hängt die Wirkungsstärke meist von der Löslichkeit ab. Geringlösliche Verbindungen wie PtO, PtO_2 und $PtCl_2$, sind akut gering toxisch und nicht hautreizend im Gegensatz zu einigen löslichen Platinsalzen.

Verschiedene lösliche Platinverbindungen zeigten in bakteriellen Testsystemen (WHO 1991; Bünger 1997; Gebel et al. 1997) sowie an Säugerzellen mutagene Wirkung, nicht jedoch in vivo an *Drosophila* oder im Mikronukleus-Test an der Maus (WHO 1991). Zur reproduktionstoxischen und kanzerogenen Wirkung von Platinverbindungen (außer Cisplatin) liegen keine bewertungsrelevanten Angaben vor.

In Untersuchungen an Ratten wurden binäre Platinverbindungen ($PtCl_4$, $Pt(SO_4)_2$, PtO_2) nach Inhalation in partikulärer Form (1 µm) in geringem Umfang resorbiert und über die Nieren ausgeschieden. Der größte Teil des applizierten Platins wird relativ schnell - nach mukoziliärer Clearance und Abschlucken - über die Faeces ausgeschieden (Moore et al. 1975a). Auch oral applizierte Platinsalze werden von Ratten nur in geringem Maße (ca. 1 %) resorbiert (Moore et al. 1975b; c). Nach vierwöchiger oraler Verabreichung war die Resorption des unlöslichen PtO_2 im Gegensatz zu den löslichen Platinsalzen $PtCl_4$ und $Pt(SO_4)_2$ unterhalb der analytischen Nachweisgrenze (Holbrook 1977).

Metallisches Platin

Grundsätzlich liegen nur wenige Daten zur Wirkung von metallischen Platinpartikeln vor. Nach oraler Applikation feinstverteilten Platinstaubs (Durchmesser 1 bis 5 µm; Dosisangaben unklar) wurde in Ratten keine letale Wirkung erreicht (WHO 1991). Im poplitealen Lymphknoten-Assay (PLNA) an der Maus rief feinstverteilter Platinstaub (Platin-Mohr), ähnlich wie die unlöslichen Platinsalze PtO_2 und $PtCl_2$ keine Immunreaktion hervor (Schuppe et al. 1993). Eine eindeutige Sensibilisierungspotenz von partikulärem Platin oder solidem Platinmetall wurde weder am Arbeitsplatz noch im Dental- oder Schmuckbereich nachgewiesen.

Zur Beurteilung der Toxizität ist die Bioverfügbarkeit und Toxikokinetik von Platinpartikeln zu berücksichtigen. In den obengenannten Untersuchungen mit Platinsalzen wurden Ratten auch gegenüber elementaren Platinpartikeln (keine Angabe zum Durchmesser) in relativ hohen Konzentrationen (5 bis 7 mg/m^3) exponiert. Die Resorptions- und Akkumulationstendenz war ähnlich gering wie bei den Platinsalzen (Moore et al. 1975a). Auch in 8- bis 12-wöchigen Fütterungsversuchen (bis 50 mg Pt/kg Futter) wies elementares Platin (< 0,5 µm) eine sehr geringe Bioverfügbarkeit bei Ratten auf. Die Retention grobkörnigen Platinstaubes (< 150 µm) war noch um 30 bis 50 % geringer (Eder u. Kirchgeßner 1997).

In Rattenversuchen ließ sich, wie von Artelt (1997) und Artelt et al. (1998b) als vorläufig berichtet wurde, nach intratrachealer Instillation eine gewisse Bioverfügbarkeit von Platinpartikeln nachweisen. Unklar ist, inwieweit ein Teil des vom Körper resorbierten Platins mit den Faeces ausgeschieden wird, wodurch die tatsächliche Bioverfügbarkeit höher anzunehmen wäre. So fanden Moore et al. (1975b; c), daß Ratten nach intravenöser Applikation von $^{191}PtCl_4$ etwa gleiche große Mengen an ^{191}Pt in Faeces und Urin ausschieden.

An größere Aluminiumoxid-Partikel gebundene Platinpartikel dürften sich bezüglich der Deposition und Retention in der Lunge anders verhalten als ungebundene ultrafeine Partikel (ca. 20 nm). Dies ist auch bei der Frage zu berücksichtigen, inwieweit diese Platinpartikel nach zellulärer Aufnahme biochemische Effekte setzen könnten. Hierzu wurden bisher so gut wie keine Untersuchungen durchgeführt. In ersten orientierenden in vitro-Versuchen mit obengenannter Platin-Modellsubstanz wurde gezeigt, daß Platinpartikel von Alveolarmakrophagen aufgenommen werden können; eine signifikante Beeinträchtigung der Makrophagenfunktion ließ sich anhand von immunologischen Parametern (Bildung von Stickoxiden und Zytokinen) nicht nachweisen (Emmendörffer 1997).

Sensibilisierende und allergisierende Wirkung

Platinsalze

In Tierversuchen wurde weder eine eindeutige Hautsensibilisierung ($PtCl_4$, $PtSO_4$ und $(NH_4)_2[PtCl_4]$) noch respiratorische Sensibilisierung ($(NH_4)_2[PtCl_6]$) nachgewiesen (WHO 1991; Meldrum et al. 1996). Allerdings wurden keine klassischen Hautsensibilisierungstests durchgeführt. Zum Nachweis einer Atemwegssensibilisierung liegt bisher kein validiertes Tiermodell vor.

Dagegen wurde in einer Reihe von Fallstudien und betriebsepidemiologischen Untersuchungen nachgewiesen, daß die Exposition gegenüber Platin-Halogen-Komplexsalzen zur Sensibilisierung führen kann, die sich als **Platinsalz-Allergie**[5] mit den Symptomen Schnupfen, Niesen, Augenbrennen/-tränen und Atemnot manifestieren kann. In einigen Fällen tritt nach Hautkontakt Kontakturtikaria als Anzeichen einer Platinsalz-Allergie auf. Es liegt vermutlich eine IgE-abhängige Immunantwort vom Sofort-Typ (Typ I) zugrunde. Die in älteren Studien berichteten, zum Teil als Kontaktdermatitis bezeichneten Dermatitis-Fälle waren vermutlich entweder irritativer Natur oder Fälle von Kontakturtikaria (Rosner u. Merget 1990; WHO 1991). Die wichtigsten Platin(II)- und Platin(IV)-Komplexsalze sind die Hexachloroplatinsäure ($H_2[PtCl_6]$ x 6 H_2O) und deren Alkalisalze, die Hexachloroplatinate. Die Prävalenz- bzw. Inzidenzrate allergischer Reaktionen infolge Platinsalz-Exposition in Scheidereien und Katalysatorproduktionsbetrieben ist auch in jüngeren Studien hoch, wobei die Belastung in einigen Studien weit unterhalb des früheren MAK-Wertes von 2 µg lösliches Platin/m³ gemessen wurde. Aufgrund der betriebsepidemiologischen Studien kann ein Sensibilisierungspotential löslicher Platinverbindungen bei Luftkonzentrationen um 0,1 µg ***löslicher*** Platin/m³ nicht ausgeschlossen werden (Merget et al. 1988; Bolm-Audorff et al. 1992). Wegen der großen Streuung der Expositionsmeßwerte in der Hochexpositionsgruppe (mit Auftreten von Sensibilisierungen) wurde der MAK-Wert ausgesetzt. Stattdessen wurde der bisherige 8 h-Schichtmittelwert als nicht zu überschreitende Spitzenkonzentration empfohlen (DFG 1995). (s. auch Merget, in diesem Buch)

Merget u. Schultze-Werninghaus (1997) führten in den Jahren 1992 bis 1995 in

---

[5] Der früher übliche Begriff "Platinose" wird zur Beschreibung der klinischen Bilder nicht mehr verwendet, da eine Pneumokoniose, etwa vergleichbar der sog. Silikose, nicht vorliegt (WHO, 1991).

einem Katalysatorfertigungsbetrieb Untersuchungen zur äußeren und inneren Exposition sowie zur Häufigkeit von Neuerkrankungen mit Bezug auf Platinsalz-Allergie durch. An den Produktionslinien wurden halogenierte Platinverbindungen als Ausgangsstoffe zur "Imprägnierung" des Washcoat eingesetzt. Aufgrund der gemessenen Arbeitsplatzkonzentrationen kann eine relativ niedrige Exposition infolge gut etablierter Arbeitsschutzmaßnahmen angenommen werden, was die Ermittlung eines No Effect Level (NOEL) ermöglichte. Die Serumwerte spiegeln die Expositionshöhe wider. Die festgestellten Sensibilisierungen traten bis auf eine Ausnahme nur in der Gruppe der hoch exponierten Produktionsarbeiter auf. Die einzige erkrankte Person aus der niedrigen Expositionsgruppe war nach einer betriebsinternen Versetzung vermutlich höher exponiert. Es wird diskutiert, ob die Sensibilisierung im Bereich der Imprägnierkabinen bei mittleren Konzentrationen um 200 ng/m³ lösliches Platin erfolgte oder bei den höheren Spitzenbelastungen bis ca. 3700 ng/m³, bei denen besonderer Arbeitsschutz eingehalten werden sollte. Aufgrund des häufig wechselnden Einsatzortes der Produktionsarbeiter bleibt diese Frage ungeklärt. Von Merget u. Schultze-Werninghaus (1997) werden für einen NOEL die Maximalwerte der niedrigen Expositionsgruppe vorgeschlagen. Diese betrugen für lösliches Platin 8,6 ng/m³ (1992) und 1,5 ng/m³ (1993) (s. auch Kapitel von Merget in diesem Buch).

In einer immunologischen Studie von Cleare (1977) wurde das allergene Potential katalysatorbürtiger Emissionen untersucht: Platinhaltiger Abrieb, aufgefangen in einem Filter und in physiologischer Kochsalzlösung extrahiert, erwies sich im Hauttest (Prick-Test) an 16 Arbeitern der platinverarbeitenden Industrie, die nachweislich gegenüber Tetra- und Hexachloroplatinaten sensibilisiert waren, negativ. Der Katalysatorabrieb stammte aus einem Schüttgutkatalysator.

Metallisches Platin

Merget et al. (1995) untersuchten 1995 auch zehn Beschäftigte einer Platinschmiede mit Monoexposition gegenüber metallischem Platinstaub. Die stationär gemessenen Arbeitsplatzwerte für metallisches Platin betrugen 16×10^3 und 54×10^3 ng/m³ in der Weberei und $2{,}2 \times 10^3$ und $0{,}7 \times 10^3$ ng/m³ in der Gerätefertigung. Der lösliche Platin-Anteil war <3 bis 8 ng/m³. Die personenbezogenen Messungen lagen bei 19×10^3 bzw. 12×10^3 ng/m³ für metallisches Platin. Es liegen keine Angaben über die Partikelgröße vor. Die Serumkonzentrationen (<5 bis 6,7; Median 6 ng/l) unterschieden sich nicht signifikant von den Kontrollen (Median 6 ng/l). Bei einer Expositionsdauer von 75 bis 203 Monaten ergaben sich keine Hinweise auf platinbezogene Erkrankungen; Hauttests mit Natriumhexachloroplatinat waren negativ. Allerdings war die Anzahl von Personen und Messungen eingeschränkt.

Ähnliche Einschränkungen treffen auf eine Pilotstudie an 21 "platinstaubexponierten" Beschäftigten zu, die bei Autokatrecycling und -bearbeitung sowie mechanischer Bearbeitung von Platin gegenüber etwas niedrigeren Konzentrationen von $1{,}7 \times 10^3$ bis 6×10^3 ng "Platin"/m³ exponiert waren. Auch hier wurden keine Anhaltspunkte für eine platininduzierte Sensibilisierung gefunden (Weber et al. 1991).

Biomonitoring

Platinmessungen in Körperflüssigkeiten beruflich belasteter Personen belegen, daß Platin sowohl nach Inhalation seiner löslichen Salze (Merget u. Schultze-Werninghaus 1997) als auch von metallischen Platinpartikeln (Weber et al. 1991; Merget et al. 1995) in gewissem Maße bioverfügbar ist. Korrelationen zwischen äußerer und innerer Belastung wurden zwar gefunden, doch ist die Datenbasis für quantitative Überlegungen zu gering.

Interessant ist, daß sich bei den Beschäftigten in der Platinschmiede die Serumkonzentrationen (<5 bis 6,7; Median 6 ng/l) nicht signifikant von den Kontrollen (Median 6 ng/l) unterschieden (Merget et al. 1995; s. oben), während die Serumwerte (Median 160 ng/l) in der Untersuchung von Weber et al. (1991) trotz der erheblich geringeren äußeren Belastung (bis $54 x 10^3$ ng/m³ vs. bis $6 x 10^3$ ng/ m³) oberhalb des Normbereiches (≤ 0,3 bis 10 ng/l) lagen. Kontrollen wurden allerdings hier nicht untersucht. Diese Diskrepanz ist möglicherweise auf Unterschiede in der Partikelgrößenverteilung und/oder der zusätzlichen Exposition gegenüber Platinsalzen in der Studie von Weber et al. (1991) zurückzuführen. Denn Platinsalze weisen eine weitaus größere Bioverfügbarkeit auf als metallische Platinpartikel, wie aus den Serumwerten der Beschäftigten in der Katalysatorproduktion (Tabelle 4) hervorgeht.

Entsprechend hohe Platinkonzentrationen fanden Schierl et al. (1998) in Urinproben platinsalzexponierter Beschäftigter: bei relativ hoher Exposition vor allem gegenüber K_2PtCl_4 und $Pt(NO_3)_2$ (stationär: 200 bis 3400 ng Pt/m³, personenbezogen: 800 bis 7500 ng Pt/m³) war die Ausscheidung von Platin mit dem Urin um etwa das 1000fache höher als in der Kontrollgruppe (< 7 ng Pt/m³). Interessanterweise war bei einer Gruppe von sechs ehemals an Platinsalzallergie erkrankten Beschäftigten, die aber seit 2 bis 6 Jahren sowohl expositions- als auch symptomfrei waren, die Ausscheidung von Platin noch 25 mal höher als bei der Kontrollgruppe. Bei zwei freiwilligen männlichen Beschäftigten, die erstmalig und für vier Stunden in Kontakt mit aerosolförmigem $(NH_4)_2PtCl_6$ (personenbezogene Luftmessungen: 1,7 und 0,15 µg/m³) kamen, wurde eine Exkretionshalbwertzeit von 50 Stunden in einer ersten Phase bestimmt. Bei der höher exponierten Person konnte eine zweite langsame Ausscheidungsphase ($t_{1/2}$ 24 Tage) nachgewiesen werden.

Eine Biomonitoring-Studie an Berufskraftfahrern in München (Schierl et al 1994) ergab keinen signifikanten Unterschied in den Platin-Urinkonzentrationen zwischen den einzelnen Kollektiven einschließlich einer Kontrollgruppe (Medianwerte 1,3 - 3,6 ng/l), was aufgrund der geringen Konzentrationen in der Luft (< 2 und 30 pg/m³) auch nicht zu erwarten war.

In einer australischen Studie wurden etwas höhere Normalwerte mit einer relativ großen Schwankungsbreite gemessen. Diese wird von Vaughan u. Florence (1992) mit 20 bis 920 ng Pt/l Urin (Mittelwert 250, Median 180 ng/l) angegeben. Die hohen individuellen Unterschiede stützen die Hypothese, daß der größte Teil des kontinuierlich mit den Faeces und dem Urin ausgeschiedenen Platins aus der Nahrung stammt, die individuell variieren kann. Die Autoren postulieren eine relativ hohe Bioverfügbarkeit von Platin aus der Nahrung, wodurch die Aufnahme von Platin aus anderen Quellen, etwa über den Luftpfad, maskiert werden könne. Sollte die in der Größenordnung von 1770 ng Pt/Tag und Person errechnete Aufnahme über die Nahrung für die Allgemeinbevölkerung zutreffen, dürfte es kaum möglich sein, mit Hilfe des Biomonitorings die zusätzliche Exposition gegenüber Platin in der Umgebungsluft zu erfassen. Allerdings sind die von Vaughan u. Florence (1992) gemessenen Platin-Urin-Konzentrationen angesichts der wesentlich geringeren Normalwerte anderer Autoren (Bereich: 1 - 20 ng/l, Medianwerte um 5 ng/l; Schierl et al. 1998) zu hinterfragen.

Risikoabschätzung

Wegen der unzureichenden Datenlage zu anderen Endpunkten ist derzeit eine Risikoabschätzung nur für die sensibilisierende Wirkung halogenhaltiger Platinverbindungen möglich. Hierbei handelt es sich jedoch um einen besonders sensitiven Endpunkt. Die Anwesenheit halogenhaltiger Platinsalze im löslichen Anteil (ca. 1 %) der Platinemissionen ist nicht grundsätzlich auszuschließen. Als "reasonable worst case" nehmen wir den Anteil der Platinsalze mit Sensibilisierungspotenz an der löslichen Fraktion mit 10 %, als "worst case" mit 100 % an, entsprechend 0,1 bzw. 1 % der Gesamtplatinemissionen.

Aus der Längsschnittstudie von Merget u. Schultze-Werninghaus (1997) läßt sich ein NOEL von 1,5 ng/m³ für lösliche (halogenhaltige) Platinsalze ableiten. Der NOEL am Arbeitsplatz für Gesamtplatin mit ca. 10 % löslichem Anteil würde somit 15 ng/m³ betragen. Für Platinemissionen aus Automobilabgaskatalysatoren mit 1 bzw. 0,1 % Anteil an Halogensalzen ergeben sich demzufolge NOELs von 150 und 1500 ng/m³. Berücksichtigt man die möglicherweise größere Empfindlichkeit bestimmter Personengruppen durch Einbeziehung eines Sicherheitsfaktors von 10, ergeben sich Beurteilungskonzentrationen von 15 bzw. 150 ng/m³.

Die höchsten in der Umgebungsluft gemessenen bzw. die anhand von Ausbreitungsmodellen berechneten verkehrsnahen Platinkonzentrationen liegen im unteren bis mittleren pg/m³-Bereich (um 100 pg/m³). Selbst bei sehr konservativer Expositionsabschätzung durch Verwendung der indirekt abgeleiteten Emissionsfaktoren anderer Autoren wäre ein ausreichender Sicherheitsabstand gegeben, wie in Abb. 1 exemplarisch dargestellt. Trotz noch bestehender Wissenslücken bewegen wir uns nach den vorliegenden Abschätzungen in einem äußerst niedrigen Expositionsbereich. Insofern dürfte der relativ niedrige, auf die Sensibilisierung bezogene Beurteilungsbereich von 15 bzw. 150 ng/m³ auch gegenüber anderen potentiellen Effekten ausreichend absichern.

Ausblick

Auch wenn Platin aus Automobilabgaskatalysatoren nach derzeitigen Kenntnissen keine gesundheitliche Gefährdung darstellt, besteht grundsätzlich ein Minimierungsgebot bezüglich der Freisetzung von Stoffen, die in der Umwelt akkumulieren können. Insofern sind technische Verbesserungen, die als Nebeneffekt auch zur Reduzierung des Edelmetallausstoßes führen, als positiv zu werten. Katalysator- und Motorsteuerungstechnologie erfahren eine ständige Optimierung. So müssen in Deutschland ab Modelljahr 2000, in den USA zum Teil schon heute, sämtliche abgasrelevanten Komponenten mittels der On Board Diagnose (OBD) auf ihre Funktion hin überwacht werden. Dadurch sollen u.a. katalysatorschädigende Motor- und Motorsteuerungszustände minimiert werden (Glöckler u. Mezger 1994). Gleichzeitig gibt es Bemühungen, durch neue Fertigungstechniken die Edelmetallpartikel stärker einzubetten und so die Dauerstabilität der Katalysatoren zu erhöhen. Ein geringerer Edelmetallverlust würde schließlich auch das Recycling von katalytischen Konvertern rentabler machen und damit die Umweltauswirkungen bei der Gewinnung von Platingruppenmetallen, wie sie von Hochfeld (1997) bilanziert wurden, verringern.

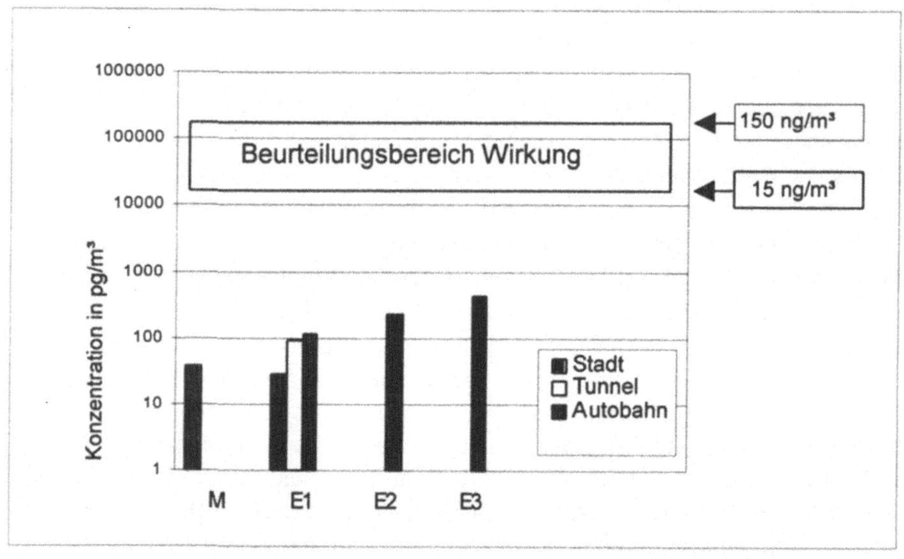

Abb. 1. Gemessene und berechnete Platin-Immissionskonzentrationen und deren Abstand zum Beurteilungsbereich bezüglich einer möglichen sensibilisierenden Wirkung. *M* Gemessen (Dietl 1998, s. Tabelle 2); *E1* Ausbreitungsmodelle mit Emissionsfaktoren aus Motorstandversuchen (s. Tabelle 3); *E2* Ausbreitungsmodell mit berechnetem Emissionsfaktor 270 ng/km nach Zereini et al. (1997); *E3* Ausbreitungsmodell mit berechnetem Emissionsfaktor 500 ng/km nach Helmers (1997).

Zusammenfassung

In einer differenzierten Aktualisierung früherer Expositionsabschätzungen wurden anhand von Ausbreitungsmodellen atmosphärische Immissionskonzentrationen für katalysatorbürtiges Gesamtplatin abgeleitet. Als Emissionsfaktoren wurden die in Motorstandversuchen mit geregelten Drei-Wege-Katalysatoren ermittelten obere Quartile (20 - 140 ng/km) zugrundegelegt. Die vergleichsweise höheren, anhand von Platinkonzentrationen in Umweltproben berechneten Emissionsraten werden als Indiz für die Emission nicht-aerosolfähiger platinhaltiger Partikel im Realbetrieb gewertet, die toxikologisch nicht relevant sind. Insgesamt sollten Unterschiede zwischen verschiedenen Emissionsfaktoren angesichts der vielfachen Einflußgrößen nicht überinterpretiert, sondern größenordnungsmäßig betrachtet werden. Die für verschiedene Szenarien hochgerechnete Exposition liegt im unteren bis mittleren pg/m³-Bereich (4 - 112 pg/m³), was durch die, allerdings sehr begrenzten Luftmeßdaten bestätigt wird.

Das aus Automobilabgaskatalysatoren freigesetzte Platin wird überwiegend in partikulärer und elementarer Form emittiert. Die nanokristallinen Platinpartikeln sind an µm-große Aluminiumoxid-Partikel gebunden. Ob freie ultrafeine Platinpartikel emittiert werden und biologische Effekte auslösen können, ist nicht ausreichend untersucht. Derzeit ist nur für die atemwegssensibilisierende Wirkung halogenhaltiger Platinverbindungen eine Risikoabschätzung möglich, wobei es sich hierbei um einen sehr empfindlichen Endpunkt handelt. Die Anwesenheit solcher Verbindungen im löslichen Anteil der Gesamtplatinemissionen (< 1 %) sowie deren sekundäre Bildung aus Platinpartikeln ist nicht grundsätzlich auszuschließen.

Die Risikoabschätzung basiert auf neuen arbeitsmedizinischen Untersuchungen in einem Katalysatorfertigungsbetrieb, aus denen sich ein konservativer No Effect Level (NOEL) von 1,5 ng lösliches Pt/m³ ableiten läßt. In einer (reasonable) worst case-Betrachtung wird der Anteil der halogenierten Platinsalze an den Gesamtplatinemissionen aus Katalysatoren mit 1 % (0,1 %) angenommen. Unter Einbeziehung eines Sicherheitsfaktors von 10 für besonders empfindliche Personengruppen ergibt sich für katalysatorbürtiges Platin ein Beurteilungsbereich von 15 bzw. 150 ng Pt/m³.

Die reale und die zu erwartende Exposition gegenüber luftgetragenen Platinimmissionen ist um mindestens zwei Größenordnungen unterhalb dieses "kritischen" Bereiches. Eine Reihe von expositions- und wirkungsbezogenen Wissenslücken können zur Über- oder Unterbewertung des Risikos führen. Nach den vorliegenden Abschätzungen bewegen wir uns aber in einem äußerst niedrigen Expositionsbereich. Insofern dürfte der relativ niedrige, auf die Sensibilisierung bezogene Beurteilungsbereich von 15 bzw. 150 ng/m³ auch gegenüber anderen potentiellen Effekten ausreichend absichern.

Literatur

Alt F, Bambauer A, Hoppstock K, Mergler B, Tölg G (1993) Platinum traces in airborne particulate matter. Determination of whole content, particle size distribution and soluble platinum. Fresenius J Anal Chem 346: 693-696

Artelt S (1997) Bioverfügbarkeit von feinstverteiltem metallischen Platin in der Lunge und erste orientierende Wirkungsuntersuchungen (1. Teil). In: GSF-Forschungszentrum für Umwelt und Gesundheit GmbH, Projektträger "Umwelt- und Klimaforschung" (Hrsg) Edelmetall-Emissionen, Abschlußpräsentation 17.-18.10.1996 in Hannover, GSF, München, S 87-91

Artelt S, König HP, Levsen K, Kock H, Rosner G (1998a) Engine dynamometer experiments: platinum emissions from differently aged three-way catalytic converters. Atm. Environ. (eingereicht)

Artelt S, Kock H, Nachtigall D, Heinrich U (1998b) Bioavailability of platinum emitted from automobile exhaust. In: Proceedings of the VIth European Meeting of Environmental Hygiene, Graz, June 3-5, 1997 (in Druck)

Bärtsch A, Schlatter Ch (1988) Platinemissionen aus Automobil-Katalysatoren. Schriftenreihe Umweltschutz Nr. 95, Bundesamt für Umweltschutz, Bern, 58 S.

Boehncke A, Mangelsdorf I, Rosner G (1997) Stoffströme von Benzol unter besonderer Berücksichtigung der Bundesrepublik Deutschland. Z Umweltchem Ökotox 9: 369-384

Bolm-Audorff U, Bienfait HG, Burkhard J, Bury AH, Merget R, Pressel G, Schultze-Werninghaus G (1992) Prevalence of respiratory allergy in a platinum refinery. Int Arch Occup Environ Health 64: 257-260

Bünger J (1997) Der Autoabgaskatalysator aus Sicht der Umwelt- und Arbeitsmedizin. Teil 2: Zytotoxizität und Mutagenität von Metallen der Platinreihe. Zbl Arbeitsmed 47: 56-60

Brubaker P.E., Moran J.P., Bridbord K., Hueter F.G. (1975) Noble metals: a toxicological appraisal of potential new environmental contaminants. Environ Health Perspect 10: 39-56

Cleare MJ (1977) Immunological studies on platinum complexes and their possible relevance to autocatalysts. SAE Report No 770061, 12 pp.

DFG (1995) Platinverbindungen (Chloroplatinate). In: Gesundheitsschädliche Arbeitsstoffe. Toxikologisch-arbeitsmedizinische Begründung von MAK-Werten. Lieferung 21, VCH, Würzburg

Dietl C (1998) Bayerisches Landesamt für Umweltschutz, München. Persönliche Mitteilung

Domesle R (1997) Katalytische Reinigung von Kraftfahrzeugabgasen. In: GSF-Forschungszentrum für Umwelt und Gesundheit GmbH, Projektträger "Umwelt- und Klimaforschung" (Hrsg) Edelmetall-Emissionen, Abschlußpräsentation 17.-18.10.1996 in Hannover, GSF, München, S 8-16

Eder K, Kirchgeßner M. (1997) Metablische Dosis-Wirkungsbeziehungen verschiedener Pt-Verbindungen bei wachsenden, gravierenden und laktierenden Ratten. In: GSF-Forschungszentrum für Umwelt und Gesundheit GmbH, Projektträger "Umwelt- und Klimaforschung" (Hrsg) Edelmetall-Emissionen, Abschlußpräsentation 17.-18.10.1996 in Hannover, GSF, München, S 81-86

EHRC (1975) Health implications of the catalytic converter. Environ. Health Res. Center, IIEQ Doc. No. 75-09, Illinois Institute for Environ. Quality, Chicago, 42 pp.

Emmendörffer A. (1997) Bioverfügbarkeit von feinstverteiltem metallischen Platin in der Lunge und erste orientierende Wirkungsuntersuchungen (2. Teil). In: GSF-Forschungszentrum für Umwelt und Gesundheit GmbH, Projektträger "Umwelt- und Klimaforschung" (Hrsg) Edelmetall-Emissionen, Abschlußpräsentation 17.-18.10.1996 in Hannover, GSF, München, S 92-94

Gebel T, Lantzsch H, Pleßow K, Dunkelberg H (1997) Genotoxicity of platinum and palladium compounds in human and bacterial cells. Mutat. Res. 389: 183-190

Glöckler O, Mezger M (1994) Eigendiagnose modener Motorsteuerungssysteme - Entwicklungsstand und erste Erfahrungen mit OBD II für USA. 15. Int. Wiener Motorensymp April 1994: 17 S.

Hagelüken C (1995) Recycling von Autoabgaskatalysatoren - Stand und Perspektive für Europa. Metall 49: 486-490

Helmers E (1997) Platinum emission rate of automobiles with catalytic converters. Comparison and assessment of results from various approaches. Environ Sci Pollut Res. 4: 100-103

Hill RF, Mayer WJ (1977) Radiometric determination of platinum and palladium attrition from automotive catalysts. IEEE Trans nucl Sci NS-24: 2549-2554

Hochfeld C (1997) Bilanzierung der Umweltauswirkungen bei der Gewinnung von Platingruppen-Metallen für PKW-Abgaskatalysatoren. Werkstattreihe Nr. 101. Öko-Institut, Institut für Angewandte Ökologie e.V. Freiburg, Darmstadt, Berlin

Holbrook DJ Jr (1977) Content of platinum and palladium in rat tissue: correlation of tissue correlation of tissue concentrationes of platinum and palladium with biochemical effects. US EPA 600/1-77/051, 21 pp.

Ingalls MN, Garbe RJ (1982) Ambient pollutant concentrations from mobile sources in microscale situations. SAE Techn Paper Ser No 820787, 16 pp.

Johnson D.E., Tillery J.B., Prevost R.J. (1975) Levels of platinum, palladium, and lead in populations of Southern California. Environ Health Perspect 12: 27-33

Johnson D.E., Prevost R.J., Tillery J.B., Caman D.E., Hosenfeld J.M. (1976) Baseline levels of platinum and palladium in human tissue. Southwest Research Institute, San Antonio, Texas, 252 pp. (EPA/600/1-76/019)

König HP, Hertel R, Koch W, Rosner G (1992) Determination of platinum emissions from a three-way catalyst-equipped gasoline engine. Atm Environ 26A: 741-745

Malanchuk M., Barkeley N., Contner G., Richards M., Slater R., Burkhart J., Yang Y. (1974) Exhaust emission from catalyst-equipped engines. In: NERC (ed.) Interim Report. Environmental Toxicology Research Laboratory, Cincinnati, Ohio, pp. 91-98

Meldrum M, Northage C, Howe A, Gillies C (1996) Platinum metal and soluble platinum salts. Criteria document for an occupational exposure limit. HSE Books, Suffolk, 41 pp.

Merget R, Schultze-Werninghaus G, Muthorst T, Friedrich W, Meier-Sydow J (1988) Asthma due to the complex salts of platinum - a cross sectional survey of workers in a platinum refinery. Clin Allergy 18: 569-580

Merget R, Schultze-Werninghaus G, Vormberg R, Artelt S, Alt F, Rückmann A (1995) Schlußbericht über das Projekt Untersuchungen über allergische Reaktionen bei Exposition gegen Platinverbindungen. Berufsgenossenschaftliche Kliniken Bergmannsheil, Bochum

Merget R, Schultze-Werninghaus G (1997) Untersuchungen über allergische Reaktionen bei Exposition gegen Platinverbindungen. In: GSF-Forschungszentrum für Umwelt und Gesundheit GmbH, Projektträger "Umwelt- und Klimaforschung" (Hrsg) Edelmetall-Emissionen, Abschlußpräsentation 17.-18.10.1996 in Hannover, GSF, München, S 95-102

Meyer R, Katz C, Meister A, Revermann C, Sauter A (1997) TA-Projekt "Umwelt und Gesundheit" - Vorstudie. Arbeitsbericht Nr. 47. Büro für Technikfolgenabschätzung (TAB) beim Deutschen Bundestag, Bonn, 206 S.

Moore W, Malanchuk M, Crocker W, Hysell D, Cohen A, Stara JF (1975a) Whole body retention in rats of different 191Pt compounds following inhalation exposure. Environ Health Perspect 12: 35-39

Moore W, Hysell D, Crocker W, Stara J (1975b) Biological fate of a single adminstration of 191Pt in rats following different routes of exposure. Environ Res 9: 152-158

Moore W, Hysell D, Hall L, Campbell K, Stara J (1975c) Preliminary studies on the toxicity and metabolism of palladium and platinum. Environ Health Perspect 10: 63-71

Nachtigall D (1997) Verfahren zur Bestimmung von Platinspezies in anorganischen und biologischen Systemen. Dissertation, Universität Hannover, Cuvillier Verlag, Göttingen, 195 S.

NAS (1993) Risk assessment in the Federal Government: Managing the process. National Academy of Sciences, US National Research Council, National Academy Press, Washington D.C.

Rosner G, Hertel R. (1986) Gefährdungspotential von Platinemissionen aus Automobilabgas-Katalysatoren. Staub Reinh Luft 46: 261-285

Rosner G, Merget R (1990) Allergenic potential of platinum compounds. In: Dayan A.D. et al. (eds.) Immunotoxicology and Immunotoxicity of Metals, Plenum Press, New York, pp. 93-104

Rühle T, Schneider H, Find J, Herein D, Pfänder N, Wild U, Schlögl R, Nachtigall D, Artelt S, Heinrich U (1997) Preparation and characterization of Pt/Al_2O_3 aerosol precursors as model Pt-emissions from catalytic converters. Appl Catal B 14: 69-84

Schierl R, Ensslin AS, Fruhmann G (1994) Führt der Straßenverkehr zu erhöhten Platinkonzentrationen im Urin von beruflich Exponierten? In: Kessel R (Hrsg) Arbeitsmedizinische und umweltmedizinische Aspekte zu Altlasten. Verhdl Dt Ges Arbeitsmed Umweltmed, 34. Jahrestagung, 16.-19.05.1994, Gentner Verlag, Stuttgart, S 291-294

Schierl R, Fruhmann G (1996) Airborne platinum concentrations in Munich city buses. Sci. Total Environ. 182: 21-23

Schierl R, Fries H-G, van de Weyer C, Fruhmann G (1998) Urinary excretion of platinum from platinum industry workers. Occup Environ Med 55: 138-140

Schlögl R, Indlekofer G, Oelhafen P (1987) Mikropartikelemissionen von Verbrennungsmotoren mit Abgasreinigung - Röntgen-Photoelektronenspektroskopie in der Umweltanalytik. Angew Chem 99: 312-322

Schuppe H-C, Kulig J, Gleichmann E, Kind P (1993) Untersuchungen zur Immunogenität von Platinverbindungen im Mausmodell. In: Dörner K (Hrsg) Akute und chronische Toxizität von Spurenelementen. 8. Jahrestagung der Gesellschaft für Mineralstoffe und Spurenelemente e.V., 09.-10.10.1992, Wissenschaftliche Verlagsgesellschaft, Stuttgart, S 97-107

Sigsby J. (1976) Measurement of platinum from catalyst-equipped vehicles, combustion and attrition products. In: Proceedings of the Platinum Research Review Conference, Quail Roost Conference Center, Rougemont, North Carolina, 3-5 December 1975. US EPA, Research Triangle Park, North Carolina, pp. 25A-31A

Tölg G, Alt F (1990) Beitrag zur Verbesserung der extremen Spurenanalyse der Platinmetalle in biotischen und umweltrelevanten Materialien. In: Bericht zum 3. Statusseminar zum BMFT-Forschungsverbund "Edelmetallemissionen" am 15.10.1990.

UBA (1995) Jahresbericht 1995. Umweltbundesamt, Berlin

Vaughan GT, Florence TM (1992) Platinum in the human diet, blood, hair and excreta. Sci Total Environ 111: 47-58

Weber A, Schaller KH, Angerer J, Alt F, Schmidt M, Weltle D (1991) Objektivierung und Quantifizierung einer beruflichen Platinbelastung beim Umgang mit platinhaltigen Katalysatoren. In: Schäcke G et al. (eds.) Bericht über die 31. Jahrestagung. Verhdl Dt Ges Arbeitsmed Umweltmed, Gentner Verlag Stuttgart, S 611-614

Wichmann H-E (1998) Kriterien für die Nutzung epidemiologischer Daten zur Risikoabschätzung und Grenzwertableitung. Z. Umweltmed. Forsch. Prax, 3: 36-44

WHO (1991) Environmental Health Criteria 125 - Platinum. International Programme on Chemical Safety, World Health Organization, Genf, 167 pp.

Zereini F, Alt F, Rankenburg K, Beyer J-M, Artelt S (1997) Verteilung von Platingruppenelementen (PGE) in den Umweltkompartimenten Boden, Schlamm, Straßenstaub, Straßenkehrgut und Wasser. Z Umweltchem Ökotox 9: 193-200

5.4 Biomonitoring von Platin im Urin in der Arbeitsmedizin

R. Schierl
Institut für Arbeits und Umweltmedizin, Ludwig-Maximilians-Universität München

Einleitung

Das Element Platin findet schon seit 87 Jahren Beachtung in der Arbeitsmedizin, vor allem wegen allergischer Haut- und Atemwegserkrankungen durch Platinsalze (Karasek u. Karasek 1911). Die Sensibilisierungsrate liegt in platinverarbeitenden Betrieben bei etwa 20 %., wobei Rauchen das Risiko vermutlich erhöht (Niezborala u. Garnier 1996; Venables et al. 1989). Die deutschen Berufsgenossenschaften haben von 1990 bis 1997 in 64 Fällen eine allergisch bedingte Berufskrankheit durch Platin anerkannt. Zur Überwachung der Platinkonzentrationen in der Luft - die erste Bestimmung wurde bereits 1945 durchgeführt (Fothergill et al. 1945) - gibt es derzeit zwei MAK-Werte (**M**aximal zulässige **A**rbeitsplatz **K**onzentration), einen für Platinmetallstaub (1 mg/m³) und einen für Platinsalze (2 µg/m³), wobei das Sensibilisierungsrisiko bei letzteren besonders betont wird. Um die individuelle Belastung der einzelnen Arbeitnehmer besser zu erfassen, wird vermehrt das Biomonitoring (Messung der Metallkonzentrationen in Blut und Urin) eingesetzt.

Methodik der Platinbestimmung in Urin

Zur Bestimmung niedrigster Konzentrationen (ppt-Bereich) von Platin kommen derzeit nur die ICP-MS und die adsorptive Voltammetrie in Frage (vgl. Kapitel 1.2). Konzentrationen im µg/l-Bereich können auch mit der GF-AAS quantifiziert werden. Die organischen Bestandteile der Urinmatrix müssen, speziell für die voltammetrische Bestimmung, komplett zersetzt werden. Hierzu hat sich die UV-Photolyse nach Zusatz von Wasserstoffperoxid und Schwefelsäure bestens bewährt (Ensslin et al. 1994). Die in diesem Beitrag dargestellten Platinergebnisse sind alle mit der Voltammetrie nach UV-Photolyse analysiert worden. Dabei wurde für 0,5 ml Urin eine Bestimmungsgrenze (nach DIN 32645) für Platin von 4 ng/l errechnet. Einzelne Urinproben können bekanntlich wenig oder stark konzentriert sein, was durch die Bestimmung der Dichte oder der Kreatininkonzentration quantitativ erfaßt werden kann. Um die Vergleichbarkeit einzelner Platinwerte zu gewährleisten hat sich der Kreatininbezug bestens bewährt (vgl. Tabelle 1). Wie man an dem Beispiel sieht, steigt die Platinkonzentration mit steigendem Kreatiningehalt an, so daß bei Spontanurinproben nur der Bezug auf den Kreatiningehalt sinnvoll erscheint.

Tabelle 1. Zusammenhang von Platinkonzentration und Kreatinin in Urinproben, beispielhaft dargestellt am Tagesverlauf von zwei Personen (A u. B)

Person	Uhrzeit	Kreatinin [ng/g]	Platin [ng/l]	Platin [ng/g Kreatinin]
A	08.30	0,97	1,4	1,4
A	10.30	1,87	3,0	1,6
A	13.30	1,63	2,5	1,5
B	12.00	1,35	53	39
B	14.30	0,74	31	42
B	17.00	0,37	16	43
B	20.00	0,45	21	46

Untersuchungen in der Platinindustrie

In der Industrie gibt es mehrere Arbeitsbereiche mit erhöhter Platinexposition, wie beispielsweise die Platinscheiderei sowie die Herstellung und das Recycling von Katalysatoren. Bei einigen Tätigkeiten liegen die Luftkonzentrationen von Platin und Platinverbindungen teilweise im Bereich der MAK-Werte. So fanden kürzlich Maynard et al. (1997) Mittelwerte über acht Stunden von 0,03 bis 2,2 $\mu g/m^3$ mit Spitzenwerten bis zu 26 $\mu g/m^3$. Unsere Untersuchungen (Schierl et al. 1998) konnten diese Werte bestätigen. Darüber hinaus führten wir ein Biomonitoring durch und bestimmten die Urinausscheidung von Platin. Die Ergebnisse zeigten klar auf, daß die Arbeiter zum Teil erheblich belastet sind (Tabelle 2). Der Mittelwert der Urinausscheidung unseres Untersuchungskollektivs liegt mit 1990 ng/g Kreatinin etwa 500fach über dem Median des entsprechenden Kontrollkollektivs bzw. dem der unbelasteten Bevölkerung (vgl. Messerschmidt et al.; Schramel et al.). Wie wir in 3 Fällen (Exposition „früher" in Tabelle 2) zeigen konnten, sind auch mehrere Jahre nach Beendigung der Exposition noch eindeutig erhöhte Konzentrationen meßbar, was für eine teilweise Langzeitspeicherung des inhalativ aufgenommenen Platins spricht. Im Urin bei Beschäftigten in der Produktion von Abgaskatalysatoren wurden vor einigen Jahren vergleichbare Platinkonzentrationen gefunden (Weber et al. 1991).

Wir untersuchten auch wie rasch nach einer Platinexposition erhöhte Urinausscheidungen zu beobachten sind. Zwei freiwillige Versuchspersonen, die vor Beginn der Untersuchungen Platinausscheidungen im Urin unter 10 ng/g Kreatinin aufwiesen, exponierten sich über vier Stunden in einer Platinscheiderei beim Hantieren mit $(NH_4)_2PtCl_6$ im Rahmen üblicher Tätigkeiten. Bei beiden wurde personenbezogen die Luftkonzentration im Atembereich gemessen. Person A hatte anschließend 60 ng Platin auf dem Filter, Person B 800 ng. Alle Urine der nächsten 4 Tage sowie weitere Proben innerhalb von 4 Monaten wurden analysiert. Bei beiden Personen wiesen die ersten Urine, 10 bis 24 Stunden nach Beginn der Exposition die höchsten Platinkonzentrationen auf (Person A 23 ng/g und Person B 520 ng/g Kreatinin). Somit ist offensichtlich, daß das Biomonitoring eine Exposition rasch und entsprechend der Expositionshöhe anzeigt. Für beide Personen

Tabelle 2. Untersuchungsergebnisse bei Beschäftigten in der Platinindustrie

Exposition	Personen Anzahl	Proben Anzahl	Platinkonzentration [ng/g Kreatinin] Mittelwert	Minimum	Maximum
Stark	15	50	1994	170	6270
Gering	3	8	85	16	230
Früher [a]	4	10	120	10	170
Kontrolle	12	24	4	1	12

[a] vor 2 -6 Jahren Expositionsende wegen nachgewiesener Platin-Allergie

konnte eine erste biologische Halbwertszeit von 50 Stunden (95 % Konfidenzintervall 36 - 66 h) berechnet werden. Während bei Person A die Werte nach 3 Tagen wieder unter 10 ng/g Kreatinin fielen, konnte bei B aufgrund der höheren Exposition noch eine zweite, längere Ausscheidungskinetik beobachtet werden (Abbildung 1). Die Berechnung der Halbwertszeit ergab in diesem Fall 24 Tage (95 % Konfidenzintervall 18 - 33 Tage). Diese zweite Halbwertszeit - vermutlich gibt es ähnlich wie bei der Chemotherpie mit Cisplatin (Schierl et al. 1995; Hohnloser et al. 1996) noch weitere - führt dann bei wiederholter Exposition zu den beobachteten Ausscheidungsraten der Beschäftigten in der Platinindustrie.

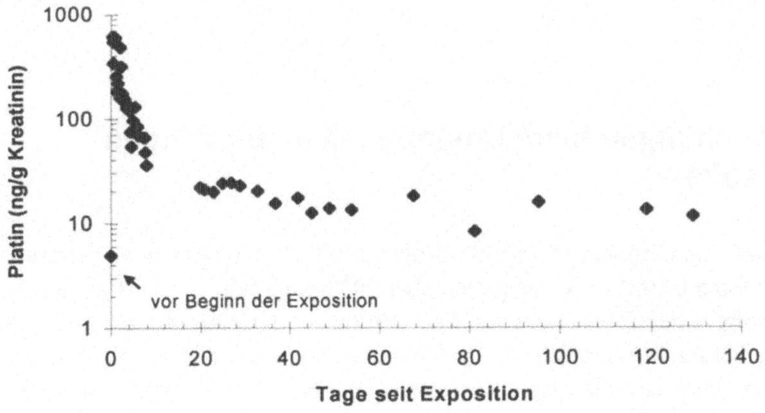

Abb. 1. Zeitlicher Verlauf der Platinkonzentrationen im Urin nach Exposition

Untersuchungen bei zeitweiliger Platinexposition

Ein typisches Beispiel für gelegentlichen, kurzzeitigen Umgang mit Platinverbindungen stellen Chemiestudenten im Rahmen entsprechender Diplom- und Promotionsarbeiten dar. Gerade in diesen Fällen ist bei den zu erwartenden kurzzeitigen Konzentrationsspitzen eine aussagekräftige Messung der Luftkonzentrationen schwierig bzw. gar unmöglich. Hier zeigen sich jedoch die Stärken des Biomonitorings, bei dem ein Zeitraum von mehreren Tagen integral erfaßt werden kann. Wir untersuchten drei Mitarbeitern eines chemischen Institutes die gelegentliche Forschungsansätze mit Platinverbindungen durchführten und fanden bei allen erhöhte Platinkonzentrationen im Urin (Tabelle 3). Daraufhin wurden die Mitarbeiter angehalten, das Hantieren der pulverförmigen Verbindungen unter konsequenter Benutzung von Abzug und Staubmaske durchzuführen. Bereits die erste Kontrollmessung nach zwei bis drei Wochen und vor allem eine weitere nach mehreren Monaten zeigte durch geringere Platinkonzentrationen den Erfolg dieser Maßnahme. Dieses Beispiel zeigt hervorragend wie durch das Biomonitoring ein „positives Feedback" eingehaltener Arbeitsschutzmaßnahmen möglich ist. Wenn Sinn und Zweck von Urinuntersuchungen ausreichend erklärt werden, ist zudem die Akzeptanz bei den Mitarbeitern recht hoch anzusetzen.

Tabelle 3. Biomonitoring bei gelegentlichem Umgang mit Platinverbindungen

	Platin im Urin [ng/g Kreatinin]		
Proband	1. Messung	2. Messung	3. Messung
A	130	67	15
B	92	62	14
C	72	38	6

Untersuchungen beim Umgang mit platinhaltigen Zytostatika

Der Einsatz von Cisplatin (cis-dichloro-diammin-Pt(II)) in der Chemotherapie von Hodentumoren ist mit Heilungsquoten über 90 % nach wie vor das Paradebeispiel eines erfolgreichen Zytostatikums. Die Wirkung, von Rosenberg et al. (1965) entdeckt, beruht im wesentlichen auf einer Komplexierung von Guanin in der DNS, was dann zu einer Hemmung des Zellwachstums führt. Diese Wirkung betrifft auch normale Körperzellen, so daß Cisplatin als mutagen und karzinogen eingestuft ist (IARC 1987). Daher sind beim Umgang mit dieser Substanz durch das Klinikpersonal besondere Vorsichtsmaßnahmen erforderlich (Gefahrstoffverordnung 1993). In einer mehrjährigen Studie untersuchten wir daher die Platinausscheidungen im Urin von ca. 100 Personen aus 14 Kinikapotheken sowie zwei Pflegestationen (Pethran et al. 1997). Von jedem Probanden erhielten wir zu drei

Zeitpunkten die fraktionierten 24-Stunden-Urine am Ende der Schicht, meist von Donnerstag auf Freitag gesammelt. Ebenso wurde jeweils der Urin vom darauffolgenden Montagmorgen analysiert. Zusätzlich untersuchten wir als individuellen „Nullwert" eine Urinprobe nach einem mindestens 3wöchigen Urlaub. Insgesamt liegen somit 1500 Platinwerte zur Auswertung vor (Tabelle 4). Während die Mittelwerte und Mediane der Urinproben nach dem Urlaub und am Montagmorgen gut vergleichbar sind, liegen die Werte vom Ende der Arbeitswoche eindeutig höher. Offensichtlich kommt es während der Arbeit zu einer - wenn auch geringfügigen - Aufnahme von Platin. Eine detaillierte Auswertung zeigt, daß dies etwa ein Drittel der untersuchten Personen betrifft. Verglichen mit den oben gezeigten Werten aus der Platinindustrie erscheinen diese Erhöhungen sehr gering, aber wegen des kanzerogenen Potentials von Cisplatin ist eine weitestgehende Minimierung der Exposition erforderlich.

Tabelle 4. Untersuchungsergebnisse bei der Zytostatikazubereitung

-------- Urinproben --------		------------ Platinkonzentration [ng/g Kreatinin] -------------			
Zeitpunkt	Anzahl	Mittelwert	Standardabw.	Median	Maximum
Montag nach 3wöch. Urlaub	97	9,3	8,1	6,2	40,8
Montag nach Arbeitswoche	269	8,8	8,0	6,5	41,5
Am Ende der Arbeitswoche	1134	14,2	12,3	10,1	78,3

Im Rahmen dieser Untersuchungen konnten wir einen wichtigen Confounder für das Biomonitoring im unteren Konzentrationsbereich aufklären, nämlich Goldlegierungen im Zahnbereich (Schierl 1998). Wir stellten fest, daß einige Probanden immer leicht erhöhte Platinkonzentrationen im Urin aufwiesen, unabhängig ob sie beruflich exponiert waren oder nicht. Diese Personen hatten alle einerseits höhere Platinkonzentrationen im Speichel (80 - 2500 pg/g) als Kontrollpersonen (0 - 20 pg/g) und andererseits Goldlegierungen im Mund. In der Dentalversorgung gibt es eine Reihe von Goldlegierungen mit einem Platinanteil von 4 -12 %. Dieser Sachverhalt hat vermutlich keinerlei gesundheitliche Relevanz, ist aber zu beachten, wenn leicht erhöhte Urinwerte aufgrund möglicher beruflicher Expositionen beurteilt werden sollen. Eine einmalige Messung von Platin im Urin und der Vergleich mit „Normalwerten" aus der Literatur ist hier jedenfalls unzulänglich.

Literatur

Ensslin AS, Pethran A, Schierl R, Fruhmann G (1994) Urinary platinum in hospital personnel occupationally exposed to platinum-containing antineoplastic drugs. Int Arch Occup Health 65: 339-342

Fothergill SJR, Withers DF, Clements FS (1945) Determination of traces of platinum and palladium in the atmosphere of a platinum refinery. Br J Ind Med 2: 99-101

Gefahrstoffverordnung – GefStoffV: Verordnung zum Schutz vor gefährlichen Stoffen vom 26.10.93 (BGBl. I, 1782)

Hohnloser JH, Schierl R, Hasford B, Emmerich B (1996) Cisplatin based chemotherpay in testicular cancer patients: Long term platinum excretion and clinical effects. Eur J Med Res 1: 509-514

IARC (1987) International Agency for Research on Cancer. Overall evaluations of carcinogenity: an updating of IARC Monograph volumes 1 to 42. IARC Monogr [Suppl 7]: 170-171

Karasek SR, Karasek M (1911) Rep. III. State Commission Occ Dis, p 97

Maynard AD, Northage C, Hemingway M, Bradley SD (1997) Measurement of Short-term Exposure to Airborne Soluble Platinum in the Platinum Industry. Ann Occup Hyg 41: 77-94.

Messerschmidt J, Alt F, Tölg G, Angerer J, Schaller KH (1992) Adsorptive voltammetric procedure for the determination of platinum baseline levels in human body fluids. Fresenius J Anal Chem 343: 391-394

Niezborala M, Garnier R (1996) Allergy to complex platinum salts: a historical prospective cohort study. Occup Environ Med 53: 252-257

Pethran A, Schierl R, Fruhmann G (1997) Erhöhte Platin-Ausscheidung im Urin nach Zytostatika Zubereitung. Verh Dt Ges Arbeitsmed 37: 331-334

Rosenberg B, van Kamp L, Krigas T (1965) Inhibition of Cell Division in *Escherichia coli* by Electrolysis Products from a Platinum Electrode. Nature 205: 698-699

Schierl R, Rohrer B, Hohnloser J (1995) Long-term platinum excretion in patients treated with cisplatin. Cancer Chemother Pharmacol 36: 75-78

Schierl R, Fries HG, van de Weyer C, Fruhmann G (1998) Urinary excretion of platinum from platinum industry workers. Occup Environ Med 55: 138-140

Schierl R. Gold im Mund - Platin im Urin (1998) Verh Dtsch Ges Arbeitsmed 38: im Druck

Schramel P, Wendler I, Lustig S (1995) Capability of ICP-MS for Pt-analysis in different matrices at ecologically relevant concentrations. Fresenius J Anal Chem 353: 115-117

Venables KM, Dally MB, Nunn AJ, Stevens JF, Stephens R, Farrer N et al. (1989) Smoking and occupational allergy in workers in a platinum refinery. BMJ 299: 939-941

Weber A, Schaller KH, Angerer J, Alt F, Schmidt M, Weltle D (1991) Objektivierung und Quantifizierung einer beruflichen Platinbelastung beim Umgang mit platinhaltigen Katalysatoren. Verh Dtsch Ges Arbeitsmed 31: 611-614

Sachverzeichnis

A

B

H

I

J

K

Q

R

S

T

U

V

W

X

Y

Z

Springer und Umwelt

Als internationaler wissenschaftlicher Verlag sind wir uns unserer besonderen Verpflichtung der Umwelt gegenüber bewußt und beziehen umweltorientierte Grundsätze in Unternehmensentscheidungen mit ein. Von unseren Geschäftspartnern (Druckereien, Papierfabriken, Verpackungsherstellern usw.) verlangen wir, daß sie sowohl beim Herstellungsprozess selbst als auch beim Einsatz der zur Verwendung kommenden Materialien ökologische Gesichtspunkte berücksichtigen.
Das für dieses Buch verwendete Papier ist aus chlorfrei bzw. chlorarm hergestelltem Zellstoff gefertigt und im pH-Wert neutral.